KB092838

세상을 만드는 Molecules 분자

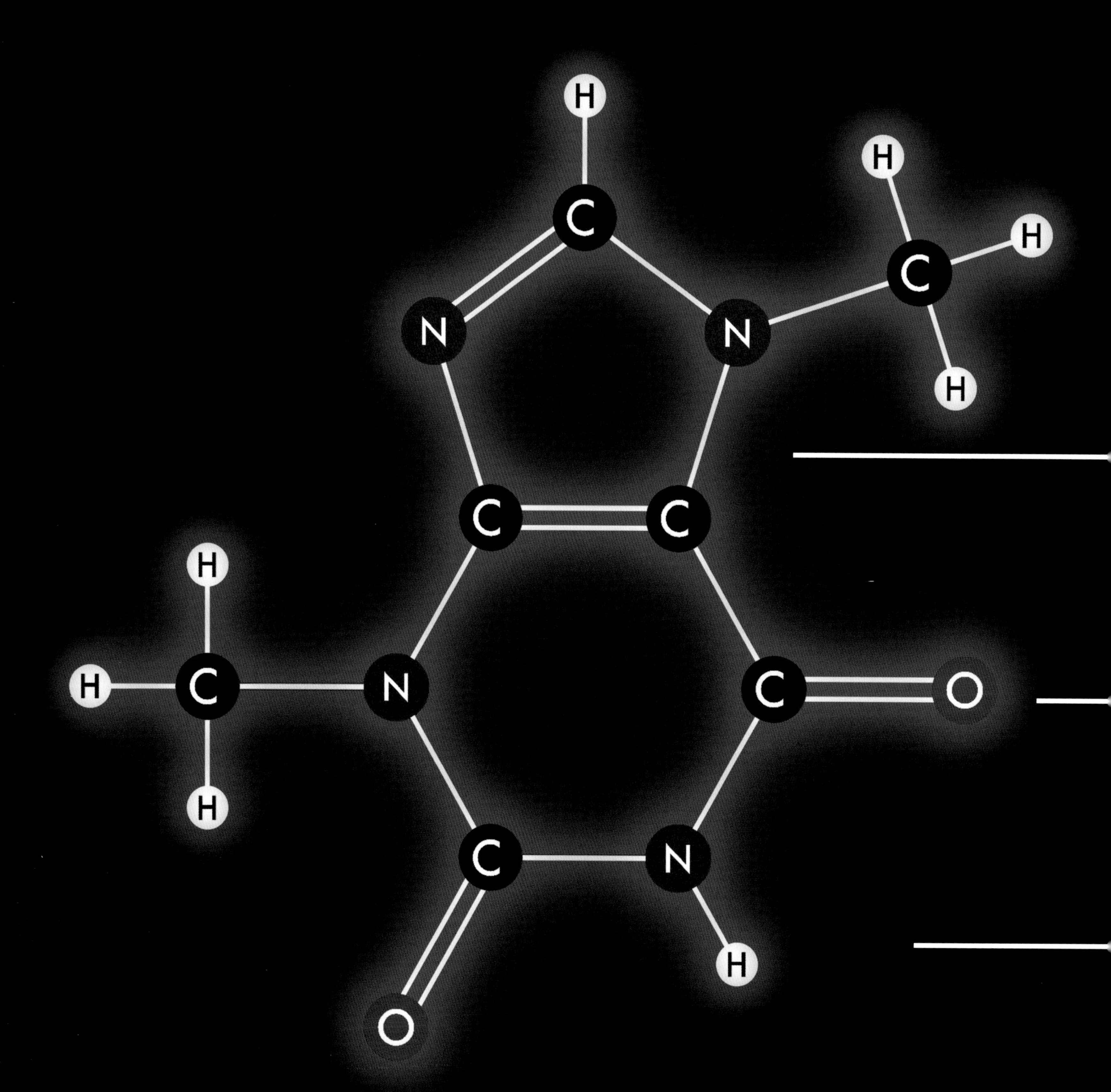

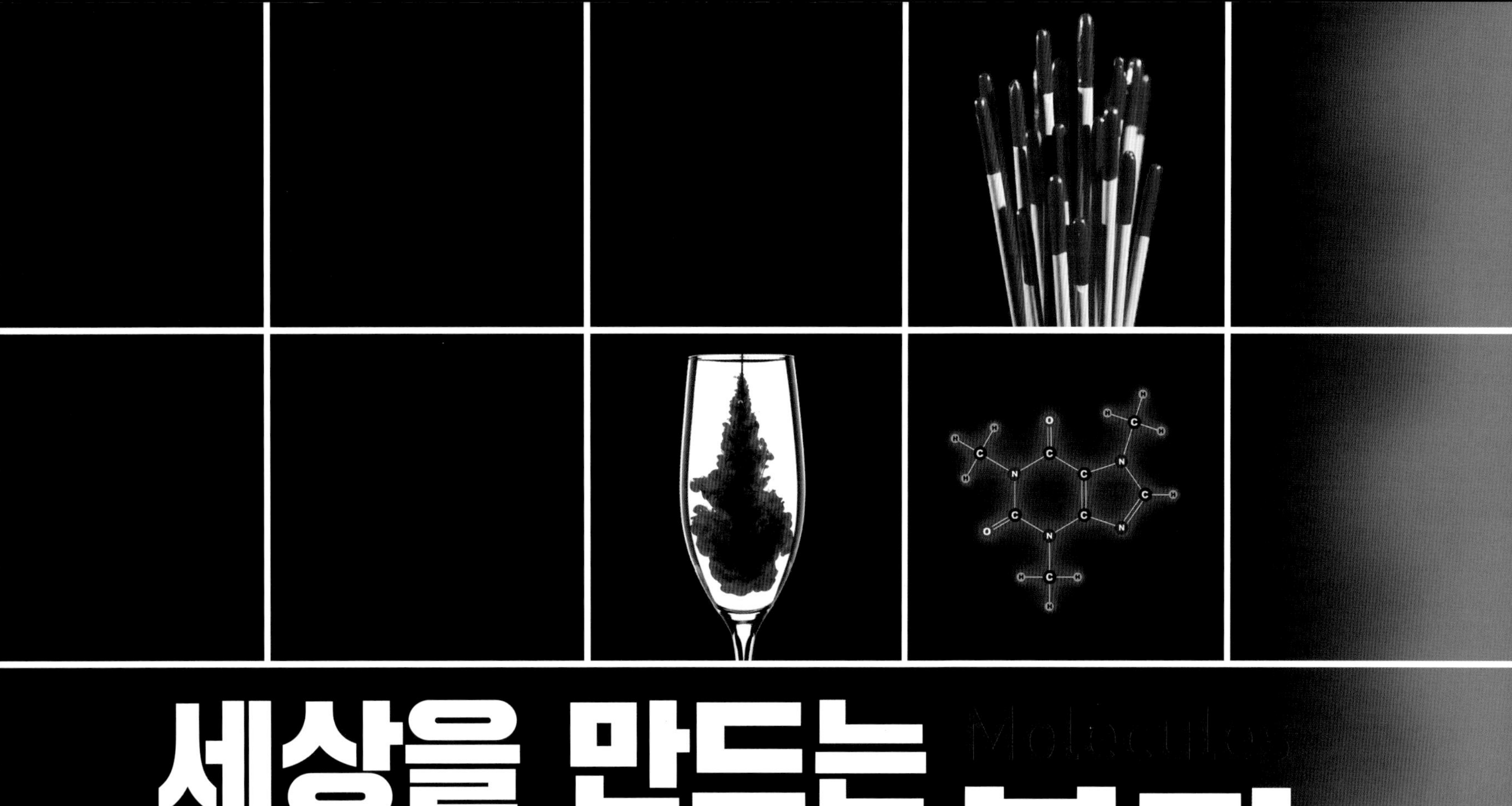

세상을 만드는 Molecules 분자

시어도어 그레이 지음 | 닉 만 사진 | 꿈꾸는 과학 옮김 | 전창림 감수

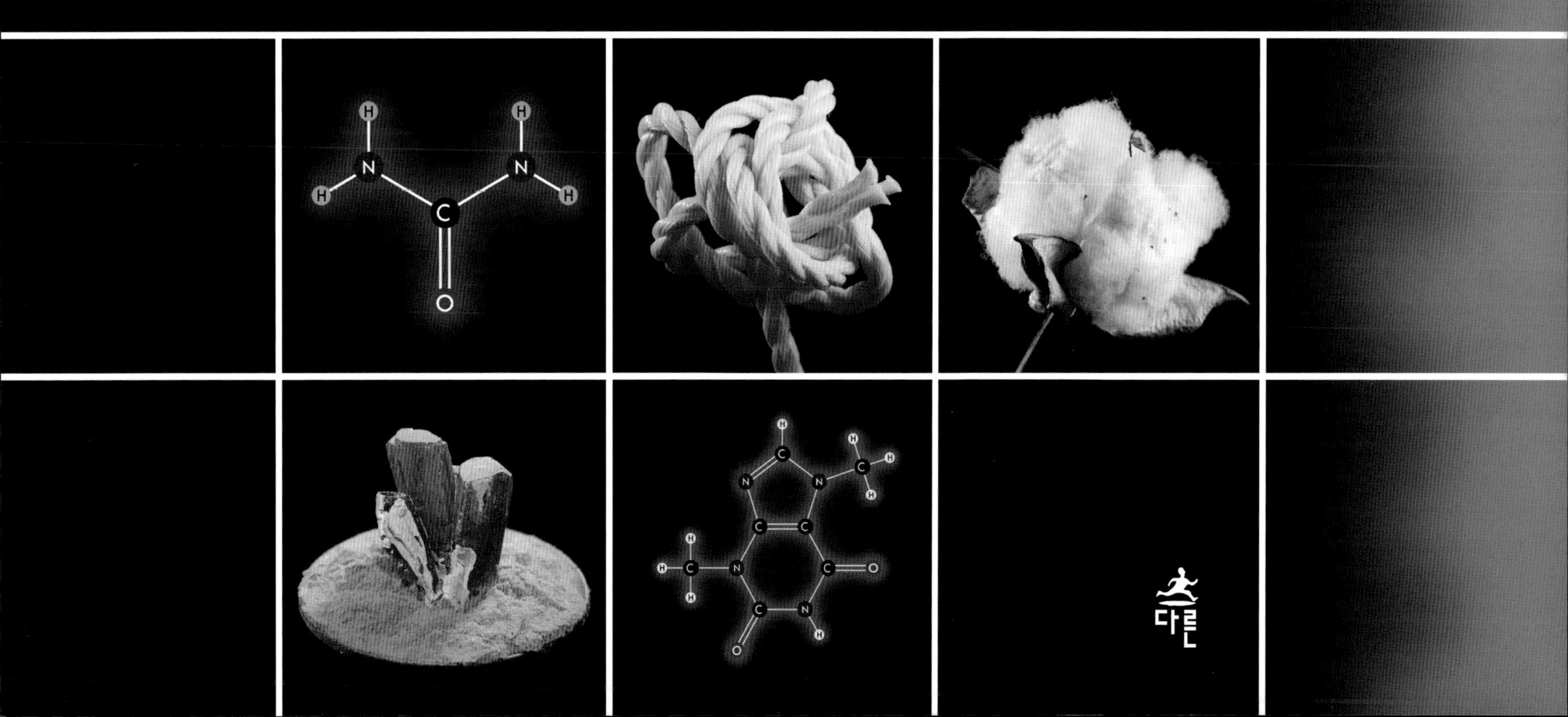

다른

MOLECULES: THE ELEMENTS AND THE ARCHITECTURE OF EVERYTHING by THEODORE GRAY

[일러두기] 본문의 화학 용어 표기는 대한화학회의 화학술어집과 화합물 명명법을 기준으로 삼되,
일부는 국립국어원의 표준국어대사전을 참조하여 국내 독자에게 익숙한 명칭을 썼습니다.

차례

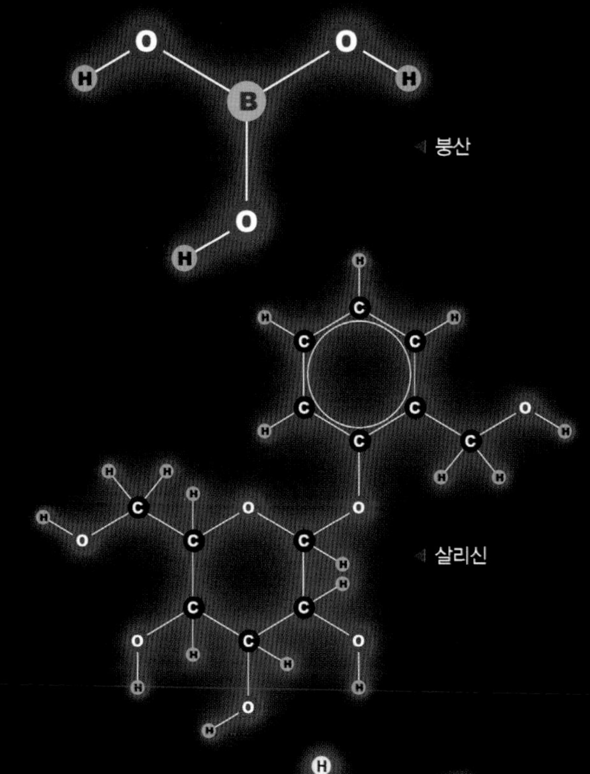

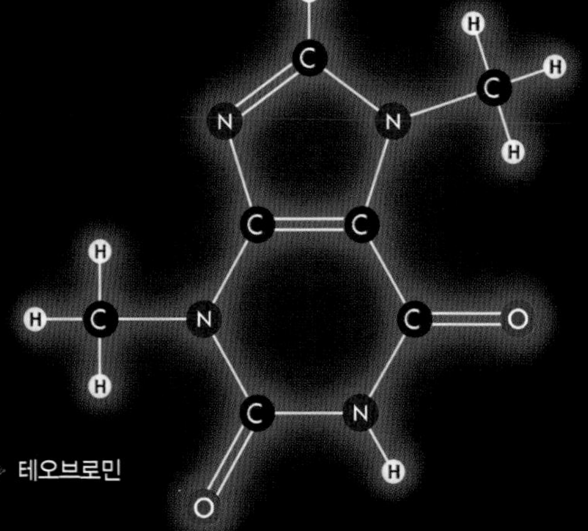

여는 글

주기율표는 완전하다. 100여 개의 원소에 대해서만 알면 걱정할 필요가 없다. 하지만 이 세상의 모든 분자를 정리한 목록은 존재하지 않으며 존재할 수도 없다. 장기판 위에서 말을 어떻게 배치할 수 있는지 일일이 따져보는 게 의미 없는 것과 같은 이치다.

분자를 논리적으로 구분하려는 노력조차 쓸데없는 짓이다.(책의 차례를 어떻게 나눌지 정하기 위해서라도 말이다.) 세상에 존재하는 분자의 개수만큼이나 분자를 나누는 범주는 다양하다. 그래서 나는 이 책에서 흥미로운 분자 그리고 모든 분자를 아우르는 보편적 특성과 관점에 대해서만 이야기하려 한다.

만약 화학 교과서에서 볼 수 있는 화합물의 표준 모형을 기대한다면 실망할 것이다. 이 책에는 산이나 염기에 관한 챕터가 없다. 물론 산과 염기에 대한 이야기가 나오긴 한다. 하지만 그건 비누같이 재미있는 것과 연관되어 있을 때뿐이다.

이러한 점에서 이 책은 모든 학생이 꼭 가지고 있어야 할 화합물 모음집(화학 물질 세트)에 더 가깝다. 완벽한 이해보다는 더욱 재미있는 이해를 위해 '분자의 모든 것'의 일부를 조금씩 모았다. 이 책은 화학의 세계가 어떻게 작동하는지 알려주는 한편, 사물을 보는 감각을 키워줄 것이다.

내가 이 책을 쓰며 즐거웠던 만큼 독자 여러분도 이 책을 읽으며 즐겁길 바란다.

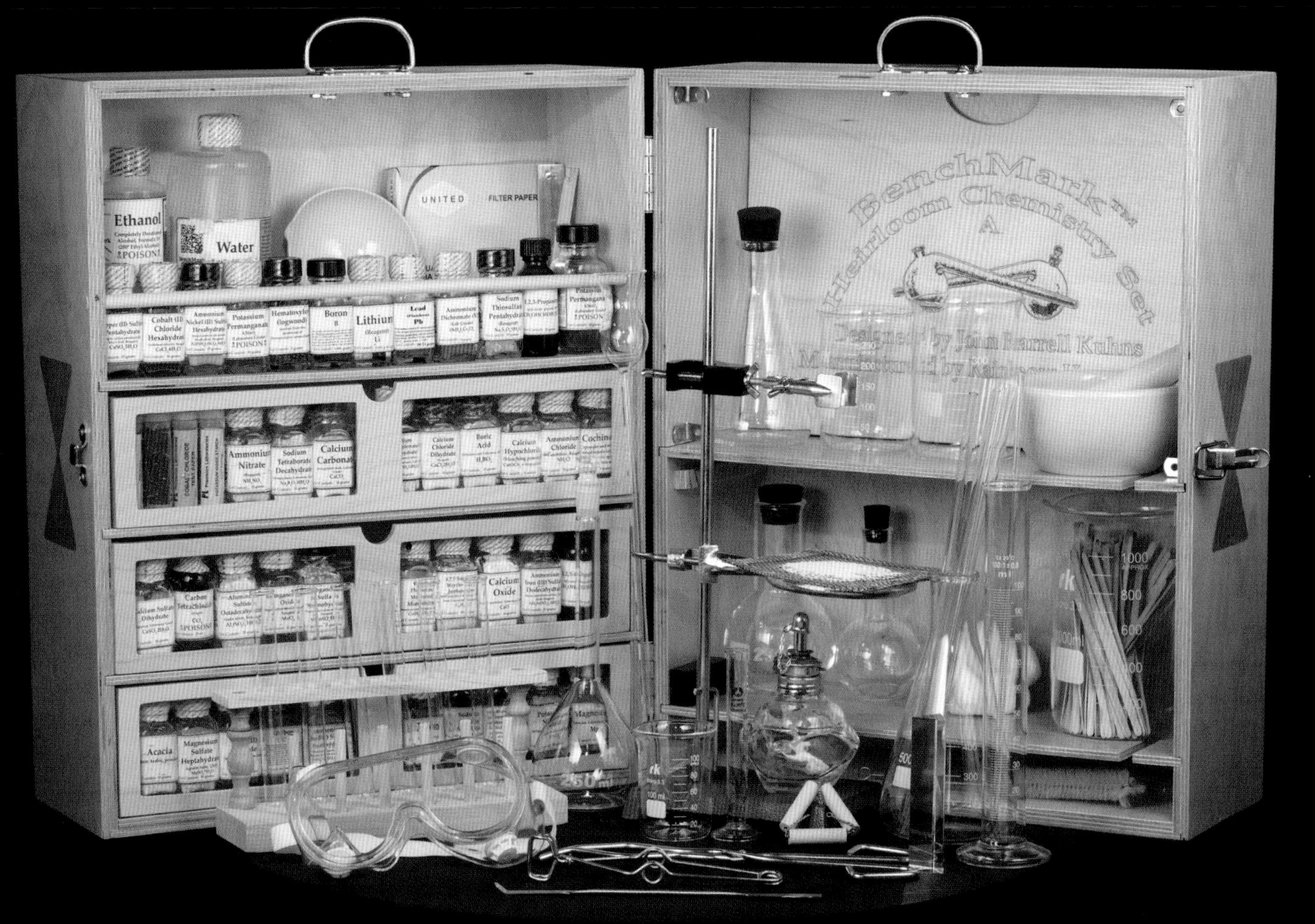

◀ 화학 물질 세트는 지금보다 수십 년 전에 인기가 더 많았다. 요즘 아이들은 발견과 배움에 적합한 도구를 접할 기회가 별로 없으니, 나이 든 과학자들은 안타까울 뿐이다. 구하기 쉬운 화학 물질 세트를 이용해 폭발물을 한번 만들어보자.
사진 속 킥스타터 프로젝트는 지난 100년간 나온 그 어떤 세트보다 완벽하며, 짓궂은 일을 벌일 수 있는 기회로 가득하다. 이 세트에는 살짝 위험하지만 흥미로운 화합물들도 포함되어 있다. 마치 이 책처럼 말이다. 또한 화학 물질에 대한 이해 없이 부주의하게 다룰 경우 일어날 위험에 대해서도 확실하게 경고하고 있다.

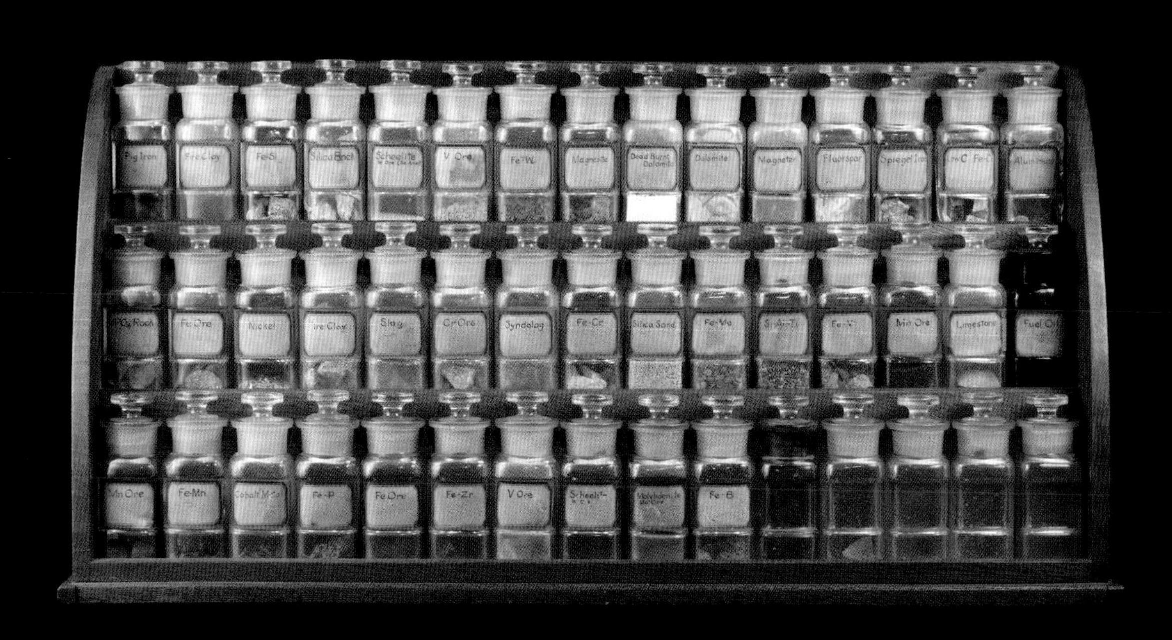

▲ 화합물의 세계는 아주 광대하기 때문에 극히 일부분에 대해서만 관심을 가진다 해도 위 사진처럼 꽤 큰 화학 물질 세트를 구성할 수 있다. 이 사랑스러운 골동품 안에는 주조와 금속 정제 공정에 관심 있는 사람에게만 흥미롭게 보일 법한, 단순한 무기 화합물들이 들어 있다. 광석, 합금, 점토, 내화성 벽돌 재료 등등.(광석에 대해 더 자세히 알고 싶다면 6장을 보라.)

Chapter 1

원소로 만든 집

지구상의 모든 물질은 주기율표에 있는 '원소'로 만들어진다. 어떤 물질은 알루미늄 프라이팬이나 구리선처럼 하나의 원소로만 이루어져 있다. 하지만 대부분의 물질은 서로 다른 원소들이 결합한 구조다. 그 예로 소금, 즉 염화나트륨(소듐)은 나트륨과 염소 원자가 크리스털 격자 구조로 배열된 것이고, 설탕은 탄소 원자 12개와 수소 원자 22개 그리고 산소 원자 11개가 단단하게 연결된 것이다.

이 책은 원소 그 자체에 대해 쓴 것이 아니라, 원소가 모여 만든 분자와 화합물에 관해 쓴 것이다.

우리는 일상생활 속에서 원소보다 분자와 화합물을 훨씬 더 많이 접한다.(원소가 수십 개라면 분자는 무한대다.) 원자가 셀 수 없이 다양한 방법으로 연결되어 다양한 분자를 만들 수 있기 때문이다. 단순히 수소와 탄소만으로도 기름, 윤활유, 용매, 연료, 파라핀 그리고 합성수지를 비롯한 수많은 탄화수소 화합물을 만들 수 있다. 여기에 산소 원자를 더하면 설탕, 전분, 지방산, 진통제, 색소, 합성수지 등의 탄수화물을 포함한 엄청나게 다양한 화합물을 만들 수 있다. 나아가 몇 가지 원소를 더하면 살아 있는 생물체를 구성하는 데 필요한 단백질과 효소, 분자의 모체인 DNA 등 모든 화합물을 만들 수 있다.

이다지도 다양한 방법으로 원자가 결합되는 건 무엇 때문일까? 그리고 왜 분자와 화합물을 자꾸 이야기하게 될까? 분자와 화합물은 다른 건가?

◀ 탄소와 수소, 이 두 가지 원소만으로도 놀라울 만큼 많은 탄화수소 화합물을 만들 수 있다. 그리고 여기다 산소 원자를 더하면 흑설탕 같은 탄수화물을 만들 수 있다!

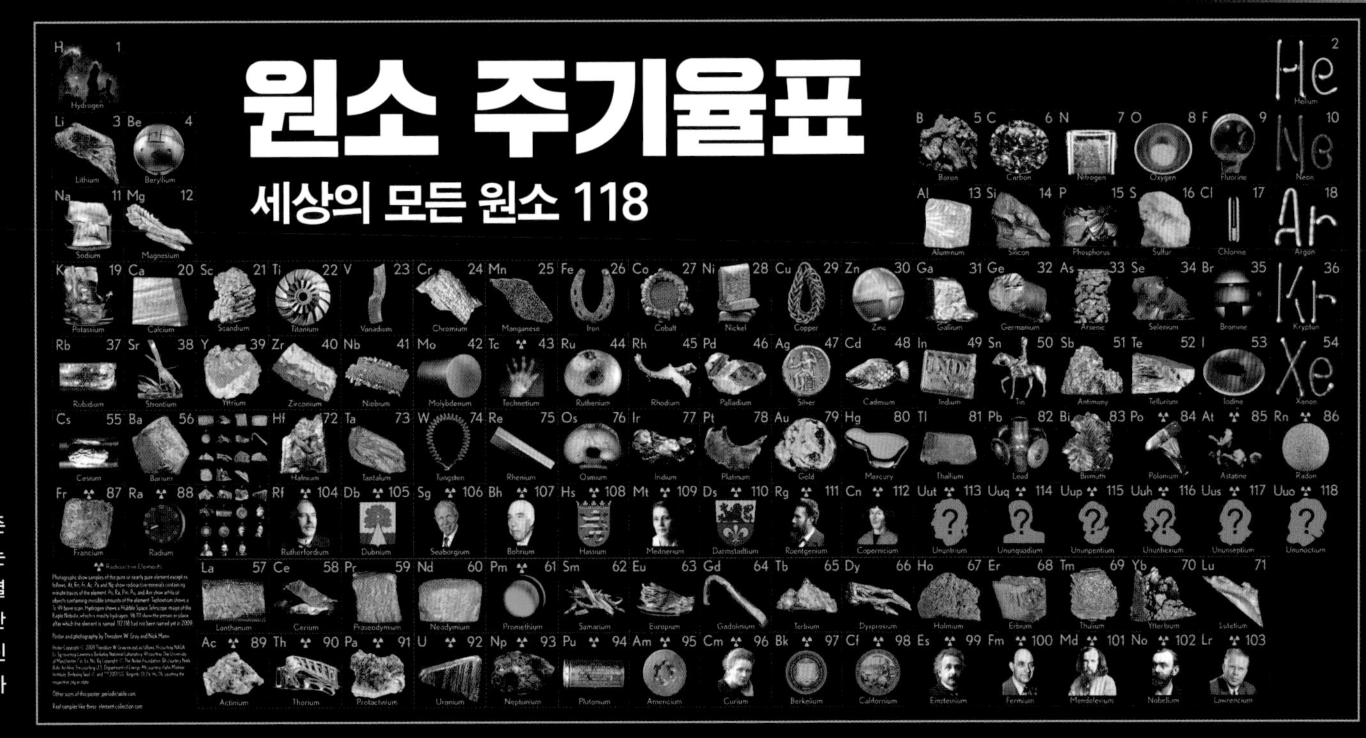

▶ 주기율표는 우주에 존재하거나 존재할 수 있는 모든 원자의 종류를 나열한 것이다. 모든 물질은 단 몇 가지 원자로 만들어진다. 그러나 이들이 결합하는 방법은 무궁무진하다.

염소는 보통 기체 상태로 자연에 존재하지만, 강한 압력을 받으면 사진 속 유리관 안에 보이는 것처럼 액체로 변한다. 염소를 들이마시면 빠르고 고통스럽게 폐가 손상된다.

순수한 나트륨 원소는 밝은 광택이 나는 금속 물질이며, 물과 닿으면 폭발한다. 사진 속 나트륨 조각은 위험천만하게도 오리 모양이다.

염화나트륨은 나트륨 원소와 염소 원소가 1대 1 비율로 결합한 화합물이다. 나트륨과 염소는 굉장히 위험한 원소지만 이 둘이 결합한 염화나트륨은 안전할 뿐만 아니라 맛도 좋다. 염화나트륨의 또 다른 이름은 바로 소금! 위 사진은 말에게 먹이는 가축용 소금이다.

▶ 탄소와 산소, 달랑 이 두 가지 원소만으로도 수많은 화합물을 만들 수 있다. 지금까지 10만 개 이상의 분자가 연구되었으며 이름이 붙여졌다. 그러나 아직 밝혀지지 않은 분자가 훨씬 더 많다.

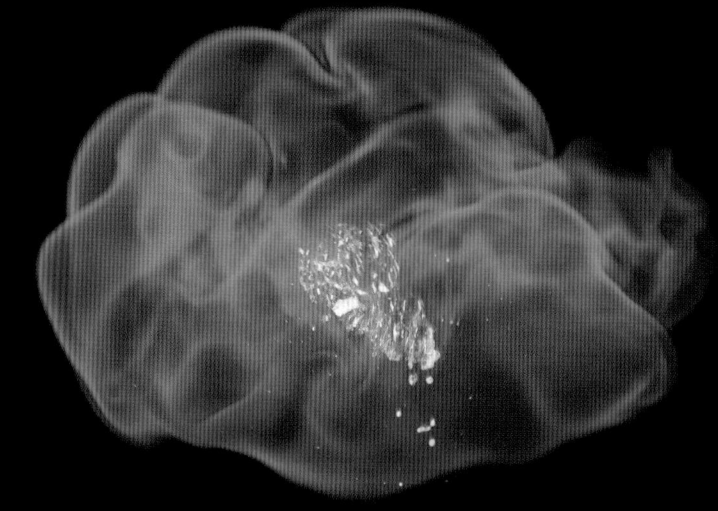

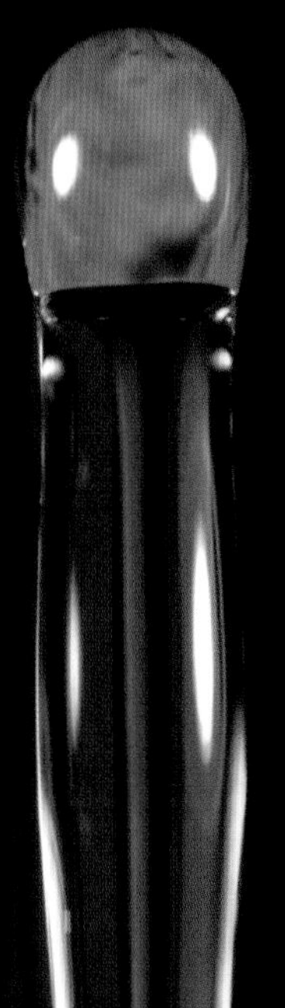

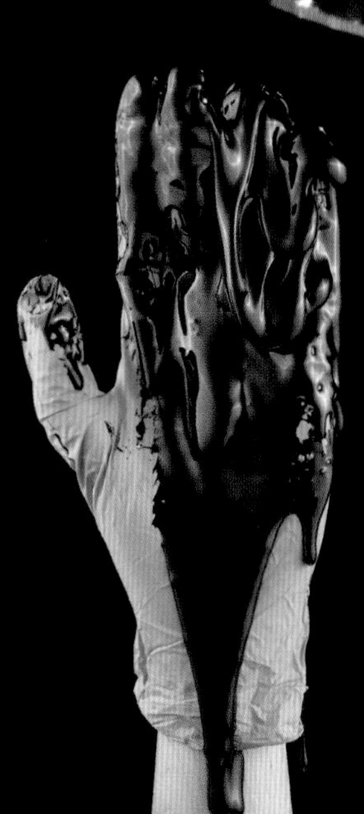

◀ 물보다 가벼운 용매부터 기름 중에서도 가장 끈적거리는 자동차 윤활유까지, 다양한 액체가 탄화수소에 속한다. 탄화수소의 원자 수가 많아질수록 탄화수소의 점성은 높아지며 왁스처럼 변하다가 결국엔 딱딱한 플라스틱처럼 된다.

▶ 얇고 잘 찢어지는 비닐봉지도, 비싸고 질긴 장갑도 원료는 모두 폴리에틸렌 합성수지, 즉 탄소와 수소만으로 이루어진 탄화수소다. 탄화수소 분자는 수만 개에서 수십 만 개에 이르는 원자가 연결된 것이다.

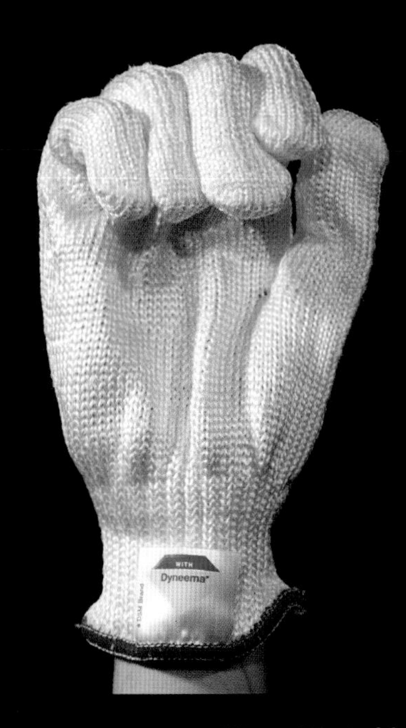

화학의 중심을 이루는 힘

화합물을 결합하고 모든 화학적 성질을 유도하는 힘은 '전자기력'이다. 셔츠에 문지른 풍선을 벽에 달라붙게 하며, 카펫에 비빈 풍선이 당신의 머리카락을 쭈뼛쭈뼛 서게 만드는 바로 그 힘 말이다.

모든 물질은 양(+)전하 또는 음(-)전하를 띤다. 같은 부호의 전하를 띤 물건들은 서로 밀어낸다. 반면 반대의 부호를 지닌 물건들은 서로 끌어당긴다. 자석의 S극과 N극이 같은 극끼리는 밀고, 다른 극끼리는 붙는 성질과 비슷하다.

우리는 이 힘이 어떤지 잘 알고 있다. 얼마나 강력한지, 멀어질수록 그 힘이 얼마나 빨리 약해지는지, 공간을 가로지르는 속도가 얼마나 빠른지 등등. 이러한 문제는 아주 정확히, 그리고 수학적으로 정교히 설명할 수 있다. 하지만 사실 전자기력의 근원은 온통 미스터리다.

놀랍게도 우리는 이 현상을 근원적으로는 알지 못하고 있다. 하지만 그다지 문제가 되진 않는다. 원자가 결합하는 방식을 다양하게 활용하기 위해서는 전자기력에 대한 모든 것을 이해하지 못해도 그 힘이 어떻게 작용하는지만 알면 충분하기 때문이다.

같은 부호의 전하는 서로 밀어내고, 다른 부호의 전하는 서로 끌어당긴다. 이 힘은 중력과 마찬가지로 '역제곱 법칙'을 따른다. 즉 간격이 2배로 멀어지면 전하가 서로 밀고 당기는 힘은 4분의 1로 줄어든다.

풍선을 옷에 대고 쓱쓱 문지르면 소량의 전하가 풍선 표면에 모인다. 이때 풍선을 벽 근처로 가져가면 풍선 표면의 전하가 벽에 있는 반대 부호의 전하를 잡아당기고, 더 가까이 대면 벽과 풍선 사이에 인력이 생긴다. '반데르발스 힘'이라는 용어를 들어보았는가? 개념은 비슷하지만 풍선의 전자기력은 거실에서도 관찰할 수 있는 데 비해, 반데르발스 힘은 오직 분자 사이에서만 관찰할 수 있다는 점이 다르다.

음전하, 즉 전자가 위 장치 안에 쌓이면 전자 사이의 반발력 때문에 바늘이 고정된 막대기로부터 멀어진다. 따라서 바늘과 막대기 사이의 멀어진 거리를 통해 전자가 얼마나 많이 모였는지 대충 알 수 있다. 이보다 정교한 장비에서는 전자의 개수를 셀 수도 있고, 전자기력도 정확히 측정할 수 있다.

밴더그래프 정전발전기는 다량의 전하를 모아 멋진 결과를 보여준다. 사진에서처럼 머리카락 한 올, 한 올마다 전하를 이동시켜 서로 밀어내게 만드는 것이다. 이 현상은 모든 머리카락이 똑같은 부호의 전하를 띠기 때문에 가능하다.

원자

원자핵은 양성자와 중성자로 이루어져 있으며, 작고 밀도가 높다. 양성자가 양전하를 띠는 데 반해 중성자는 전하가 없다. 따라서 원자핵은 양성자 수만큼의 양전하를 띤다.

원자핵 주변은 음전하를 띠는 전자들이 둘러싸고 있다. 음전하는 양전하를 끌어당긴다. 따라서 전자는 전하 때문에 원자핵에 붙들려 있는 꼴이다. 전자를 원자핵으로부터 멀리 떨어뜨려 놓으려면 에너지가 필요하다.

전자의 음전하는 양성자의 양전하와 힘의 크기가 같으며, 부호만 다르다. 따라서 전자와 양성자의 수가 같으면 원자의 총 전하량은 '0'이 된다. 이러한 원자를 중성 원자라고 한다.

원자핵의 양성자 수를 원자 번호라고 한다. 원자 번호는 원자를 구별하는 기준이 된다. 예를 들어 원자핵의 양성자가 6개면 흑연과 다이아몬드를 만들 수 있는 탄소 원자다. 원자핵 안에 양성자가 11개면 나트륨 원자이며, 나트륨은 물에 던질 경우 폭탄이 되고 염소와 결합하면 소금이 된다.

원자핵은 원소의 정체성을 결정짓는 반면 바깥의 전자는 원소의 특성을 결정한다. 원소의 화학적 성질은 전자와 관련되어 있다.

▽ 원자를 그린 그림을 봤을 것이다. 마치 행성이 태양 주변을 도는 것처럼, 작은 공 모양의 전자가 원자핵 주변을 빙빙 도는 도식 말이다. 하지만 그건 거짓이다. 원자핵은 그렇다 쳐도, 전자는 단순히 작은 공이 아니며 우리가 생각하는 것처럼 원자핵 주변에서 궤도를 따라 돌지 않는다.
이상하게 들리겠지만 전자는 양자역학적으로 특정 시간에 한곳에 있을 수도 있고 없을 수도 있는, 비국소성을 지닌다. 전자에 대해 설명할 수 있는 방법 중 가장 확실한 건, 특정 장소에 전자가 있을 확률을 수학적으로 기술하는 것이다. 그리고 이를 통해 얻은 확률분포도는 원자궤도함수(원자오비탈)라는 아름다운 형태를 그린다. 하지만 그렇다고 전자가 원자궤도를 따라 움직이는 것도, 원자궤도함수가 일정한 형태처럼 생긴 것도 아니다. 대신 원자궤도함수는 원자핵 주위의 특정 위치에서 전자를 찾을 수 있는 확률을 보여준다. 밝은 부분에서 전자를 발견할 수 있는 확률이 더 높다는 사실 말이다. 전자는 어디에나 있을 수 있고 어디에도 없을 수 있다. 이상하다고? 맞다. 아인슈타인은 이 점을 무척이나 싫어했다. 하지만 이 방법은 지금까지의 그 어떤 이론보다 이 세상을 더 정확히, 효과적으로 설명한다. 그러니 우리가 할 수 있는 가장 좋은 선택은 이 방법에 익숙해지는 것이다.

1s

2s $2p_x$ $2p_y$ $2p_z$

3s $3p_x$ $3p_y$ $3p_z$ $3d_{xy}$ $3d_{yz}$ $3d_{z^2}$ $3d_{xz}$ $3d_{x^2-y^2}$

4s $4p_x$ $4p_y$ $4p_y$ $4d_{xy}$ $4d_{yz}$ $4d_{z^2}$ $4d_{xz}$ $4d_{x^2-y^2}$

$4f_a$ $4f_b$ $4f_c$ $4f_d$ $4f_e$ $4f_f$ $4f_g$

원자

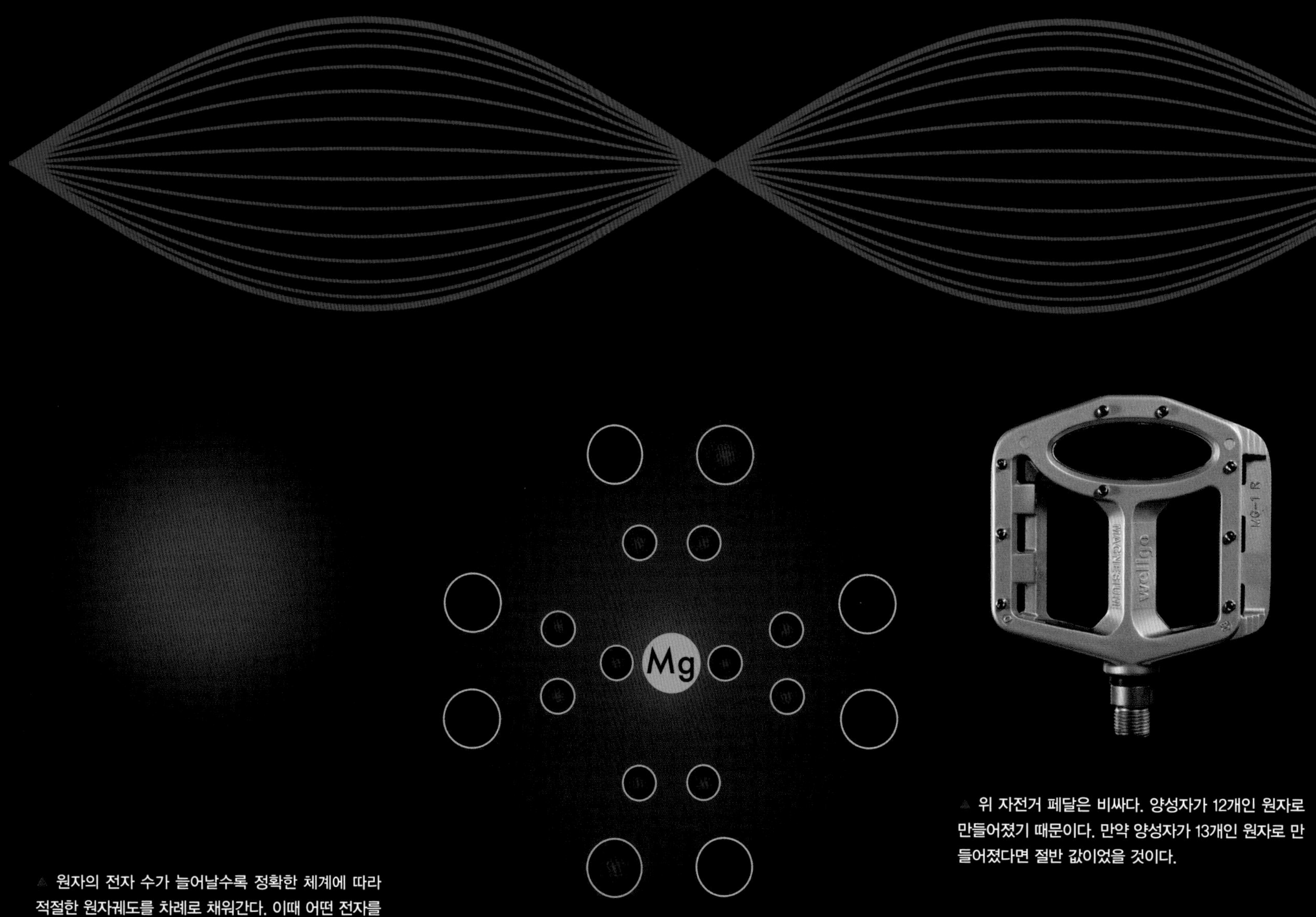

▲ 위 자전거 페달은 비싸다. 양성자가 12개인 원자로 만들어졌기 때문이다. 만약 양성자가 13개인 원자로 만들어졌다면 절반 값이었을 것이다.

▲ 원자의 전자 수가 늘어날수록 정확한 체계에 따라 적절한 원자궤도를 차례로 채워간다. 이때 어떤 전자를 발견할 확률에 대한 종합적인 분포 함수는 원자궤도함수의 총합으로 알 수 있다. 예를 들어, 위 그림은 마그네슘 주위의 전자 배열을 나타낸다. 이는 왜 화학 책에서 이와 같은 전자 배열을 거의 볼 수 없게 되었는지 알려준다. 이 도식 안에는 분리된 전자가 12개 있지만 실제로 전자 1개를 따로 떼어놓는 것은 불가능하다. 왜냐하면 전자 12개의 확률 밀도는 균일한 분포를 보이며, 대칭을 이루며 완벽하게 섞여 있기 때문이다. 위 그림을 여기에 실은 건, 이러한 그림이 왜 의미가 없는지 알려주기 위해서다.

▲ 전자를 원자핵 주위를 도는 작은 공으로 묘사하는 게 싫긴 하지만, 이게 유용한 건 사실이다. 왜냐하면 이러한 도식을 통해 우리는 전자를 실제로 볼 수 있고, 셀 수 있으며, 전자가 원자핵 주변의 '전자껍질' 안에 배열되어 있고 각 전자껍질이 일정한 개수의 전자를 포함하고 있다는 것을 알 수 있기 때문이다. 원자핵 주위의 전자 수가 증가하면 안쪽에 있는 전자껍질부터 전자가 채워진다. 이 책에서 다루는 모든 원소(수소 빼고)는 가장 바깥쪽 전자껍질, 즉 최외각 전자껍질에 최대 8개의 전자를 채울 수 있다. 최외각 전자껍질의 전자 수는 원소마다 다르다. 가령 마그네슘은 최외각 전자껍질에 전자를 2개 가지고 있다. 이 최외각 전자껍질의 전자는 마그네슘에 화학적 성질을 부여한다. 위와 같은 도식은 실제 전자의 물리적 위치에 대한 그 어느 정보도 보여주지 않는다! 단지 각 전자껍질, 특히 최외각 전자껍질에 얼마나 많은 전자가 존재하는지 나타내는 편리한 방법일 뿐이다.

▼ 어떻게 전자는 어디에나 있을 수 있고, 동시에 어디에도 없을 수 있는가? 전자는 많은 양자역학적 물질이 그러하듯 때로는 파동처럼, 때로는 입자처럼 행동한다. 원자 주변의 공간은 바이올린 현, 그리고 전자는 그 현 위의 진동이라고 가정해보자. 바이올린을 켜면 현 위의 어느 부분에 진동이 존재할까? 글쎄, 현 위의 어느 곳도 아니면서 동시에 모든 곳이 될 것이다. 전자도 이와 같다. 어디에도 있고 동시에 어디에도 없다. 하지만 검출된 전자는 양자역학적으로 표현하자면 입자처럼 행동하고, 실제하며, 특정 위치에 있기도 한다.

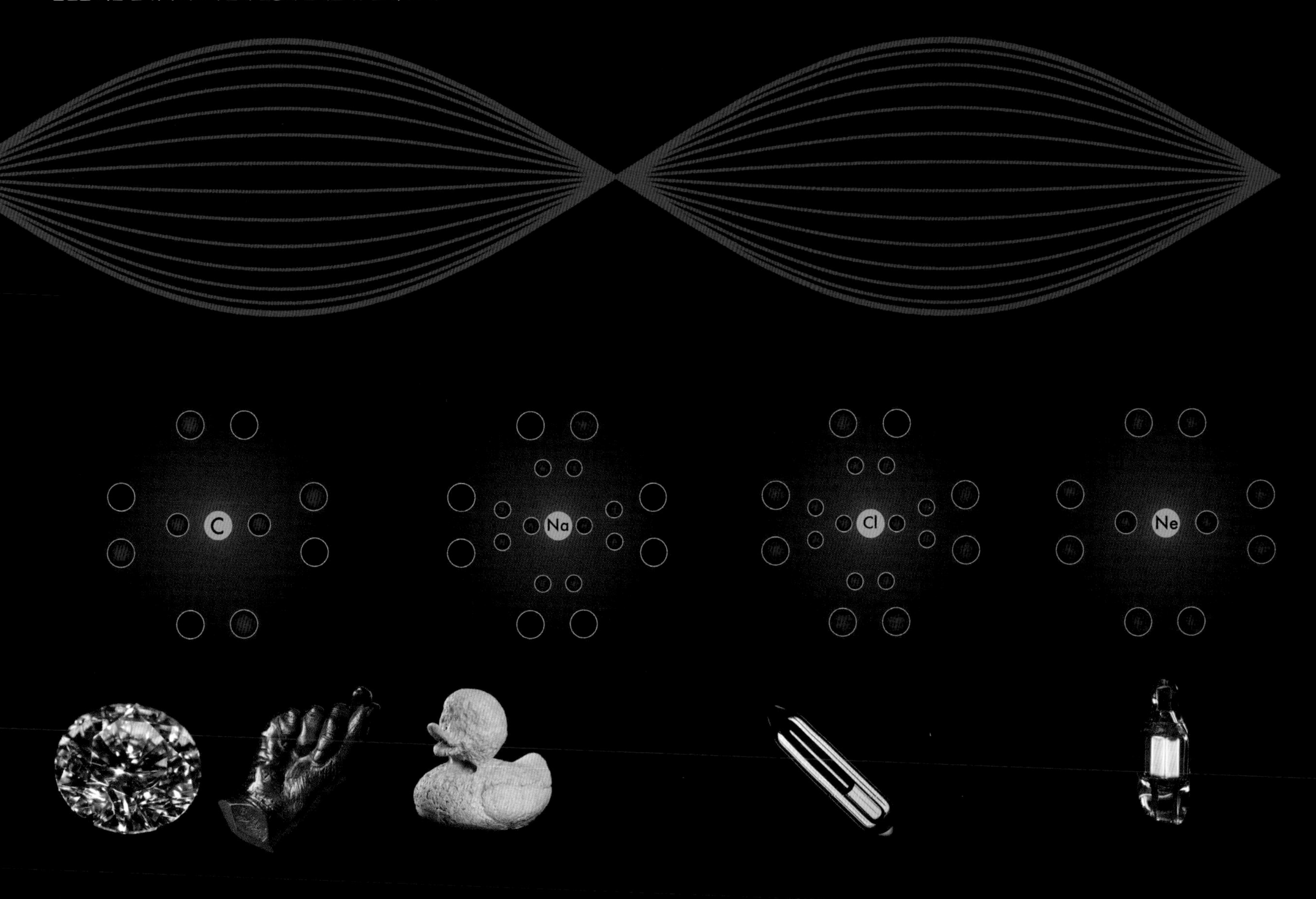

▲ 사진 속 다이아몬드를 다시 보자. 원자핵 안에 양성자가 6개 있다는 사실을 통해 우리는 이것이 다이아몬드임을 알 수 있다. 흑연은 다이아몬드와 완전히 다른 물질로 보일 테지만, 그 역시 원자핵 안에 양성자를 6개 가지고 있다. 즉 다이아몬드와 마찬가지로 탄소로 이루어졌다. 주목할 점은 탄소의 최외각 전자껍질에 전자가 4개 있으며, 추가로 전자 4개가 들어갈 공간이 있다는 것이다. 이 점은 지구상에 존재하는 모든 생물에게 무척 중요한 사실이다.

▲ 이 오리 조각은 양성자를 11개 가지고 있는 나트륨 원자로 만들어졌다. 즉 이 오리는 나트륨 오리다. 다만 표면의 일부 나트륨 원자는 양성자가 8개뿐이기도 하다. 공기 중의 산소 원자와 결합해 백색 가루인 산화나트륨을 형성했기 때문이다. 이 오리 조각에는 양성자 수가 다른 불순물이 약간 들어 있는데, 이 원소들은 아무런 반응도 일으키지 않는다. 중요한 건 나트륨 원자의 최외각 전자껍질에 전자 1개만 존재한다는 사실이다. 이것만으로도 나트륨의 화학적 특성을 거의 다 설명할 수 있다.

▲ 액화 염소의 원자는 양성자가 17개다. 염소의 최외각 전자껍질을 보면 전자 1개가 비어 있다는 걸 알 수 있다. 위 그림은 염소의 화학적 특성에 관해 알아야 할 모든 것을 말해준다.

▲ 간판 안에 들어 있는 네온 가스 원자는 양성자가 10개이며, 최외각 전자껍질에 전자가 가득 차 있다. 이로 인해 네온은 반응성이 거의 없다. 최외각 전자껍질이 가득 차 있으면 원자는 안정된 상태가 된다.

화합물

전자기력은 전자와 양성자를 하나의 원자 안에 붙잡아 두는 힘, 또한 화합물과 분자 안의 다양한 원자를 함께 붙잡아 두는 힘을 뜻한다. 각각의 원자가 정확히 같은 수의 양성자와 전자를 가지고 있으면 전체적으로 전하를 띠지 않으며, 따라서 중성 원자 간에는 전자기력이 발생하지 않는다. 중성 원자들을 연결하려면 이쪽 원자에 있는 전자를 저쪽 원자로 이동시켜 둘 사이에 전자기력이 생기게 해야 한다.

앞 페이지의 원자 도식을 다시 보자. 네온 원자는 전자껍질이 모두 가득 차 있는 반면 탄소와 나트륨, 염소 원자는 전자가 없는 빈 공간이 존재한다. 각각의 전자껍질은 일정한 수의 전자를 지닌다.(2개 또는 8개, 어느 위치에 있는 전자껍질이냐에 따라 다르다.) 안쪽의 전자껍질은 완전히 채워져 있지만 바깥쪽 전자껍질, 최외각 전자껍질은 비어 있을 수 있다. 전자껍질이 다 채워져 있지 않으면 원자는 불안정하다. 즉 전자를 움직여 볼 수 있는 좋은 기회인 셈이다.

원자들은 완벽한 전자껍질을 갖기 위해 최상의 거리를 유지하려고 애쓴다. 심지어 전기적으로 더 이상 중성이 아니더라도 그렇다. 또한 선호도가 다르다. 즉 어떤 원소는 빈 공간에 추가로 전자를 채우거나 최외각 전자껍질에 있는 전자를 버리려고 하는 반면, 어떤 원소는 주변의 원자들과 전자를 공유하려고 한다. 후자의 경우 하나의 전자를 부분적으로 공유하여 한번에 양쪽의 원자를 만족시킬 수 있다.

2개 혹은 그 이상의 원자들이 서로 연결되어 있는 것을 '분자'라 한다. 그리고 분자 안에 다른 종류의 원소가 최소 2가지 이상 포함되어 있으면 '화합물'이라 한다.

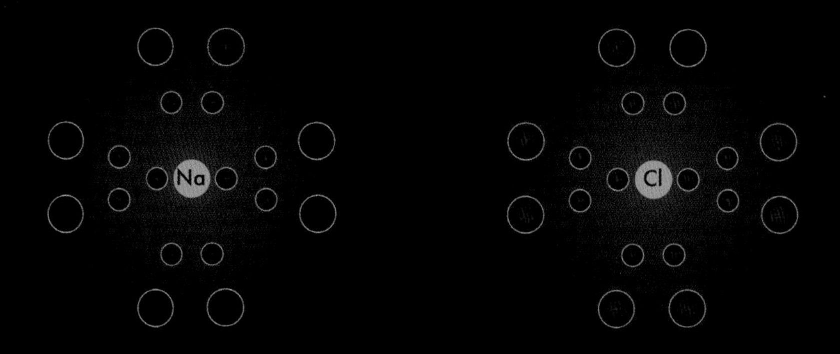

▲ 나트륨(양성자 11개)과 염소(양성자 17개)의 원자 도식을 다시 보자. 두 원소 모두 최외각 전자껍질이 완전히 채워져 있지 않다. 나트륨은 최외각 전자껍질에 전자를 8개 채울 수 있지만, 가지고 있는 전자는 오직 1개다. 염소도 마찬가지로 전자가 들어갈 수 있는 자리가 8개지만, 7개만 채워져 있다. 즉 나트륨과 염소는 매우 불안정한 상태다. 이 둘은 반응성이 좋아서 근처에 있는 물질을 맹렬히 공격하는 성향을 띤다. 나트륨은 가까이 있는 물을 폭파시키며, 염소는 몸속에 들어갈 경우 폐를 망가뜨린다.

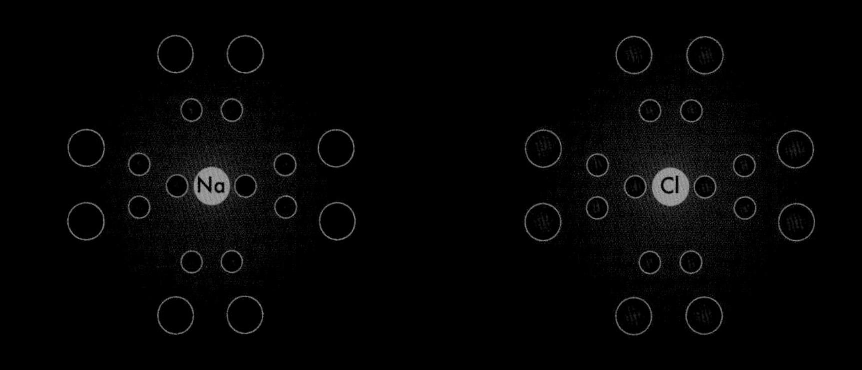

▲ 나트륨 원자의 전자 1개를 염소 원자로 옮기면 이들의 문제를 해결할 수 있다. 두 원자의 최외각 전자껍질이 모두 채워지기 때문이다.(위 도식에서 나트륨의 텅 빈 전자껍질은 전자가 어디로 가버렸다는 것을 보여주기 위해 표시한 것으로, 안쪽의 채워진 전자껍질만 실재하는 것이다.) 전자 1개가 이동하면 나트륨 원자는 양의 전하를 띠고, 반면 전자 1개를 받은 염소 원자는 음의 전하를 띤다. 그렇게 되면 이들 두 원자는 반대 전하를 띠기 때문에 서로를 끌어당긴다. 결국 두 원자는 달라붙어서 염화나트륨, 즉 소금이 된다.

▶ 나트륨 원자와 염소 원자는 염화나트륨으로 결합하기 위해 전자를 교환하길 매우 좋아한다. 여기서 '좋아한다.'는 말은 전자가 움직일 때 많은 에너지를 방출한다는 뜻이다. 화학적 반응을 통해 발생한 에너지는 열과 빛 그리고 소리의 형태로 방출된다. 결합하길 좋아하는 원소(즉 결합할 때 많은 에너지를 방출하는 원소)는 자연 상태에서 단독으로 존재하기 힘들다. 나트륨과 염소같이 반응성이 높은 원소는 단독으로 거의 찾을 수 없다. 만약 순수한 나트륨 또는 순수한 염소를 보게 된다면, 누군가가 사이좋게 결합해 있는 이들을 찢어 놓으려고 고생했다고 보면 된다.

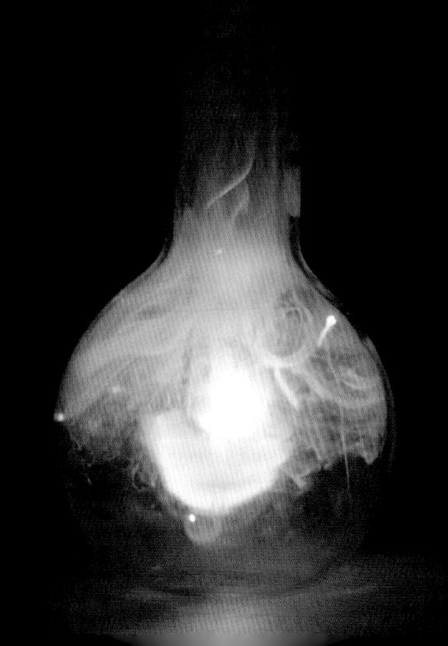

▶ 원자가 소금 안에서처럼 전하를 띠면 '이온'이라 불린다. 나트륨 이온은 +1 전하(음의 전하인 전자를 잃었다는 뜻이다.)인 반면 염소 이온은 −1 전하다. 2개의 이온 사이에서 형성된 결합은 '이온 결합'이라 하며, 이온 결합으로 만들어진 화합물은 '이온 화합물'이라 한다. 염화나트륨은 이온 화합물의 한 예다. 수많은 화합물이 이온 결합을 이루며 그중 대다수는 소금처럼 우리에게 잘 알려져 있다.
전하는 음전하와 양전하, 두 종류뿐이라 이온 결합에 의해 배타적으로 결합된 화합물은 늘 단순하다. 음전하는 가까운 양전하를, 양전하는 가까운 음전하를 마구 끌어당긴다. 그래서 원소들은 결정이라 불리는 단순하고 반복된 배열 안에 아주 빽빽하게 자리한다. 17쪽 그림은 염화나트륨, 즉 소금 결정이다. 분자를 단순히 원자들의 결합체라고 생각하는 사람들은 소금을 단일 분자라고 할 것이다. 그러나 일반적으로 소금은 분자가 아닌 이온 결정으로 분류한다.

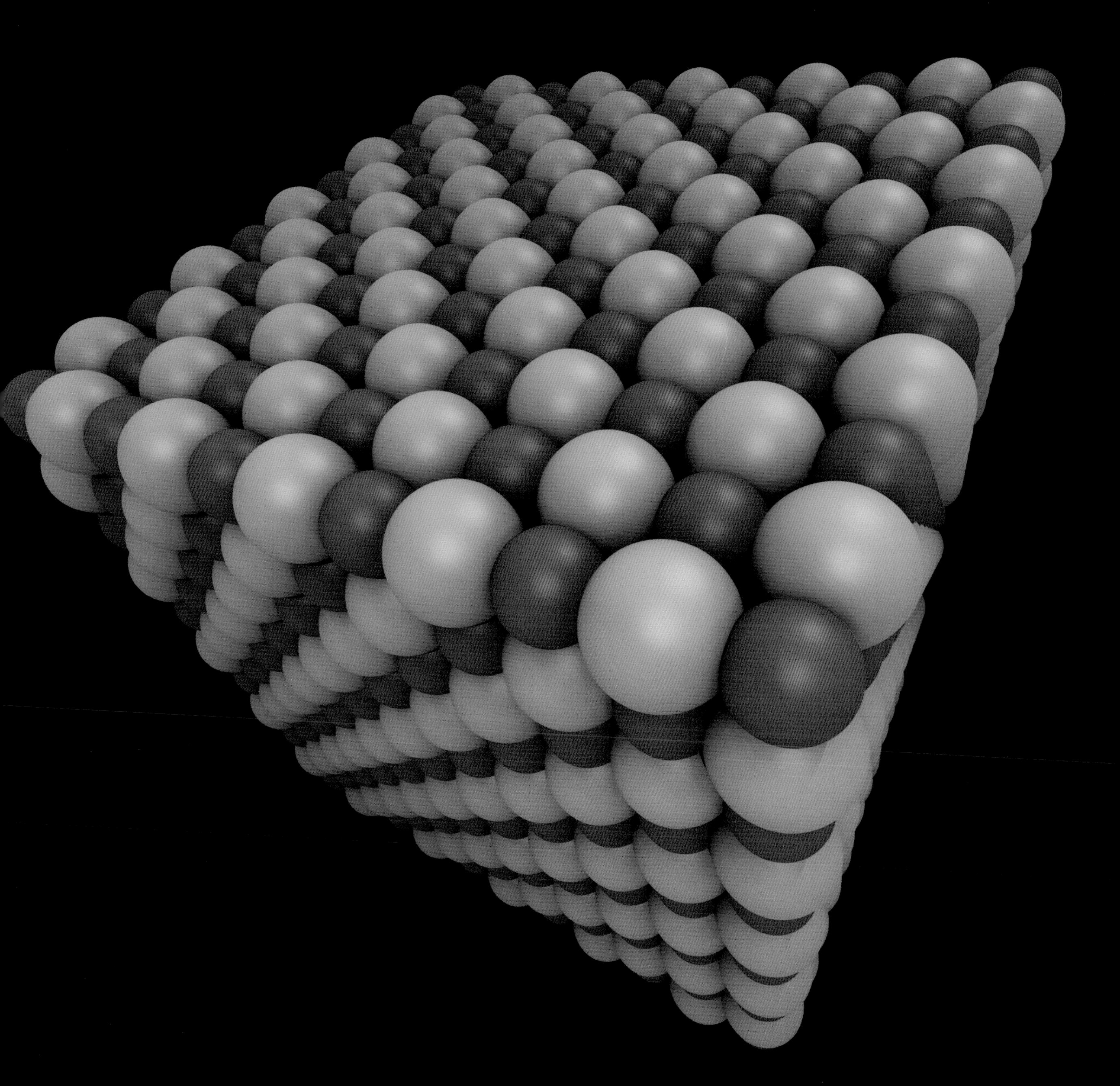

분자

나트륨과 염소의 이온 결합에서 염소는 전자 하나를 얻으려 하고 나트륨은 전자 하나를 버리려고 한다. 그리고 상대와 결합하길 매우 좋아한다. 그런데 다른 원자들은 이처럼 전자를 얻거나 버리려는 의지가 부족하다. 대신 서로의 전자를 공유하려 한다. 이렇게 원자들이 1개 또는 그 이상의 전자를 공유할 때 '공유 결합'이 일어난다.

공유 결합은 이온 결합과 달리 원자들이 개별적으로 존재하기 때문에 구조가 복잡하다. 공유 결합은 특정 두 원자 사이에 존재한다.

원자는 종류에 따라 전자의 수가 다르며, 주변 원자들과 전자를 공유하길 좋아한다. 가령 최외각 전자껍질에 전자가 4개 부족한 탄소는 전자껍질의 빈자리를 다 채우기 위해 다른 원자들로부터 전자 4개를 얻으려 한다. 산소는 전자를 2개 얻으려고 한다. 수소는 엄청 관대하다. 가지고 있는 전자가 1개뿐이지만 전자를 빼앗아 채우려 하지 않고 다른 원자와 전자를 공유하면서 행복해한다.

이러한 규칙은 마치 딸깍거리며 연결되는 레고 블록마냥 원자들을 움직이게 한다. 그리고 이 과정을 통해 만들어진 결과물이 바로 분자다.

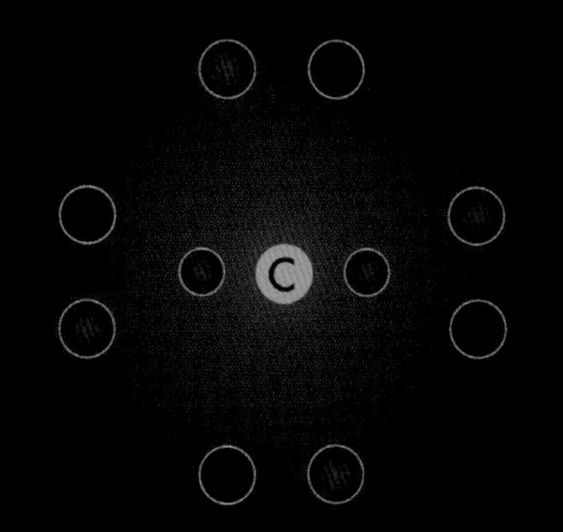

탄소는 전자 8개가 들어갈 수 있는 최외각 전자껍질에 전자 4개를 갖고 있다. 이 말은 탄소가 완전한 전자껍질을 만들기 위해 종종 다른 원자 4개와 결합한다는 뜻이다.

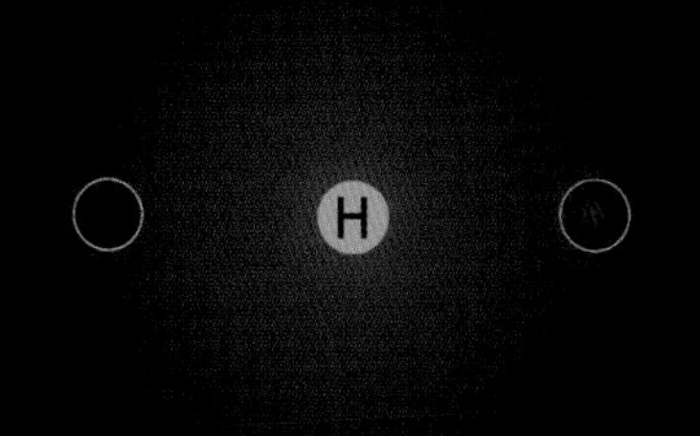

수소는 전자가 2개 들어갈 수 있는 최외각 전자껍질에 전자 1개를 갖고 있다. 이 말은 수소가 단 하나의 원자와 결합한다는 뜻이다.

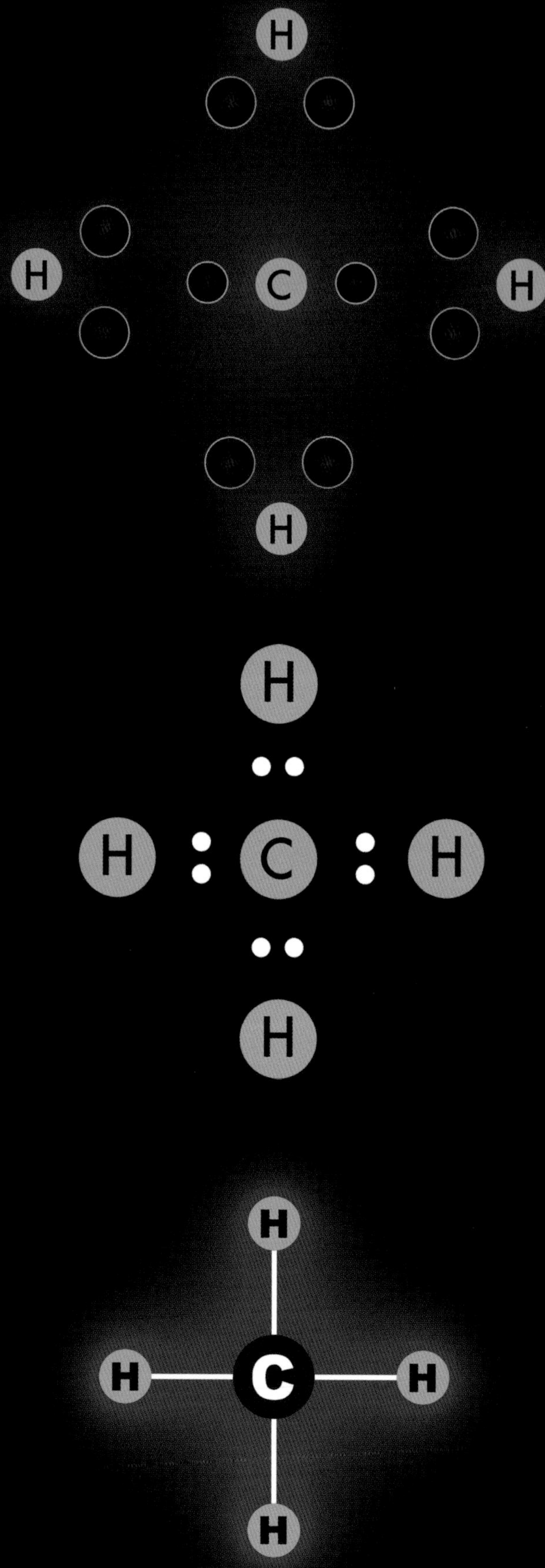

(위) 수소 원자 4개가 탄소 원자 1개와 결합할 때, 그 결과물은 수소와 탄소 모두를 행복하게 만든다. 탄소의 최외각 전자껍질에는 총 8개의 전자가 들어갈 수 있는데, 그중 4개는 탄소에서 나머지는 수소 4개에서 하나씩 채운다. 전자껍질을 꽉 채운 탄소는 전자 8개가 모두 자신에게 속해 있는 것처럼 군다. 수소 원자 역시 마찬가지다. 이러한 식으로 만들어진 원자단(분자 안에서 결합하고 있는 원자 집단)을 메탄 분자라고 부른다.

(가운데) 이 복잡한 그림도 메탄 분자 안의 전자가 실제 어디에 있는지를 보여주는 건 아니다. 다만 전자의 개수를 편히 셀 수 있도록 도와주며, 원자의 최외각 전자껍질에 전자가 몇 개 채워져 있는지만 알려준다. 이렇게 간단히 그린 그림을 '루이스 점' 구조식이라고 부른다. 여기서 각각의 점은 원자의 전자껍질에 들어 있는 전자 1개를 나타낸다.

(아래) 분자를 구성하는 원자들의 전자를 하나하나 다 보여주기란 복잡한 그림으로든, 로이스 점 구조식으로든 불가능하다. 따라서 이 책에서는 화학책에서 흔히 볼 수 있는 방식, 즉 공유 전자를 선으로 표현해 분자를 나타낼 것이다. 여기서 각각의 선은 두 원자가 전자를 1개씩 내놓아 전자쌍을 만들고 이를 공유하고 있음을 의미한다. 선 주위가 뽀얗게 빛나는 것은 상징적인 의미다. 실제 원자에는 끈이나 막대기 같은 게 없다. 오직 흐릿하게 퍼진 전자들이 원자핵 사이와 주변을 떠다니며 전자기력으로 자신들을 붙들어 둘 뿐이다.

▶ 탄소 원자끼리는 전자를 1개, 2개, 3개를 공유하면서 각각 단일 결합, 이중 결합, 삼중 결합을 만들 수 있다. 이때 공유 전자는 탄소가 갖고 있는 4개의 '자리' 중 하나를 차지한다. 남은 자리는 보통 수소 원자가 채운다. 다중 결합은 단일 결합보다 더 단단하고 짧지만 반응성이 훨씬 크다. 불에 잘 타는 에탄 가스는 단일 결합이고, 활활 더 잘 타는 에틸렌 가스는 이중 결합이며, 그야말로 폭발적으로 불타는 아세틸렌 가스는 삼중 결합이다.

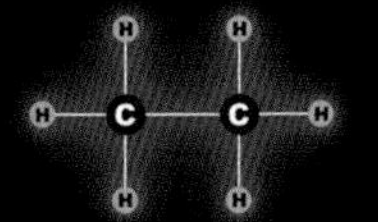
▲ 에탄

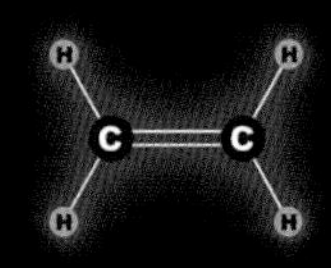
▲ 에틸렌

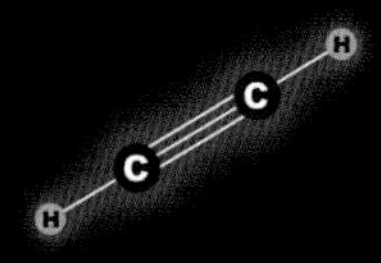
▲ 아세틸렌

▶ 탄소의 특징 중 하나는 원자가 다양한 규모의 고리로 연결된다는 점이다. 그중 6원자 고리는 특히 흔하고도 중요하다. 오른쪽의 사이클로헥산은 탄소 1개마다 수소 2개씩 결합하지만, 그 옆의 벤젠은 탄소 1개마다 수소 1개씩 결합한다. 벤젠의 탄소 원자는 평균적으로 1.5개의 전자를 다른 원자와 공유하지만, 사이클로헥산의 탄소 원자는 오직 1개의 전자만 공유하기 때문이다. 벤젠 고리는 아주 흔한 유기 화합물이다. 그런데 맨 오른쪽의 화학식처럼 이중 결합, 단일 결합이 교대로 이루어진 벤젠 고리는 허구다. 사실 전자 결합은 고리의 중앙에 걸쳐 고르게 분포되어 있으며, 고리 안의 결합을 묘사하려면 원형이 더 정확하다. 벤젠의 구조는 이중 결합과 단일 결합을 교대로 그리거나 원형으로 그려 표현하는데, 이 책에서는 의미 전달에 더 효과적이라고 판단해 원형만 사용했다.

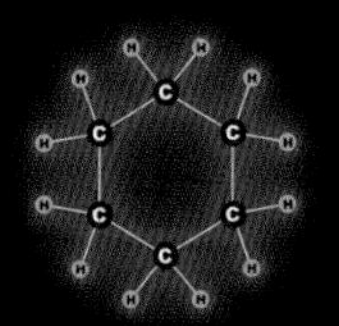
▲ 사이클로헥산

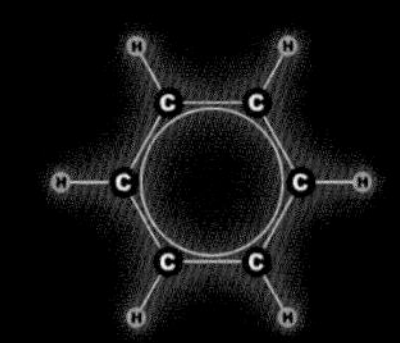
▲ 벤젠

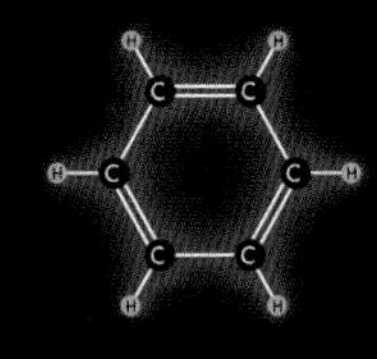
▲ 벤젠

▶ 이 책에 나오는 수많은 화학물은 단 몇 개의 원자로 만들어졌다. 이게 어떻게 가능할까? 1~3개의 탄소 원자로 탄소와 수소를 배열하는 방법이 얼마나 많은지 보라. 무려 50개나 된다! 이 중 몇몇은 매우 평범하고, 몇몇은 매우 특이하며, 몇몇은 불가사의하다. 하지만 이들 대부분은 이미 만들어졌고 연구되었으며 이름까지 붙여졌다.

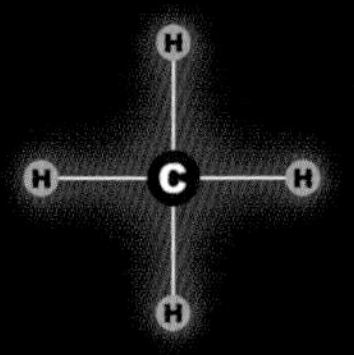
▲ 메탄

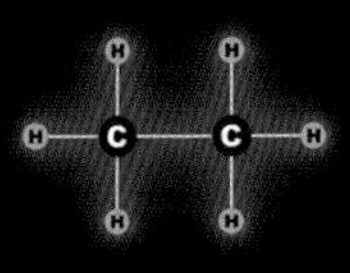
▲ 에탄

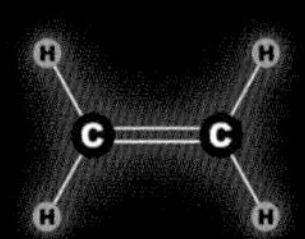
▲ 에텐

▲ 아세틸렌

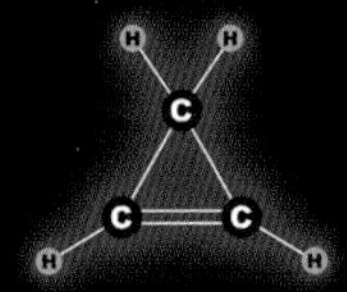
▲ 사이클로프로펜

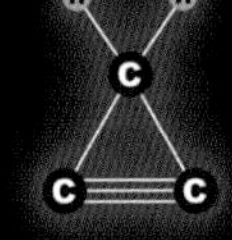
▲ 사이클로프로핀

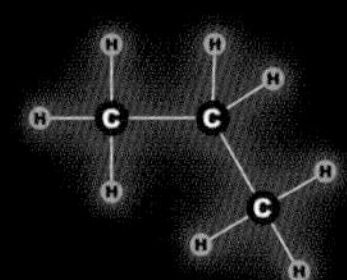
▲ 프로판

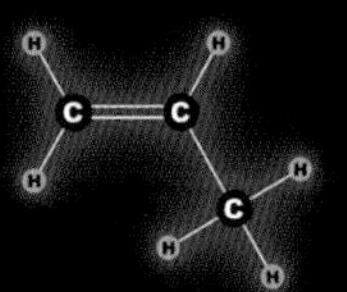
▲ 프로펜

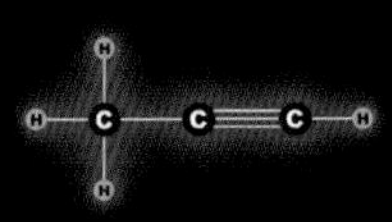
▲ 프로핀

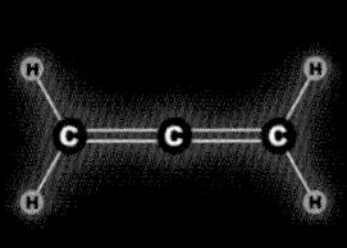
▲ 프로파디엔

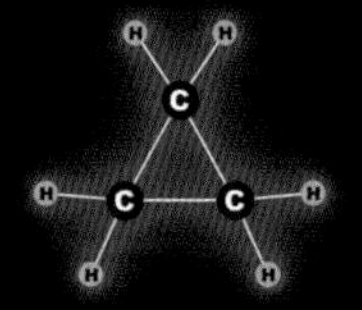
▲ 사이클로프로판

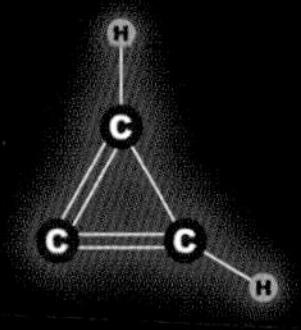
▲ 사이클로프로파디엔

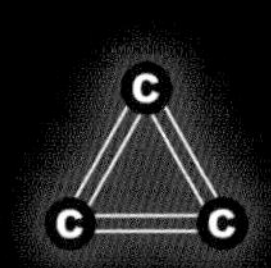
▲ 사이클로프로파트리엔

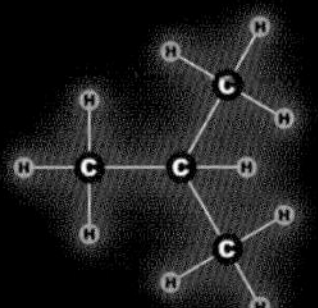
▲ 2-메틸프로판

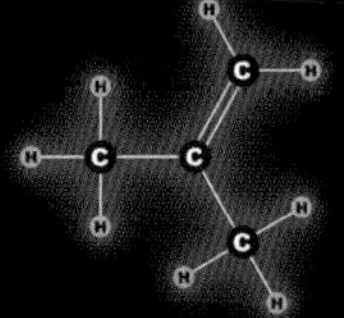
▲ 2-메틸프로펜

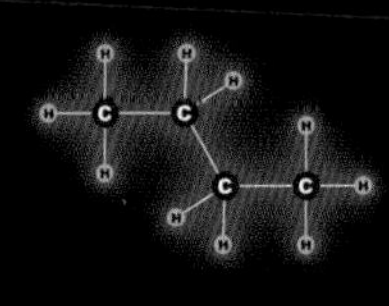
▲ 부탄

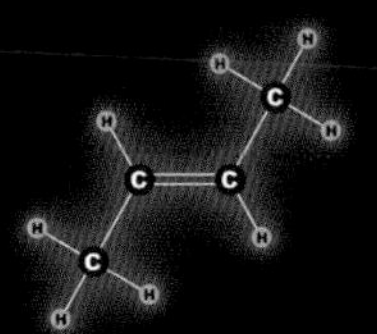
▲ 2-부텐

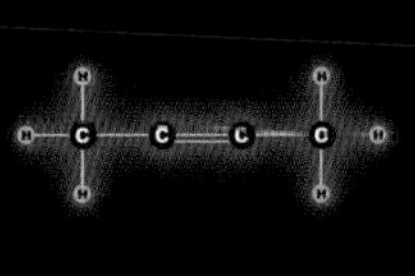
▲ 2-부틴

▲ 메틸사이클로프로판

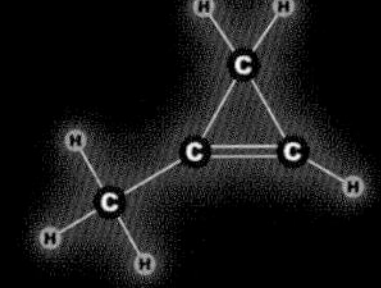
▲ 1-메틸사이클로프로펜

▲ 1-부텐

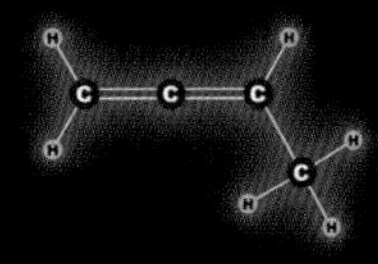
▲ 1,2-부타디엔

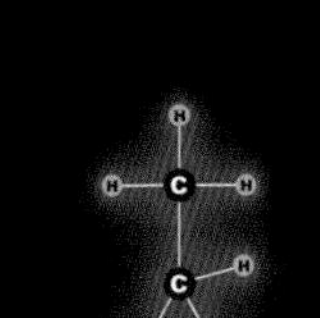
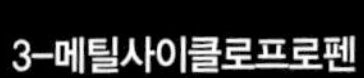
▲ 3-메틸사이클로프로펜

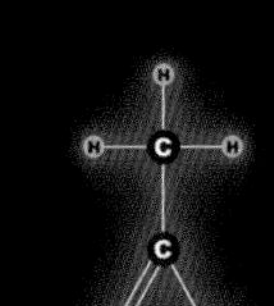
▲ 메틸사이클로프로파디엔

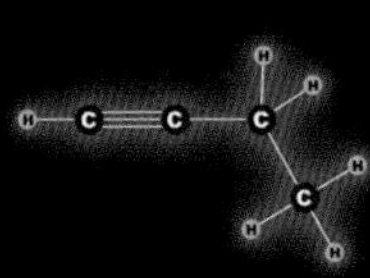
▲ 1-부틴

분자

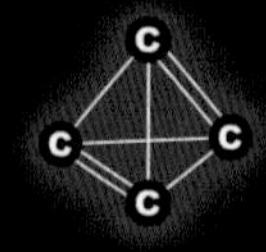

테트라히드라디엔

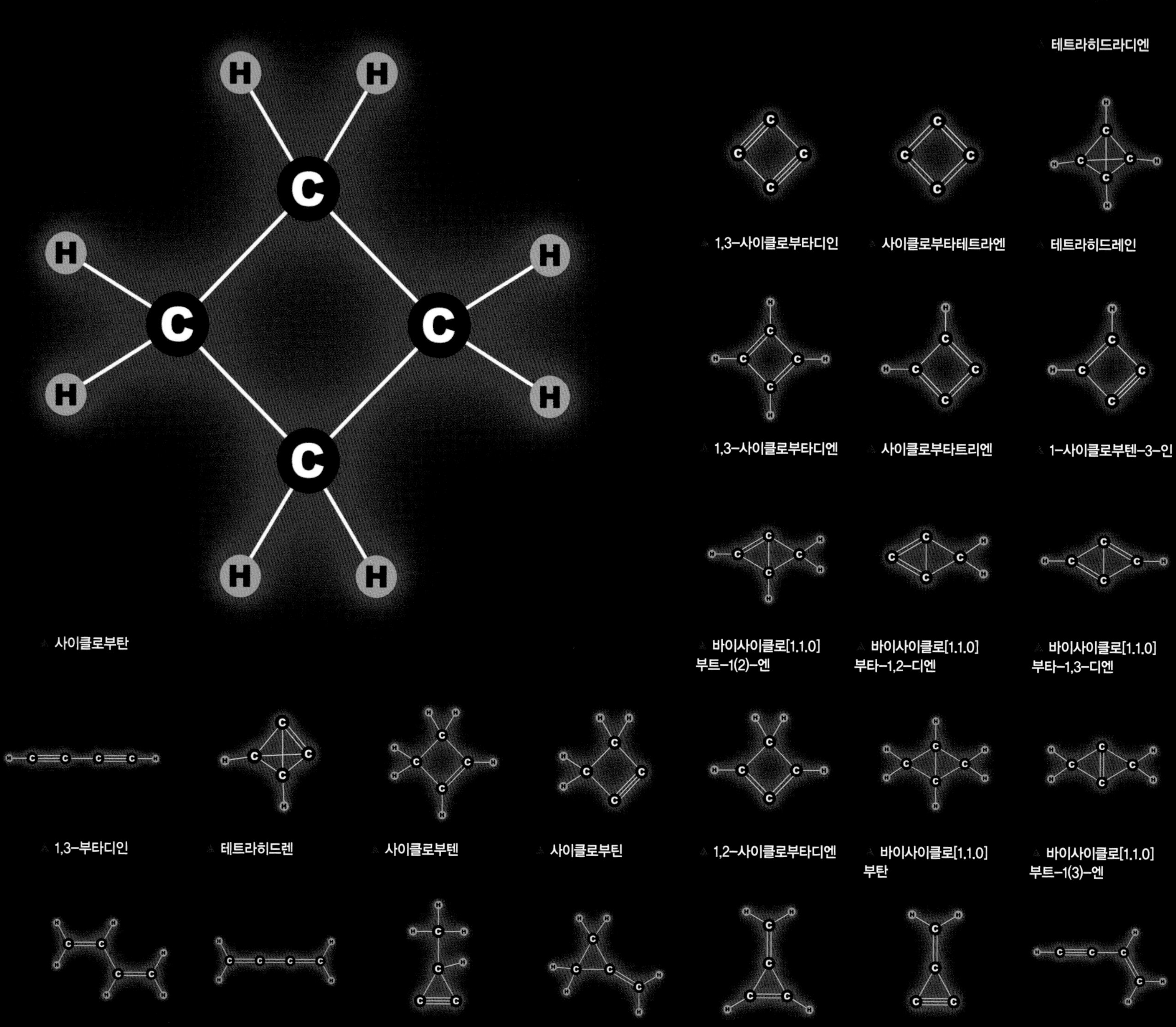

1,3-사이클로부타디인

사이클로부타테트라엔

테트라히드레인

1,3-사이클로부타디엔

사이클로부타트리엔

1-사이클로부텐-3-인

사이클로부탄

바이사이클로[1.1.0] 부트-1(2)-엔

바이사이클로[1.1.0] 부타-1,2-디엔

바이사이클로[1.1.0] 부타-1,3-디엔

1,3-부타디인

테트라히드렌

사이클로부텐

사이클로부틴

1,2-사이클로부타디엔

바이사이클로[1.1.0] 부탄

바이사이클로[1.1.0] 부트-1(3)-엔

1,3-부타디엔

부타트리엔

3-메틸사이클로프로핀

메틸렌사이클로프로판

메틸렌-3-사이클로 프로펜

메틸렌-3-사이클로 프로핀

1-부텐-3-인

원자의 구조

우리가 앞에서 본 모형처럼 생긴 분자 구조식은 원자들이 서로 어떻게 연결되어 있는지 보여준다. 이는 분자를 사실과 다르게 평면적으로 나타낸다. 분자는 본디 3차원이다. 구조식은 각 원자가 주변 원자들과 어떻게 결합되어 있는지 쉽게 알려준다는 장점 때문에 널리 쓰인다. 직접 만든 모형은 분자의 3차원 구조를 더욱 사실적으로 보여준다. 컴퓨터 렌더링을 사용하면 실제와 같은 모습을 볼 수 있으며 회전하거나 확대할 수도 있다.

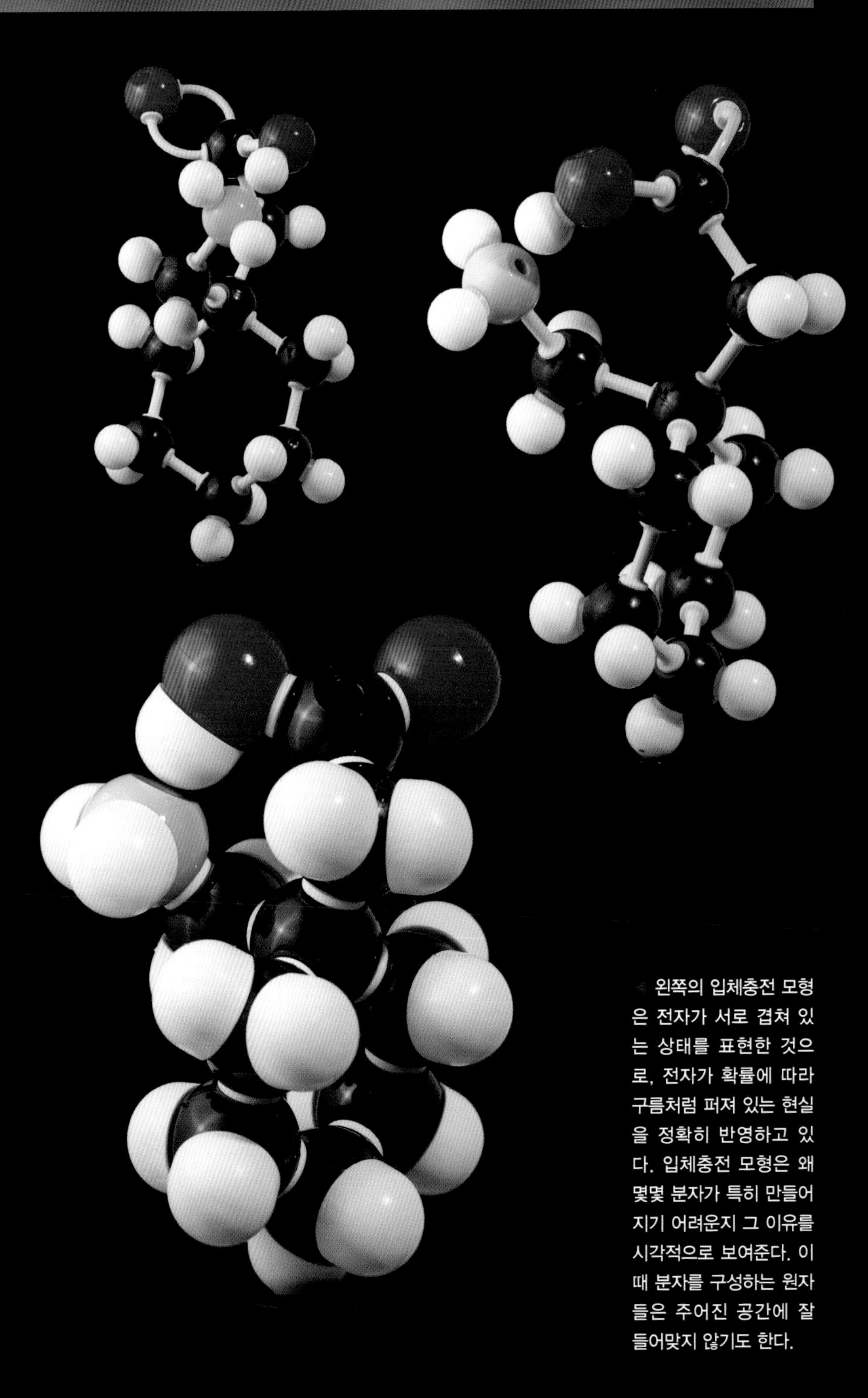

▶ 여기 이 가바펜틴의 플라스틱 모형은 분자의 3차원 구조를 상당히 잘 보여준다. 단, 회전시킬 경우에만. 더구나 어느 방향에서는 일부분을 알아보기가 힘들다. 평면의 구조식과 마찬가지로 '선'은 거짓이다. 실제 분자에는 저런 막대도 없고 단단한 공도 없다.

◀ 왼쪽의 입체충전 모형은 전자가 서로 겹쳐 있는 상태를 표현한 것으로, 전자가 확률에 따라 구름처럼 퍼져 있는 현실을 정확히 반영하고 있다. 입체충전 모형은 왜 몇몇 분자가 특히 만들어지기 어려운지 그 이유를 시각적으로 보여준다. 이때 분자를 구성하는 원자들은 주어진 공간에 잘 들어맞지 않기도 한다.

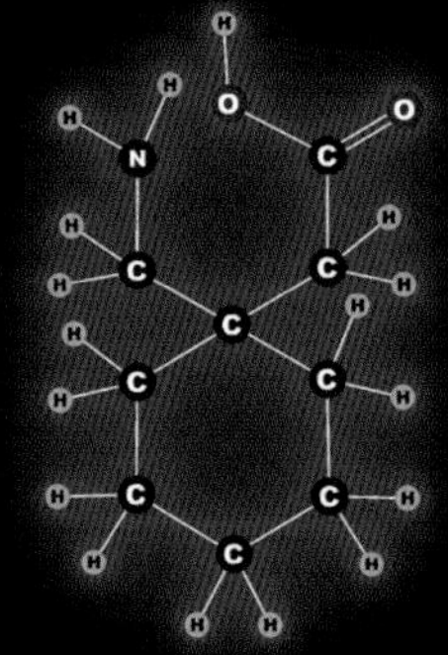

▲ 신경통 치료에 사용하는 약물인 가바펜틴의 분자 구조식이다. 이 구조식은 가바펜틴 분자를 이루는 원자들이 어떻게 연결되어 있는지 보여준다. 구조식은 어떤 원자들이, 어떻게 연결되어 있는지 나타내는 논리적인 지도일 뿐, 실제 3차원 구조를 보여주는 게 아니다.

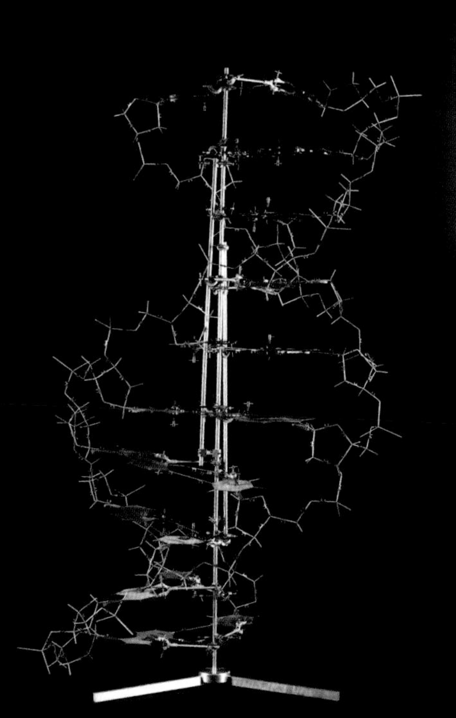

▲ 화학자들은 지금도 상대적으로 작은 분자의 경우 실제 모형을 이용한다. 컴퓨터를 이용하기 전까지는 커다란 분자들도 모형으로 만들었다. 사진 속 DNA 조각 모델은 프랜시스 크릭과 제임스 왓슨이 만든 것으로, 이를 통해 DNA가 이중나선형 구조라는 것을 세상에 알렸다.

무궁무진해진 가능성

3장에서는 생명의 깊은 의미를 되새기게 하는 이 물질이 어떻게 만들어지는지 배울 것이다.

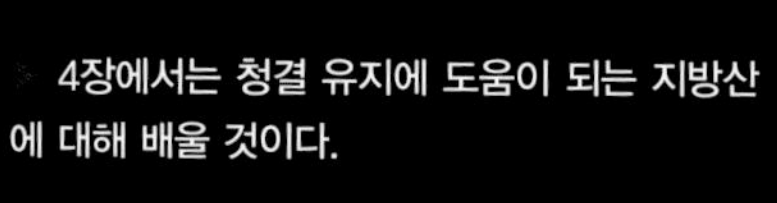

4장에서는 청결 유지에 도움이 되는 지방산에 대해 배울 것이다.

5장에서는 기분 나쁘게 미끈거리는 이 물질에 대해 배울 것이다.

수많은 화학적 성질이 불과 대여섯 개의 원소들 때문에 발현된다는 사실은 참 놀라운 일이다. 유기화학과 생화학 분야의 주인공은 대부분 탄소, 수소, 산소, 질소, 황, 나트륨, 칼륨 그리고 인이다. 그 외의 원소들은 적은 분량으로 아주 드물게 출현한다.

원소의 다양성은 무기 화합물의 세계에서도 발견할 수 있는 것이지만, 솔직히 무기 화합물의 세계란 화학이라는 집에서 방 한 칸 정도의 작은 공간에 해당한다.(죄송해요, 무기화학자 님들.) 현대 화학의 연구 활동은 탄소를 중심으로 이루어진다. 탄소는 생명의 원소이자, 생명체에 중요한 분자 대부분을 구성하는 기본 원소이기 때문이다.

중요한 건 우리가 화학의 집에 있는 방 하나를 방문한다는 것, 그리고 그 집은 원소로 지어졌다는 것이다. 이 집은 유기와 무기, 안전과 불안전, 사랑받는 분자와 미움받는 분자로 채워져 있다. 모든 생명체는 각자의 자리와 역할이 있기에(심지어 모기조차도.) 모든 화합물은 자신이 자연의 풍요로움에 기여한 것을 인정받고 감사받기를 원한다.(심지어 티메로살조차도.)

2장에서는 황산과 화합물이 이름을 3개씩 갖게 된 유래를 배울 것이다.

6장에서는 화합물의 기원에 대해 배울 것이다.

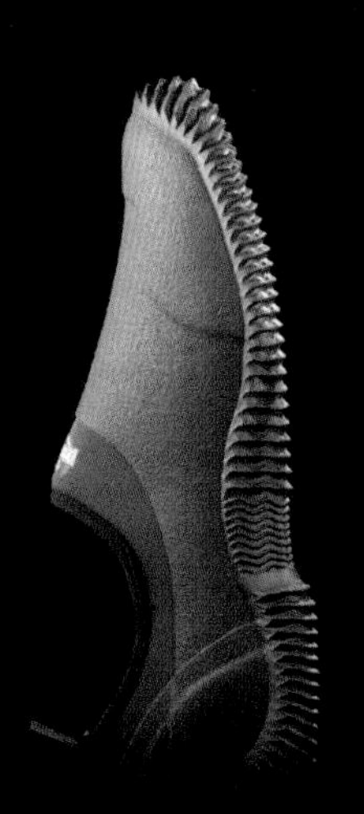

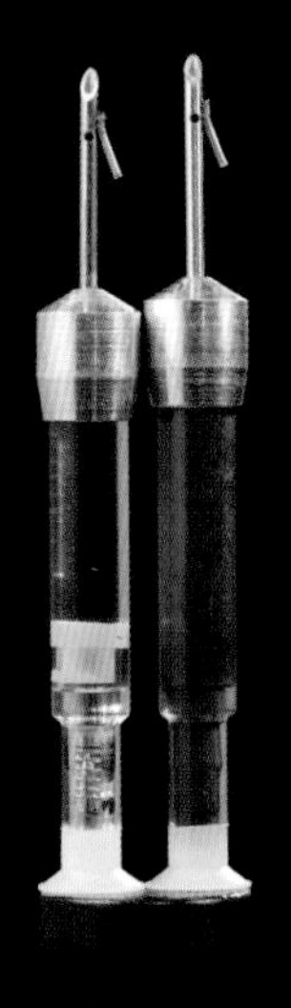

▲ 7장에서는 신발 모양의 분자에 대해 배울 것이다.

▲ 8장에서는 위 주사기의 역할과 양귀비의 힘에 대해 배울 것이다.

▲ 9장에서는 사진에서처럼 2개의 잔 중 하나가 훨씬 작은 이유에 대해 배울 것이다.

▲ 10장에서는 방사능 물질이 합성 바닐린에는 없고, 천연 바닐라 추출물에만 있는 이유를 배울 것이다.

▲ 11장에서는 위 장치가 어떤 용도인지 배울 것이다.

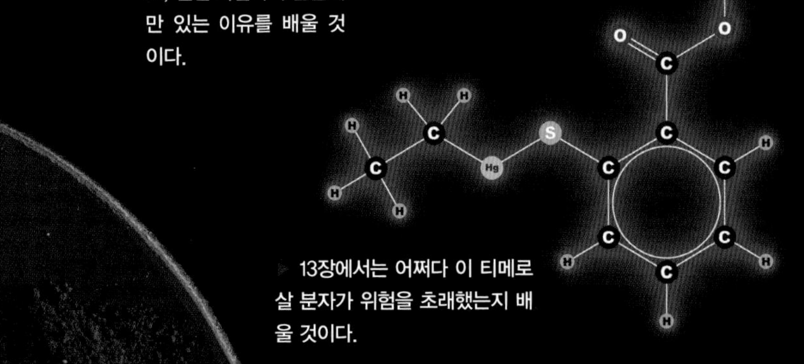

▶ 12장에서는 왜 화려한 색의 분자가 흔치 않은지 배울 것이다.

▶ 13장에서는 어쩌다 이 티메로살 분자가 위험을 초래했는지 배울 것이다.

MARTKQTARK
STGGKAPRKQ
LATKAARKSA
PATGGVKKPH
RYRPGTVALR
EIRRYQKSTE
LLIRKLPFQR
LVREIAQDFK
TDLRFQSSAV
MALQEASEAY
LVGLFEDTNL
CAIHAKRVTI
MPKDIQLARR
IRGERA

▶ 14장에서는 분자보다 컴퓨터에 가까운 분자에 대해 배울 것이다.

Chapter 2

이름의 힘

내가 유기화학 수업을 듣기로 결심한 건 굉장히 어리석은 이유 때문이었다. 나는 화합물의 '이름'을 좋아했다. 여러 개의 이름이 조합된, 지식의 깊고 아름다운 체계를 아우르는 시스템이 좋았다. 그 이름이 무엇을 의미하는지, 그리고 그 이름이 다른 이름에 어떤 의미를 부여하는지 생각하며 처음으로 '작명'의 힘을 이해하게 되었다.

시인 토머스 엘리엇이 고양이는 3개의 이름이 필요하다고 말한 것처럼, 수많은 화합물 역시 3개의 이름을 갖는다.

긴 세월 동안 알려져 있던, 아주 오래된 것들은 '연금술'과 관련된 이름을 갖고 있다. 그중 시적인 이름은 대개 그것이 '무엇이냐.'보다 '어디서 왔느냐.'를 묘사하는데, 그건 그 물질이 어떤 일을 하는지 당시만 해도 아무도 몰랐기 때문이다. 예를 들어 연금술 용어로 '스위트 비트리올 기름'은 '비트리올 기름'과 '와인의 정수'를 함께 증류해 얻는다.(참고로 '비트리올 기름'은 '녹색 비트리올'에 열을 가해 만든 액체다. '와인의 정수'는 와인을 증류할 때 맨 처음 나오는 물질이다.)

나는 마법사나 마법의 약 같은 이미지 때문에 이러한 이름들을 좋아한다. 하지만 이 이름들은 물질의 본질을 알려주지 못한다.

불쾌한 연기가 나는 이 물질, 이름이 뭘까?

연금술사는 납을 금으로 바꾸려고 했던, 미신을 믿는 괴짜로 오늘날 평가받고 있지만 사실 자연에 깊은 관심을 가지고 수많은 발견을 한 사람들이었다. 그들은 1700년대 현대 화학 출현의 발판을 마련했다.

연금술 시대의 이름

여기, 연금술 시대의 이름을 사용해 기록한 두 가지 화학 반응이 있다. 아름답게 들리는 언어이긴 한데 뜻은 무엇일까? 두 번째 화학 반응에서 '비트리올 기름'이 반응식의 양쪽에 보이는 것에 주목하자. 실제 반응에서 소비되거나 다른 물질로 변하지는 않지만 '와인의 정수'의 변화 과정을 위해서 꼭 있어야 한다. 왜 그럴까?

이 사진은 현대적인 유리 증류기 안에 든 '녹색 비트리올'이다. 고대에 '녹색 비트리올'을 가열할 때 사용한 점토 증류기를 투명 유리 증류기로 바꾼 것뿐이다. 근데 '녹색 비트리올'이란 무엇일까? 이 이름은 역사적이긴 하지만 화학적이지 않다. 그래서 더는 쓰지 않는다.

녹색 비트리올

와인을 증류해서 주정을 얻는 방식은 가장 오래된 화학 처리 과정이다. 물과 '와인의 정수', 이 두 화합물을 물리적으로 분리하는 것이다. 아마도 당신은 '와인의 정수'의 현대적 이름을 추측할 수 있을 것이다.

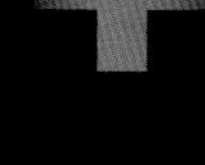

비트리올 기름 + 와인의 정수 + 열

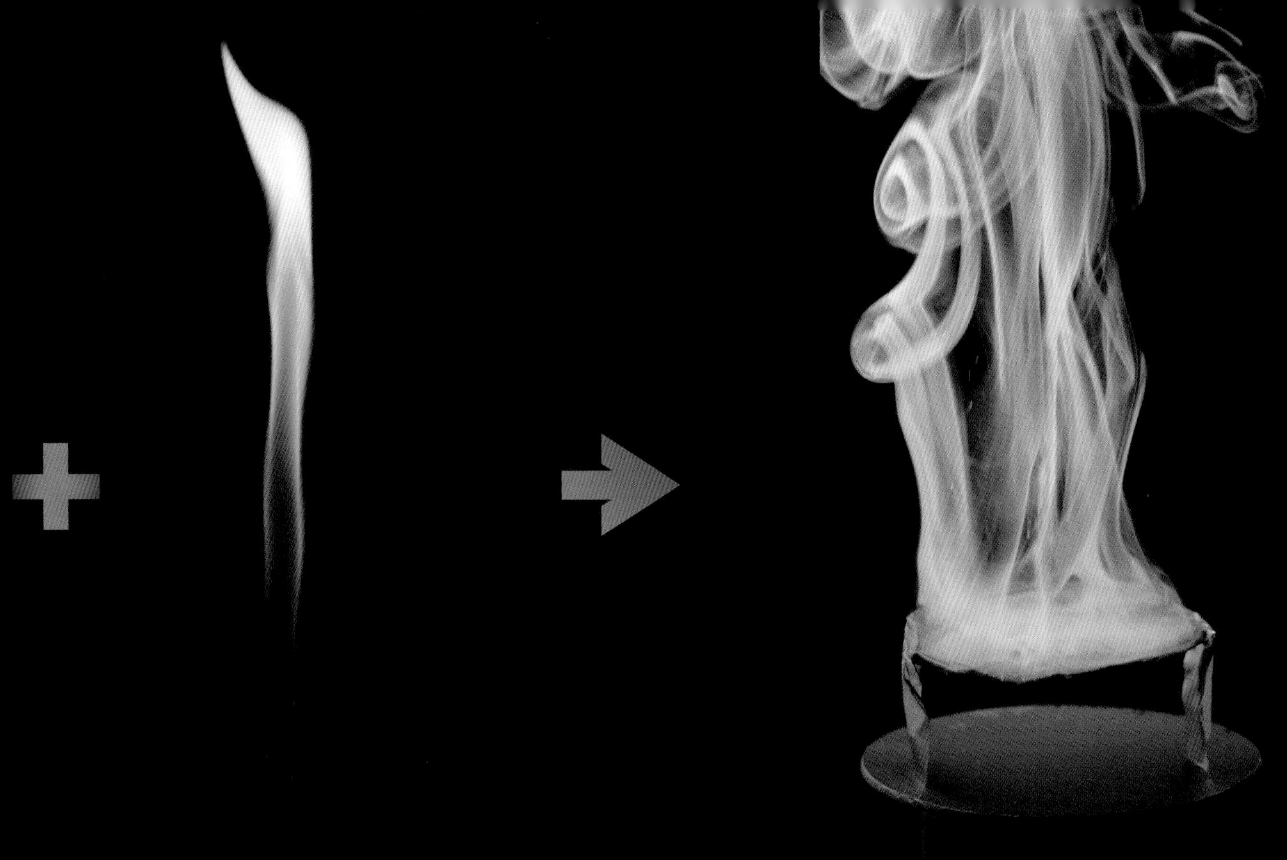

◀ '비트리올 기름'은 불쾌한 연기가 나는 물질로, 'vitriolic'(신랄한)이라는 단어의 어원이다. 이 단어는 극심한 불쾌감, 격렬한 비판을 의미한다. 이 사진은 '비트리올 기름'을 정확하게 묘사하고 있다. 그런데 '비트리올 기름'은 무엇일까?

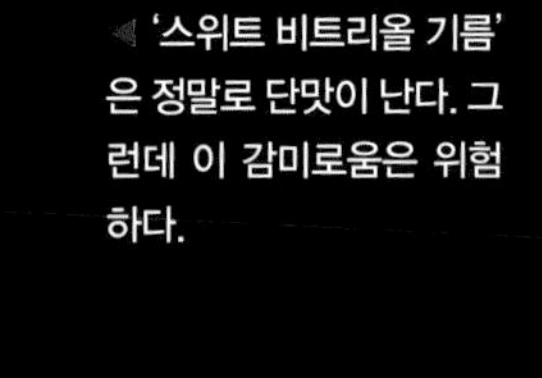

◀ '스위트 비트리올 기름'은 정말로 단맛이 난다. 그런데 이 감미로움은 위험하다.

대중적 이름

오늘날 널리 사용되는 모든 화합물은 대중적인 이름이 있다. 오늘날 우리는 농도에 따라 배터리산이라든가, 연실황산이든가, 글러버산이라고 일컫는 '비트리올 기름'을 알고 있다. 배터리산을 들어본 적 있지 않나? 배터리산은 이름으로 그 쓰임새를 짐작할 수 있다. 그런데 과연 이름을 통해 모든 물질이 무엇인지 알 수 있나?

'스위트 비트리올 기름'은 평범한 에테르다. 과거에는 외과수술 시 마취약으로 사용했다. '녹색 비트리올'은 현대에 와서도 대중적 이름을 얻지 못했는데, 광물 형태인 로제나이트로 알려지기도 했다.

'와인의 정수'는 에틸알코올이다. 에틸알코올과 메틸알코올 사이에는 중요한 차이가 있다. 무엇인지 아는가?

이 물질들을 진정으로 알기 위해서는 각각의 세 번째 이름(우리에게 큰 도움을 줄 것이다.)을 알 필요가 있다.

로제나이트

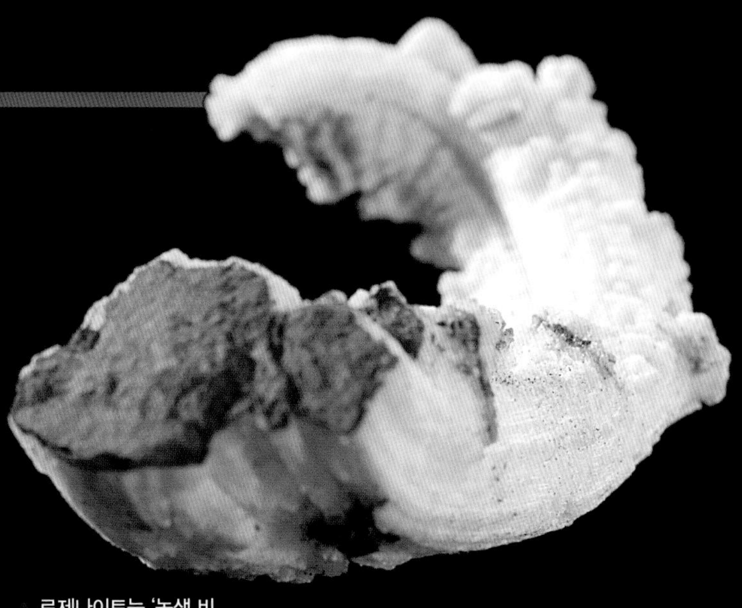

로제나이트는 '녹색 비트리올'의 광물 형태다. 나는 아직 이게 무엇인지 말하지 않았다.

이 화학 반응은 흔하긴 해도 여전히 느낌이 별로다. 왜 배터리산과 술을 합치면 사람의 의식을 잃게 만들 수 있는 가스가 발생하는 걸까? 좋다, 무슨 의미가 있겠지. 그런데 화학적으로는 왜 그렇게 되는 걸까?

배터리산

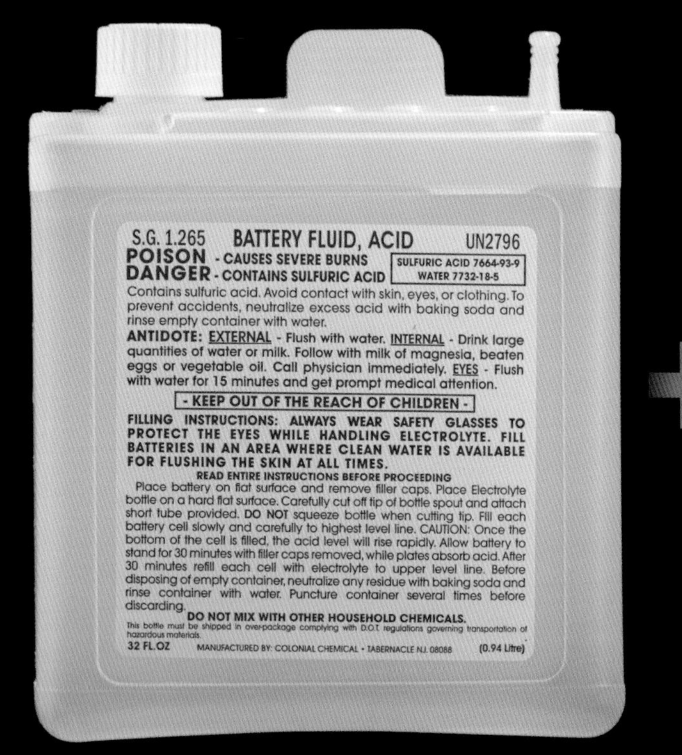
S.G. 1.265 BATTERY FLUID, ACID UN2796
POISON - CAUSES SEVERE BURNS
DANGER - CONTAINS SULFURIC ACID
SULFURIC ACID 7664-93-9
WATER 7732-18-5
Contains sulfuric acid. Avoid contact with skin, eyes, or clothing. To prevent accidents, neutralize excess acid with baking soda and rinse empty container with water.
ANTIDOTE: EXTERNAL - Flush with water. INTERNAL - Drink large quantities of water or milk. Follow with milk of magnesia, beaten eggs or vegetable oil. Call physician immediately. EYES - Flush with water for 15 minutes and get prompt medical attention.
- KEEP OUT OF THE REACH OF CHILDREN -
FILLING INSTRUCTIONS: ALWAYS WEAR SAFETY GLASSES TO PROTECT THE EYES WHILE HANDLING ELECTROLYTE. FILL BATTERIES IN AN AREA WHERE CLEAN WATER IS AVAILABLE FOR FLUSHING THE SKIN AT ALL TIMES.
READ ENTIRE INSTRUCTIONS BEFORE PROCEEDING
Place battery on flat surface and remove filler caps. Place Electrolyte bottle on a hard flat surface. Carefully cut off tip of bottle spout and attach short tube provided. DO NOT squeeze bottle when cutting tip. Fill each battery cell slowly and carefully to highest level line. CAUTION: Once the bottom of the cell is filled, the acid level will rise rapidly. Allow battery to stand for 30 minutes with filler caps removed, while plates absorb acid. After 30 minutes refill each cell with electrolyte to upper level line. Before disposing of empty container, neutralize any residue with baking soda and rinse container with water. Puncture container several times before discarding.
DO NOT MIX WITH OTHER HOUSEHOLD CHEMICALS.
32 FL.OZ MANUFACTURED BY: COLONIAL CHEMICAL • TABERNACLE N.J. 08088 (0.94 Litre)

+

에틸알코올

시중에서 구입 가능한 가장 순수한 알코올은 에틸알코올 95%에 물 5%가 섞인 것이다.

+

열

열

배터리산

▶ 배터리산은 차량용 납축전지에 사용되는 강산이다. 용도는 밝혔지만 나는 아직 이게 무엇인지 말하지 않았다.

배터리산

▶ 수술에 사용된 최초의 마취제, 에테르. 에테르는 의학의 놀라운 진보였다. 1800년대 중반 에테르가 도입되기 전에 환자는 독한 술을 마시고 무언가를 입에 문 채 외과의사가 빨리 수술을 끝내주기를 바라는 수밖에 없었다. 수술 과정의 모든 순간을 느끼게 될 테니까.

에테르

화학적 이름

1800년대 초, 화합물은 특정 유형의 원자들이 특정 비율로 배열된 것이라는 사실이 명확히 밝혀졌다. 예를 들어 오늘날 우리는 '녹색 비트리올'이 정확히 철 원자 1개, 황 원자 1개, 산소 원자 4개를 포함하는 분자로 이루어졌다는 것을 안다. 게다가 산소 원자 4개가 황 원자 1개와 단단히 연결되어 있으며, 원자 5개가 모인 이 원자단이 다시 철 원자와 각기 다른 방식으로 연결되어 있다는 것도 알고 있다.

이 모든 정보는 '녹색 비트리올'의 현대 화학적 이름인 '황산철(II)', 그리고 화학식인 $FeSO_4$에 분리되어 암호화되었다. 이제부터 이 특별한 이름을 하나하나 따져보자.

'황산염'은 1개의 황 원자를 중심으로 4개의 산소 원자가 결합한 원자단을 의미한다. 황산철의 화학식에서 'SO_4'가 바로 황산염이다. 황산이라는 이름이 들어간 화합물은 무수히 많이 찾을 수 있다. '철'은 당연히 철 원소를 의미하며, Fe라고 쓴다. (II)가 의미하는 바는 이 화합물에서 철 원자의 전하가 +2가라는 것이다. 즉 화합물을 형성할 때 전자 2개를 포기했다는 뜻이다.

모든 화합물은 정보가 암호화된 현대식 이름을 가지고 있다. 다음 페이지에서 좀 더 자세히 살펴볼 것이다. 화학적인 이름은 이름의 주인을 이해할 수 있게 도와주며, 무엇보다도 왜 자신들이 특정하고도 늘 같은 방식으로 변화하는지 설명해준다.

화합물 명명법은 화학의 핵심적인 내용 중 하나다.

현대식 화학적 이름과 화학식을 동시에 사용하면 화학 반응으로 무슨 일이 벌어질지 알 수 있다. 이때 반응물과 생성물 양쪽에 똑같은 원소가 같은 수로 나타난다.(즉, 등식에 균형이 잡혀 있다.) 원소는 새로운 화합물을 나타내는 새로운 그룹으로 간단히 재배열된다. 다음의 화학 반응을 보자. 작은 에탄올 분자 2개는 어떻게 해서 커다란 에테르 분자 1개와 물 분자가 되는 걸까? 이 과정은 굉장히 많은 걸 알려준다! 황산은 어째서 반응 전후에 모두 변함없이 나타나는 걸까? 이것은 황산이 반응을 일으키기는 하지만 반응 중에 소비되지 않는 촉매라는 걸 의미한다.(비록 반응 과정에서 만들어진 물에 점점 녹아버리지만.)

물에 '녹색 비트리올'(황산철)을 넣고 가열하면 '비트리올 기름'(황산)이 만들어진다.

'비트리올 기름'(황산)에 '와인의 정수'(에탄올)를 넣고 가열하면 어떻게 될까?

황산
H_2SO_4

에탄올
CH_3CH_2OH

에탄올
CH_3CH_2OH

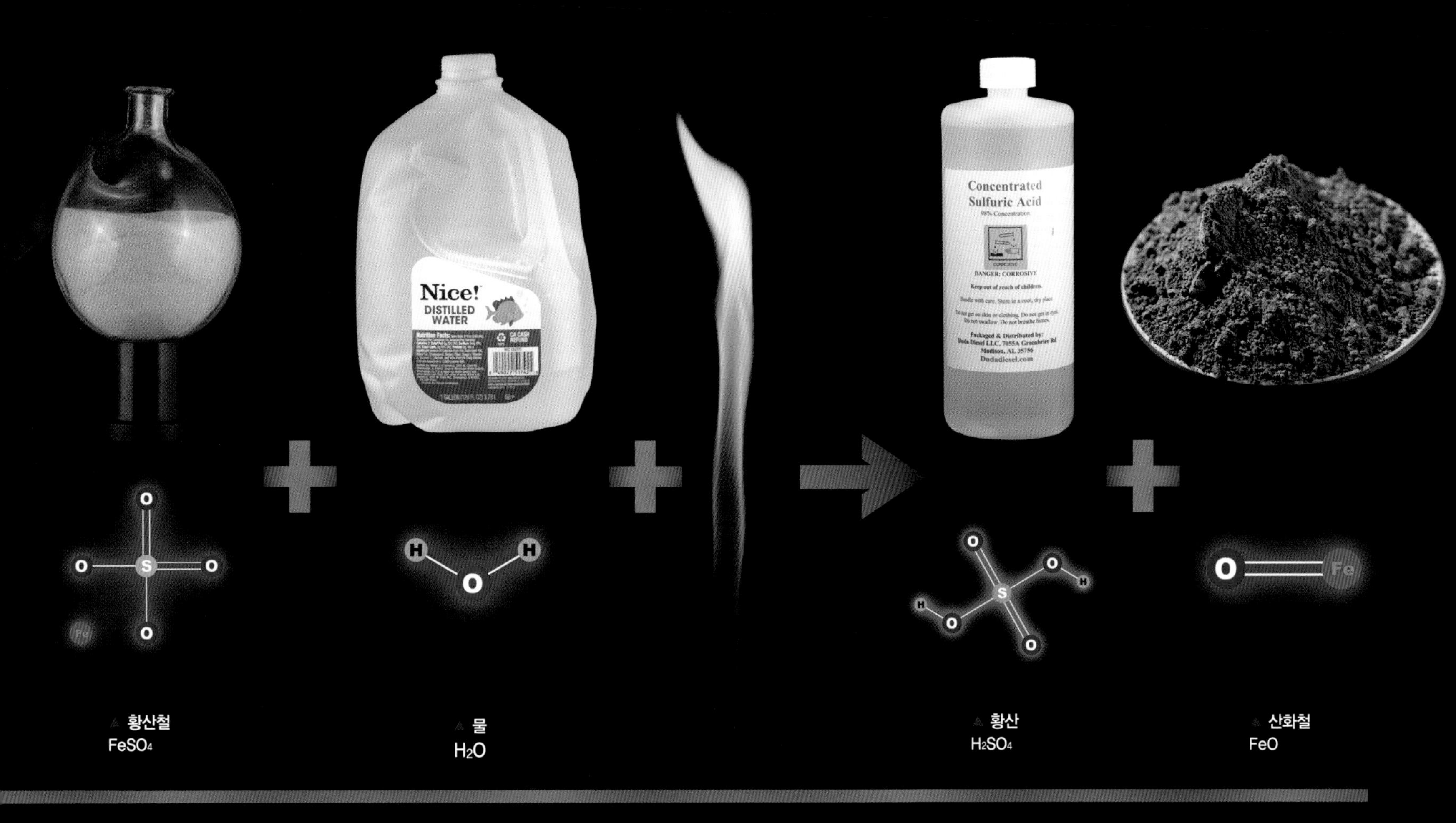

▲ 황산철
$FeSO_4$

▲ 물
H_2O

▲ 황산
H_2SO_4

▲ 산화철
FeO

◀ 재미있게도 순수 알코올보다 순수 디에틸에테르를 사기가 더 쉽다. 세금 때문에! 음주용 알코올은 세금이 매우 높게 부과된다. 그래서 비음주용으로 파는 알코올은 (마시지 못하게 하려고) 5%의 메탄올과 아이소프로판올을 넣어 '변성'시켰다. 이 비음주용 알코올은 독성이 있고 세금이 없다. 음주용 알코올은 항상 5%의 물이 함유되어 있다. 알코올이 비싸기도 하거니와 어차피 마실 음료라 구태여 물을 정제해서 파는 게 의미가 없기 때문이다. 만약 순수 알코올을 얻으려면 세금은 물론 물을 정제하는 비용까지 치러야 한다.

▲ 황산
H_2SO_4

▲ 디에틸에테르
$(CH_3CH_2)O(CH_2CH_3)$

▲ 물
H_2O

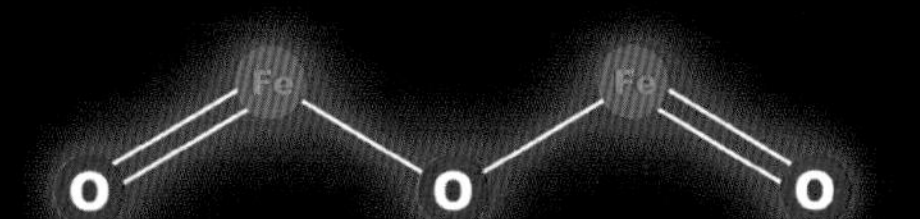

▲ 위의 화학 반응을 보면 산화철이 추가된 걸 알 수 있다. 그런데 이건 지나치게 단순히 표현된 것이다. 사실 이 반응에서는 다른 산화철들(즉 FeO가 아닌 Fe_2O_3나 Fe_3O_4)이 나올 가능성이 높다. 그러나 이건 중요한 게 아니다. 핵심은 반응물과 생성물의 화학식을 알게 됨으로써 이전의 표기법이 불완전하다는 사실을 명백히 알 수 있게 되었다는 것이다! 이전의 이름들은 모든 물질이 원소로 이루어졌으며 원소는 변하지 않는다는 근본적인 사실을 알려주지 못했다. 반응의 전과 후는 완벽히 균형이 이루어져야 한다. 화학 반응은 원자를 새로이 만들거나 파괴하는 게 아니라 재배열하는 게임이니까.

이름의 의미: 염

화학적 이름이 멋진 건 변형이 가능하기 때문이다. 녹색인 황산철(II)을 예로 들어, II를 III으로 바꾸면 노란색 가루인 황산철(III)을 얻게 된다. 황산염(SO_4)은 전자가 2개 더 있고(-2가), 철 원자는 전자가 3개 부족하다.(+3가). 따라서 전하를 중성으로 만들기 위해서는 황산염 3개마다 2개의 철이 필요하다.

황산철에서 철을 구리로 바꾸면 사랑스러운 파란색 결정, 황산구리가 된다. 반대로 철은 그대로 두고 황산염 대신 탄산염(CO_3)을 붙이면 탄산철이 된다. 탄산철 결정은 색이 엷고 윤기가 흐른다. 철과 황산염을 구리와 탄산염으로 모두 바꾸면 탄산구리가 된다. 구리가 비바람에 녹색으로 바뀐 것이다.

이러한 화합물은 모두 '무기염'에 속한다. 이들의 화학적 이름을 통해 우리는 어떤 원소가 어떠한 비율로 결합해 있는지 정확히 말할 수 있다.

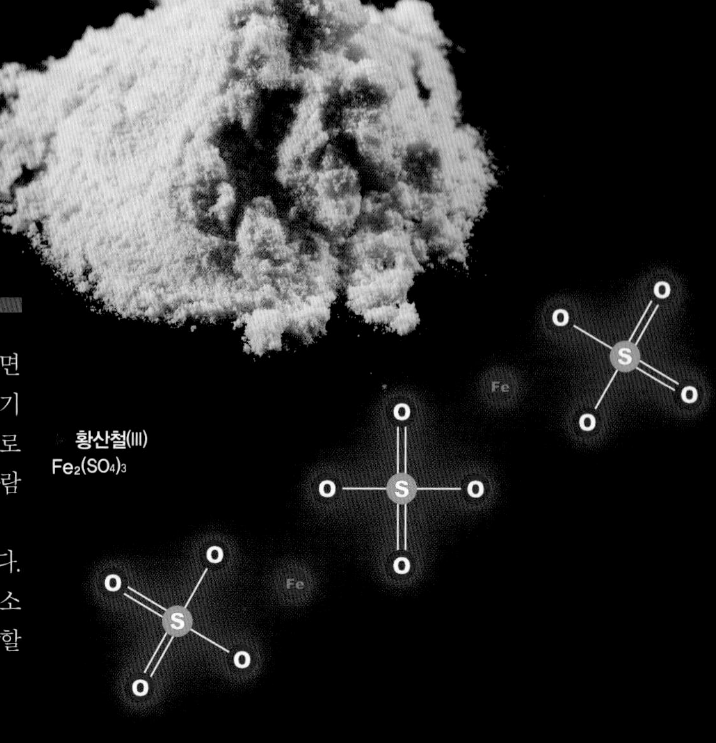

황산철(III)
$Fe_2(SO_4)_3$

철과 황산염을 2대 3의 비율로 더하면 황산 제2철, 황산철(III) 그리고 우리에게 잘 알려진 특별한 혼합 무기물 등 노르스름한 가루가 된다.

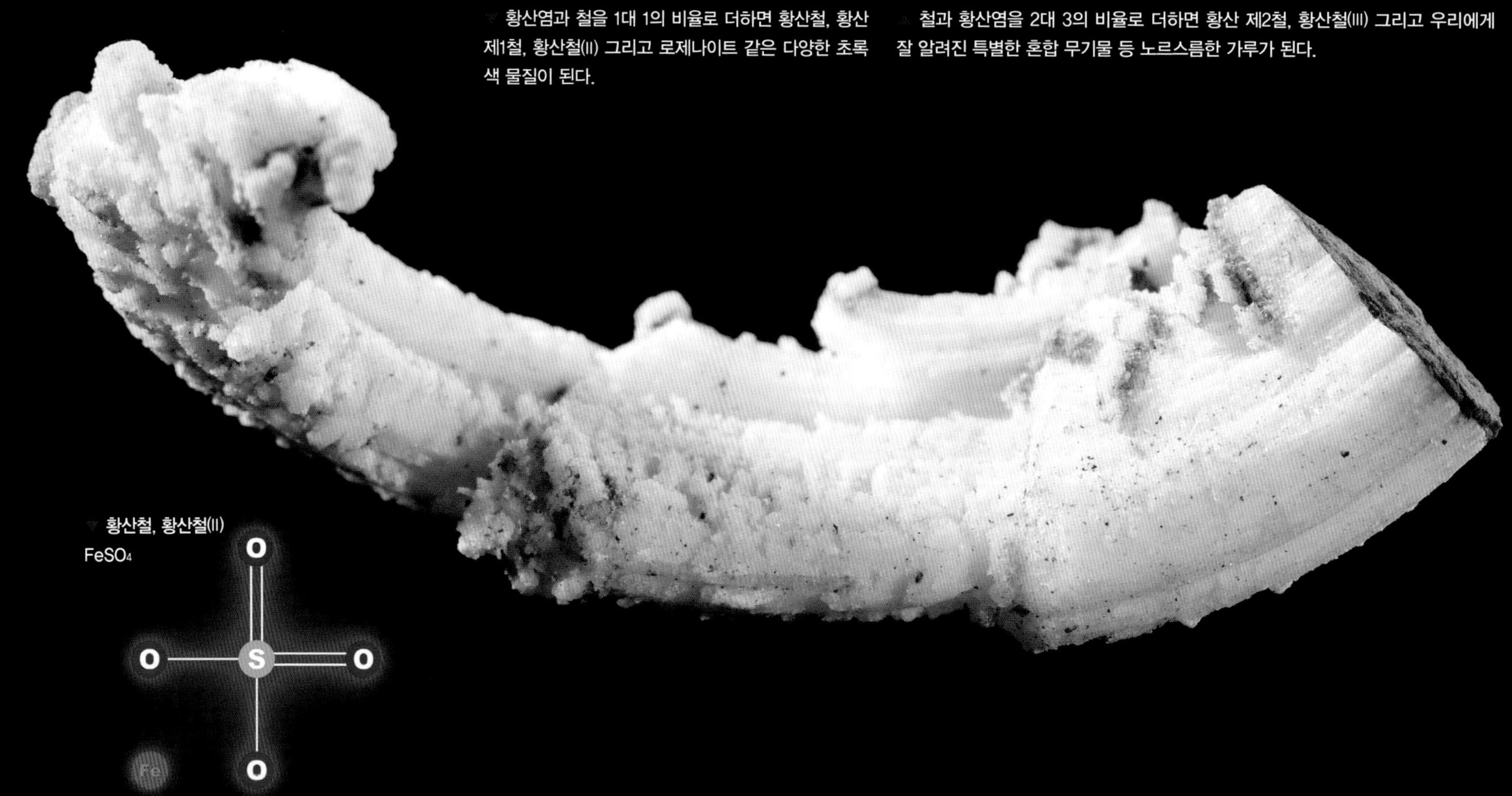

황산염과 철을 1대 1의 비율로 더하면 황산철, 황산 제1철, 황산철(II) 그리고 로제나이트 같은 다양한 초록색 물질이 된다.

황산철, 황산철(II)
$FeSO_4$

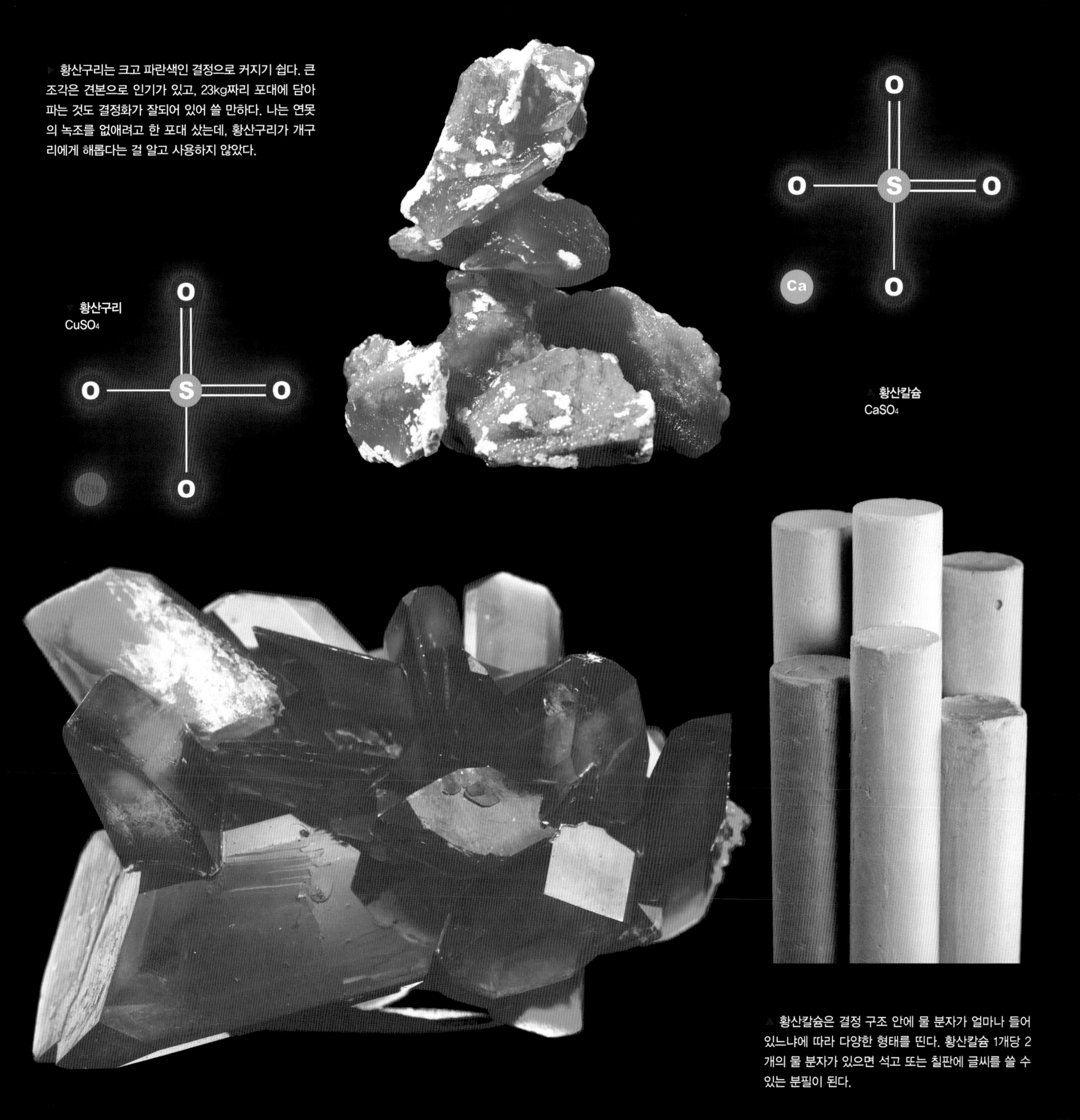

▶ 황산구리는 크고 파란색인 결정으로 커지기 쉽다. 큰 조각은 견본으로 인기가 있고, 23kg짜리 포대에 담아 파는 것도 결정화가 잘되어 있어 쓸 만하다. 나는 연못의 녹조를 없애려고 한 포대 샀는데, 황산구리가 개구리에게 해롭다는 걸 알고 사용하지 않았다.

▼ 황산구리
$CuSO_4$

▲ 황산칼슘
$CaSO_4$

▲ 황산칼슘은 결정 구조 안에 물 분자가 얼마나 들어 있느냐에 따라 다양한 형태를 띤다. 황산칼슘 1개당 2개의 물 분자가 있으면 석고 또는 칠판에 글씨를 쓸 수 있는 분필이 된다.

이름의 의미: 염

▶ 탄산철은 주요 철광석 중 하나인 능철석의 구성 성분이다.(6장 참조)

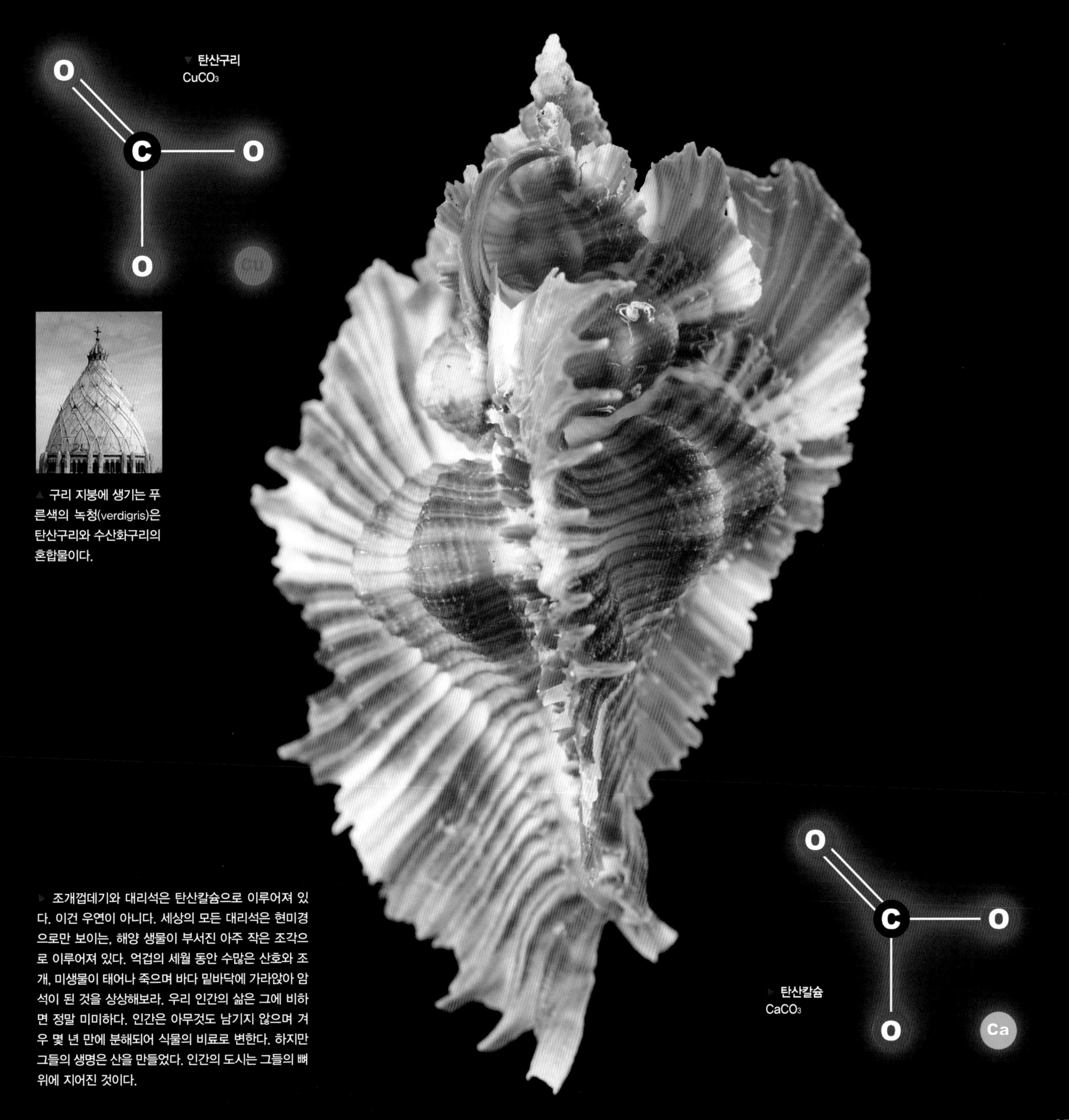

▼ 탄산구리
$CuCO_3$

▲ 구리 지붕에 생기는 푸른색의 녹청(verdigris)은 탄산구리와 수산화구리의 혼합물이다.

▶ 조개껍데기와 대리석은 탄산칼슘으로 이루어져 있다. 이건 우연이 아니다. 세상의 모든 대리석은 현미경으로만 보이는, 해양 생물이 부서진 아주 작은 조각으로 이루어져 있다. 억겁의 세월 동안 수많은 산호와 조개, 미생물이 태어나 죽으며 바다 밑바닥에 가라앉아 암석이 된 것을 상상해보라. 우리 인간의 삶은 그에 비하면 정말 미미하다. 인간은 아무것도 남기지 않으며 겨우 몇 년 만에 분해되어 식물의 비료로 변한다. 하지만 그들의 생명은 산을 만들었다. 인간의 도시는 그들의 뼈 위에 지어진 것이다.

▶ 탄산칼슘
$CaCO_3$

이름의 의미: 산

황산(H_2SO_4)은 황산철($FeSO_4$)과 마찬가지로 황 원자 1개와 산소 원자 4개로 구성된 원자단을 가지고 있다. 다른 점은 철 원자 1개 대신 수소 원자 2개와 약하게 결합되었다는 것이다. 이 수소 원자 때문에 황산은 산성을 띤다.

'산'이란 물에 녹았을 때 쉽게 수소 이온(H+)을 방출하는 물질을 가리킨다. 수소 이온은 어떠한 산에 녹아 있든 부식성을 띤다. 분자 안에 수소와 함께 있는 다른 원소가 무엇이냐에 따라 수소 이온이 물속에서 얼마나 쉽게 풀려나게 될지(즉 산성이 얼마나 강해지는지) 결정된다.

수소 이온을 모조리 방출하는 강산부터, 극히 일부를 방출하는 약산까지 산의 종류는 다양하다. 어떠한 분자가 수소 이온을 옮기고 있느냐에 따라 산은 강한 무기 화합물일 수도 있고, 아주 연약하기 그지없는 유기 화합물일 수도 있다.

염산

황산의 황산염을 염소로 바꾸면 염산이 된다. 염산은 굉장히 불쾌한 향이 나는 강력한 산으로, 피부에 닿으면 당신을 녹여버릴 수도 있다. 위 사진은 철물점에서 파는 고농도의 염산으로, 자갈길이나 도로의 깨진 대리석 조각에 붓는다. 산은 대리석마저도 녹인다.

황산

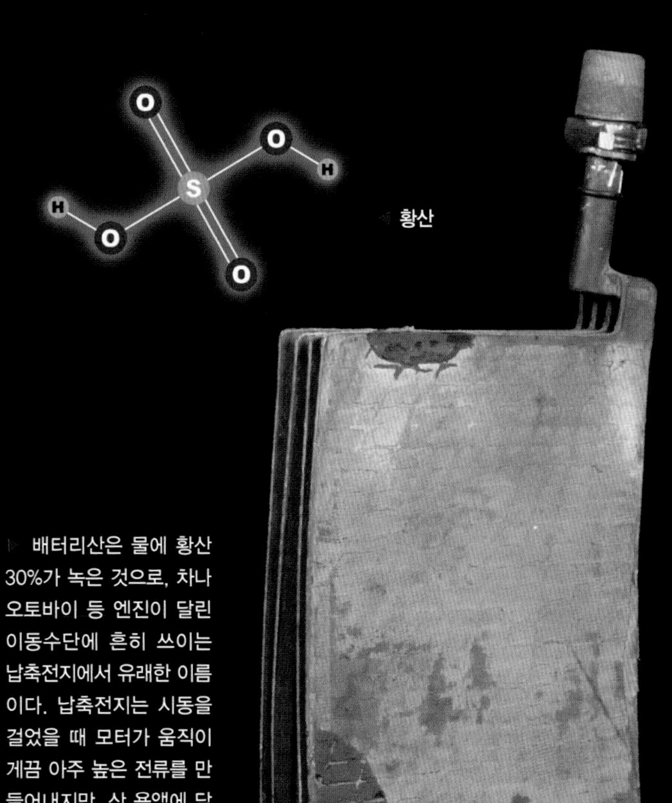

배터리산은 물에 황산 30%가 녹은 것으로, 차나 오토바이 등 엔진이 달린 이동수단에 흔히 쓰이는 납축전지에서 유래한 이름이다. 납축전지는 시동을 걸었을 때 모터가 움직이게끔 아주 높은 전류를 만들어내지만, 산 용액에 담긴 납 금속판 때문에 무게가 어마어마하다.

리세르그산 디에틸아마이드

산은 위험하다. 잘못 다뤘다간 피부가 녹아버릴 수 있다. LSD, 즉 리세르그산 디에틸아마이드라는 산은 약산이긴 하지만, 여기서 그건 중요한 문제가 아니다.(이 물질은 환각을 일으킨다.) 위의 사진은 '압지'라는 작은 종잇조각으로, 리세르그산 디에틸아마이드를 흡수하는 성질을 가지고 있다. 사람들은 이 성질을 이용해 압지를 혀에 올려놓고 마약을 복용했다. 물론 사진 속 압지는 리세르그산 디에틸아마이드가 흡수되어 있지 않은 미술용이다. 골동품을 좋아하는 히피족이 소장할 수 있는 완전히 합법적인 물건이다.

▹ 시트르산은 오렌지, 레몬, 라임 등에서 강렬하고 톡 쏘는 맛을 내는 약한 유기산이다. 이 과일들에는 아스코르브산이라는 또 다른 약한 유기산도 함유되어 있는데, 바로 비타민 C다. 비타민 C는 건강한 삶을 유지하기 위한 필수 영양소다.

이름의 의미: 에탄올

지금까지 이야기한 화합물 중에 주정, 즉 '에탄올'은 우리를 흥미로운 곳으로 데려다줄 가능성이 가장 높다.(단지 주정이 사람이나 동물을 취하게 만들어서가 아니다.) 잘 알려진 화합물 대개가 그렇듯 에탄올 역시 유기 화합물이다.(유기 화합물이 무엇인지는 3장에서 자세히 살펴볼 것이다.)

앞서 19~20쪽에서 우리는 탄소와 수소만으로 만들 수 있는 다양한 화합물을 알아보았다. 에탄올은 알코올, 알데히드, 케톤, 산, 에스터 등 탄소와 수소의 혼합물에 산소를 더해 만들 수 있다.

내가 유기 화학에 관심을 갖게 만든 특별한 이름들이 바로 이것으로, 이제부터 이 이름들이 점점 복잡해지는 화합물의 이름을 구성하면서 어떠한 관계를 맺는지 보여줄 예정이다. 수 세기 동안 발전된 기술에 의해 구성 요소가 다양한 구조를 이루며 결합하는 것, 이게 바로 화학자들이 분자를 생각하는 방식이다.

메탄올

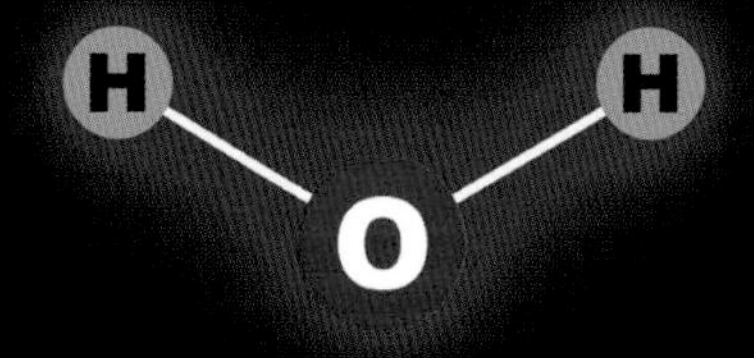

수소 원자 2개 사이에 산소 원자를 1개를 집어넣으면 H_2O, 쉽게 말해 물이 된다. 수소 원자 사이에 산소 원자를 집어넣기란 아주 쉽다. 공기 중에서 수소를 태우면 된다.

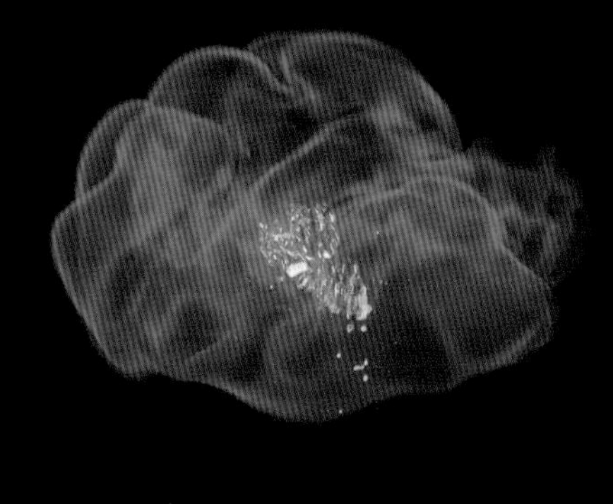

하나 이상의 원자로 만들 수 있는 가장 단순한 분자는? 바로 수소 기체 분자인 H_2다. 수소는 원소지만 실온에서 항상 짝을 이루고 있어서 원소인 동시에 분자이기도 하다.(구성 원소가 하나라 화합물은 아니다.)

물을 구성하는 수소 원자 2개 중 1개를 단순한 탄소 '곁사슬'로 바꾸면 알코올이 된다. 여기다 탄소를 1개 더하면 '메탄올'이 되고, 2개를 더하면 '에탄올'(곡물에서 얻는 알코올)이 된다. 알코올의 종류는 헤아릴 수 없이 많다. 그리고 알코올은 산소와 수소가 결합한 원자단, 바로 '알코올기'(-OH)가 있다는 것으로 정의된다. 현대의 작명에서 모든 알코올은 '올' 자로 끝난다.

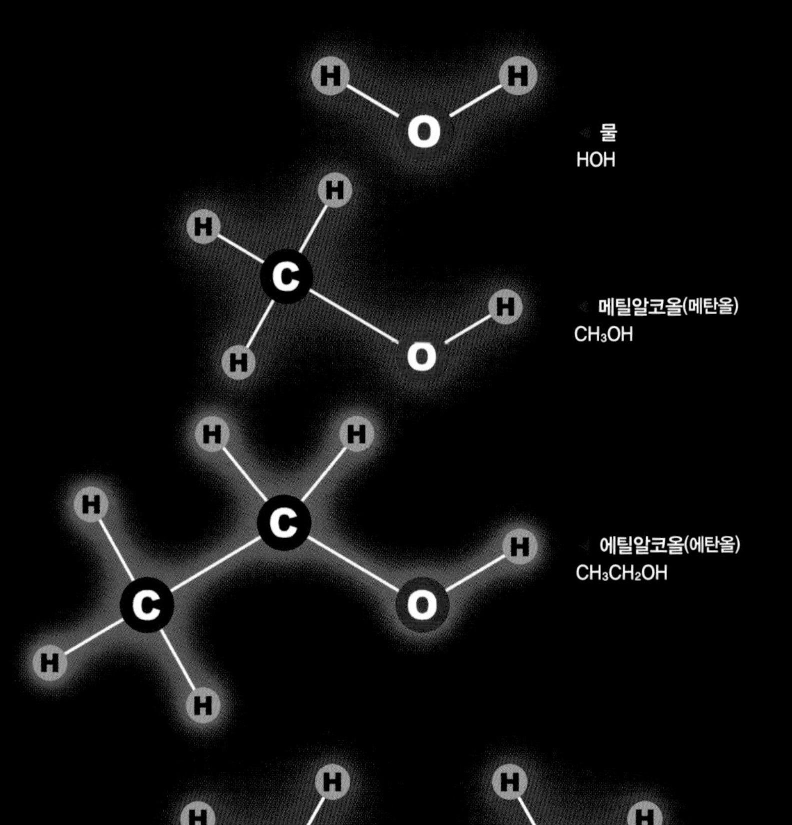

물
HOH

메틸알코올(메탄올)
CH_3OH

에틸알코올(에탄올)
CH_3CH_2OH

디메틸에테르(메톡시메탄)
CH_3OCH_3

메틸에틸에테르(메톡시에탄)
$CH_3CH_2OCH_3$

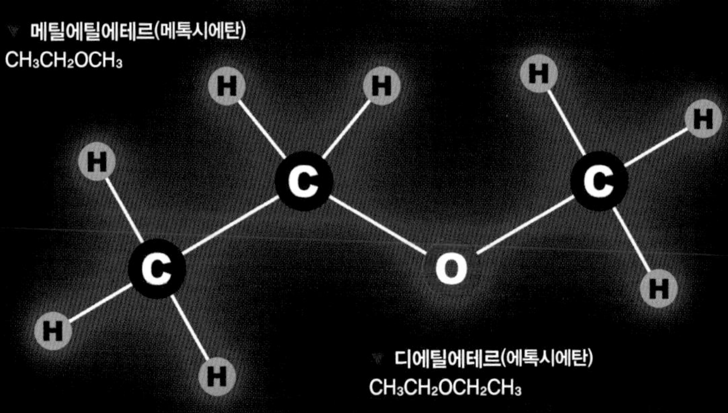

디에틸에테르(에톡시에탄)
$CH_3CH_2OCH_2CH_3$

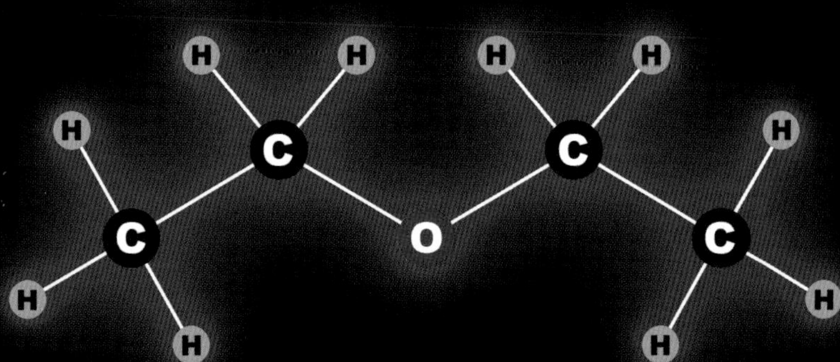

물을 구성하는 수소 원자 2개를 모두 탄소 곁사슬로 바꾸면 '에테르'가 된다. 가장 흔한 에테르는 양쪽에 탄소가 2개씩 있는 디에틸에테르며, 간단히 에테르로 통한다. 에테르는 당신을 한 방에 보내 버릴 수 있다.

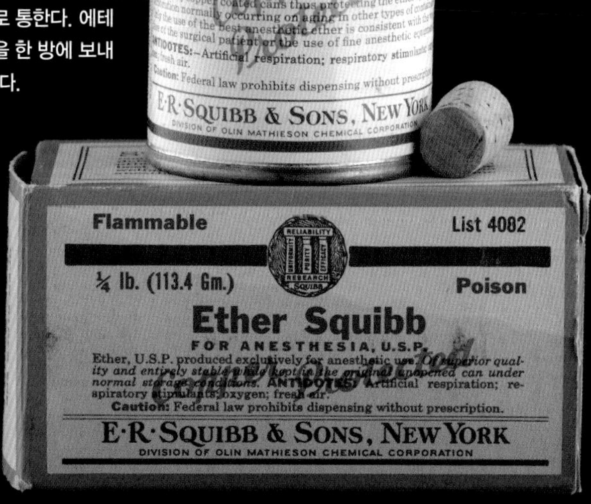

이름의 의미: 알데히드

물을 구성하는 산소 원자를 탄소와 산소가 이중 결합한 원자단('카보닐기'라 한다.)으로 바꾸면 '알데히드'가 된다. 가장 단순한 구조는 수소 원자가 양쪽에 달린 폼알데히드다.(형식적으로는 메타날이라고 부른다.) 폼알데히드는 죽은 동물을 보존하는 데 쓰는 무서운 액체다.
메타날의 수소 원자 1개를 단일 탄소 곁사슬로 바꾸면 에타날이 된다. 알코올과 마찬가지로 알데히드는 수천 가지나 만들 수 있다. 또한 모두 알데히드기(-COH)를 가지고 있으며, 이름은 '알' 자로 끝난다.

폼알데히드(메탄알)
HCHO

아세트알데히드(에탄알)
CH_3CHO

프로피온알데히드(프로판알)
CH_3CH_2CHO

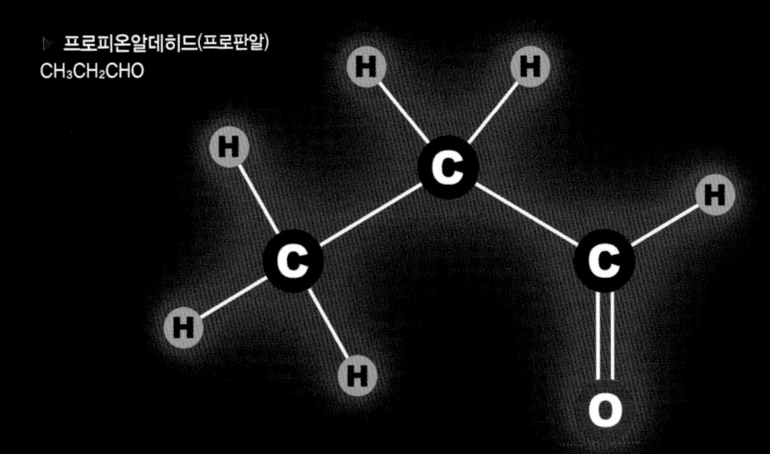

이름의 의미: 케톤

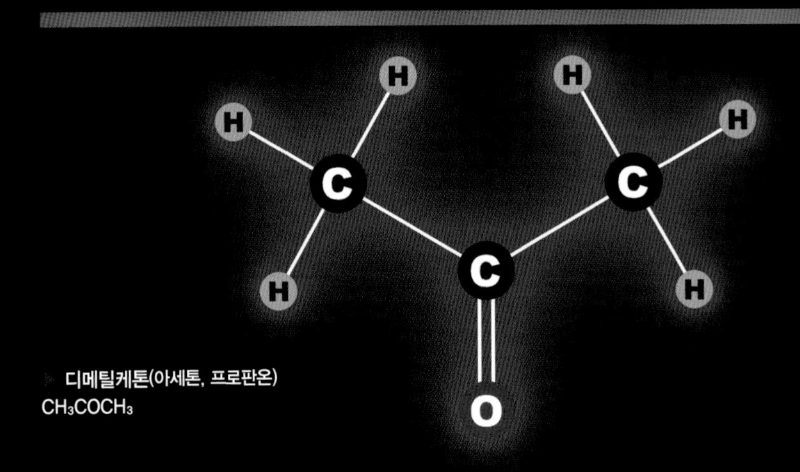

디메틸케톤(아세톤, 프로판온)
CH_3COCH_3

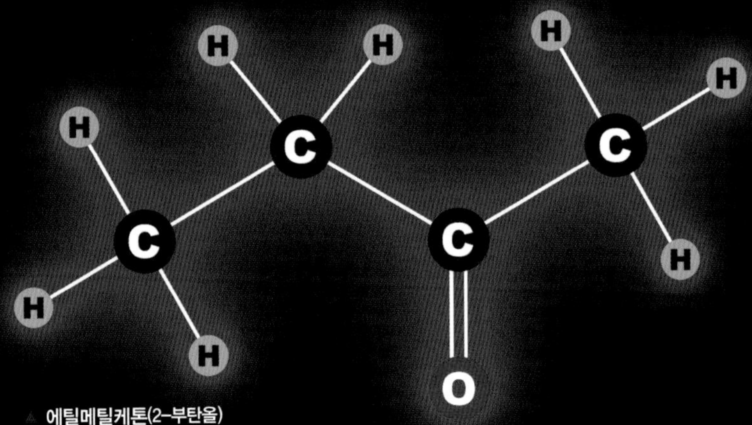

에틸메틸케톤(2-부탄올)
$CH_3CH_2COCH_3$

디에틸케톤(3-펜탄온)
$CH_3CH_2COCH_2CH_3$

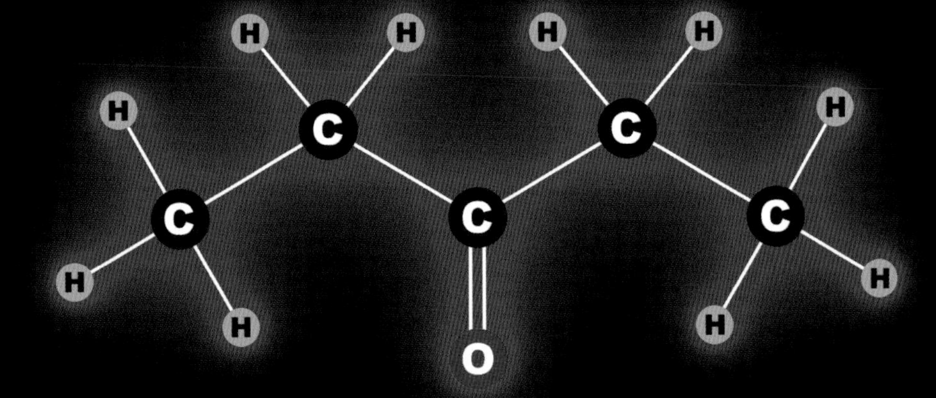

메타날의 수소를 탄소 곁사슬로 바꾸면 '케톤'이 된다. 케톤의 가장 단순한 구조인 아세톤은 불안정하고 불이 아주 잘 붙는 용매로 고지방, 저칼로리 식사(누군가는 간질을 치료하기 위해, 누군가는 살을 빼기 위해 이러한 식단을 따른다.)를 할 때 체내에 만들어지는 '케톤체' 3개 중 하나다. 아세톤은 노폐물이지만 나머지 2개는 신체 에너지의 주요 원천이 된다.

아세톤

탄소 원자가 몇 개 있는지에 따라 이름 지어진 분자들이 있다. 가령 접두사 '메ㅌ-'와 '폼-'은 탄소 1개를 의미한다. 고로 '메탄올'은 탄소가 1개인 알코올이며, '폼알데히드'는 탄소가 1개인 알데히드란 뜻이다. 이런 식으로 그리스어와 라틴어로 된 수사 접두사가 붙는 특별한 이름이 만들어진다. 탄소 1개는 '메ㅌ', '폼-', 탄소 2개는 '에ㅌ-', '아세ㅌ-', 탄소 3개는 '프로ㅍ-', 탄소 4개는 '부ㅌ-', 탄소 5개는 '펜ㅌ-', 탄소 6개는 '헥ㅅ-'이다.

이름의 의미: 유기산

카보닐기(−CO−)와 알코올기(−OH)기를 합쳐 '카복시기'(−COOH)를 만들면 더 정교한 물질을 만들 수 있다. 이러한 원자단을 가진 유기 분자를 모두 '유기산'이라고 부른다. 가장 단순한 구조를 띠는 것은 폼산으로, 탄소 원자 1개를 가지고 있다. 여기다 탄소 원자 1개를 하나 더 더하면 식초의 신맛을 내는 아세트산이 된다.

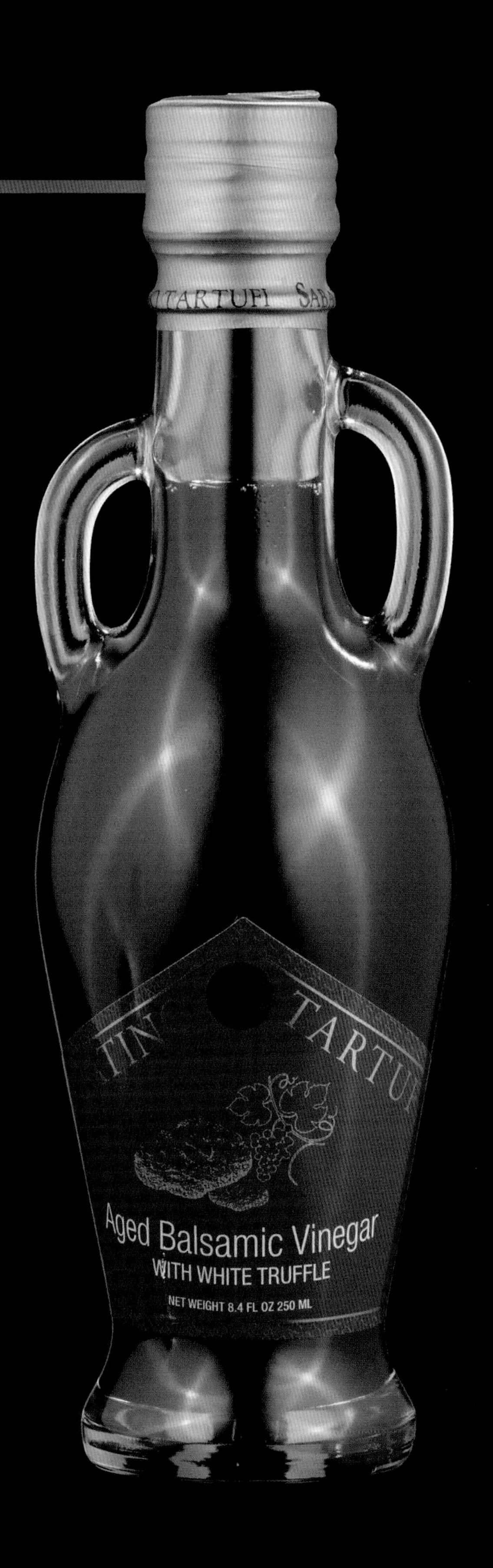

폼산
HCOOH

아세트산
CH_3COOH

프로피온산
CH_3CH_2COOH

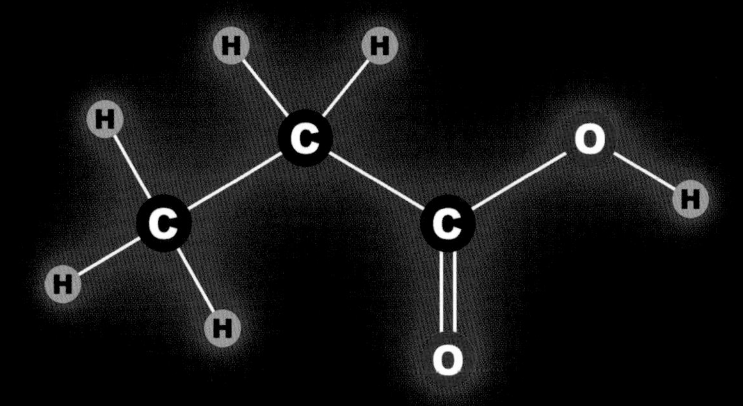

이름의 의미: 에스터

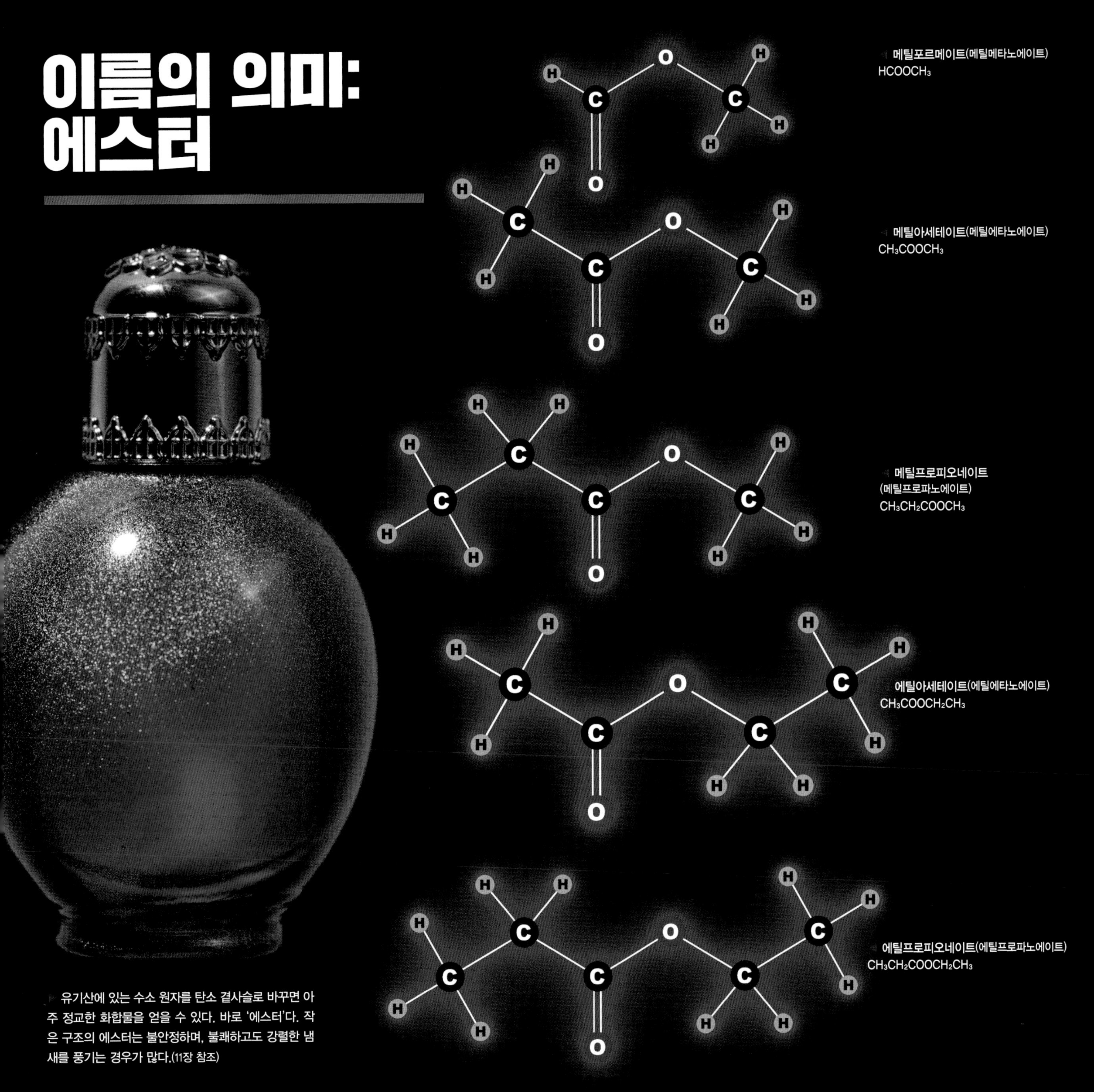

유기산에 있는 수소 원자를 탄소 곁사슬로 바꾸면 아주 정교한 화합물을 얻을 수 있다. 바로 '에스터'다. 작은 구조의 에스터는 불안정하며, 불쾌하고도 강렬한 냄새를 풍기는 경우가 많다.(11장 참조)

이름의 의미: 에스터

▶ 왼편에 탄소 4개, 오른편에 탄소 2개가 있는 에스터(에틸부티레이트라고 불린다.)는 파인애플 향이 난다.

▶ 왼편에 탄소 4개, 오른편에 탄소 5개가 있는 에스터(펜틸부티레이트라고 불린다.)는 살구 향이 난다.

▲ 에스터는 기다란 탄소 곁사슬을 가지고 있으며, 천연 밀랍의 주요 구성 성분이다. 대부분의 밀랍은 '에스터기'(-COO-)의 오른편에 탄소 15개, 왼편에 탄소 30개가 붙어 있는 트리아콘타닐 팔미테이트라 불리는 화합물이다.(84쪽 참조)

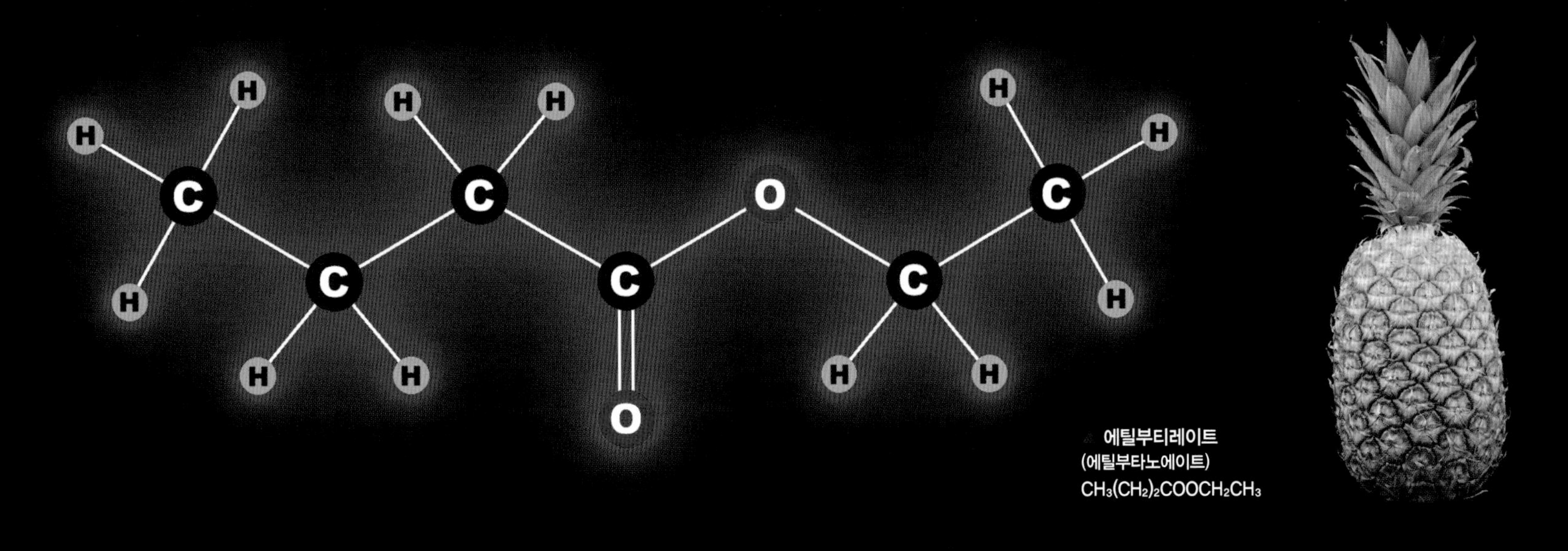

에틸부티레이트
(에틸부타노에이트)
$CH_3(CH_2)_2COOCH_2CH_3$

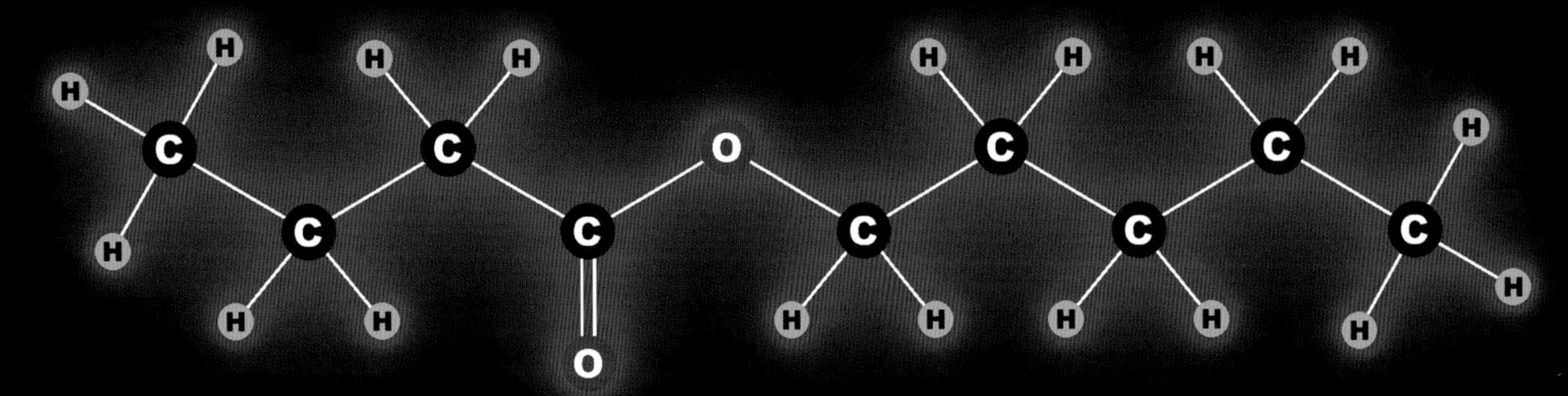

펜틸부티레이트(펜틸부타노에이트)
$CH_3(CH_2)_2COO(CH_2)_4CH_3$

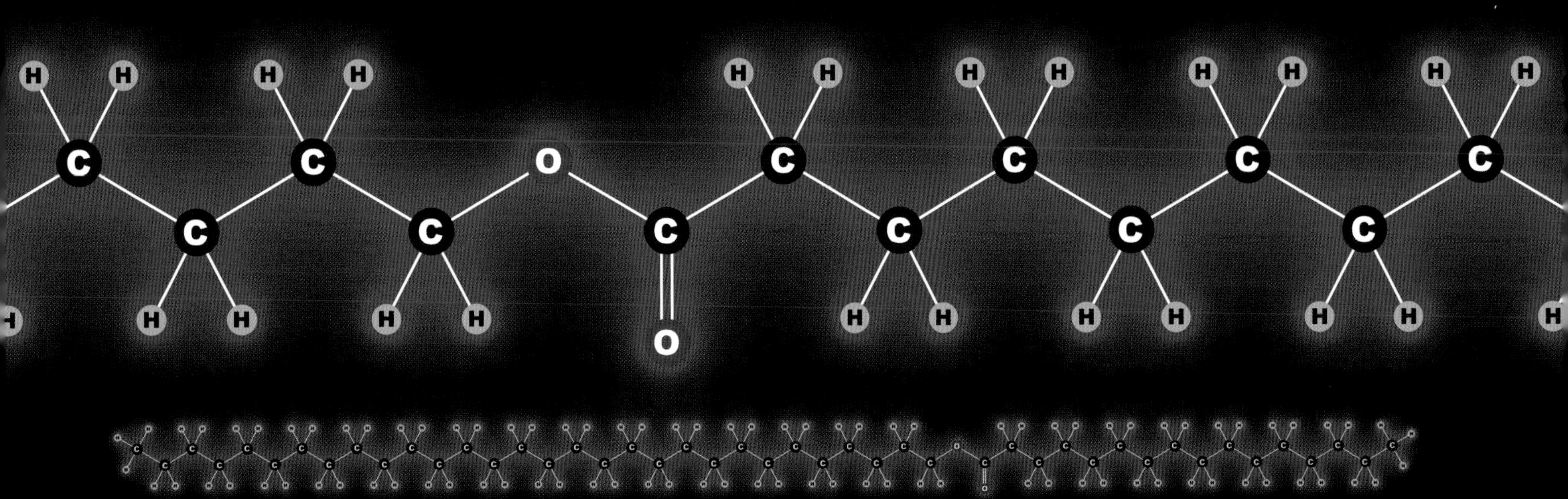

트리아콘타닐 팔미테이트(트리아콘틸 헥사데카노에이트)
$(CH_2)_{30}COO(CH_2)_{15}$

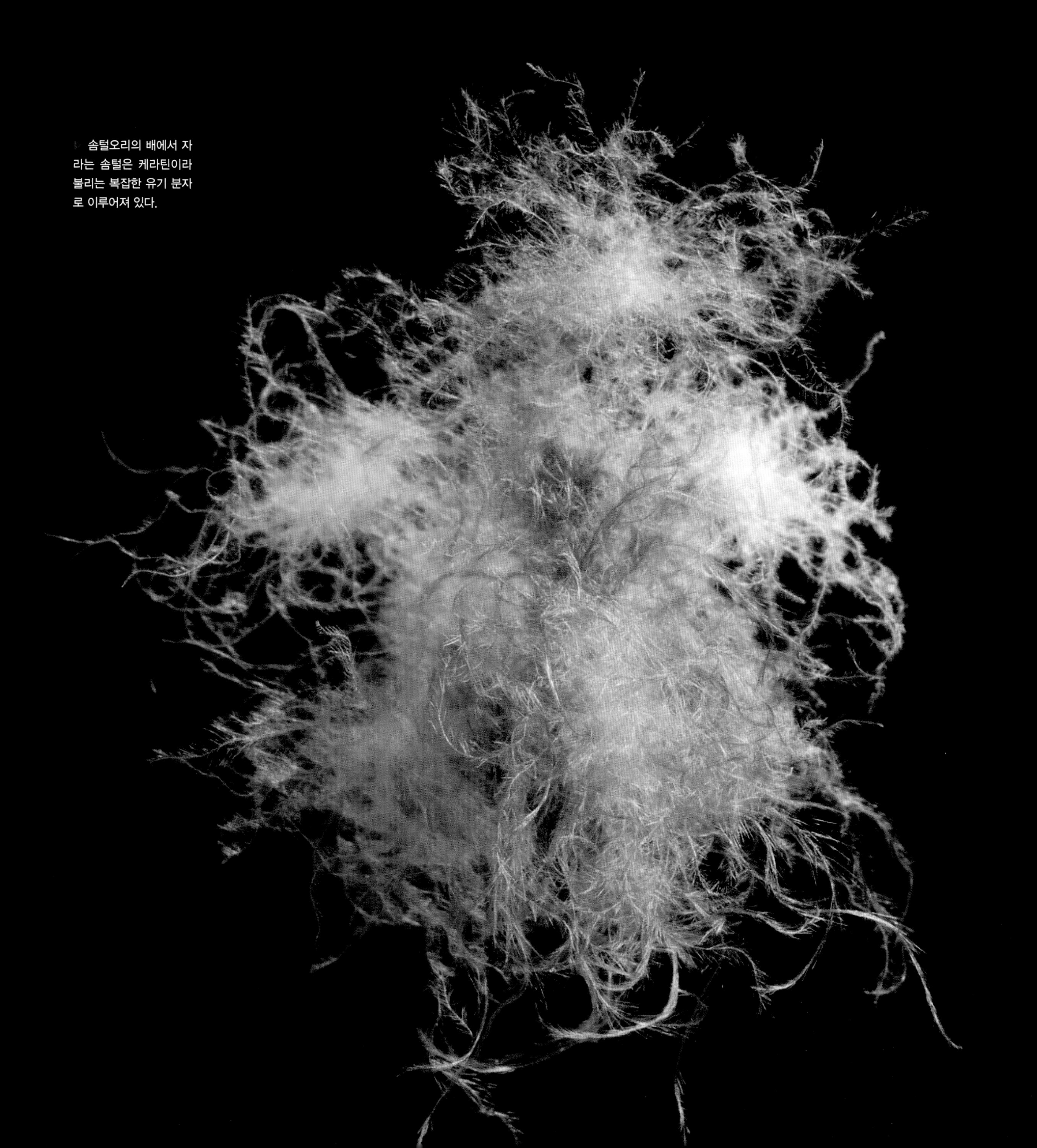

솜털오리의 배에서 자라는 솜털은 케라틴이라 불리는 복잡한 유기 분자로 이루어져 있다.

Chapter 3

죽었는지 살았는지

화학의 세계는 크게 '유기 화합물'과 '무기 화합물'로 나눌 수 있다. 유기 화합물이라는 단어는 부드러운 느낌이다. 마치 정원에서 자라나는 것들처럼. 실제로 유기 화합물은 살아 있는 생명과 밀접하게 관련된 경우가 많다. 반면에 무기 화합물이라는 단어는 단단한 느낌이다. 바위처럼. 사실 바위는 일반적으로 무기물이 맞다. 그러나 이러한 구분, 즉 부드러움과 단단함으로 나누어 정의하는 건 쓸모가 없다. 예외가 너무 많다.

그렇다면 유기물과 무기물은 어떻게 정확히 구분할 수 있을까?

◀ 석탄은 바위처럼 생긴 데다 상품으로 팔릴 경우 광물로 불리기도 하지만 엄연한 유기물이다.

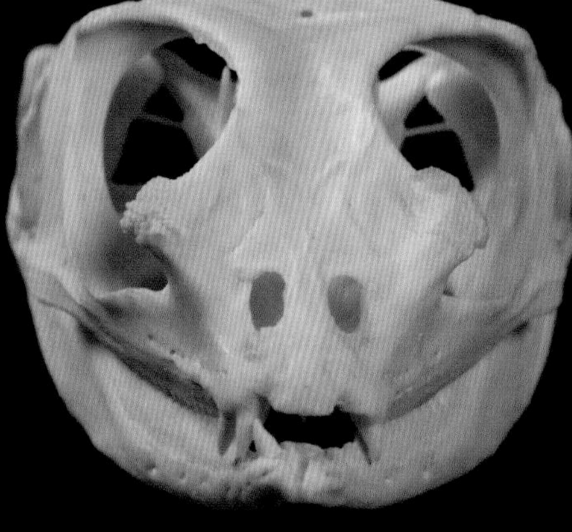

▶ 이 뼈는 생명체의 것이 확실하다.(아마도 목도리 도마뱀일 것이다.) 하지만 유기 화합물은 아니다. 대부분 수산화 인회석과 인산칼슘이라는 무기물로 이루어져 있다.

▶ 이것은 석영 결정일까? 아니다. 멘톨 결정이다. 방향유, 기침약, 그리고 담배에서 볼 수 있는 유기 화합물이다.

▶ 광유(mineral oil)를 비롯해 모든 기름은 유기 화합물이다.

▼ 석면은 아름답고 부드러운 섬유지만 여러 면에서 울(양털)과는 다른 무기 화합물이다.

유기 화합물이란 무엇인가?

유기 화합물의 정의를 검색해보면 대부분 '탄소를 포함하고 있는 화합물'이라고 나올 것이다. 이 말은 명백히 틀린 것이다. 한 단어로 증명해 보일 수 있다. 석회석! 석회석은 명백히 무기 화합물이다. 석회석은 식물이 자라는 정원의 토양과 달리 백악질로 구성된 모래 성분의 단단한 물질이다. 하지만 화학식은 $CaCO_3$으로 탄산칼슘이다. 또한 탄소가 들어 있는 유일한 무기 화합물도 아니다.

좀 더 찾아보면 유기 화합물이 '탄소와 수소 결합을 포함한 물질'이라는 정의를 찾을 수 있을 것이다. 유기 화합물 대부분이 이러한 구조를 띠는 건 사실이다. 하지만 한 가지 예외가 있다. 테플론! 이 미끄러운 물질은 탄소 결합을 기본 뼈대로 하며, 전형적인 유기 화학적 성질을 가진 분명한 유기 중합체다. 하지만 어디에도 수소는 없고, 스프레이 캔이나 냉매에 이용되는 플루오르 대체물이나 염화불화탄소 결합물에 속하지도 않는다.

그렇다면 유기물에 대한 확실한 정의는 없는 걸까?

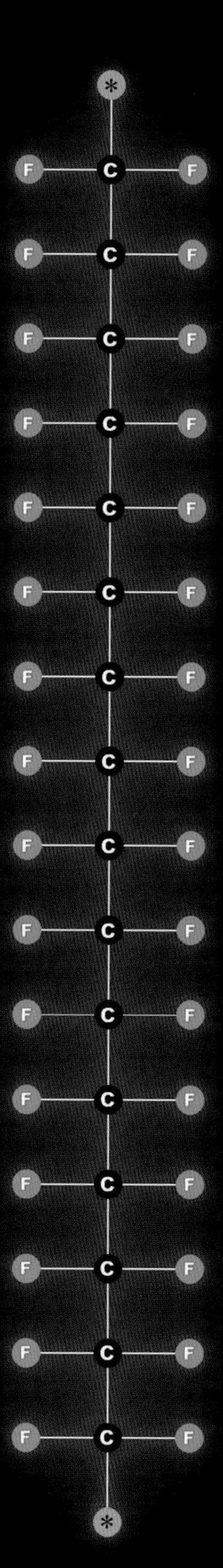

테플론은 에틸렌(C_2H_4)의 수소가 불소로 바뀐 퍼플루오르에틸렌으로 만들어진다.

테플론의 화학명은 수소불화에틸렌이다. 수소가 모두 불소로 바뀐 에틸렌의 중합체라는 의미다. 사실 폴리에틸렌은 불소 대신 수소가 결합한, 매우 흔한 합성수지다.(7장 참조) 탄소와 불소, 탄소와 탄소의 결합은 매우 강하기 때문에 화학적으로 분리하기가 거의 불가능하다.

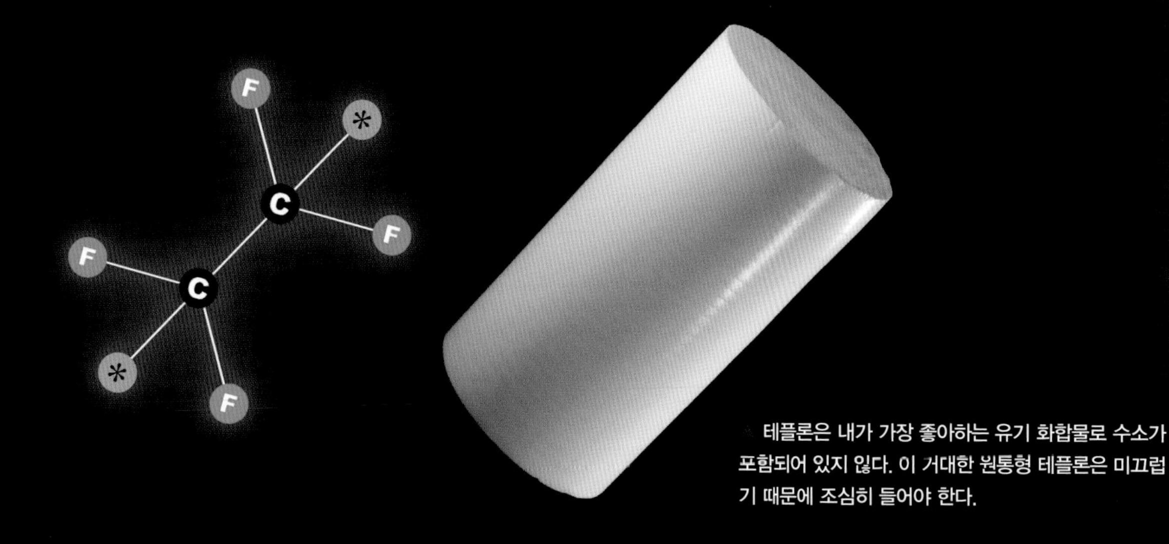

테플론은 내가 가장 좋아하는 유기 화합물로 수소가 포함되어 있지 않다. 이 거대한 원통형 테플론은 미끄럽기 때문에 조심히 들어야 한다.

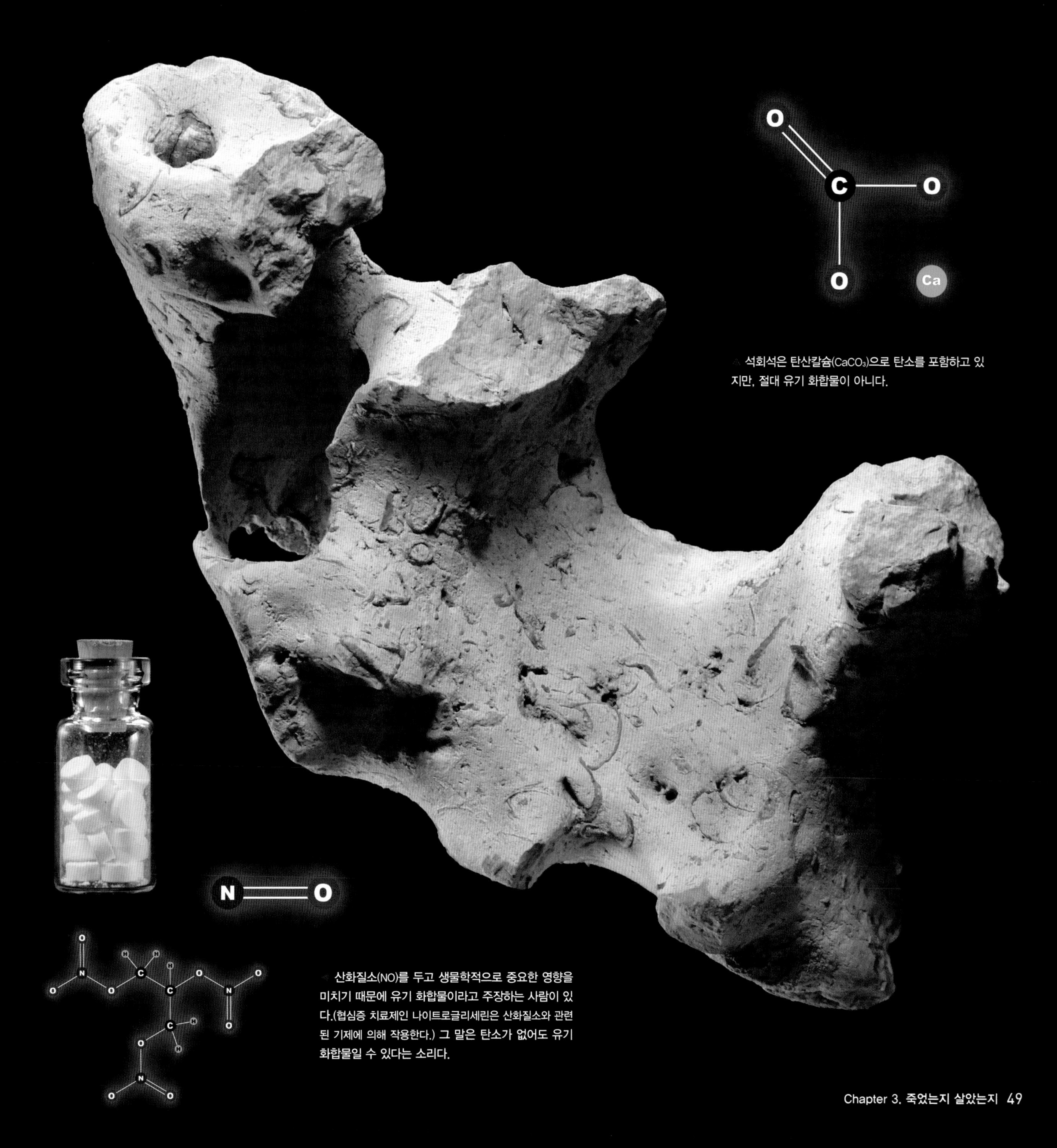

△ 석회석은 탄산칼슘($CaCO_3$)으로 탄소를 포함하고 있지만, 절대 유기 화합물이 아니다.

◁ 산화질소(NO)를 두고 생물학적으로 중요한 영향을 미치기 때문에 유기 화합물이라고 주장하는 사람이 있다.(협심증 치료제인 나이트로글리세린은 산화질소와 관련된 기제에 의해 작용한다.) 그 말은 탄소가 없어도 유기 화합물일 수 있다는 소리다.

생명을 이루는 화합물

유기 화합물의 정의는 본디 매우 분명했다. '생명체를 구성하는 화합물'이라는 것이다. 초기 화학자들은 생명체가 어떠한 화학적 변형도 불가능한 '생명력'을 가지고 있다고 믿었다. 유기 화합물은 오직 신비한 생명력을 지닌, 살아 있는 생명체에서만 유래한 것이라고 말이다.

이와 같은 정의는 생명력에 대한 모든 개념과 더불어 1828년에 무너졌다. 프리드리히 뵐러가 시안산은과 염화암모늄으로 요소(urea)를 합성해버린 것이다!

요소는 유기 화합물로 알려져 있었고 이에 대해 누구도 이의를 제기하지 않았다. 하지만 시안산은과 염화암모늄은 분명 유기 화합물이 아니다. 요소를 합성한 것이 얼마나 엄청난 일인지 이해하기 위해서는 시간이 필요했다. 하지만 결국 지식인들은 이 위대한 실험이 그들의 세계관을 수면 위로 떠오르게 했다는 것을 깨달았다.

신이 아닌 인간이 생명의 물질을 창조할 수 있게 되면서 생명의 신비는 사라졌다. 요소 합성으로 인해 연금술이라는 신비주의의 잔재는 사라졌고, 결국에는 모든 물질을 이해할 수 있을 거라는 인식이 형성되었다.

요소 합성은 진정한 과학으로서 유기 화합물 연구의 출발선이 되었다. 하지만 동시에 유기 화합물의 좋은 정의를 망쳐놓은 셈이다.

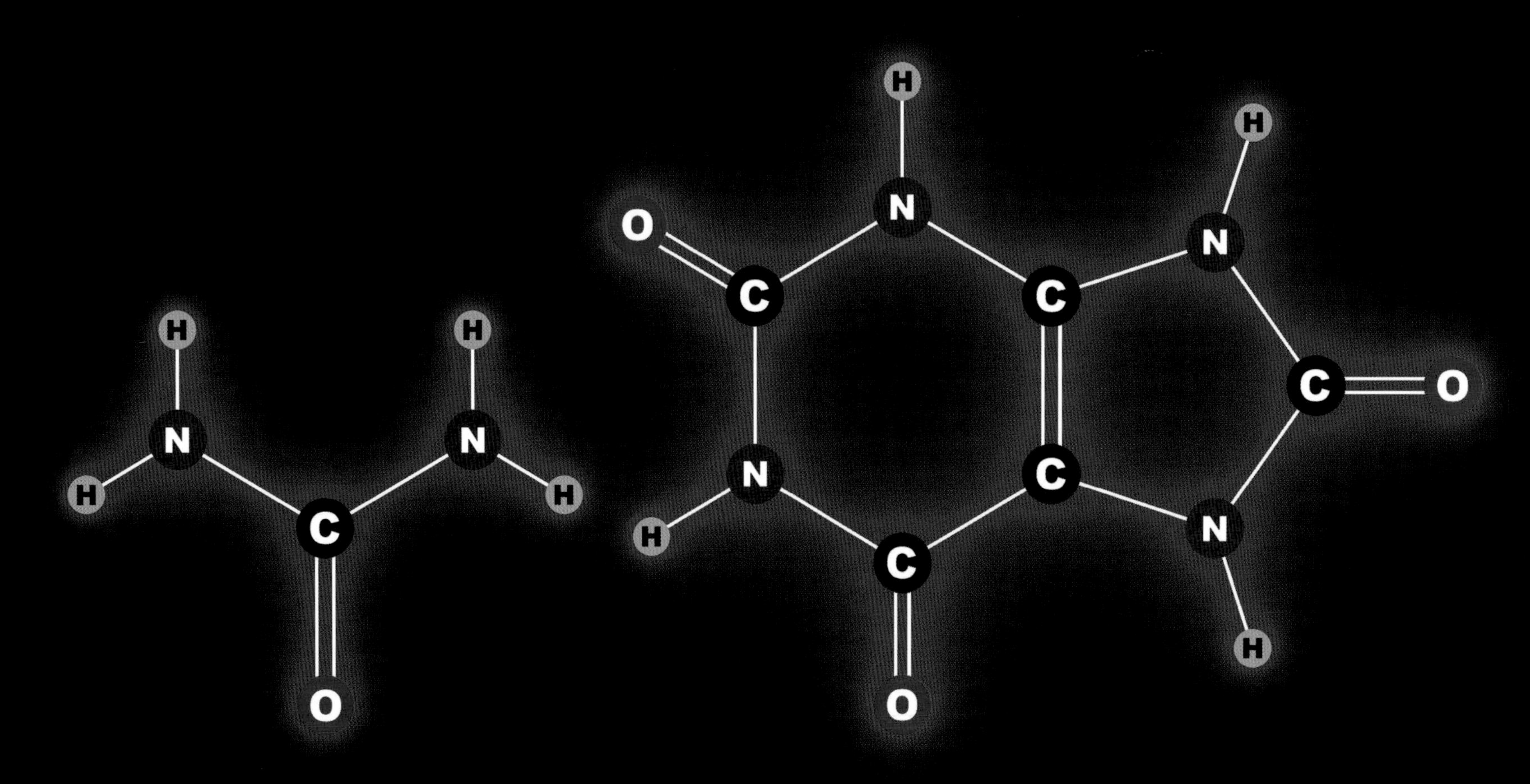

요소 분자의 구조는 꽤 단순하다.

요산은 요소의 사촌뻘이다.

▶ 요소는 명백히 유기물이다. 이름 또한 소변(urine)에서 유래했다. 오줌에서 요소를 대량 발견할 수 있기 때문이다. 요소는 생명체에서 중요한 역할을 하며, 체외에서 자연적으로 생성되지 않는다.(최근에 발견된 것을 제외하고.)

▼ 뱀의 배설물은 과학과 산업 분야에서 가치가 높았다. 엄청나게 진한 농도의 요산을 함유하고 있기 때문이다. 과거에는 요산을 얻을 수 있는 다른 방법이 없었다.

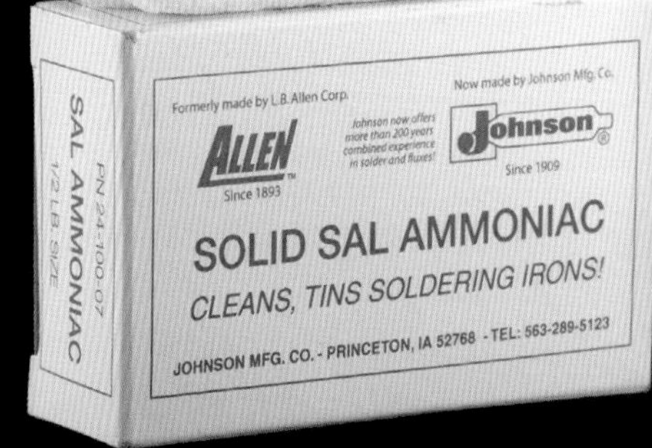

◀ 살 암모니악(sal ammoniac)은 염화암모늄의 연금술 시대 이름이다. 납땜용 인두를 닦는 세제로 쓰이던 염화암모늄을 재미있게도 살 암모니악이라 부르기도 했다.

▼ 회색 가루인 시안산은은 상대적으로 흔치 않지만 명백히 무기 은염이다.

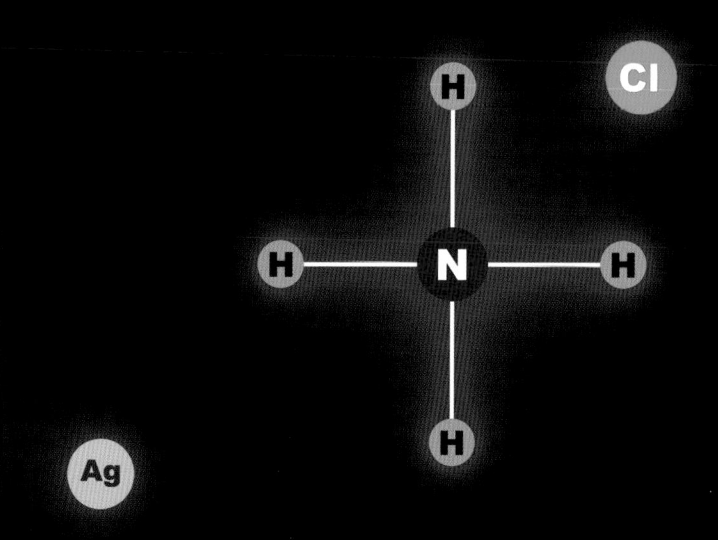

유기! 화학 물질 없음

'유기'라는 단어의 또 다른 정의를 언급하지 않을 수가 없다. 놀랍게도 아주 익숙한 말이다. 바로 음식과 영양제, 화장품 심지어 염색약 광고에서 강조하는 '천연', '유기농', '화학 물질 없음' 등이다. 사람들은 먹을거리에 화학 물질이 들어 있을까 걱정한다. 당연히 모든 물질은 화학 물질로 만들어졌다.(10장을 보라.) 내가 잡아 뜯은 머리카락은 물론, 당신이 먹어치우는 유기농 사과에도 수백 가지 화학 물질이 들어 있다.

'유기'(organic)라는 단어를 쓰면서 '좋다, 나쁘다', '천연이다, 아니다', '건강에 좋다, 장삿속이다' 등으로 구별하는 건 의미가 없다. 화학 물질은 화학 물질이다. 단지 음식과 채소, 음료에 관한 2가지 질문이 있을 뿐이다. 그 안에 든 화학 물질이 건강에 좋은가? 건강에 안 좋은 물질이 든 건 아닌가? 함유된 불순물에 대한 규제만 충족된다면 그 화학 물질이 어디서 왔는지는 문제가 안 된다.

이쯤에서 다음으로 넘어가자. 광고에서 유기라는 단어의 개념을 배워서는 안 된다는 것만 알면 된다.

▼ 에페드린

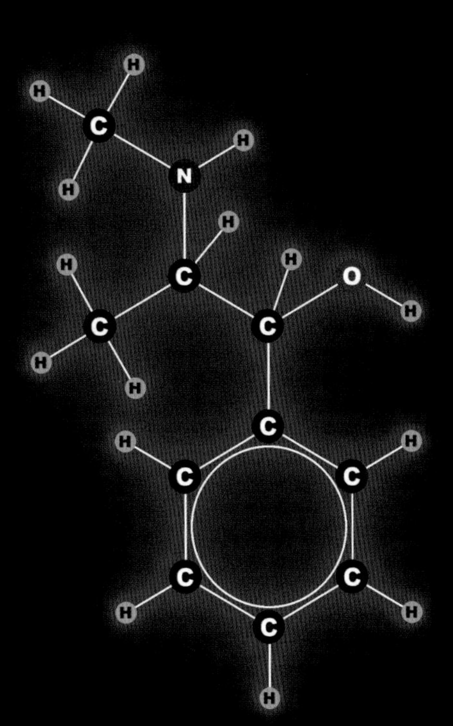

▼ 슈도에페드린

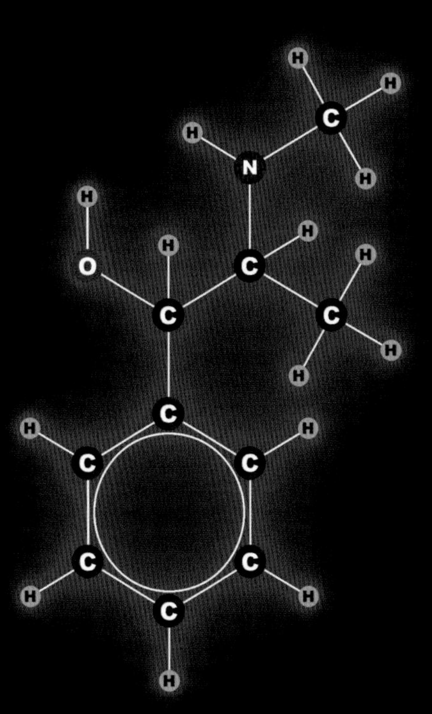

▼ 메탐페타민

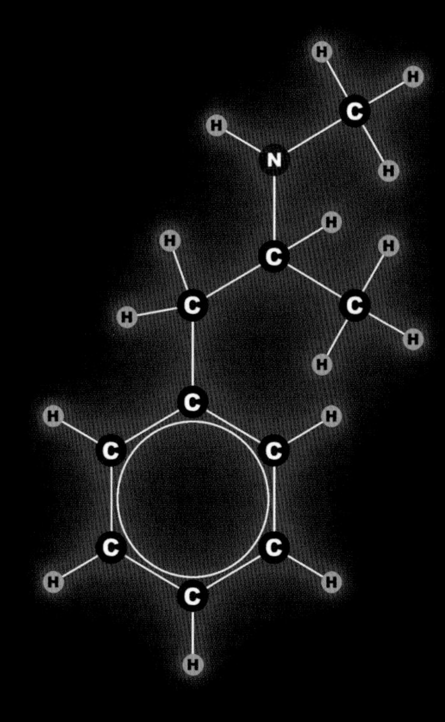

▲ 에페드린(감기, 천식 치료제로 쓰인다.)을 함유한 생약제제는 미국에서 판매 금지되어 있다. 중국에서는 마황이라는 약초 성분으로 알려져 있다. 천연 약초 성분인 에페드린과 합성 약물인 슈도에페드린(코막힘 약, 기타 감기약의 주성분이다.), 메탐페타민(각성제로 쓰인다.)은 화학적 구조가 아주 흡사하다. 천연 에페드라는 금지할 만큼 매우 위험하다. 합성 변형물인 메탐페타민은 천연물에 비해 더욱 위험하고 해로워 강력히 금지되어 있다. 반면 또 다른 합성 변형물인 슈다페드는 코막힘 치료제로 오랫동안 일반의약품으로 인진하게 판매되었다. 이것으로 메탐페타민을 만드는 방법이 알려져 제한이 생기기 전까지는 말이다.

이 광고에는 청색 염료인 인디고가 화학 물질을 전혀 포함하고 있지 않다고 쓰여 있다. 맙소사! 인디고는 그 자체로 화학 물질일 뿐 아니라 화학의 역사상(200쪽 참조) 가장 중요한 물질 중 하나다. 화학 물질이 안 든 인디고란 양상추가 없는 샌드위치나 다름없다. 더구나 인디고는 잎 가루 형태 그대로 유통되며, 특유의 청색을 내기 위해서는 염료를 물에 끓여야 한다. 이는 식물 속의 인디칸 글리코사이드가 가수 분해되어 인독실이라는 화학 물질과 글루코스(포도당)가 되는 화학 반응을 의미한다. 이때 인독실은 공기와 닿으며 인디고로 산화된다. 염료는 그 자체로 화학 물질에 대한 모든 것이다. 차라리 인디고가 유기 물질이라고 했다면 맞는 말이 되었을 텐데.

모든 기업이 자신들의 제품에 화합물이 함유된 걸 부인하지는 않는다. 오히려 자신들의 제품에 평범하지 않은 최고의 화합물을 넣었다고 주장하기도 한다. 왼쪽 사진은 차량용 흠집 수리 제품으로 특별히 혼합된 마이크로 연마재가 들어 있다고 한다.

유기농 소금이라고? 진짜?

결론, 유기 화합물의 정의

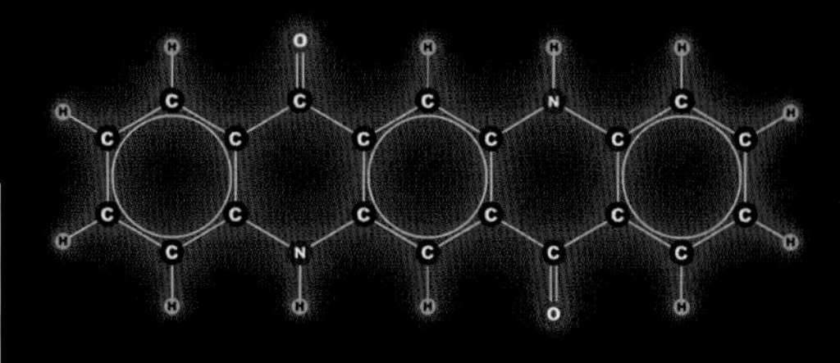

▲ 퀴나크리돈

이제 유기 화합물을 어떻게 정의 내려야 할까?

가장 널리 쓰이는 정의는 '탄소를 포함하고 있는 화합물이되, 탄소가 탄산염이나 이산화탄소, 일산화탄소로 존재하지 않는다.'는 것이다. 여기다 탄소가 사이아노기(–CN)에 있는 경우도 빼고, 알루미늄 카바이드처럼 카바이드로 있는 경우도 빼고……. 예외는 많지만 지루하니 생략한다.

이 정의의 핵심은 탄소가 특별하다는 것이다. 탄소는 매우 복잡한 사슬과 고리, 수지, 층상 구조를 만들 수 있고, 복잡하고 다양한 3차원 구조를 형성할 수 있으며, 그러한 구조를 선호함으로서 같은 탄소끼리 스스로 결합할 수 있는 유일한 원소다. 만약 다량의 탄소가 있는 상태에서 원소를 무작위로 만나게 한 후 반응이 일어날 수 있는 특정 조건을 설정해놓으면, 우리는 복잡한 유기 분자를 얻을 수 있다. 탄소가 사슬이나 고리 형태를 이루려는 경향은 그 자체로 유기물의 핵심이다.

다음 장에서 우리는 가장 무서운 독부터 가장 사랑스럽고 부드러우며 폭신폭신한 섬유까지 유기 화합물의 일부를 만나게 될 것이다.

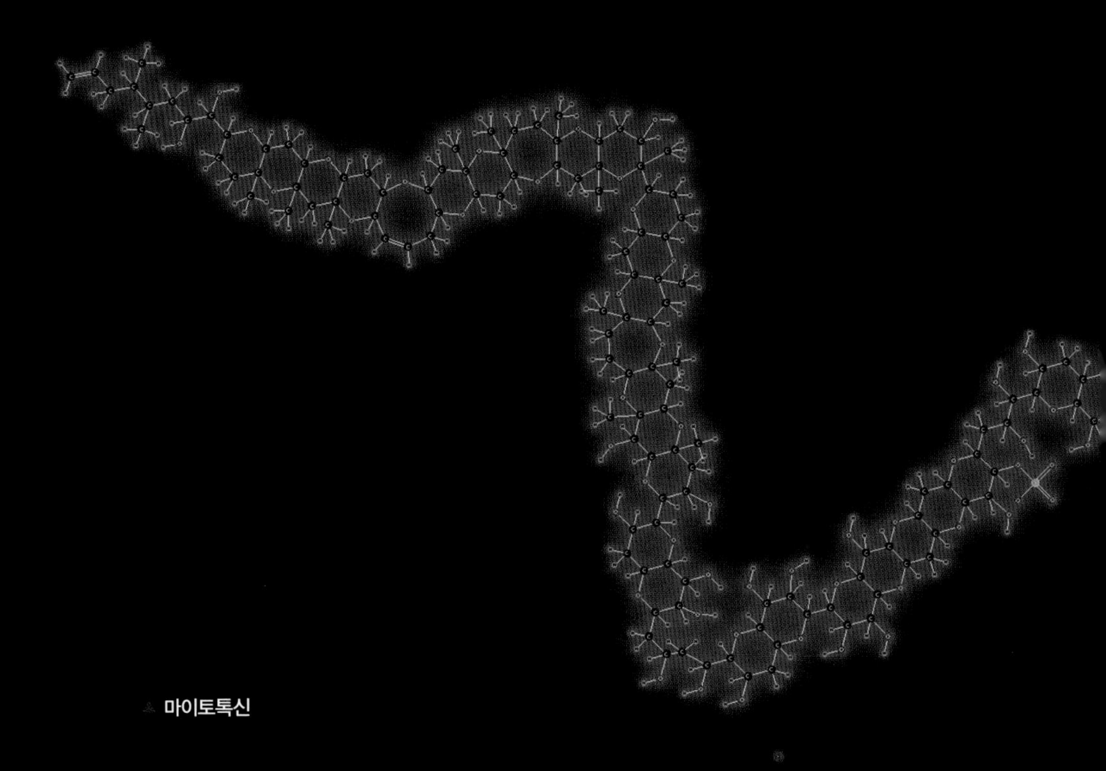

▲ 마이토톡신

▼ 아크릴 중합체

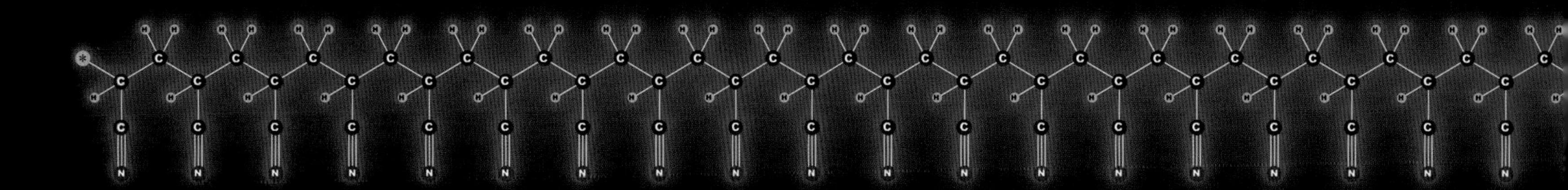

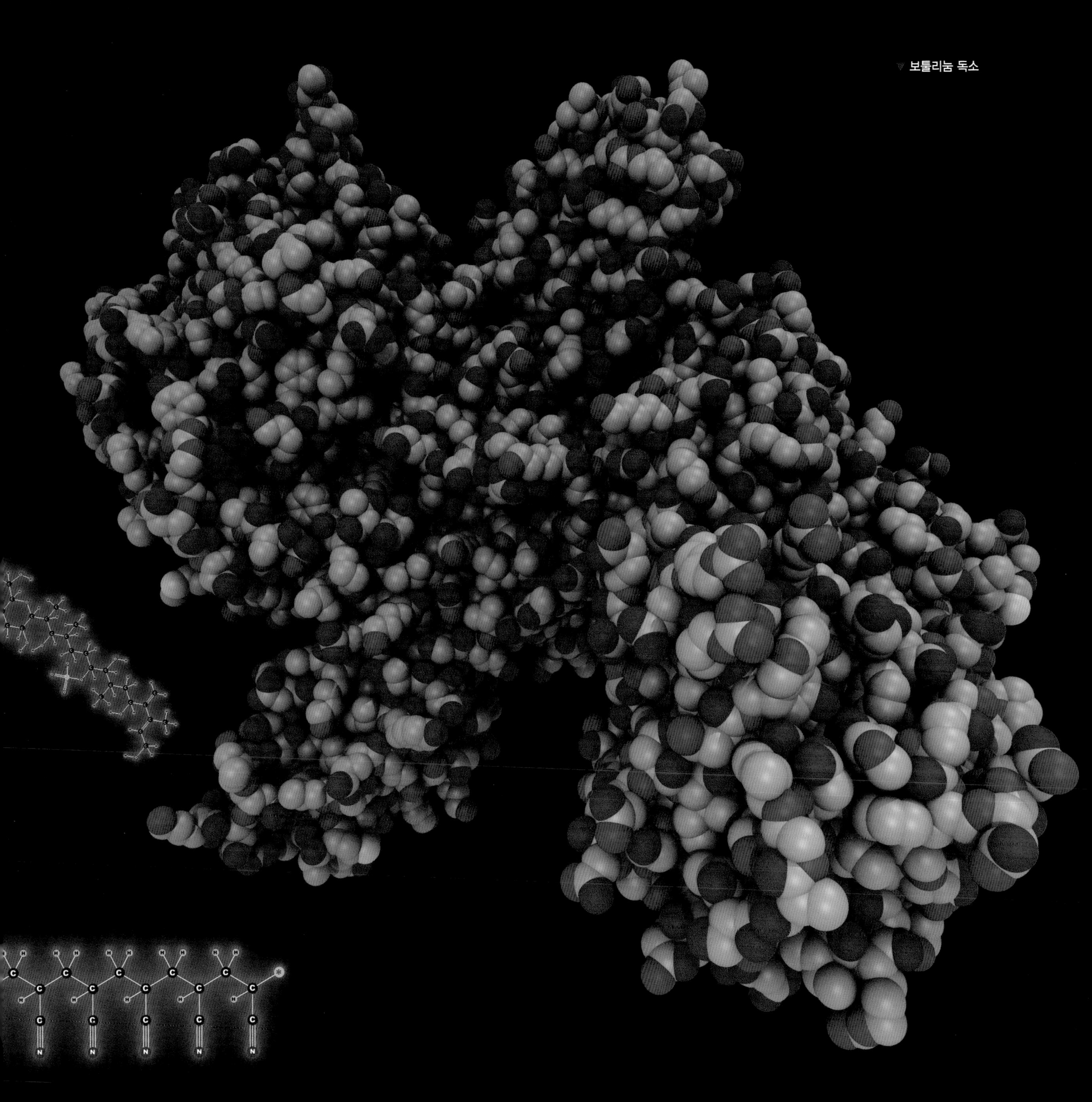
▽ 보툴리눔 독소

Chapter 4

물과 기름

물과 기름은 도무지 섞이지 않는 녀석들이다. 왜 그런 걸까? 하물며 비누는 어떻게 그들이 태생적 불화를 극복하게 만드는 걸까? 이 두 질문의 답은 전하가 물과 기름 그리고 비누 분자에 분포되어 있는 방식에서 찾을 수 있다.

앞서 1장에서 살펴보았듯이 원자가 결합하는 방식은 2가지다. 첫째는 전자가 A 원자에서 B 원자로 완전히 이동해버리는 이온 결합이며, 둘째는 A, B 두 원자가 전자를 함께 소유하는 공유 결합이다.

이온 결합으로 형성된 분자에는 전하가 균일하게 분포되어 있지 않다. 양전하와 음전하의 '극'이 존재하는 까닭에(자석의 N극과 S극처럼) '극성 화합물'이라고도 불린다. 소금이 바로 원자들이 이온 결합한 극성 화합물에 속한다.

반면 공유 결합으로 이루어진 분자는 구성 원자들 사이에 전하가 균일하게 분포되어 있으며 무극성, 즉 극성이 존재하지 않는다. 기름은 '무극성 화합물'의 대표적인 예다. 헥산이나 등유처럼 물보다 기름에 잘 녹는 페인트 희석제 역시 무극성 화합물에 속한다.

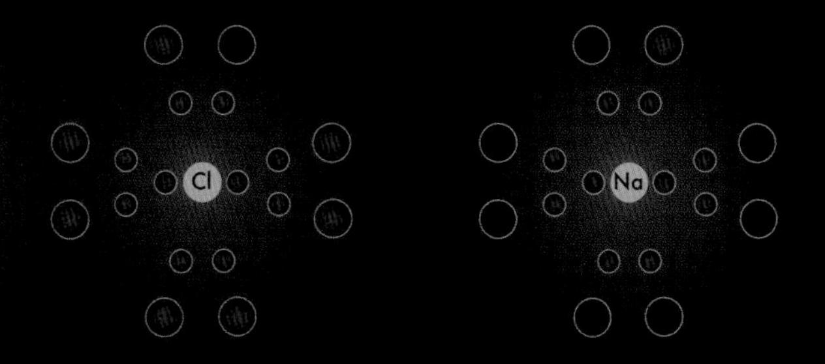

1장에서 보았듯, 나트륨과 염소가 결합해 소금이 만들어지면 음전하가 나트륨 원자보다 염소 원자에 집중된, 강한 극성을 띤 화합물이 된다. 아울러 전하를 띤 원자는 이온이라고 한다.

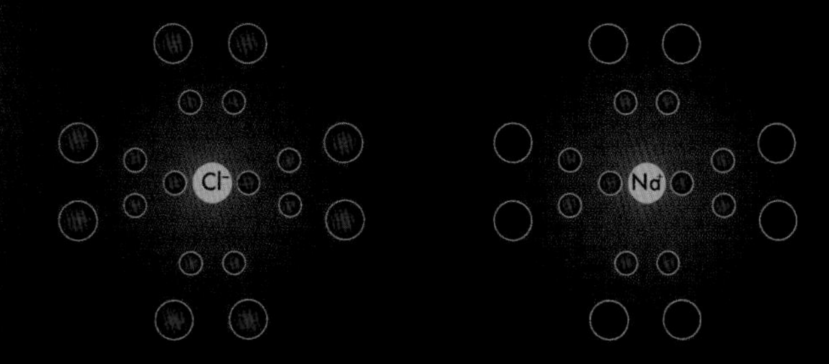

소금은 나트륨 양이온과 염소 음이온의 결합물이다.

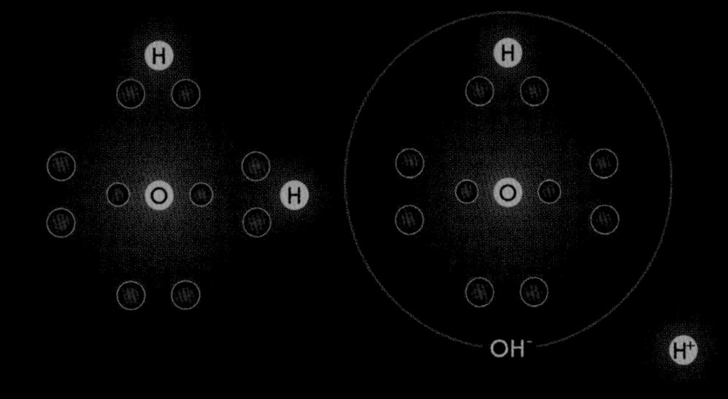

H_2O, 즉 물은 엄밀히 말해 이온 화합물이 아니지만, 전자가 산소 원자에 집중되어 극성을 띤다. 또한 물 분자는 수소 양이온(H^+)과 수산화 음이온(OH^-)으로 아주 쉽게 분리된다. 순수한 물, 즉 증류수에서는 매순간 100만 분의 1개의 물 분자가 이처럼 분리된다.(수소 이온은 전자가 없어서 크기가 작다. 사실상 양성자와 다를 바가 없으며, 전자가 있는 이온이나 원자에 비해 턱도 없이 작다.)

▲ 탄소 원자끼리 결합할 때 그들 간에는 전자가 균등하게 공유되므로 전체적으로 전하를 띠지 않는다. 이와 같은 방식으로 연결된 탄소 원자 사슬들은 구조적으로 기름의 기본 단위가 된다. 기름 분자는 전하가 사슬 전체에 고르게 분포되어 있어 무극성이다. 1장에서 배웠듯, 탄소 원자에는 다른 원자와 결합할 수 있는 공간이 4개 있다. 최외각 전자껍질에 전자 8개가 채워져야 하는데 탄소 원자가 가진 전자는 4개뿐이기 때문이다.
탄소 원자 6개로 이루어진 사슬에 수소 원자들을 채워주면(사슬 가운데 탄소 원자에는 수소 원자 2개씩, 끝에 있는 탄소 원자에는 수소 원자 3개씩) 가솔린, 등유, 디젤의 주요 구성물인 헥산이 만들어진다.

▼ 헥산은 유동적인 액체로 겉보기에는 물과 비슷하지만 녹일 수 있는 물질은 판이하게 다르다.

▲ 이것은 시리아의 알레포에서 만든 향기 좋은 올리브유 고체 비누다. 만들어진 곳은 매우 이국적이지만 이 비누는 화학적으로 특이한 점이 전혀 없다. 그건 참 슬픈 일이다. 나의 오랜 동료 맥스 위트비는 그가 행복했던 시절, 고통과 죽음이 아닌 무역과 산업이 꽃 핀 도시에서 이 비누를 가져와 지금껏 쭉 간직했으니 말이다.

▲ 매번 모든 전자를 다 그리려면 지루하고 헷갈리므로 분자를 그릴 때는 보통 원자는 원으로, 공유 결합은 선으로 표현한다. 이 책에서는 항상 선 주변을 밝게 음영 처리해서 이 선이 실제 존재하는 게 아니며, 널리 퍼진 전자구름이 원자핵을 둘러싸고 있다는 것을 표현했다.

극성 인력

우리는 소금이 양전하의 나트륨 이온(Na+)과 음전하의 염소 이온(Cl-)으로 이루어져 있다는 것을 배웠다. 소금 결정을 물에 넣으면 (H_2O는 HOH로도 표현할 수 있으니) 물 분자는 수소 이온과 수산화 이온으로 분리되기 시작한다. 수소 이온은 소금의 염소 이온에게 다가가 짝을 이루면서 소금 결정에서 염소 이온을 떼어낸다. 마찬가지로 수산화 이온은 나트륨 이온에게 다가가서 짝을 짓는다.

이렇게 소금 결정은 차례로 무너지며, 나트륨 이온과 염소 이온은 각각 물속을 자유롭게 헤엄친다. 동시에 이 두 이온은 물 분자가 분해되어 생기는 이온들과 일시적으로 결합한다.

하지만 소금 결정은 헥산 같은 무극성 용매에는 거의 녹지 않는다. 이온은 자신과 반대쪽 전하를 띤 이온과 짝을 지으려 하는데 무극성 분자에는 전하가 어느 한 이온에 집중되어 있지 않아 그들을 떼어낼 방도가 없기 때문이다.

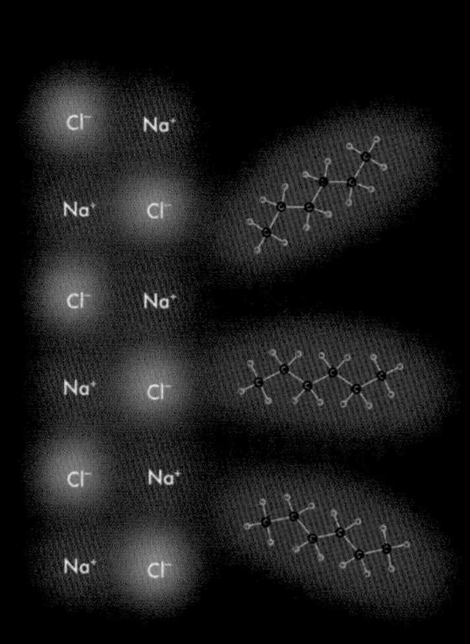

▲ 헥산 분자에게는 소금의 나트륨과 염소 이온을 끌어당길 수 있는 방법이 전혀 없다. 그들은 끼리끼리 어울리는 걸 선호한다. 소금은 헥산 같은 무극성 용매에 전혀 녹지 않는다.

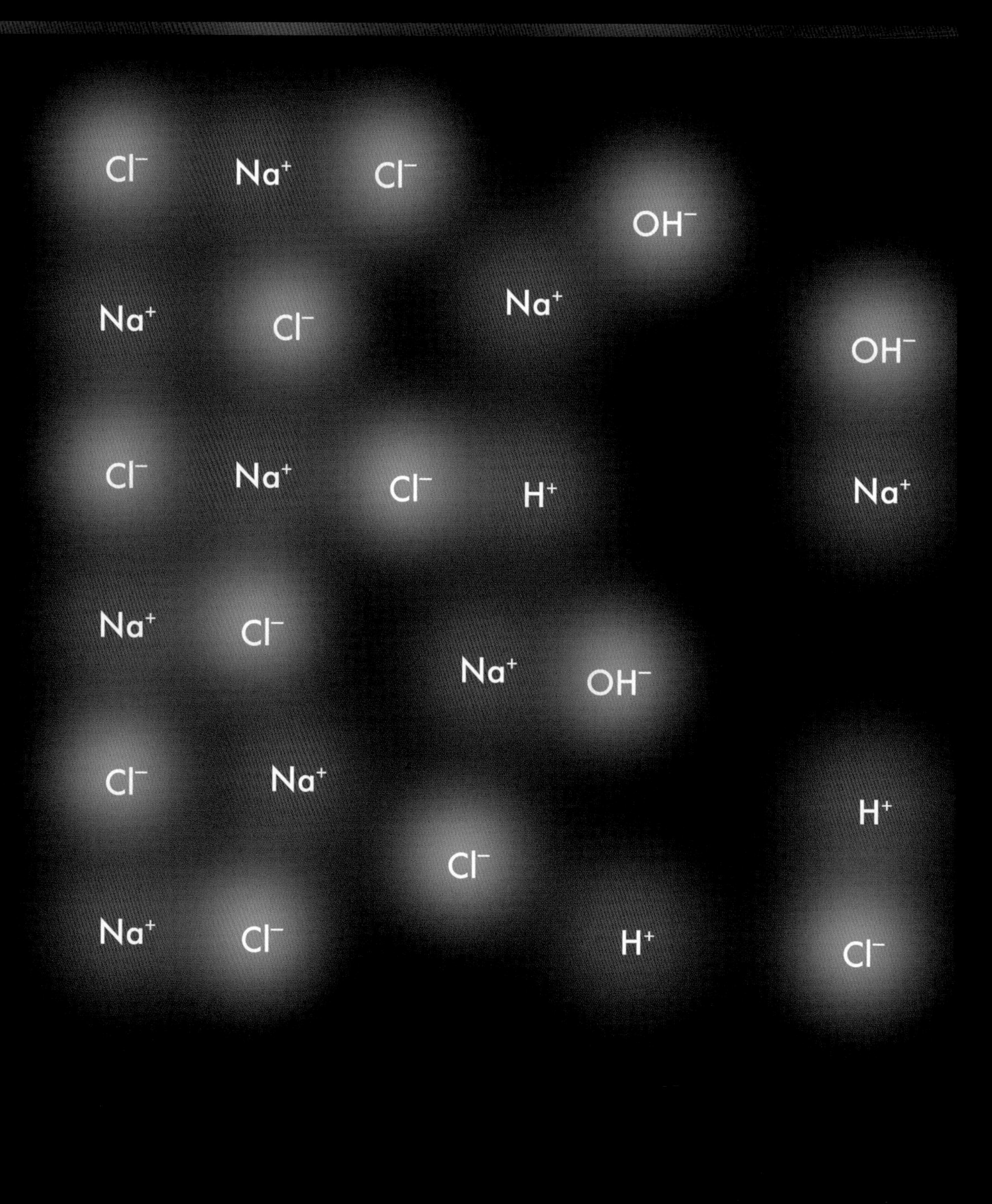

▲ 극성 용매(특히 물처럼 수소 이온과 수산화 이온으로 부분 분해되는 경우)는 소금과 같은 극성 화합물 사이에 끼어들 수 있다. 따라서 소금은 물에 매우 잘 녹는다.

무극성의 위력

극성은 물을 강력한 용매로 만들어줄까? 그 어떤 무극성 용매보다도? 물은 이온 물질을 용해하는 가장 강력하고 격렬한 용매 중 하나로 알려져 있다. 하지만 다행히도 피부를 녹일 정도는 아니기 때문에 우리가 살아 있는 것이다.

용매가 극성을 띠면 극성 물질을 녹일 때 유리하다. '용해'란 상호적인 작용으로, 각 물질이 상대와 섞이려는 의지가 있어야 한다. 따라서 '극성인 물이 무극성인 기름을 녹이는가.' 묻는 것은 '무극성인 기름이 극성인 물을 녹이는가.' 묻는 것과 같다. 앞에서 배웠듯이 둘은 서로를 녹이지 못한다. 극성인 분자들은 같은 극성끼리 다니는 걸 더 좋아한다.

기름 같은 무극성 물질에 침투할 수 있는 물질은 또 다른 무극성 물질뿐이다. 이러한 이유로 기름을 녹이는 데 헥산이 좋은 용매가 되는 것이다.

이제 감이 올 것이다. 물과 기름, 극성 물질과 무극성 물질은 서로 섞이지 않고 자기들끼리 붙어 있으려 하며, 상대에게 자신들의 유대를 깨뜨릴 힘이 전혀 없다는 것을 안다. 이 같은 분리는 개신교와 천주교, 맥과 윈도우, 개와 고양이의 관계처럼 고정된 것이며 영원한 것이다. 비누가 끼어들지 않는다면 말이다.

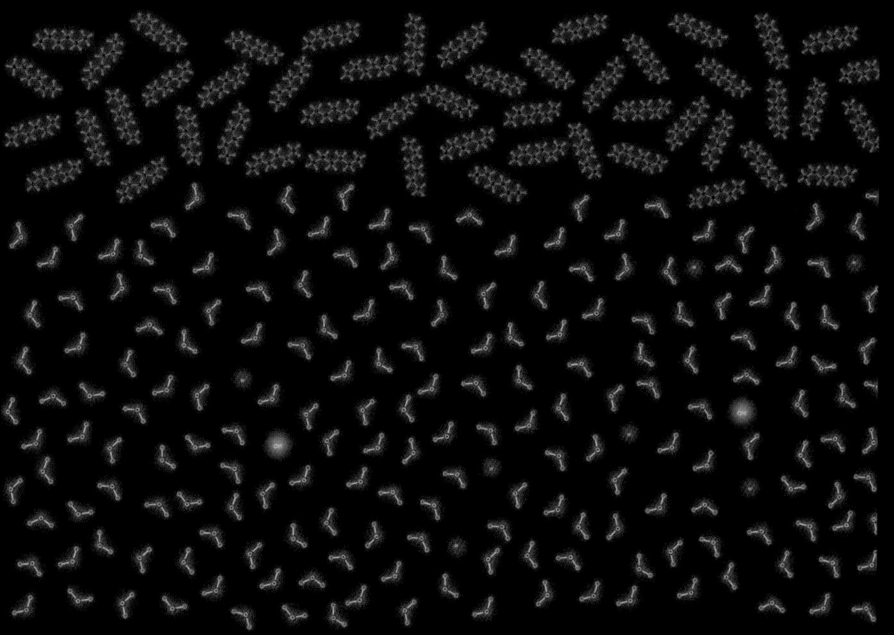

◀ 물 분자는 그들만의 극성 결합으로 충분히 만족하며, 무극성인 기름 분자 사이에 끼어들려 하지 않는다. 반대로 무극성 분자가 자신들 사이에 끼어드는 것 역시 반기지 않는다.

◀ 무극성인 헥산 분자는 등유가 기름을 녹이듯이 기름 분자 같은 더욱 긴 사슬을 가진 무극성 물질에 침투할 수 있다.

▼ 곰 인형 모양으로 조각된 비누. 이제 비누 이야기에 가까워졌다는 뜻이다.

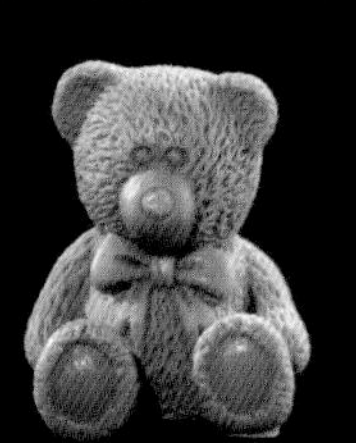

비누의 마법

비누는 세계평화에 버금가는 놀라운 일을 한다. 기름과 물을 친하게 만드는 것이다. 이는 비누 분자의 한쪽은 극성이고 다른 한쪽은 무극성이므로, 한쪽으로는 기름을 녹이고 다른 한쪽으로는 물을 녹이기에 가능하다.

그렇다면 이러한 분자는 어떻게 만들까?

먼저 무극성을 띠는 기다란 탄소 사슬 분자를 준비한다.(가령 탄소 원자 18개가 일렬로 나열되어 있고 수소 원자 38개가 둘러싸고 있는 옥타데칸처럼.) 옥타데칸 같은 탄소 사슬 분자는 탄소 원자가 6개인 헥산보다 길이가 길 뿐 무극성이라는 점은 같다. 탄소 사슬 분자는 기름 성질을 띤 분자들 사이로 곧장 파고들어 간다.(사실 그 자체에 기름 성질이 있다.)

그다음 무극성인 탄소 사슬 분자의 한쪽 끝에 극성이 강한 원자단을 붙인다. 카복시기(탄소 원자 1개에 산소 원자 2개가 결합한 것. 42쪽 참조) 같은 원자단 말이다. 모든 산은 본래 극성을 띤다. 산성 물질이 이온화될 때 양 전하를 띠는 수소 이온을 내보내기 때문이다.

말단 한쪽에 산성 원자단이 있는 옥타데칸을 스테아르산이라 하는데, 동물성 지방에서 쉽게 찾을 수 있다. 스테아르산은 가장 흔한 지방산 중 하나지만 비누처럼 작용하진 못한다. 산성이 매우 약해 물에서 이온화가 적게 일어나기 때문이다.

옥타데칸은 탄소 원자 18개가 일렬로 늘어선 사슬 형태다. 옥타(octa)는 8, 데케(deca)는 10을 의미하며, 접미사 -에인(-ane)은 탄소 사슬이 수소 원자만으로 꽉 채워졌다(다시 말해 포화되었다.)는 뜻이다. 옥타데칸은 상온보다 조금 높은 온도에서 녹는 물캉물캉한 고체다.

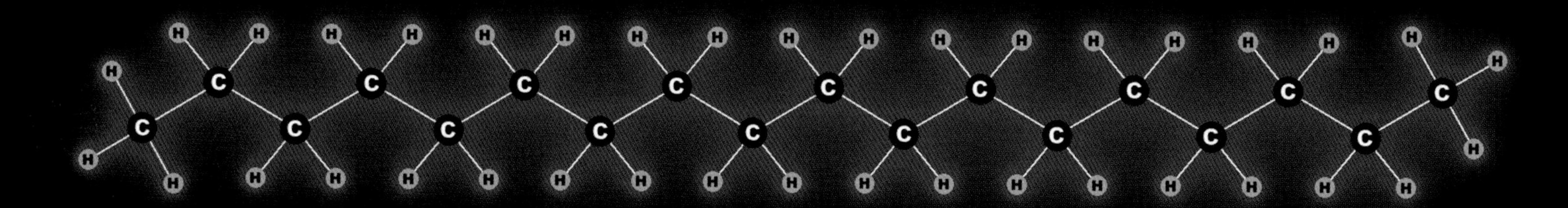

스테아르산은 동물성 지방에서 흔히 볼 수 있는 지방산으로 옥타데칸과 비슷해 보이지만 한쪽 끝에 카복시기가 붙어 있다. 스테아르산은 물에 거의 녹지 않는다.(물 1L에 고작 3mg만 녹아서 비누로는 사용을 못 한다.)

비누다운 비누 만들기

스테아르산이 비누 역할을 하려면 물에 더욱 잘 녹아야 한다. 이를 위해선 스테아르산 분자의 산성 말단에서 수소를 떼어내고 그 자리에 물과 닿았을 때 분리가 잘 이루어지는 원자를 넣어야 한다.

수산화나트륨(가성소다, 잿물)을 이용하면 수소 원자를 나트륨 원자로 대체할 수 있다.(이를 중화 혹은 산염기 반응이라고 한다.) 이렇게 만들어진 것을 스테아르산나트륨이라 부른다. 스테아르산나트륨은 물에 아주 잘 녹으며, 천연 비누의 주요 성분이다.

그렇다면 비누는 어떻게 비누로서의 역할을 해낼까?

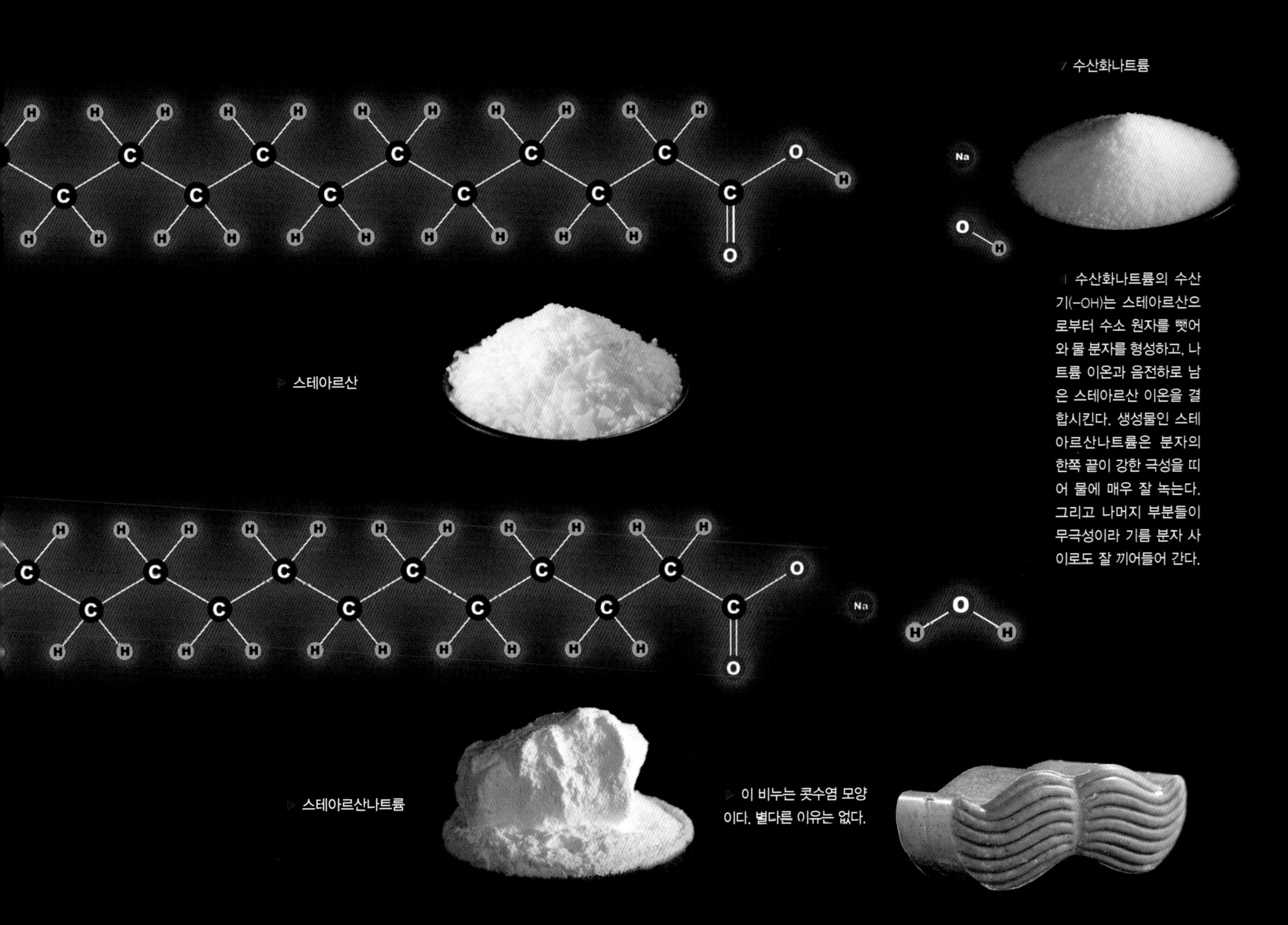

▷ 수산화나트륨

▷ 스테아르산

◁ 수산화나트륨의 수산기(−OH)는 스테아르산으로부터 수소 원자를 뺏어와 물 분자를 형성하고, 나트륨 이온과 음전하로 남은 스테아르산 이온을 결합시킨다. 생성물인 스테아르산나트륨은 분자의 한쪽 끝이 강한 극성을 띠어 물에 매우 잘 녹는다. 그리고 나머지 부분들이 무극성이라 기름 분자 사이로도 잘 끼어들어 간다.

▷ 스테아르산나트륨

▷ 이 비누는 콧수염 모양이다. 별다른 이유는 없다.

비누의 원리

스테아르산나트륨 같은 비누의 분자는 물과 기름이 함께 있을 때 양 방향으로부터 힘을 받는다. 즉 극성 말단은 극성인 물 분자에게 끌리고, 무극성인 탄소 사슬은 무극성인 기름 분자 사이로 파고들어 안정된 상태를 이룬다.

비누 분자의 탄소 사슬은 무극성이라 기름 표면에 스며들어 기름을 아주 미세한 방울로 조각낸다. 이 기름방울들은 비누 분자의 극성 말단은 바깥쪽으로, 무극성 사슬은 안쪽으로 향하게 하는 둥그런 집합체('미셀'이라 부른다.)를 형성한다.

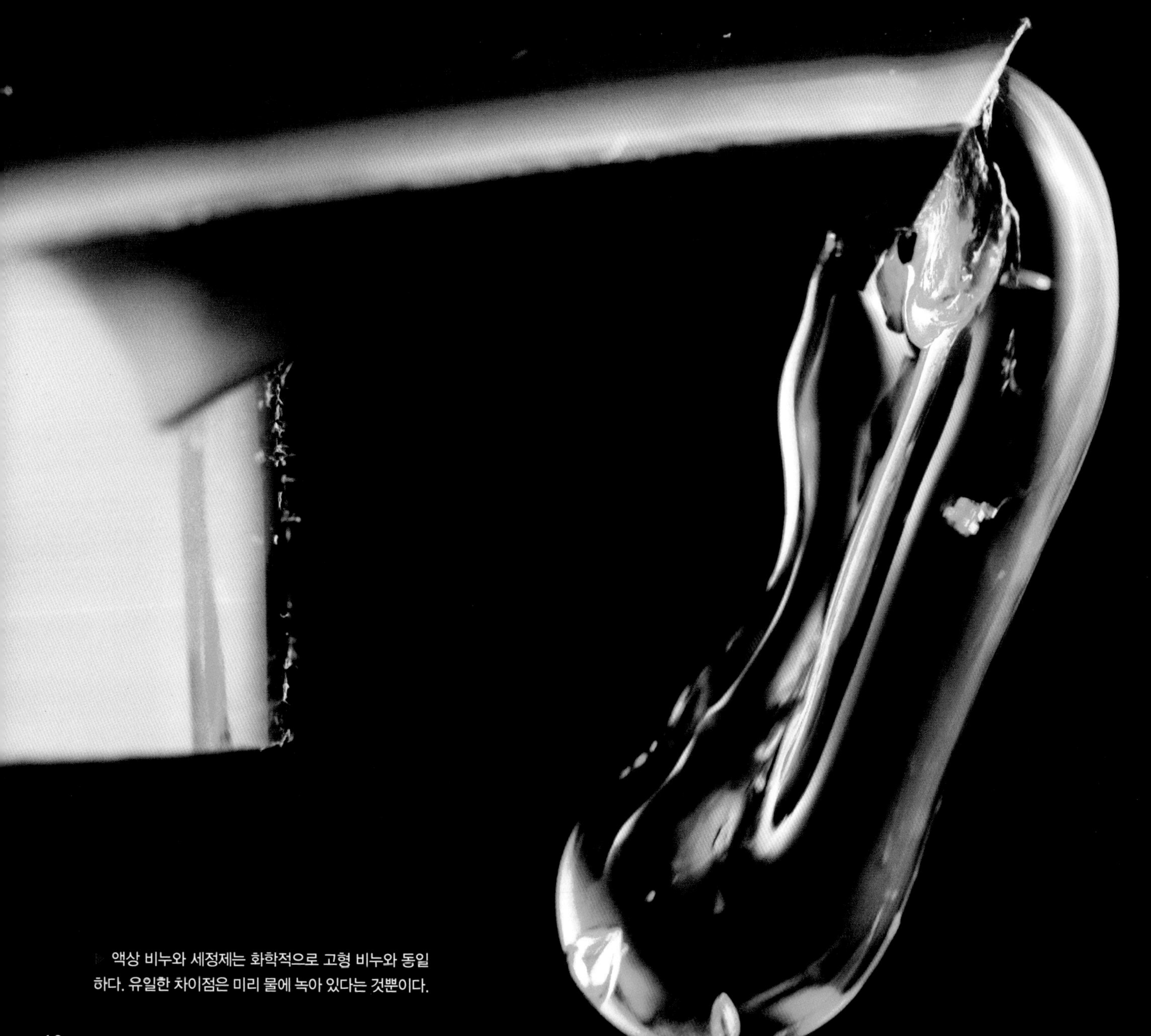

액상 비누와 세정제는 화학적으로 고형 비누와 동일하다. 유일한 차이점은 미리 물에 녹아 있다는 것뿐이다.

비누 분자는 기름을 둘러쌓아 미셀을 만든다. 그러면 이들은 물과 친한 극성 상태가 된나. 무극성인 기름 분자는 둥그런 미셀의 아늑한 안쪽에 숨어버린다.

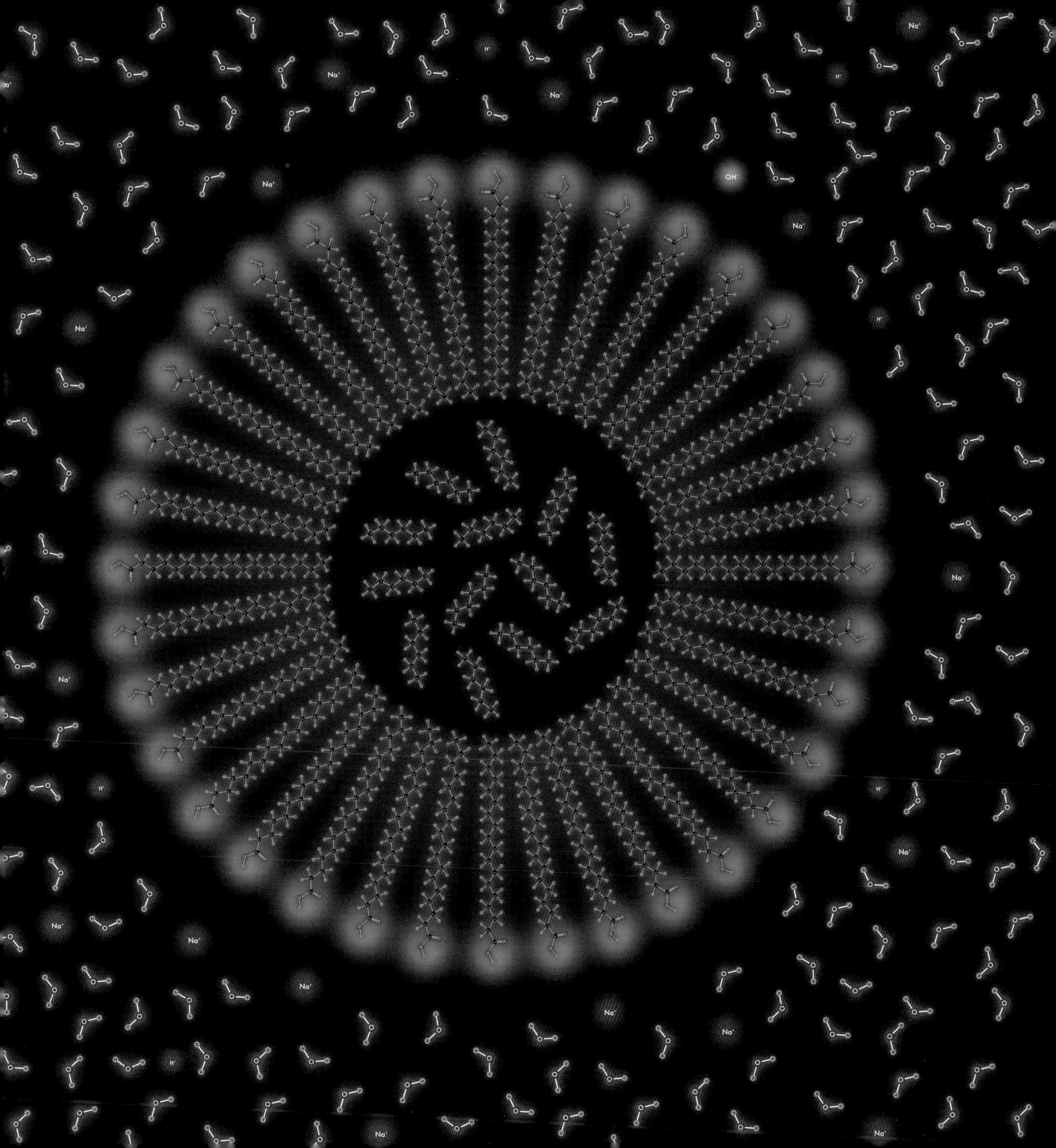
Na^+
H^+
OH^-

천연 비누 만들기

비누 제조는 오래된 산업으로, 시작은 적어도 기원전 2800년경으로 거슬러 올라간다. 비누 만들기는 매우 간단해서 모든 집의 주방과 헛간에서 이루어졌다. 동물성 혹은 식물성 지방(스테아르산 같은 지방산으로 만든다.)과 잿물(수산화나트륨)만 있으면 비누를 만들 수 있다.

잿물은 전통적으로 나뭇재를 씻어서 만들었지만 요즘에는 하수구 세척제 같은 순수한 형태나 불순물을 완전히 제거한 식용 잿물 따위를 쉽게 구할 수 있다.

앞서 지방은 지방산으로 만든다고 했는데, 여기서 내가 설명하지 않은 게 있다. 동물성 지방과 식물성 지방에 있는 지방산은 개별로 존재하지 않는다. 글리세린 1개에 지방산 3개가 결합한 트리글리세리드 형태로 존재한다.(79쪽 참조)

트리글리세리드에 잿물을 가하면 지방산 분자가 글리세린으로부터 분리되면서 염의 형태가 된다. 글리세린은 이때 찌꺼기로 남는다. 시판되는 비누 대부분은 이 글리세린을 제거한 것이다. 하지만 일부 업체는 글리세린을 제거하지 않고 특수한 비누를 만들거나 오히려 더 넣어 투명한 비누를 만들기도 한다. 이 투명한 비누의 생김새나 촉감을 좋아하는 사람들도 있다.

▷ 글리세린 비누는 투명하다. 비누 안의 지방산이 결정을 형성하지 않아 빛을 산란시키지 못하기 때문이다.(물도 마찬가지다. 물도 결정을 이루지 않은 액체 상태에서는 투명하지만, 눈처럼 불균일한 미세 결정이 되면 불투명해진다.)

◁ 순한 천연 비누는 보통 하얀색이다. 원료인 지방산염의 본래 색깔이 흰색이기 때문이다. 더 새하얗게 만들기 위해 산화티타늄(TiO_2)을 첨가한 비누도 있긴 하지만 말이다.(이때 지방과 기름이 분해되면서 생긴 부산물인 글리세린은 대부분 제거한다.)

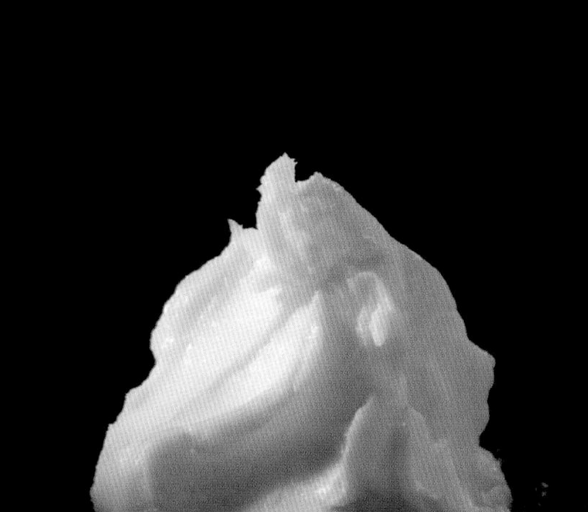

△ 쇠기름(우지)은 소의 지방을 끓인 후 거른 것으로 순수한 트리글리세리드에 가까워 초보자가 비누를 만들기에 매우 적합하다.

△ 잿물은 수산화나트륨의 대중적인 이름이다. 막힌 배수관을 뚫는 용해제나 강력 세정제로 흔히 쓰인다. 피부 특히, 눈에 닿을 경우 심각한 화학적 화상을 입을 수 있다. 잿물은 천연 비누를 만들 때 핵심 재료다.

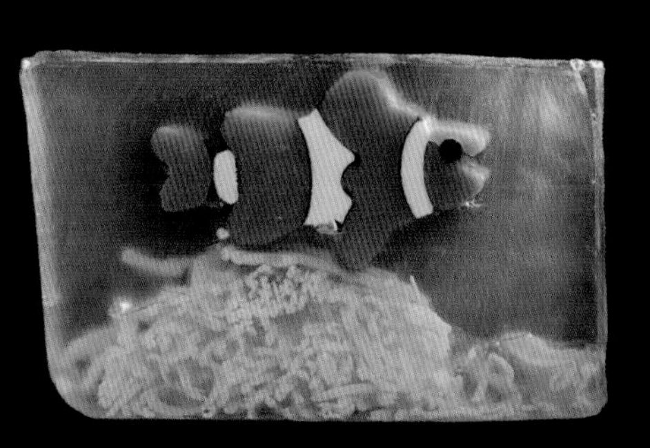

△ 자연적으로 하얀색 고형이 아닌 비누를 만들기란 불가능하다. 따라서 투명하다는 건 글리세린 비누의 큰 장점이라 할 만하나, 속 비누 안에 쓸모없는 것을 집어넣고 터무니없이 비싼 값에 팔 수 있다는 말이다. 나는 이 비누를 1만 원이나 주고 샀다.

인공 비누

비누는 오래전부터 쓰였지만 같은 기능을 하는 현대의 합성 세제가 등장하면서 전통적인 생산 방식이 사라지게 되었다.

천연 비누의 가장 큰 단점은 칼슘, 마그네슘, 철 이온이 녹아 있는 물과 만나면 침전물, 즉 녹지 않는 화합물이 된다는 것이다. 이러한 이온들이 녹아 있는 물을 '센물'(경수)이라 하는데 우리 주변에서 흔히 찾아볼 수 있다. 센물에서는 비누가 잘 씻기지 않으며 미끈거림이 오래간다. 센물에는 비누가 침전되어 낭비가 되기 때문에 개운하게 씻으려면 비누가 더 많이 필요하다. 오랫동안 미끈거리는 느낌이 남아 있다면 '단물'(연수)이 필요하다.

합성 세제는 천연 비누와 다른 극성 원자단을 이용해 이 문제를 해결했다. 카복시산 대신 술폰산이나 황산염을 쓴 것이다. 탄소가 18개인 스테아르산나트륨이 천연 비누의 흔한 재료이듯, 탄소가 18개인 도데실벤젠술폰산나트륨도 합성 세제를 만들 때 흔히 쓰는 재료다.

▲ 도데실벤젠술폰산은 그 이름만큼 분자 모양도 길다. 위의 구조식에서 고리 부분은 벤젠이며, 여기에 결합된 황 원자 1개와 산소 원자 3개는 술폰산이다.

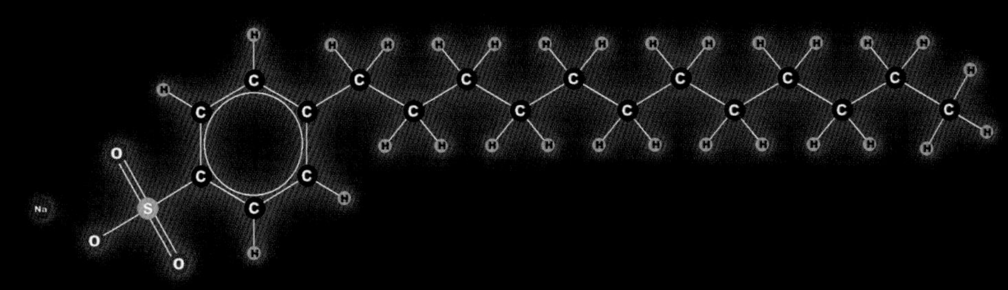

▲ 도데실벤젠술폰산나트륨은 도데실벤젠술폰산의 나트륨염이다. 나트륨염으로 비누를 만들 듯, 도데실벤젠술폰산나트륨은 합성 세제에 흔히 들어가는 약한 유기산의 염이다.

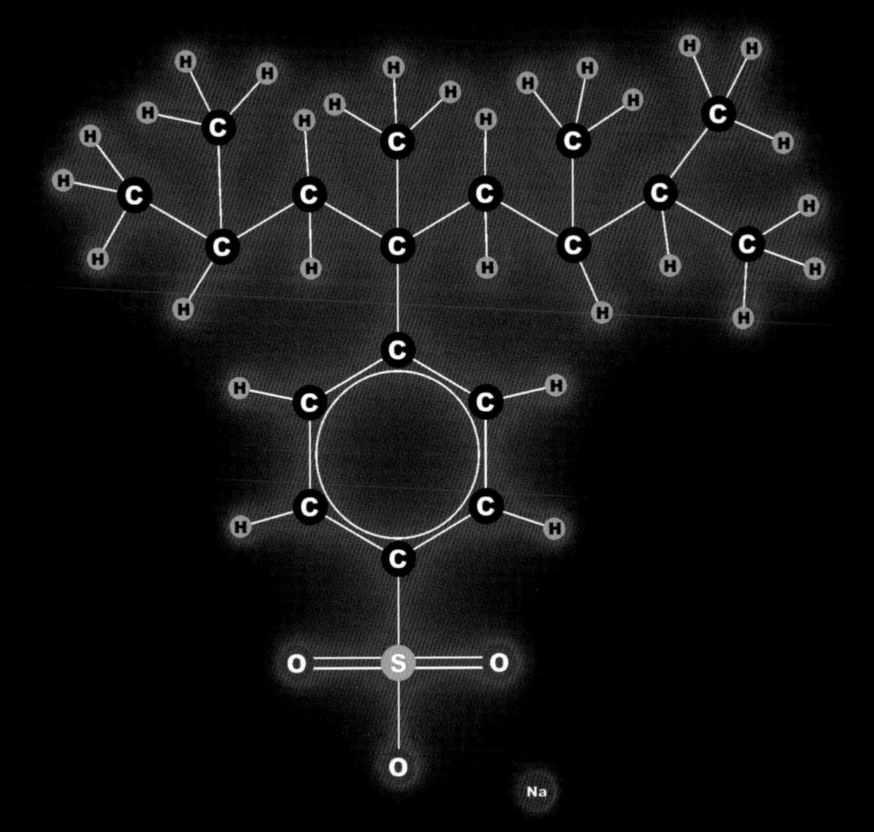

◁ 곧은 사슬 구조인 세제는 박테리아에 의해 비교적 쉽게 분해되지만, 가지 사슬 구조인 경우는 자연 분해가 어렵다. 산업화 초기에 만들어진 세제들은 1950~1960년대에 강과 호수를 거품으로 뒤덮이게 만들었다. 이로써 자연 분해가 잘되는 세제가 개발되었다.

▽ 가지 사슬 구조의 합성 세제로 인한 끔찍한 환경 오염.

다양한 비누

비누 제품은 기본적으로 다 똑같다. 그래서 제조업자들은 따분함에서 벗어나고자 미친 듯이 다양한 종류의 비누를 만들고 있다.

비누는 대개 어느 지방(동물성 지방, 올리브유, 팜유 등)으로 만들었는지에 따라 구분된다. 그런데 위 사진 속 '아프리카산 검정 비누'는 이용된 잿물이 매우 특별하다. 잿물은 전통적으로 나뭇재에서 추출하지만 이 비누는 카카오 열매, 코코넛 혹은 시어나무 뿌리의 재로 잿물을 만들며, 비누 안에 그 성분이 남는다.

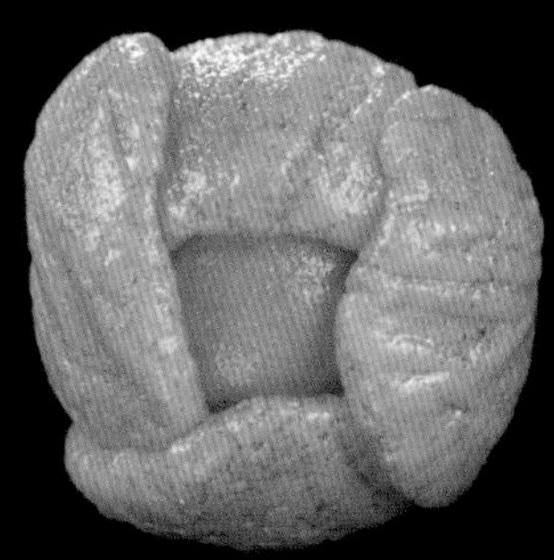

비누일까, 사탕일까? 힌트 없음.

비누일까, 왁스일까? 힌트는 심지.

보다시피, 인도 벵갈루루의 공식 비누다.

송진 비누는 소나무에 압력과 열을 가했을 때 나오는 송진으로 만든다. 이 비누는 곧은 사슬 구조의 지방산으로 만든 비누와 달리, 벤젠(탄소가 6개다.) 고리 구조 화합물을 포함하고 있다. 이 향기 나는 화합물로 만든 비누는 빛을 흡수하기 때문에 색이 까맣다.

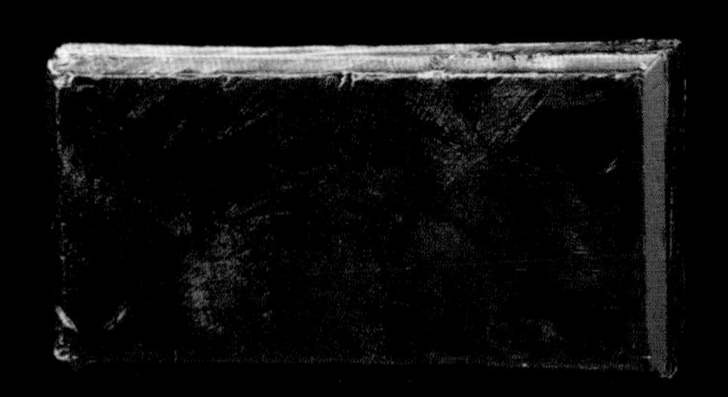

이 올리브유 비누는 올리브의 나라인 그리스에서 만들었다. 송진과 마찬가지로 올리브유 역시 비누가 될 수 있는 다양한 종류의 복잡한 고리 구조 분자를 포함하고 있다.

이 양 모양의 비누는 일반 비누와 글리세린 비누를 섞어 만든 것이다. 나는 이 비누를 양털과 어울리는 실 가게에서 구입했다.

인공 비누

비누는 오래전부터 쓰였지만 같은 기능을 하는 현대의 합성 세제가 등장하면서 전통적인 생산 방식이 사라지게 되었다.

천연 비누의 가장 큰 단점은 칼슘, 마그네슘, 철 이온이 녹아 있는 물과 만나면 침전물, 즉 녹지 않는 화합물이 된다는 것이다. 이러한 이온들이 녹아 있는 물을 '센물'(경수)이라 하는데 우리 주변에서 흔히 찾아볼 수 있다. 센물에서는 비누가 잘 씻기지 않으며 미끈거림이 오래간다. 센물에는 비누가 침전되어 낭비가 되기 때문에 개운하게 씻으려면 비누가 더 많이 필요하다. 오랫동안 미끈거리는 느낌이 남아 있다면 '단물'(연수)이 필요하다.

합성 세제는 천연 비누와 다른 극성 원자단을 이용해 이 문제를 해결했다. 카복시산 대신 술폰산이나 황산염을 쓴 것이다. 탄소가 18개인 스테아르산나트륨이 천연 비누의 흔한 재료이듯, 탄소가 18개인 도데실벤젠술폰산나트륨도 합성 세제를 만들 때 흔히 쓰는 재료다.

▲ 도데실벤젠술폰산은 그 이름만큼 분자 모양도 길다. 위의 구조식에서 고리 부분은 벤젠이며, 여기에 결합된 황 원자 1개와 산소 원자 3개는 술폰산이다.

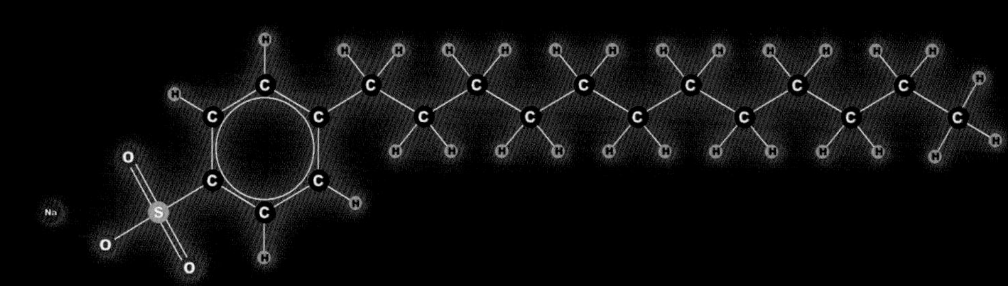

▲ 도데실벤젠술폰산나트륨은 도데실벤젠술폰산의 나트륨염이다. 나트륨염으로 비누를 만들 듯, 도데실벤젠술폰산나트륨은 합성 세제에 흔히 들어가는 약한 유기산의 염이다.

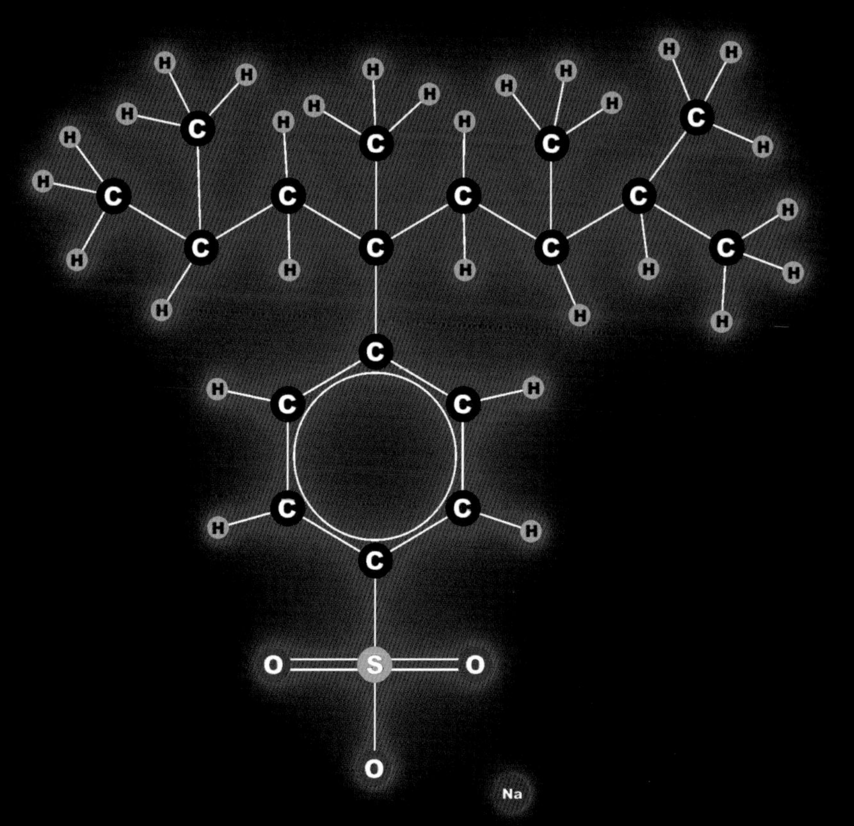

◀ 곧은 사슬 구조인 세제는 박테리아에 의해 비교적 쉽게 분해되지만, 가지 사슬 구조인 경우는 자연 분해가 어렵다. 산업화 초기에 만들어진 세제들은 1950~1960년대에 강과 호수를 거품으로 뒤덮이게 만들었다. 이로써 자연 분해가 잘되는 세제가 개발되었다.

▼ 가지 사슬 구조의 합성 세제로 인한 끔찍한 환경 오염.

인공 비누

몇 년간 나는 샴푸 용기의 라벨에 라우릴황산나트륨과 라우레스황산나트륨이 번갈아 적힌 걸 봤다. 내 아둔한 머리로는 이 두 가지가 다른 물질인지, 아니면 내가 기억을 잘못한 것인지 알 수가 없었다. 그러다 두 가지가 모두 표기된 상품을 발견했다.

라우레스황산나트륨은 라우릴황산나트륨을 잘못 발음한 게 아니다. 하지만 둘은 화학적으로 매우 비슷하다. 라우레스황산나트륨은 왼쪽의 극성 황산기와 오른쪽의 무극성 라우릴기(탄소 12개로 이루어진 사슬) 사이에 에틸에테르기(39쪽 참조)를 가지고 있다.

라우릴황산나트륨

라우레스황산나트륨

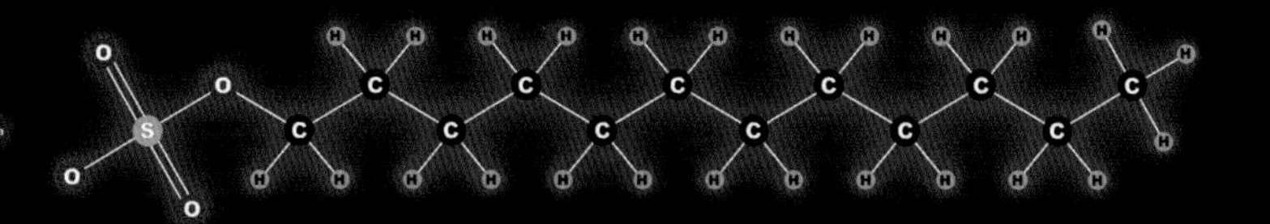

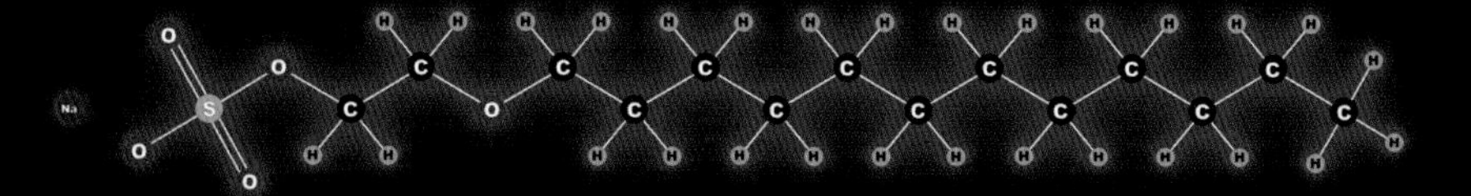

라우르산

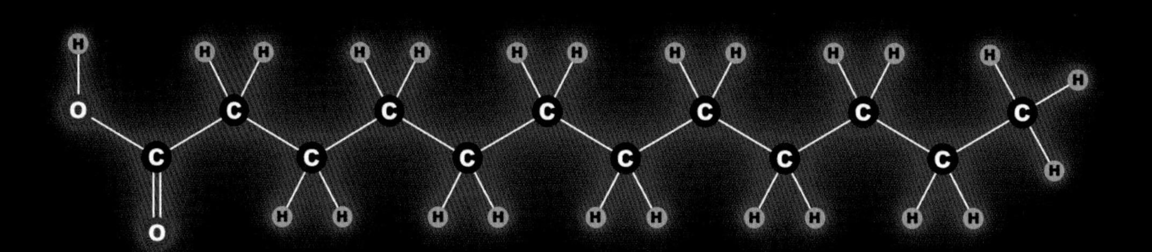

라우르산은 코코넛 오일 등에 많이 포함되어 있는 흔한 지방산이다. 합성 세제와 라우릴황산나트륨, 라우레스황산나트륨 같은 계면 활성제의 원료다.

몇몇 합성 세제 제조업체들은 소듐 코코 설페이트(sodium coco sulfate)가 라우릴황산나트륨보다 더 안전한 천연 대용품이라고 홍보한다. 순수한 코코넛 오일로 만들었다는 것이다. 문제는 이것이 사실 정제되지 않은 라우릴황산나트륨을 부르는 또 다른 이름일 뿐이라는 점이다. 코코넛 오일은 화학적 측면에서 결코 순수한 물질이 아니다. 여러 유지와 지방산이 섞여 있다. 주요 성분인 라우르산은 황산염으로 처리하면 대부분 라우릴황산나트륨이 된다. 라우릴황산나트륨은 괜찮은 화합물이니 이는 좋은 일이다. 다만 라우릴황산나트륨을 원치 않는 사람들에게 소듐 코코 설페이트를 파는 건 문제가 있다. 이러한 마케팅 용어를 보면 화가 난다. 만약 라우릴황산나트륨에 문제가 있다면 그 문제는 소듐 코코 설페이트에서도 동일하게 나타날 것이다. 더구나 소듐 코코 설페이트에는 알려지거나 검증되지 않아서 좋은지 안 좋은지 알 수 없는 화합물들이 포함되어 있다. 그냥 라우릴황산나트륨을 쓴다면 이에 대해 걱정할 필요가 없는데 말이다.

비누와 생명체의 탄생

비누가 기름을 분해할 때, 비누 분자는 매우 작은 기름방울들을 둘러싼다. 이때 비누 분자의 무극성 꼬리는 안쪽을, 극성 머리는 바깥쪽을 향한다.(62쪽 참조)

흥미로운 모습이다. 유기 분자로 채워진 기름방울이 비누 분자라는 견고한 벽으로 보호를 받는 것 말이다. 이는 세포와 매우 비슷하다. 사실 이러한 비누 보호벽이 생명체가 출현하기 전의 긴 시간 동안 화학적 진화 과정에서 유기 분자를 응집시키고 보호하는 데 중요한 역할을 했다는 주장에는 믿을 만한 근거가 있다.

어느 유기 분자든지(완전히 무극성이거나 부분적 극성이거나) 물속에 빠지면 자기들끼리 상호작용을 일으키는 '자가 조립'을 한다는 건 꽤나 흥미로운 일이다.

다시 말해 비누는 현대 인류가 자연 선택 과정을 거치도록 했을 뿐만 아니라, 어쩌면 그 과정을 시작하는 데 중요한 역할을 했을 수도 있다.

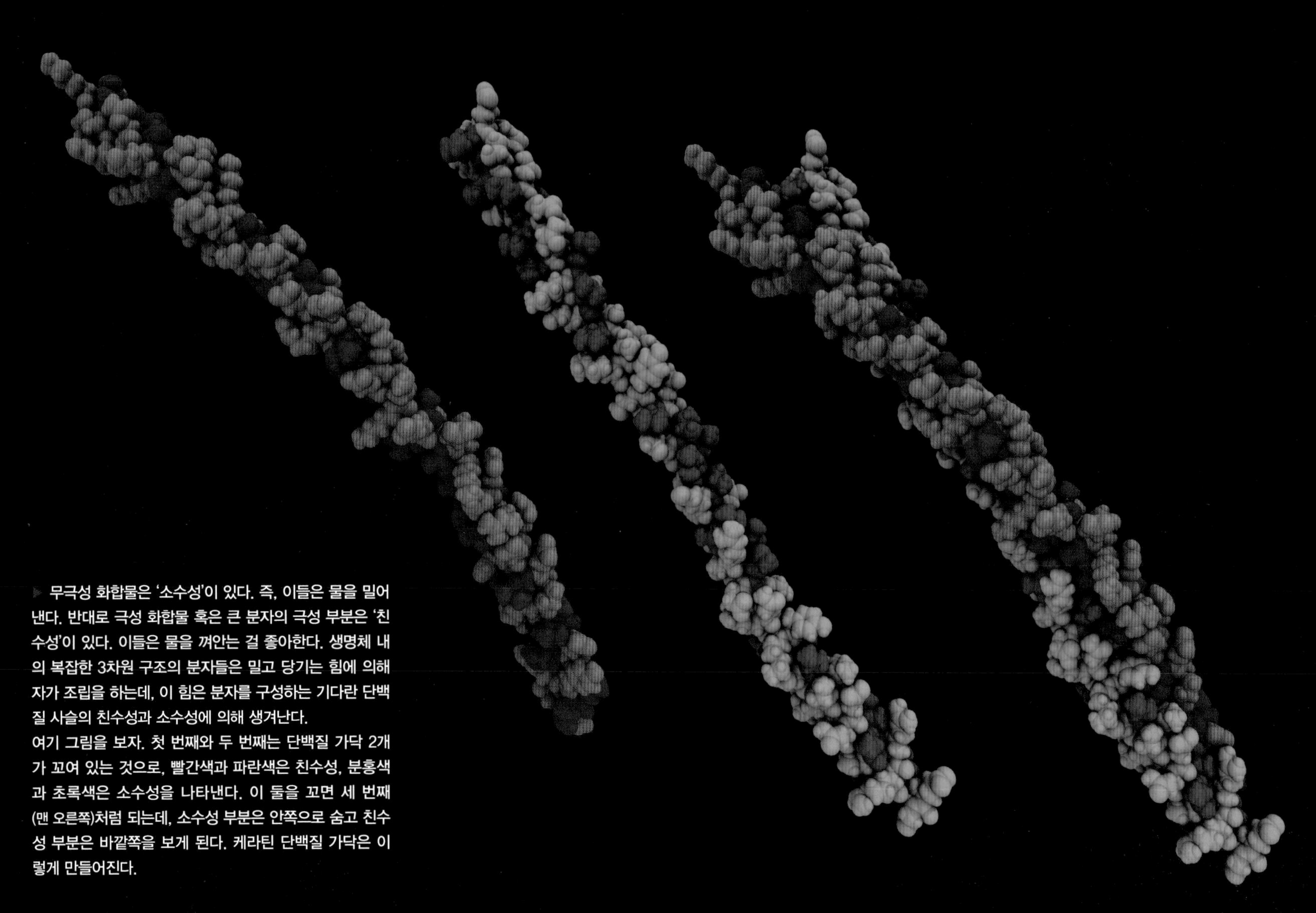

▶ 무극성 화합물은 '소수성'이 있다. 즉, 이들은 물을 밀어낸다. 반대로 극성 화합물 혹은 큰 분자의 극성 부분은 '친수성'이 있다. 이들은 물을 껴안는 걸 좋아한다. 생명체 내의 복잡한 3차원 구조의 분자들은 밀고 당기는 힘에 의해 자가 조립을 하는데, 이 힘은 분자를 구성하는 기다란 단백질 사슬의 친수성과 소수성에 의해 생겨난다.
여기 그림을 보자. 첫 번째와 두 번째는 단백질 가닥 2개가 꼬여 있는 것으로, 빨간색과 파란색은 친수성, 분홍색과 초록색은 소수성을 나타낸다. 이 둘을 꼬면 세 번째(맨 오른쪽)처럼 되는데, 소수성 부분은 안쪽으로 숨고 친수성 부분은 바깥쪽을 보게 된다. 케라틴 단백질 가닥은 이렇게 만들어진다.

다양한 비누

비누 제품은 기본적으로 다 똑같다. 그래서 제조업자들은 따분함에서 벗어나고자 미친 듯이 다양한 종류의 비누를 만들고 있다.

▲ 비누는 대개 어느 지방(동물성 지방, 올리브유, 팜유 등)으로 만들었는지에 따라 구분된다. 그런데 위 사진 속 '아프리카산 검정 비누'는 이용된 잿물이 매우 특별하다. 잿물은 전통적으로 나뭇재에서 추출하지만 이 비누는 카카오 열매, 코코넛 혹은 시어나무 뿌리의 재로 잿물을 만들며, 비누 안에 그 성분이 남는다.

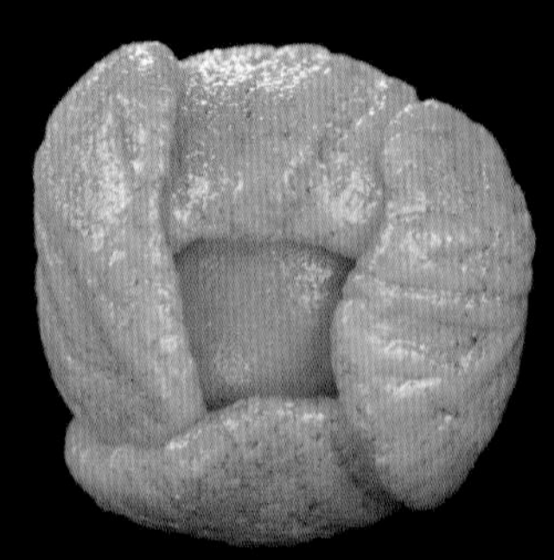

▲ 비누일까, 사탕일까? 힌트 없음.

▲ 비누일까, 왁스일까? 힌트는 심지.

▶ 보다시피, 인도 벵갈루루의 공식 비누다.

▼ 송진 비누는 소나무에 압력과 열을 가했을 때 나오는 송진으로 만든다. 이 비누는 곧은 사슬 구조의 지방산으로 만든 비누와 달리, 벤젠(탄소가 6개다.) 고리 구조 화합물을 포함하고 있다. 이 향기 나는 화합물로 만든 비누는 빛을 흡수하기 때문에 색이 까맣다.

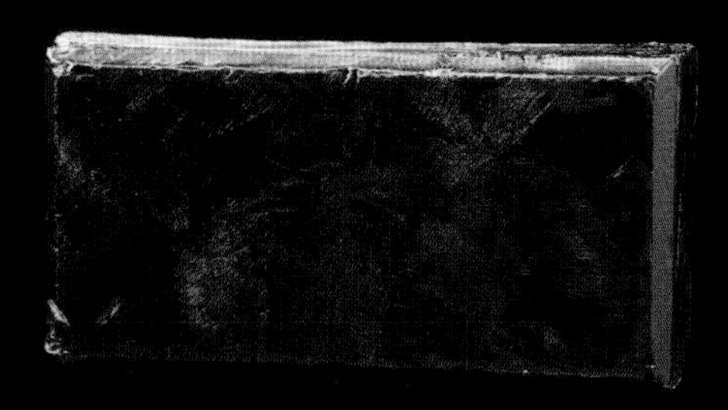

◀ 이 올리브유 비누는 올리브의 나라인 그리스에서 만들었다. 송진과 마찬가지로 올리브유 역시 비누가 될 수 있는 다양한 종류의 복잡한 고리 구조 분자를 포함하고 있다.

▶ 이 양 모양의 비누는 일반 비누와 글리세린 비누를 섞어 만든 것이다. 나는 이 비누를 양털과 어울리는 실 가게에서 구입했다.

여기 있는 건 모두 손 비누다. 손을 씻는 데 쓰는 비누란 말이다. 재미있는 모양 아닌가?

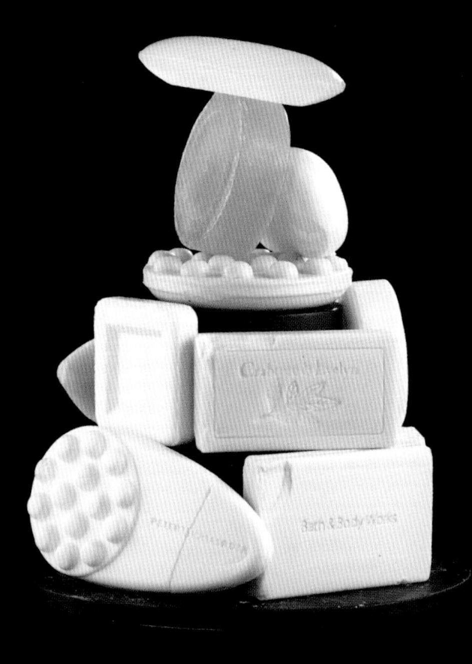

'호텔용 비누'는 그것만으로도 하나의 산업이다. 이것들은 내가 오랫동안 모은 호텔용 비누다. 참 많이도 돌아다녔다.

비누는 대개 지방으로 만든다. 그러나 지방산 역시 비누의 재료가 될 수 있다. 밀랍의 주성분은 지방산과 지방산 에스터(지방에 있는 트리글리세리드가 아니다.)로, 양봉업자들은 종종 천연 밀랍으로 비누를 만든다. 이때 밀랍만으로 비누를 만드는 건 비효율적이라 원래 쓰이는 코코넛 기름, 팜유, 올리브유 등을 첨가하기도 한다.

Chapter 5

광물성과 식물성

메탄은 천연가스로 널리 알려져 있다. 지구촌 곳곳의 사람들이 난방과 요리에 이용하고 있으며, 천연가스 탐사 분야에서 논의되고 있고, 교통수단을 제외한 분야에서 다양하게 쓰인다. 차량용 가스에 대해서는 탄소가 5개인 펜탄이 나올 때쯤 이야기하자.

기름과 왁스(납)는 매우 다른 두 종류로 나뉜다. 한 부류는 석유(땅속의 원유)로부터 비롯된 것이고, 다른 한 부류는 식물과 동물로부터 비롯된 것이다.

광물성 기름과 식물성 기름, 그리고 파라핀납(파라핀왁스)과 밀랍은 겉으로 보기에 정말 비슷하다. 하지만 이들 사이에는 매우 중요한 화학적 차이가 존재한다. 예를 들어 광물성 기름을 소화할 수 있는 생명체는 오직 몇몇 박테리아뿐이지만, 식물성 기름은 생명체에 열량을 공급하는 식량으로 쓰인다.

광물성 기름은 기본적으로 탄화수소다. 수소와 탄소만으로 이루어졌다. 탄화수소를 체계적으로 알아보려면 분자 속에 있는 탄소 원자의 개수를 세어보아야 한다. 그 수는 하나부터 수천까지 다양하다.

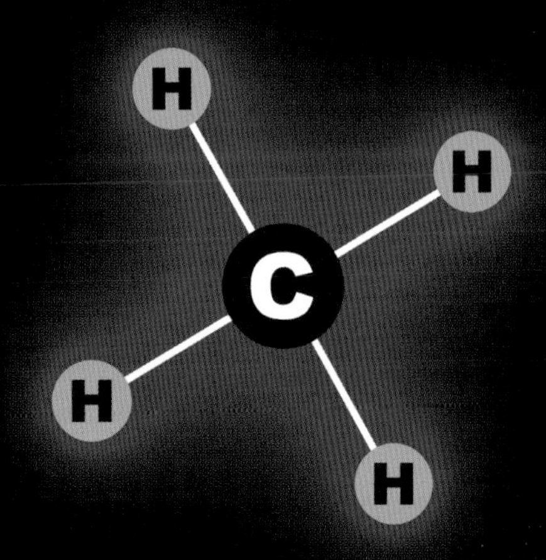

탄화수소에 대해 이야기할 때 그 시작은 항상 메탄이다. 메탄은 가장 작은 탄화수소 화합물로, 탄소 1개와 그에 연결된 수소 4개로 이루어져 있다.

메탄 다음으로 작은 탄화수소는 에탄이다. 탄소 2개와 수소 6개로 이루어져 있다.

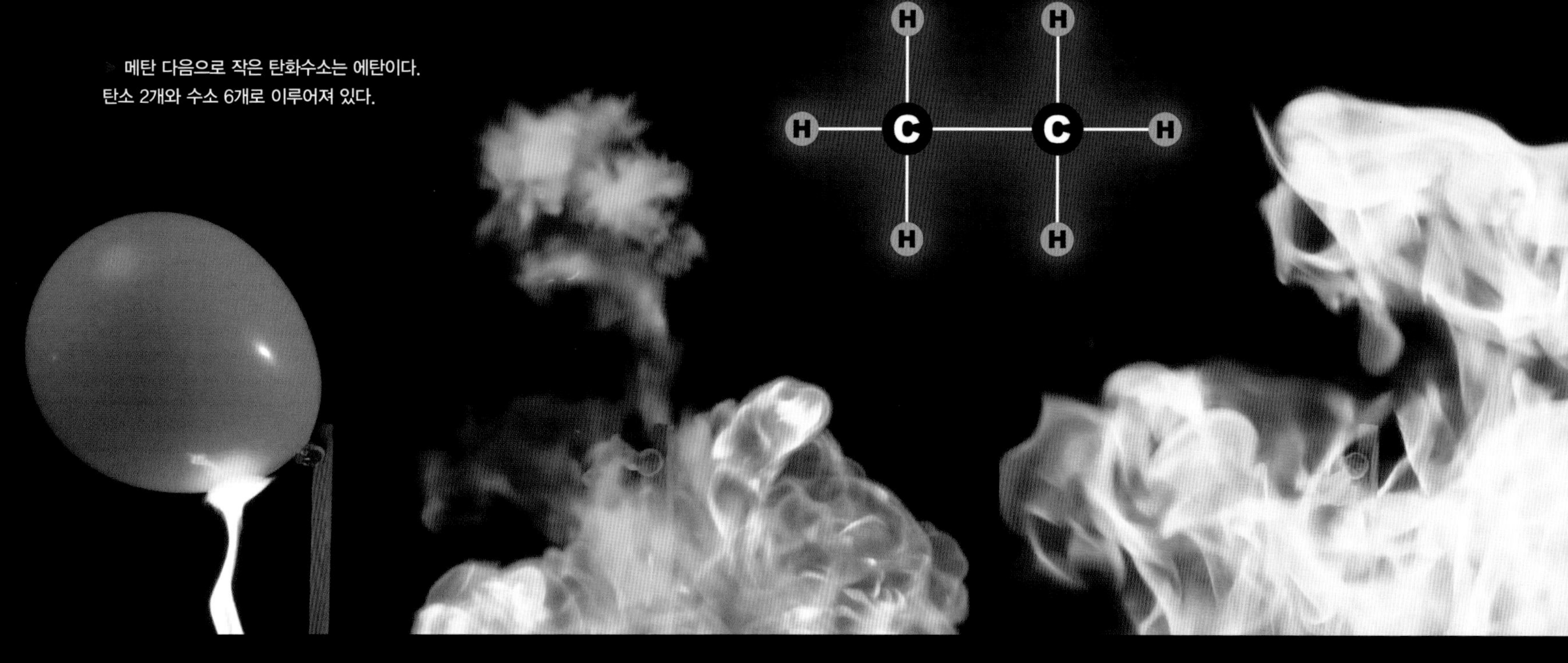

에탄은 메탄과 비슷하지만, 밀도가 약간 더 높고 끓는점이 높은 기체다. 에탄이 들어간 풍선에 불을 대면 멋진 불꽃을 볼 수 있다.

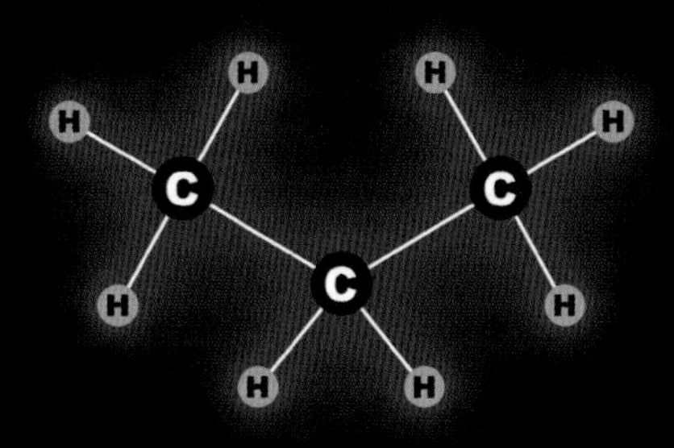

프로판

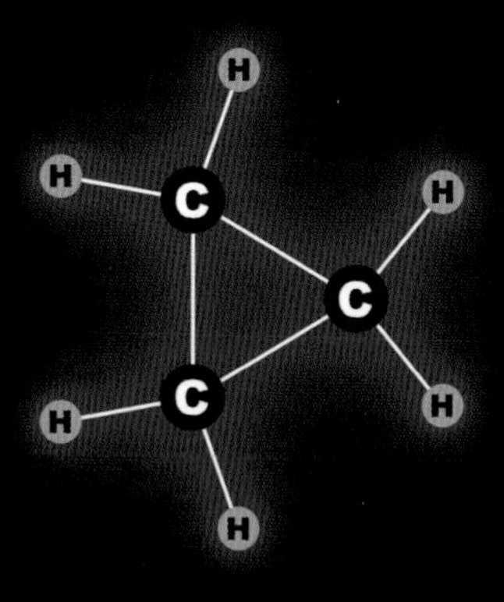

사이클로프로판

프로판은 탄소 3개와 수소 8개로 이루어져 있다. 프로판은 여러 가지 구조로 배열될 수 있는 가장 단순한 탄화수소로, 곧은 사슬 구조나 사이클로프로판(수소가 6개다.)이라 불리는 고리 구조를 형성할 수 있다.
사이클로프로판은 매우 경직된 구조의 분자다. 좁은 각도로 탄소들이 결합해 있어 폭발적인 반응성을 띠며 특히 산소와 격렬히 반응한다. 그래서 마취제로 이용되다가 금지되었다. 환자가 산소도 같이 들이마신다는 불편한 사실 때문에.

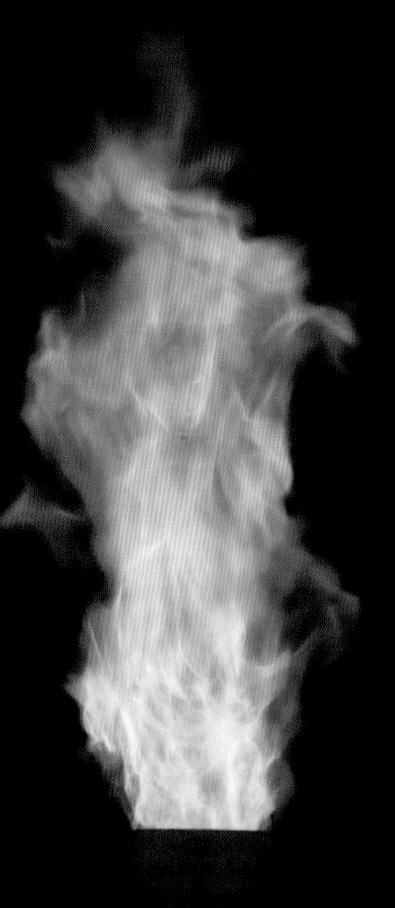

곧은 사슬 구조인 프로판은 낮은 압력에서 액체이기 때문에 다루기가 쉽다. 기체가 액체로 변할 때 부피는 수백 분의 1로 줄어들게 된다. 달리 이야기하면 같은 압력, 같은 크기의 용기에 기체보다 액체를 훨씬 더 많이 넣을 수 있다. 따라서 프로판은 휴대용 가스 토치(발염 방사 장치)의 연료로 적합하다. 제정신이 아닌 사람들은 이걸 잡초 죽이는 데 쓰고, 더 제정신이 아닌 사람들은 고무 지붕을 용접하는 데 쓴다. 토치에서 나오는 불은 약 12만 5,000kcal의 열을 방출하는데, 이는 커다란 집의 보일러가 내뿜는 열보다 강하다.

부탄은 탄소 4개와 수소 10개로 이루어져 있으며, 여러 가지 모양으로 배열된다.(19쪽 참조) 탄화수소 사슬에 포함된 탄소의 수가 많을수록, 탄소를 배열할 수 있는 방법도 많아진다. 우리가 다룰 물질들은 사실 곧은 사슬, 가지 달린 사슬, 그리고 고리 구조가 모두 섞여 있는 형태로 존재하지만, 편의상 여기서는 곧은 사슬 구조의 탄화수소에 대해 중점적으로 다루겠다.

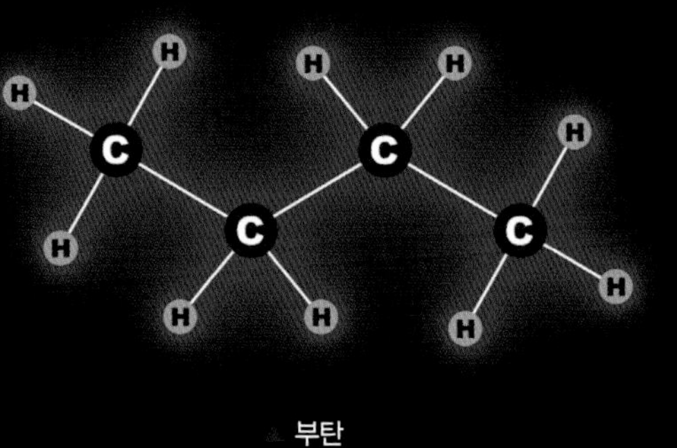

부탄

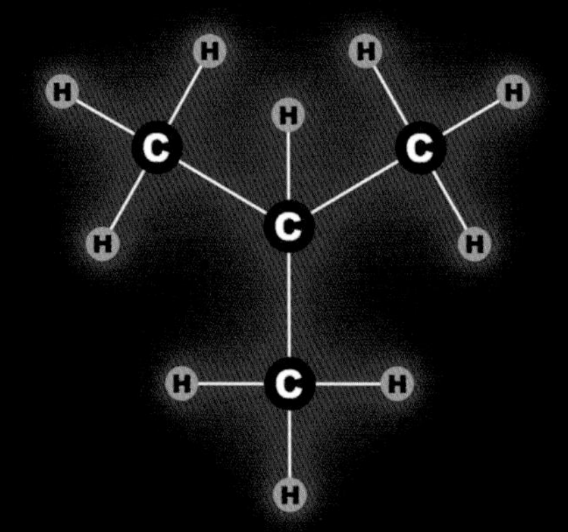

아이소부탄

사이클로부탄

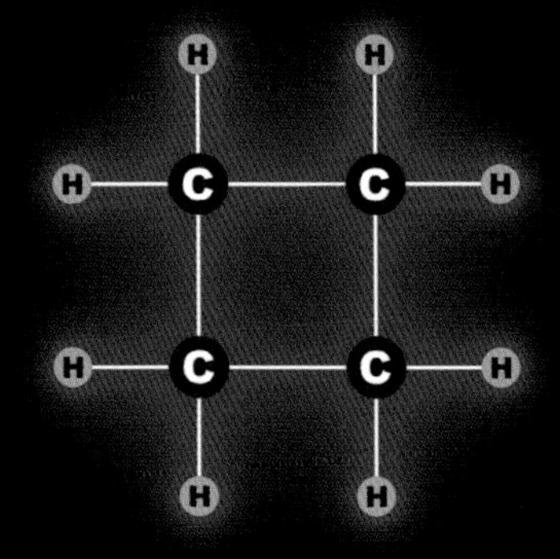

프로판처럼 부탄 역시 일반적인 환경에서 기체 상태이며, 압력을 가해 액체로 만들 수 있다. 부탄은 아주 낮은 압력으로도 액화되기 때문에 얇은 플라스틱 용기에 담을 수 있다. 그래서 부탄 라이터는 3번 쓰면 부서질 정도로 저렴한, 일회용 플라스틱인 것이다.

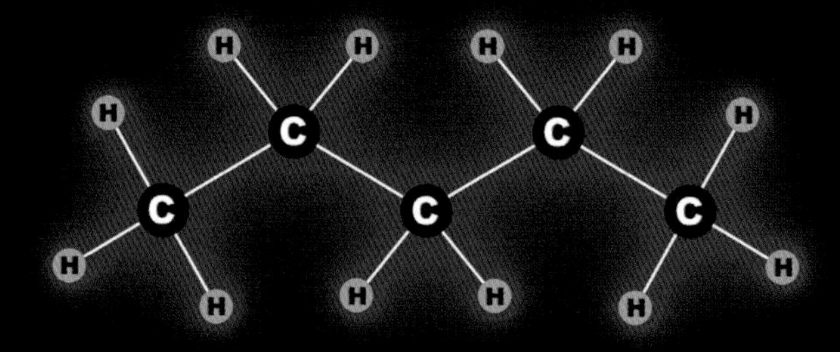

펜탄은 탄소 5개, 수소 12개로 이루어져 있다.

펜탄은 실온에서 액체 상태로 존재하는 탄화수소 중 가장 크기가 작다.(비록 끓는점이 섭씨 36℃로 간신히 액체이지만.) 또한 휘발유의 주요 구성 성분 가운데 가장 가볍고 휘발성이 높다. 펜탄은 휘발유가 폭발하는 원인 중 하나이기도 하다. 용기를 열어놓을 경우 펜탄을 비롯한 휘발유의 다른 구성 성분이 공기 중에 고농도로 축적되기 때문이다. 이러한 위험을 경고하기 위해 휘발유는 전통적으로 빨간색 통에 담는다.

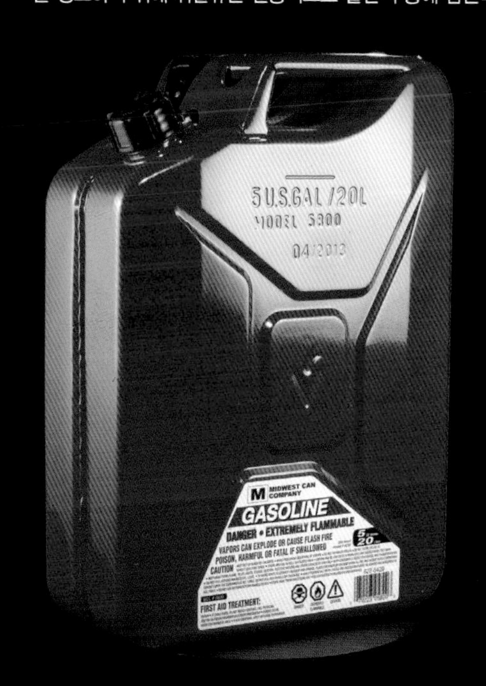

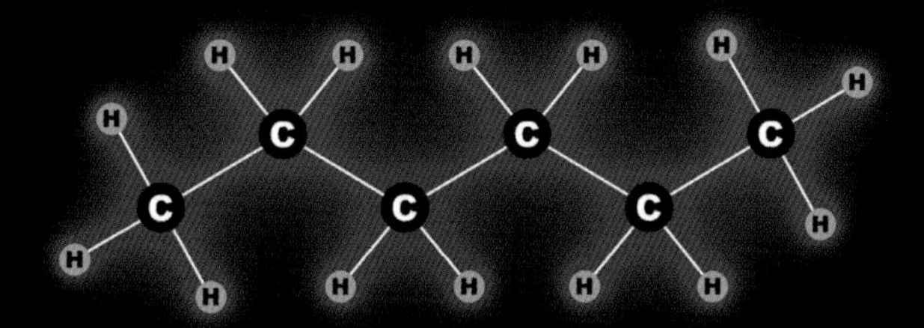

▲ 헥산은 탄소 6개, 수소 14개로 이루어져 있다.

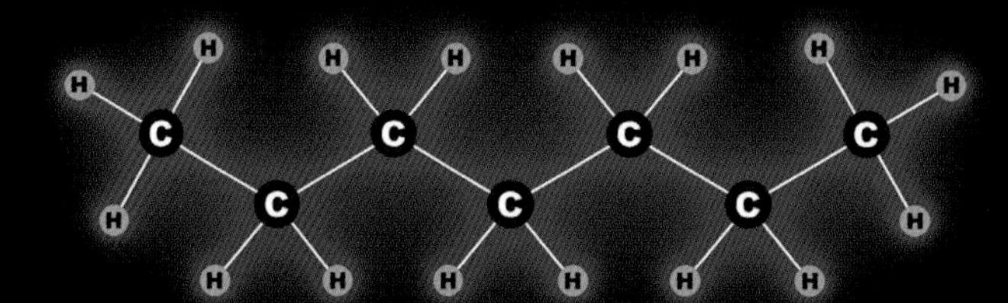

◀ 헵탄은 탄소 7개, 수소 16개로 이루어져 있다. 왼쪽의 곧은 사슬 구조의 헵탄은 휘발유의 옥탄값 0을 가리키는 기준이다. 모든 탄화수소는 압축하면 폭발할 수 있는데 이 점은 가솔린 엔진에게 위험한 일이다. 연료의 옥탄값이 높을수록 폭발하지 않고 더 많이 압축할 수 있다. 곧은 사슬 구조인 헵탄은 폭발하기 쉬워서 연료로는 꽝이다.

▼ 옥탄은 곧은 사슬 구조든, 가지 달린 사슬 구조든 간에 탄소 8개, 수소 18개로 이루어져 있다. 아래 보이는 독특한 가지 사슬 구조인 아이소옥탄이 바로 휘발유의 '옥탄값 지표'에 나오는 옥탄이다. 순수한 아이소옥탄은 옥탄값이 100이다.

◀ 등유는 헥산에 탄소가 16개인 곧은 사슬 구조와 가지 사슬 구조의 탄화수소가 다양하게 섞인 혼합물이다. 등유는 헥산보다 가볍고 사슬이 짧으며, 휘발성이 높은 탄화수소를 불포함하고 있다. 따라서 폭발성 증기가 축적되지 않아 휘발유보다 안전하다.
19세기 중반 지하에서 원유를 최초로 채굴했을 때, 등유는 원유에서 추출한 주요 생산품이었다. 저렴한 등유를 이용해 서민들은 처음으로 밤을 지새울 수 있었다. 하지만 불행하게도 가벼운 탄화수소를 제거하지 않은 정유사 때문에 등유 램프 폭발 사고가 아주 흔했다. 존 D. 록펠러가 그의 회사 이름을 '스탠더드 석유 회사'라 지은 것은 그가 등유 표준화를 이루어 안전성을 높였기 때문이다. 록펠러는 깨끗하게 정제된 기름을 아무렇게나 등유라 부르는 대신 온도계를 이용해 생산품의 끓는점을 정확히 측정했다. 등유는 휘발유와 구분하기 위해 파란색 통에 보관한다.

◀ 난방용 기름이라 불리긴 해도 등유는 맑은 액체이며 무거운 기름처럼 끈적거리지 않는다.

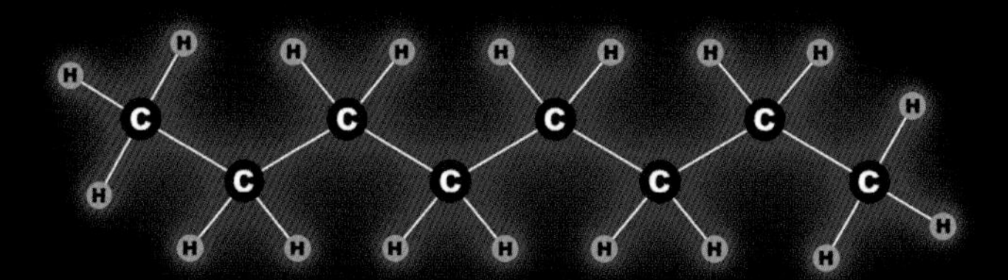

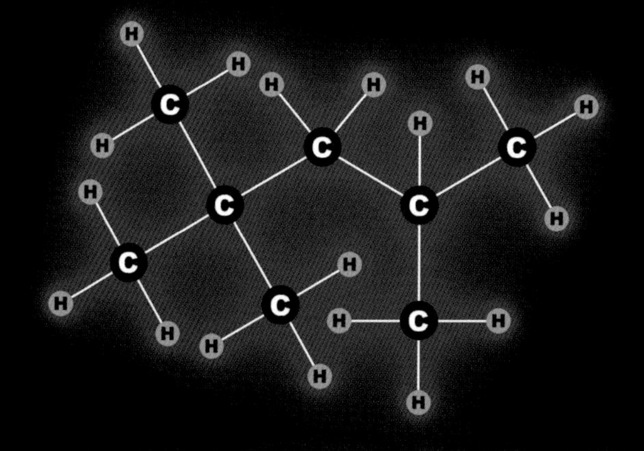

◀ 아이소옥탄

▼ 데칸

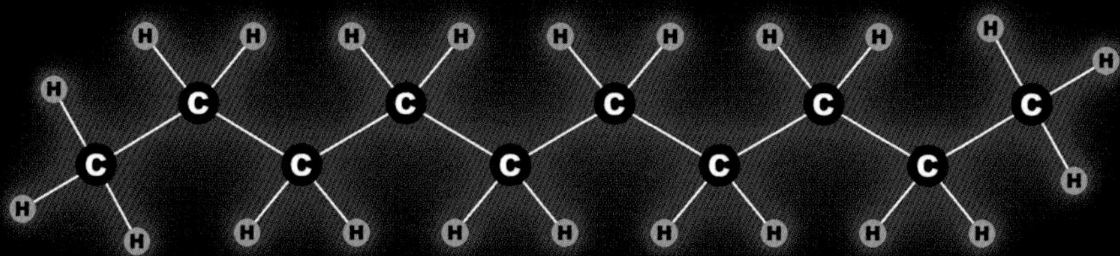

◀ 디젤 연료의 구성 성분은 대개 탄소가 10~15개인 탄화수소(곧은 사슬 · 가지 달린 사슬 · 고리 구조, 탄소 간 이중 결합도 모두 포함한다.) 혼합물이라 등유보다 무겁다. 디젤은 노란색 통에 보관한다. 엔진에 넣을 연료를 헷갈리면 안 되므로 색깔로 표시하는 것이다.

▶ 탄화수소는 탄소 수가 늘어날수록 점점 무거워진다. 이 말은 끓는점과 점성도가 증가한다는 뜻이다.(즉, 물보다 기름의 속성에 가까워진다.) 데칸은 탄소 10개, 수소 22개로 이루어져 있다.

▼ 운데칸(11개의 탄소로 이루어진 곧은 사슬 구조의 탄화수소)은 장담하건대, 나방의 페로몬이 분명하다. 나방은 짝짓기 상대를 유혹하기 위해 운데칸을 이용한다. 마치 남자들이 스포츠카를 타는 것처럼 말이다. 운데칸은 휘발유의 무거운 탄화수소 중 하나다.

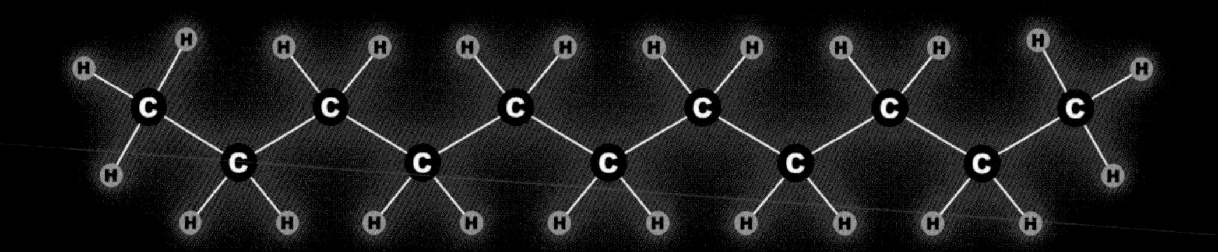

▲ 수많은 유기 용매가 다양한 상품 및 가정용품에 쓰인다. 그중 미네랄 스피릿이라 부르는 액체는 순수한 탄화수소 혼합물에 가까운 물질이다. 미네랄 스피릿과 광물성 기름은 깊은 관련이 있다. 둘 다 같은 원유를 증류시켜 얻을 수 있는데, 미네랄 스피릿이 광물성 기름보다 조금 더 낮은 온도에서 증류된다.

▶ 미네랄 스피릿(공업용 가솔린)은 수많은 용매와 페인트 제거제에 들어 있다. 사진 속 제품은 디클로로메탄과 메탄올이 주성분이며, 미네랄 스피릿이 약간 첨가되어 있다.

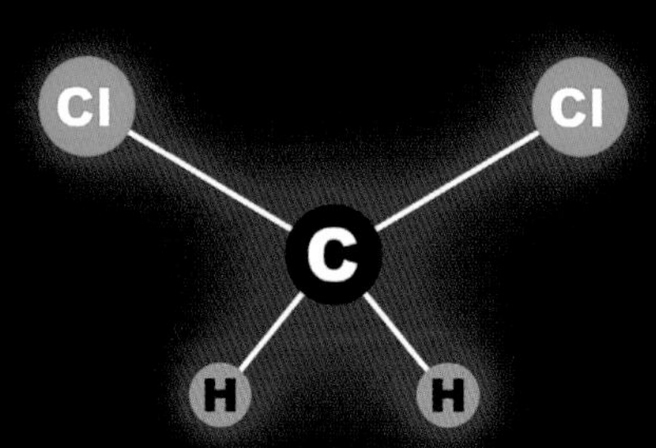

▶ 디클로로메탄

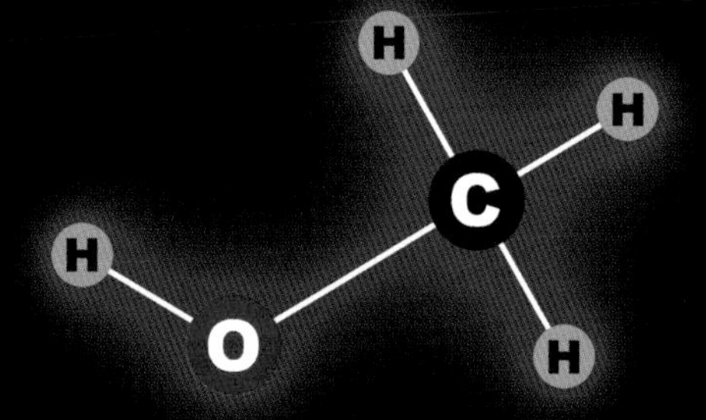

▶ 메탄올

◀ 약국에서 파는 광물성 기름은 정제된 탄화수소로 대부분 곧은 사슬 구조이며, 그중 일부분에는 탄소가 15~40개인 가지 달린 사슬 분자가 포함되어 있다. 별로 먹고 싶지 않겠지만 유해한 성분을 모두 제거해서 식용 기름으로 팔기도 한다.

◀ 트롬본 오일은 트롬본 표면을 매끈하게 하는 데 쓰인다. 트롬본 오일은 매우 특수한 물질로, 최상품 트롬본 오일을 원하는 음악가들은 제아무리 비싼 값을 치르더라도 산다. 하지만 전 세계에서 거래되는 트롬본 오일은 극소량에 불과하다. 그러니 당신이 대단한 트롬본 오일 제조자이건, 당신이 만든 트롬본 오일이 얼마나 뛰어나건, 혹은 값을 어떻게 매기건 간에 시장의 크기가 너무 작아서 제대로 돈을 벌 수가 없다.

▶ 베이비 오일은 광물성 기름에 단순히 향수를 더한 것이다. 아기로 만든 게 아니다.

◀ 기계유는 점성도가 상당히 낮은 탄화수소 기름이다. 모터유보다는 가볍지만 용매와 연료보다는 점성도가 높다. 기계유는 첨가물, 탄화수소가 아닌 물질, 불포화 화합물(이중결합을 한 탄화수소)을 포함하고 있다는 점에서 광물성 기름과 다르다. 기계유의 불포화 화합물은 윤활제 역할을 하며 냄새를 유발한다.

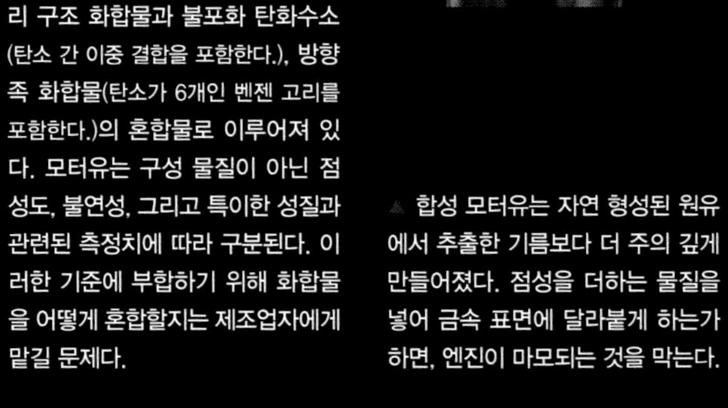

◀ 모터유는 광물성 기름과 비슷하지만 18~40개의 탄소로 구성된 탄화수소로 이루어져 있어 살짝 더 무겁다. 순수한 광물성 기름과 달리 모터유는 탄화수소 외에도 많은 것을 포함하고 있다. 모터유는 다양한 고리 구조 화합물과 불포화 탄화수소(탄소 간 이중 결합을 포함한다.), 방향족 화합물(탄소가 6개인 벤젠 고리를 포함한다.)의 혼합물로 이루어져 있다. 모터유는 구성 물질이 아닌 점성도, 불연성, 그리고 특이한 성질과 관련된 측정치에 따라 구분된다. 이러한 기준에 부합하기 위해 화합물을 어떻게 혼합할지는 제조업자에게 맡길 문제다.

▲ 합성 모터유는 자연 형성된 원유에서 추출한 기름보다 더 주의 깊게 만들어졌다. 점성을 더하는 물질을 넣어 금속 표면에 달라붙게 하는가 하면, 엔진이 마모되는 것을 막는다.

▶ 모터유에는 제품의 수명을 연장시키고 금속에 녹이 스는 것을 방지하며 엔진에서 나온 오염 물질을 제거하는 등 제품의 질을 높이는 특수 첨가제들이 포함되어 있다. 만약 현재 쓰고 있는 모터유가 부족하다고 느낀다면 기름 판매 업소에서 농축 첨가제를 사면 된다. 몇몇 첨가제는 놀라운 효과를 선전하는 광고 라벨을 붙인, 이국적인 모양의 병에 담겨 팔린다. 올리브유나 에너지 드링크처럼.

▶ 이 둘은 마시는 걸까, 아님 엔진에 넣는 걸까? 혼동하지 마라! 이 두 제품은 엔진의 성능을 높이기 위해 만들어졌는데 왼쪽은 기계 엔진, 오른쪽은 생명체의 엔진을 위한 것이다. 가끔 마케팅 효과를 노리고서 당황스러울 정도로 이 둘을 가까이 놓고 파는 경우가 있다.

▶ 기름 내 탄화수소 사슬의 길이가 길어질수록 기름은 점점 더 걸쭉해진다. 사진 속 끈적거리는 톨실은 자동차 기어 박스에 쓰이는 기름이다. 이 기름은 비닐봉지에 담겨져 팔리는데, 봉지째로 거대한 크랭크 케이스 안에 투하된다. 그러면 기어는 망설임 없이 이 비닐봉지를 씹어 삼킨다.

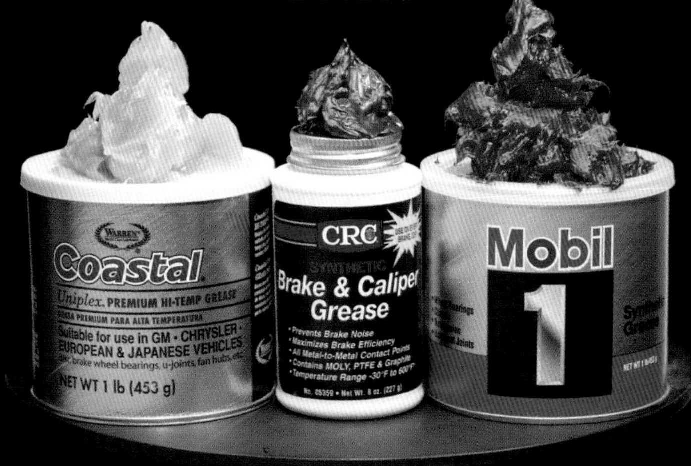

◀ 탄화수소의 탄소 사슬 길이가 계속해서 길어지면 기름이라 부르기엔 너무 점성도가 높아지게 된다. 이것을 '그리스'라 한다. 특이하게도 기름은 흘러내리지만 그리스는 달라붙는다.

그리스의 탄소 사슬이 계속 길어지면 파라핀납이 된다. 파라핀납의 탄소 사슬 수는 20~40개 정도 된다. 정제된 파라핀납은 포화탄화수소 사슬과 완전히 같다. 이 둘은 본질적으로 같은 종류의 물질이며, 평균 탄소 사슬 길이만 다르다.

파라핀납의 탄소 사슬이 점점 길어지면 폴리에틸렌 합성수지가 된다. 이 둘의 차이는 크다. 폴리에틸렌의 탄소 사슬에는 탄소가 수천 개부터 수십만 개에 이른다. 폴리에틸렌의 다양한 용도는 7장에서 살펴볼 것이다.

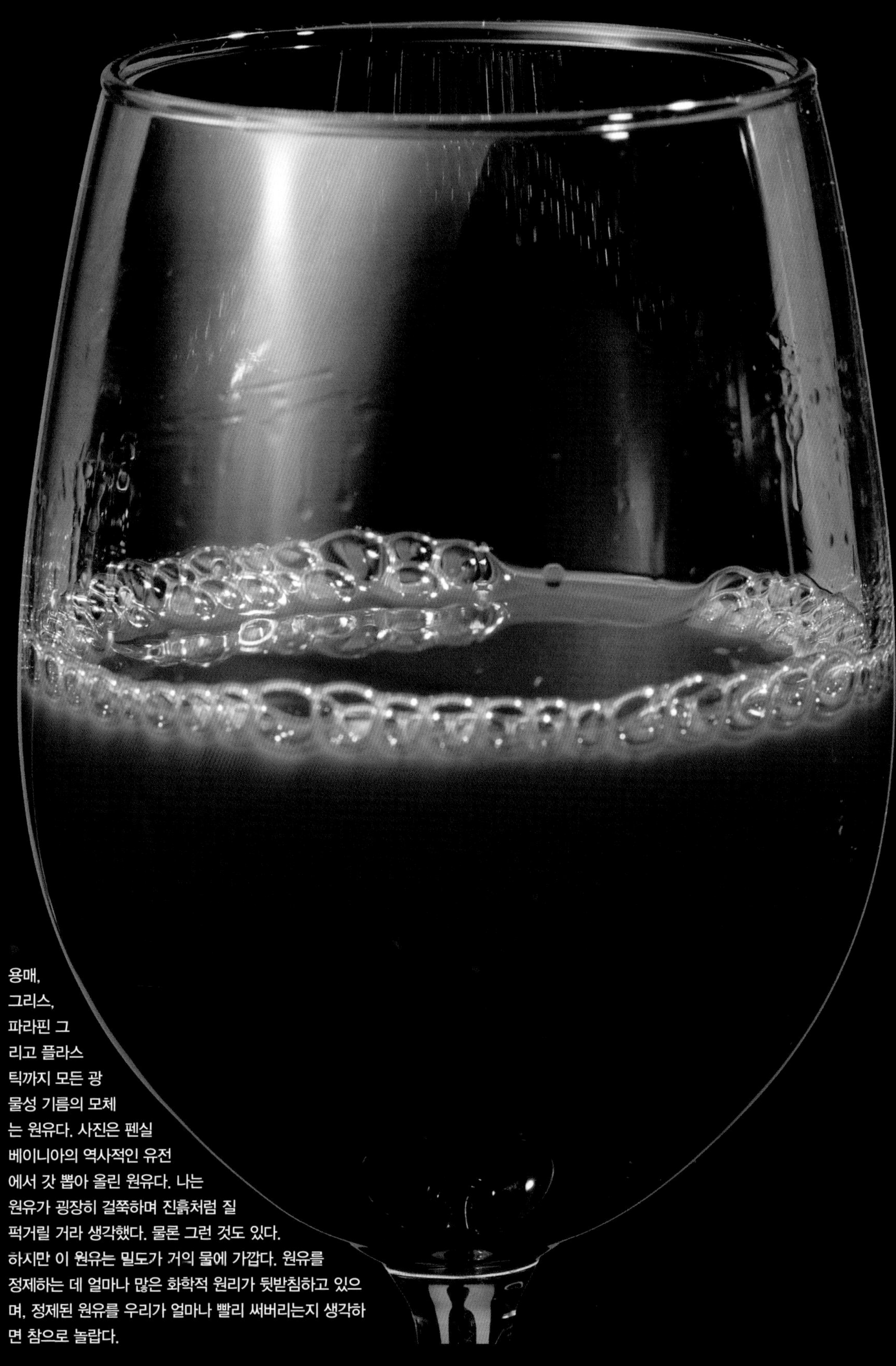

용매, 그리스, 파라핀 그리고 플라스틱까지 모든 광물성 기름의 모체는 원유다. 사진은 펜실베이니아의 역사적인 유전에서 갓 뽑아 올린 원유다. 나는 원유가 굉장히 걸쭉하며 진흙처럼 질퍽거릴 거라 생각했다. 물론 그런 것도 있다. 하지만 이 원유는 밀도가 거의 물에 가깝다. 원유를 정제하는 데 얼마나 많은 화학적 원리가 뒷받침하고 있으며, 정제된 원유를 우리가 얼마나 빨리 써버리는지 생각하면 참으로 놀랍다.

먹을 수 있는 기름

동물과 식물에서 얻은 기름은 깨끗한 광물성 기름과 거의 같아 보이지만 그들 간에는 화학 구조에 따른 근본적인 차이가 존재한다. 광물성 기름과 마찬가지로, 동물성·식물성 기름도 14~20개의 탄소로 이어진 탄소 사슬을 포함하는 경우가 많다. 다른 점은 생명체로부터 나온 탄소 사슬은 분자 한쪽 끝에 카복시기를 달고 있다는 것이다.(42쪽 참조) 이때의 분자를 '지방산'이라 한다.

지방산은 한쪽 끝이 산성을 띠기 때문에 단순한 탄화수소로는 불가능한 방식으로 서로 연결되며, 이러한 능력은 지방산에 이점으로 작용한다. 동물성·식물성 기름은 대부분 글리세린 뼈대 1개에 지방산 3개가 붙어 있다. 이를 트리글리세리드라고 한다.

광물성 기름처럼 지방산도 탄소 사슬의 길이에 따라 종류가 다양하며, 사슬의 길이가 길어질수록 점성도가 높아진다. 다만 지방산의 경우 탄소 간 이중 결합이 분자의 어디에 존재하는지, 방향이 어디로 향하는지가 중요하다. 사람들은 지방산의 이중 결합에 관심이 많다. 이들이 건강에 미치는 영향 때문이다. 오메가 3 지방산이 몸에 좋다거나 트랜스 지방이 몸에 해롭다고 논할 때 주인공은 바로 이들 이중 결합이다.

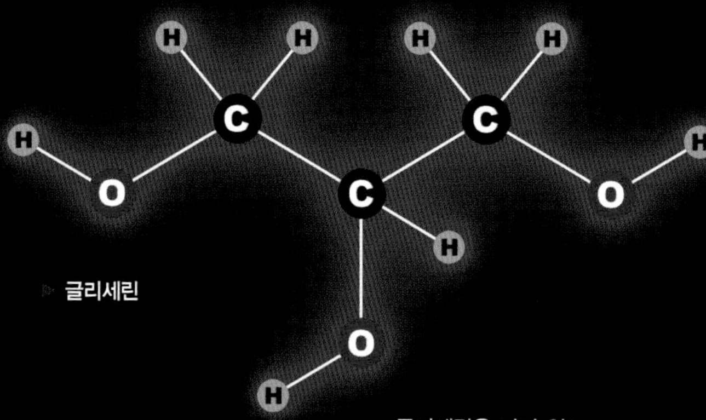

글리세린

글리세린은 다가 알코올이다. 알코올은 수산화기가 붙어 있는 화합물을 뜻한다. 글리세린은 알코올기를 3개 가지고 있으므로 3가 알코올에 속한다.

아래는 대표적인 지방산 분자, 라우르산이다. 겉보기에는 탄화수소와 비슷하지만 왼쪽의 붉은색 산소 원자를 주목하라. 라우르산을 지방산으로 만드는 건 바로 이 산소 원자들이다. 아래의 라우르산 분자는 '완전히 포화'되어 있다. 분자 안의 모든 탄소 원자가 수소 원자를 2개씩 가지고 있다는 뜻이다.(단 사슬 끝의 탄소는 예외적으로 수소 1개를 더 갖는다.) 모든 탄소는 서로 단일 결합을 이룬다. 그리고 포화 지방은 라우르산 분자나 이와 비슷한 탄소 사슬로 이루어진 분자(트리글리세리드 단위로 결합한다.)로 이루어져 있다.

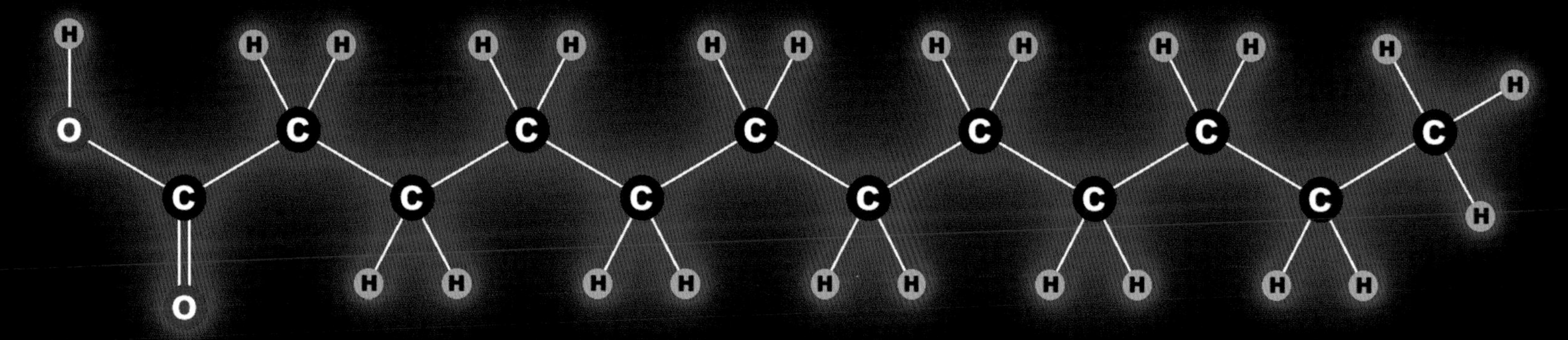

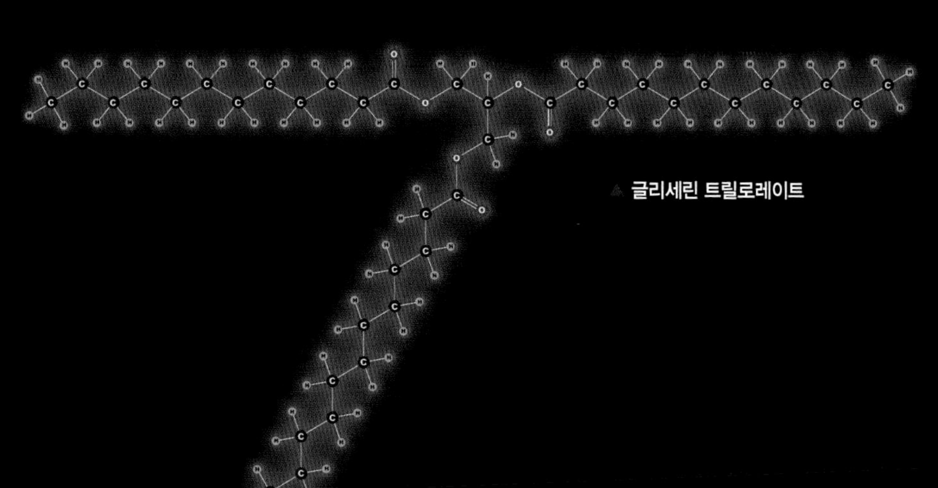

글리세린 트릴로레이트

지방산과 같은 유기산이 분자 말단에서 알코올과 결합하면 에스터가 된다.(43쪽 참조) 글리세린은 알코올기를 3개 가지고 있어서 지방산 3개와 결합할 수 있고, 그 결과 트리글리세리드가 된다. 글리세린 트릴로레이트는 글리세린 분자 1개와 로르산 분자 3개가 결합한 것이다. 모든 동물성 기름, 식물성 기름, 지방은 이와 같은 트리글리세리드로 이루어져 있는데, 트리글리세리드를 만들 수 있는 지방산의 종류는 아주 다양하다.

먹을 수 있는 기름

오른쪽 분자는 앞에서 본 라우르산과 사슬 모양은 동일하지만, 사슬 내 탄소 2개가 이중 결합을 이루고 있다. 이는 19쪽에서 배웠듯이 탄소 2개가 연결 자리를 이중 결합으로 채웠다는 뜻이다. 즉 탄소 2개는 수소 원자와 결합할 때 연결 자리가 하나씩 모자라게 된다. 결과적으로 오른쪽 분자는 라우르산 분자에 비해 수소 원자를 2개 적게 갖는다. 우리를 이것을 가리켜 '불포화'되었다고 한다. 수소를 추가하면 분자가 수소로 포화될 수 있기 때문이다. 이중 결합은 탄소 2개가 있으면 어느 곳에서든 이루어질 수 있다. 따라서 이에 대해 설명하기 쉽도록 표기법을 사용한다. 가령 산성 말단에서 가장 가까운 탄소 원자는 그리스 문자의 첫 글자인 알파(α)로 표기한다. 그런데 불행히도 사람들이 관심을 보이는 지방산들은 이중 결합이 사슬의 양끝에서 멀리 떨어진 특별한 것들이며, 이때 사슬의 길이는 천차만별이다. 그래서 사슬 길이에 상관없이 중간에 있는 것들은 건너뛰고 마지막에 있는 탄소만 중요하게 여긴다. 바로 오메가(ω) 탄소다. 오메가는 그리스 문자의 가장 마지막 글자다. 오메가 탄소로부터 이중 결합이 얼마나 멀리 떨어져 있는가에 따라 표기가 완성된다. 예를 들어 오메가3 지방산처럼. 뭔가 떠오르지 않는가?

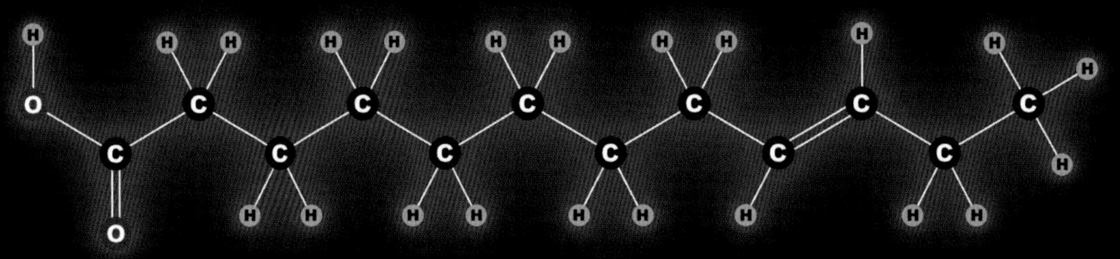

트랜스 오메가3 라우르산

이중 결합 때문에 곤란한 점은 또 있다. 탄소 간 단일 결합은 결합축을 따라 쉽게 회전되므로 분자가 유연한 편이며, 어떤 각도로 그리든 그다지 중요하지 않다. 하지만 이중 결합은 특정 방향으로 고정되어 있다. 이중 결합의 양쪽 사슬이 서로 엇갈려 있으면(의자형) 트랜스 배열이라고 하고, 반대로 이들이 같은 쪽에 있으면(보트형) 시스 배열이라고 한다. 위는 '트랜스 지방'이라 불리는 트랜스 오메가3 지방산이며, 아래는 시스 오메가3 지방산이다. 트랜스 오메가3 지방산은 시스 오메가3 지방산보다 건강에 해롭다. 이 둘의 차이는 미묘하지만 우리의 몸은 교묘하게도 이를 알아차린다.

α–알파 (alpha)
β–베타 (beta)
γ–감마 (gamma)
δ–델타 (delta)
ω–오메가 (omega)

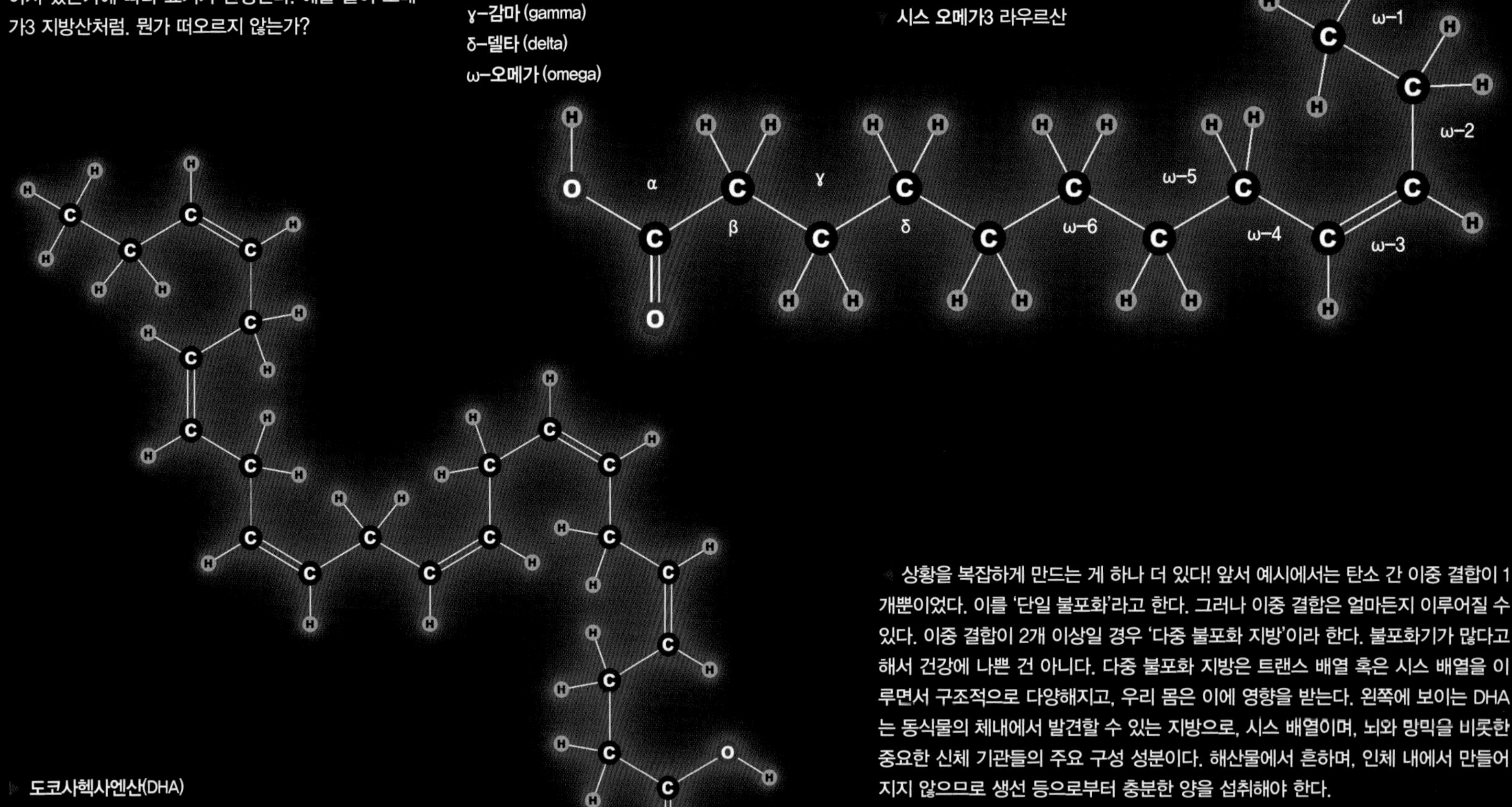

시스 오메가3 라우르산

도코사헥사엔산(DHA)

상황을 복잡하게 만드는 게 하나 더 있다! 앞서 예시에서는 탄소 간 이중 결합이 1개뿐이었다. 이를 '단일 불포화'라고 한다. 그러나 이중 결합은 얼마든지 이루어질 수 있다. 이중 결합이 2개 이상일 경우 '다중 불포화 지방'이라 한다. 불포화기가 많다고 해서 건강에 나쁜 건 아니다. 다중 불포화 지방은 트랜스 배열 혹은 시스 배열을 이루면서 구조적으로 다양해지고, 우리 몸은 이에 영향을 받는다. 왼쪽에 보이는 DHA는 동식물의 체내에서 발견할 수 있는 지방으로, 시스 배열이며, 뇌와 망막을 비롯한 중요한 신체 기관들의 주요 구성 성분이다. 해산물에서 흔하며, 인체 내에서 만들어지지 않으므로 생선 등으로부터 충분한 양을 섭취해야 한다.

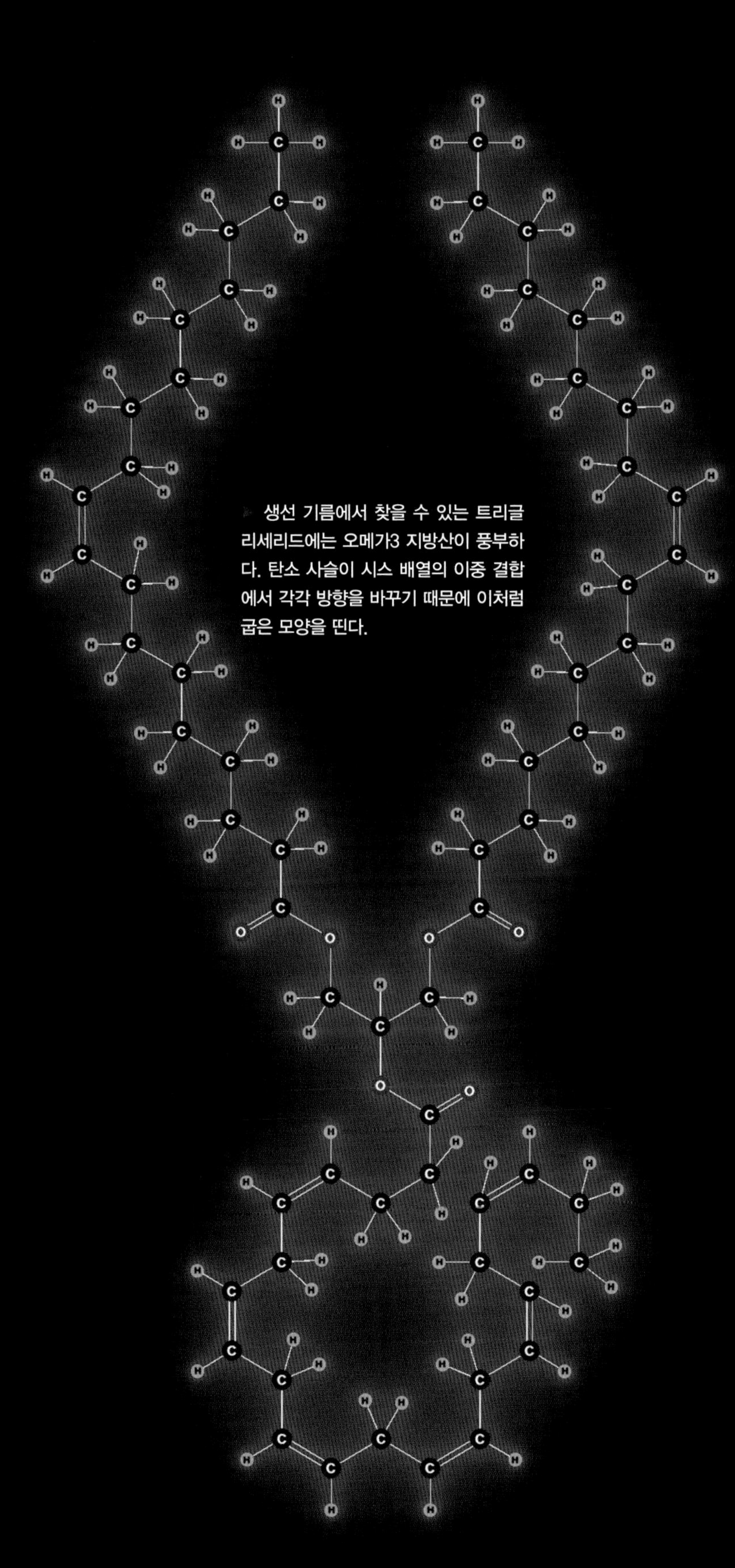

▶ 생선 기름에서 찾을 수 있는 트리글리세리드에는 오메가3 지방산이 풍부하다. 탄소 사슬이 시스 배열의 이중 결합에서 각각 방향을 바꾸기 때문에 이처럼 굽은 모양을 띤다.

▲ 생선 기름에는 오메가3 지방산이 다량 함유되어 있다. 혹자는 이 성분 때문에 생선 기름이 몸에 좋다고 한다. 하지만 또 다른 누군가는 그 맛을 끔찍히 싫어하며, 특히 대구의 간유를 역겨워한다.

먹을 수 있는 기름

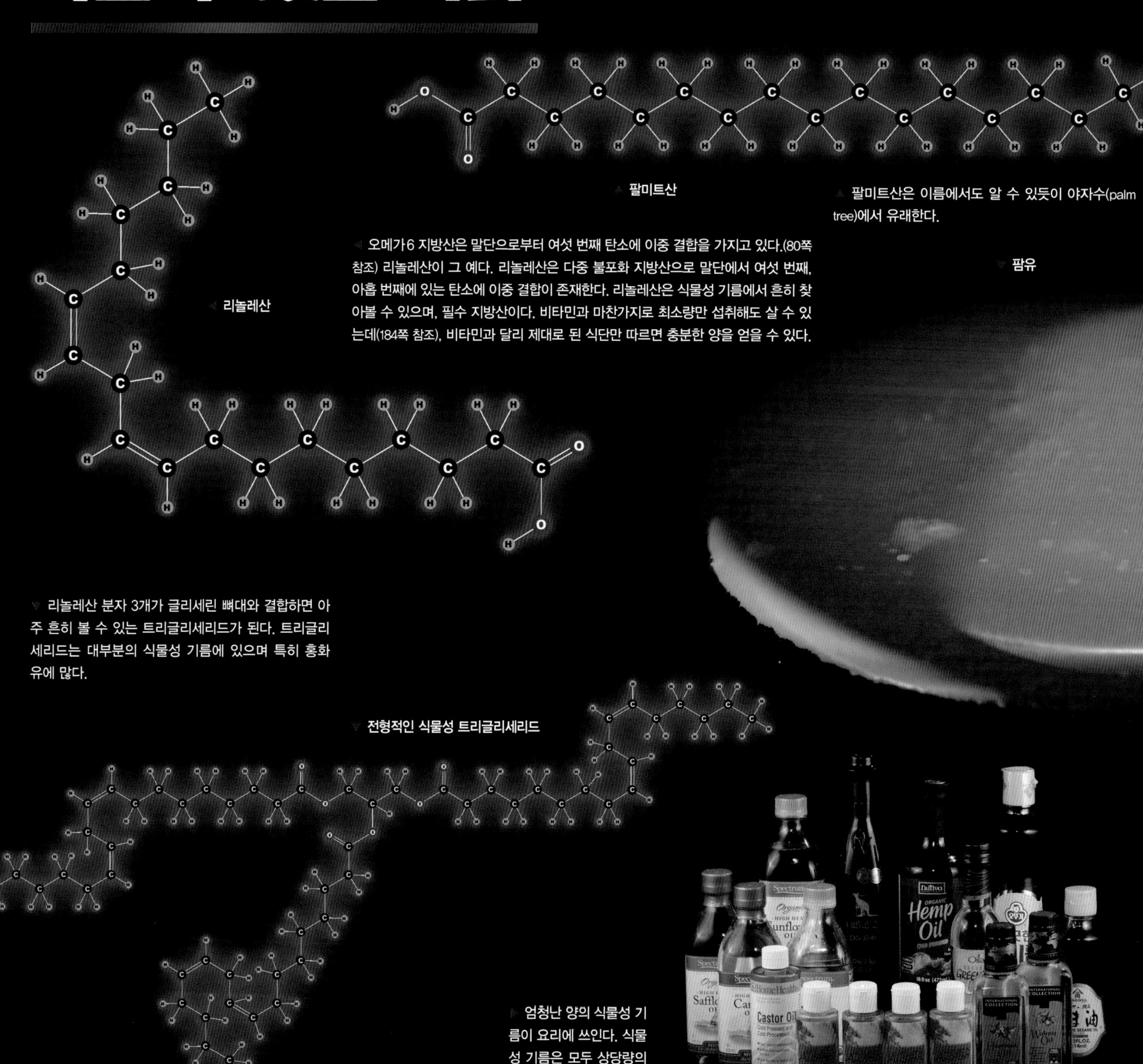

팔미트산

팔미트산은 이름에서도 알 수 있듯이 야자수(palm tree)에서 유래한다.

팜유

오메가6 지방산은 말단으로부터 여섯 번째 탄소에 이중 결합을 가지고 있다.(80쪽 참조) 리놀레산이 그 예다. 리놀레산은 다중 불포화 지방산으로 말단에서 여섯 번째, 아홉 번째에 있는 탄소에 이중 결합이 존재한다. 리놀레산은 식물성 기름에서 흔히 찾아볼 수 있으며, 필수 지방산이다. 비타민과 마찬가지로 최소량만 섭취해도 살 수 있는데(184쪽 참조), 비타민과 달리 제대로 된 식단만 따르면 충분한 양을 얻을 수 있다.

리놀레산

리놀레산 분자 3개가 글리세린 뼈대와 결합하면 아주 흔히 볼 수 있는 트리글리세리드가 된다. 트리글리세리드는 대부분의 식물성 기름에 있으며 특히 홍화유에 많다.

전형적인 식물성 트리글리세리드

엄청난 양의 식물성 기름이 요리에 쓰인다. 식물성 기름은 모두 상당량의 불포화 지방을 포함한다.

▶ 팜 핵유

◀ 대부분의 동물성 지방, 일부 식물성 기름은 포화 지방산 함량이 높다는 이유로 평판이 매우 안 좋다.('포화'의 의미에 대해서는 앞서 설명한 것을 보라.) 열대 지방에는 이처럼 건강에 안 좋은 물질들이 코코넛 오일, 팜유, 팜핵유의 형태로 다량 저장되어 있다. 지방은 포화도가 높을수록 녹는점이 높다. 따라서 포화도가 높은 지방은 상온에서 고체 혹은 반죽 상태로 존재한다. 이러한 지방의 포화 지방 함량은 순수한 동물성 지방과 동등하다.

◀ 쇠기름

◀ 코코넛 오일

▶ 베이비 오일이 아기로 만든 게 아니듯 걸스카우트 쿠키 역시 걸스카우트 대원으로 만든 게 아니지만, 우각유(neat's foot oil)는 진짜 발로 만든다. 정확히는 소의 발과 정강이 뼈다.('neat'는 소를 일컫는 옛날 영어 단어다.) 우각유는 동물성 기름이기 때문에 트리글리세리드로 이루어져 있다.

왁스(납)

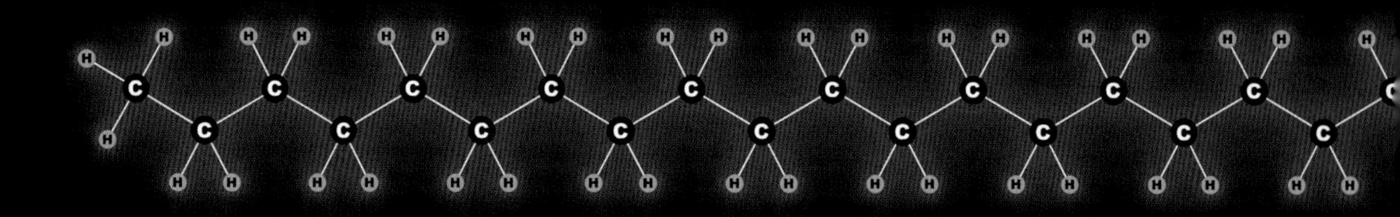

이번 장 앞부분에서 파라핀납이라는, 석유에서 추출할 수 있는 순수한 탄화수소 형태의 물질에 대해 다루었다. 하지만 왁스는 일반적으로 비누와 지방, 식물성 기름과 깊게 연관되어 있다. 식물성 기름이 글리세린 다가 알코올에 지방산 3개가 붙은 에스터라면, 왁스는 기다란 알코올 사슬 1개에 지방산 1개가 붙어 있는 에스터다.

▲ 밀랍은 에스터기의 왼쪽에 탄화수소 15개, 오른쪽에 탄화수소 30개가 붙은 에스터, 즉 트리아콘타닐 팔미테이트로 만들어진다.

▶ 카르나우바납은 카르나우바 야자수의 이파리에서 추출되며, 단순한 에스터뿐만 아니라 디에스터, 사슬 길이가 긴 알코올 등 밀랍보다 더욱 복잡한 혼합물을 포함하고 있다.

▶ 수많은 왁스가 특수 용도로 팔리고 있다. 왁스는 어느 물질에서 추출했는지에 따라 결합된 탄소 사슬의 길이가 다르기 때문에 여러 왁스를 배합하거나 용매를 섞어 아주 다양한 제품을 만들 수 있다.

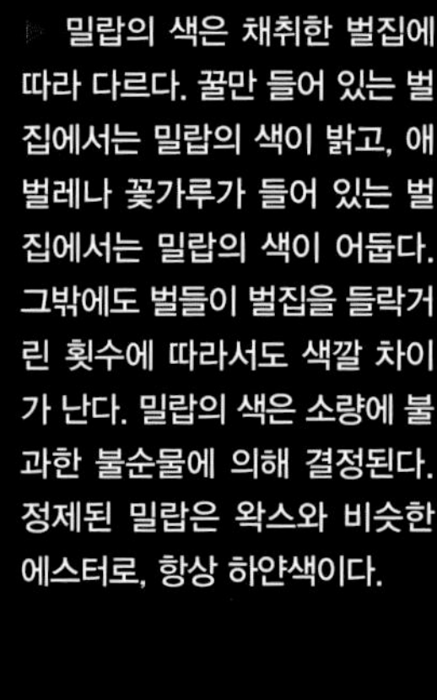

▶ 밀랍의 색은 채취한 벌집에 따라 다르다. 꿀만 들어 있는 벌집에서는 밀랍의 색이 밝고, 애벌레나 꽃가루가 들어 있는 벌집에서는 밀랍의 색이 어둡다. 그밖에도 벌들이 벌집을 들락거린 횟수에 따라서도 색깔 차이가 난다. 밀랍의 색은 소량에 불과한 불순물에 의해 결정된다. 정제된 밀랍은 왁스와 비슷한 에스터로, 항상 하얀색이다.

◀ 카르나우바납은 단단하고 광택이 나서 널리 인기 있다. 바르기 쉽도록 용매를 넣어 무르게 만든 후 반죽 상태의 왁스 제품을 만든다. 이를 바르면 용매가 증발하면서 왁스 성분만 남아 딱딱한 표면을 형성하는데 이를 닦아내면 광을 낼 수 있다. 사람들은 이 왁스 제품들을 볼링 레인, 차량 등 매끈하고 반짝거리게 만들고 싶은 곳에 쓴다.(카르나우바납은 브라질 왁스로도 불리는데, 브라질산 왁스가 모두 카르나우바납인 건 아니다. 밀랍과 파라핀납을 섞은 제품도 있다.)

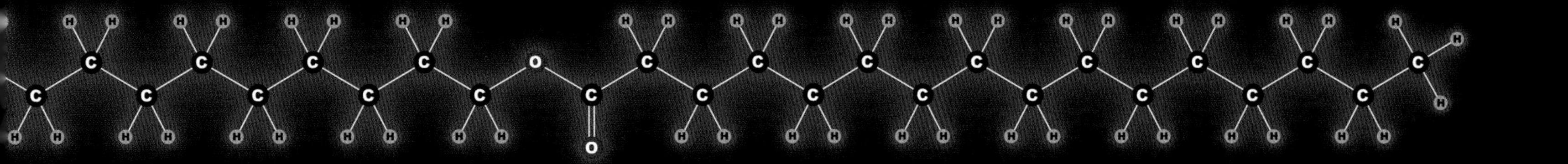

MOUSTACHE WAX
The HANDMADE SOAP CO.
HANDMADE IN IRELAND
FOR STIFF UPPER LIPS

SCREW WAX
by FastCap

특수 목적용 왁스

Chapter 6

암석과 광석

사람들은 흔히 화합물이 원소 집단이므로 화합물을 만들려면 필수 원소들을 합쳐야 한다고 생각한다. 하지만 실제로는 그 반대다.

자연에서 볼 수 있는 원소는 대부분 다양한 화합물에 합쳐져 있다. 그래서 원소를 구하려면 도리어 화합물을 분리해야 한다. 철 이온을 구하기 위해 순수한 철을 많이 함유한 물질을 찾을 필요가 없다. 자연 상태의 유리된 철 금속은 오직 유성(별똥별)에만 있는데 유성은 우리가 쉽게 구할 수가 없다.(그나마 찾는다 해도 거의 부식되어 있다.)

그래서 대신 철광석을 찾아야 한다. 철광석에서 철 이온을 추출할 수 있기 때문이다. '광석'이란 단어는 '경제적'인 표현이다. 어디에 유용한가에 따라 광석의 이름이 지어진다. 즉 '철광석'이란 구성 성분이 구체적으로 무엇이든 간에, 철 금속을 추출할 수 있는 유용한 물질임을 의미한다.

광산에서 캐낸 광석은 모두 특정 '광물'로 이루어져 있다. 광석과 달리 광물은 특정 화학적 화합물을 의미한다. 그중 아름다운 광물은 결정 또는 보석이라고도 불리며, 못생긴 광물은 암석이라 부른다.

철광석은 적철석(Fe_2O_3), 자철석(Fe_3O_4), 황철석(FeS_2) 같은 철을 포함한 화합물들을 포함하고 있다.

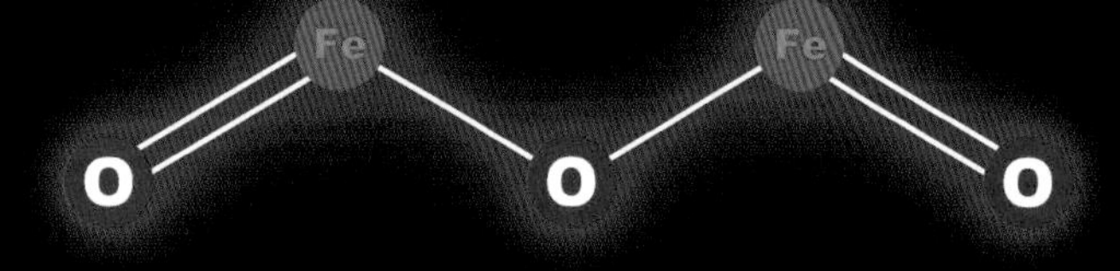

◀ 자철석은 산화물인데도 단단하고 반짝인다. 닦아내면 금속처럼 보인다. 자철석이라는 이름은 자기를 띠는 성질 덕분에 붙여졌다. 자철석은 자기 때문에 초자연적 에너지로 가득 차 있다고 묘사되곤 했다.

▶ Fe_2O_3는 암석일 경우에는 적철석이라고 하며, 반짝이던 철 표면을 덮은 경우에는 녹이라고 한다.

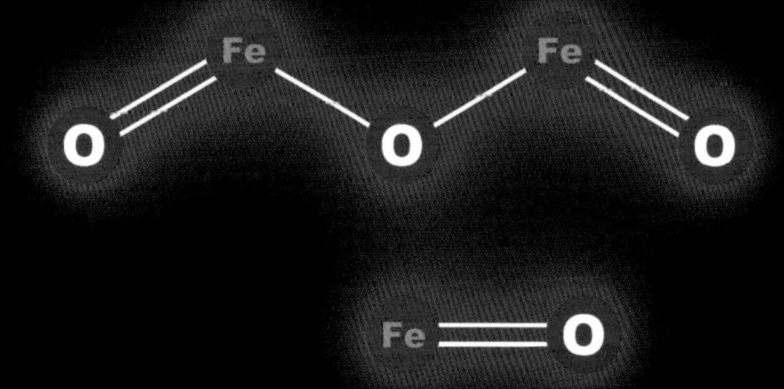

▶ 자철석은 철과 산소가 3대 4 비율로 결합한 게 아니라 2가지 다른 철 산화물이 혼합된 것이다. 다만 적철석 분자와 산화철 분자가 1대 1 비율로 결합되어, 철 원자와 산소 원자가 정확히 3대 4 비율을 유지한다. 이런 식으로 만들어지는 광물은 흔하다.

적철석은 전 세계 제철소에서 가장 많이 다루는 주요 철광석 2개 중 하나다. 적철석은 또한 철이 녹슨 것으로, 이때의 붉은색은 녹슨 철의 특징이기도 하다. 철광석에서 철 금속을 분리하는 제련 방법은 녹이 스는 과정과 화학적으로 반대다. 다시 말해 철이 부식되어서 녹이 생기는 과정과 반대로 녹의 부식이 제거되면서 철이 생긴다.

트럭의 차축을 만들기 위해 위와 같이 아름다운 것을 갈아버린다고 상상해보라. 하지만 광석은 광석일 뿐 누구도 제대로 보려 하지 않는다. 이 미세한 적철석 조각은 운 좋게도 어느 수집가의 눈에 띈 덕에 차 부품으로 사라지지 않았다.

위 사진 속 공들은 인터넷 쇼핑 사이트에서 새총 탄알로 싸게 팔리지만, 애초에 그러라고 만든 게 아니다. 이 공들은 철광석의 원료로 용광로 앞에 실려 갈 준비를 마친 것들이다. 대량 생산되어 거대한 바지선이나 화물열차로 옮겨졌을 것이다. 그래서 우리가 헐값에 대량 주문하여 새총 탄알로 쓸 수 있다. 먼저 타코나이트암을 갈거나 잘라 자철석을 분리한 후 가열해서 이처럼 쓰기 편한 공 모양으로 만든다. 이때 가열 과정에서 자철석이 적철석으로 산화된다.

19세기에 쓰인 천연 자석 나침반의 복제품이다. 현대의 나침반은 훨씬 강력한 자석을 이용한다. 천연 자석은 자기가 미약해서 조심스레 균형을 맞춰야만 나침반 역할을 할 수 있었다.

자철석은 천연 자석으로 유명하다. 자연적으로 자성을 띤다. 인류는 코르크 위에 자철석 조각을 띄우면 항상 북쪽을 가리킨다는 것을 발견했는데, 이것이 나침반의 발명으로 이어졌다.

▲ 마르타이트 광석은 적철석의 독특한 형태다. 화학적으로는 적철석인데 결정 구조는 자철석이라 가상(假像)이라고 불린다. 가상은 2가지 이유로 생긴다. 첫째는 자연 상태에서 화학적 결정화가 이루어져 몇 가지 반응을 통해 다른 화학 물질로 변환되는 것이며, 둘째는 한 가지 화학 물질이 빠지고 다른 화학 물질이 대체되면서 동일한 공간과 모양을 유지하는 것이다. 마르타이트 광석은 전자의 예로, 형태 변화 없이 자철석이 적철석으로 산화될 때 만들어진다.

철은 수익성이 높아 대량 생산되는 주요 산업 품목으로, 철을 포함한 광물은 보통 철광석으로 이용된다. 황철석, 갈철석, 능철석이 그 예다.

갈철석[FeO(OH) 조성 변화]

황철석(황화철) FeS_2

능철석(탄산철) $FeCO_3$

바보야, 넌 광석(ore)이 아니라 노(oar)야!

광석 제련

광석은 어떻게 원소로 변할까? 원소를 구하는 과정에서 가장 힘든 점은 광석을 찾는 일보다 제련이다.

철은 상대적으로 쉽다. 철광석을 코크스(주로 탄소 원자로 이루어진 단단한 숯)와 함께 가열하면 간단히 철이 제련된다. 사람들은 이 방법을 3,000여 년 전에 밝혀냈다.(다른 금속을 제련하는 것보다 상대적으로 쉽다는 것이지 진짜 쉽다는 말이 아니다. 높은 온도와 정확한 조건을 유지하려면 굉장한 기술이 필요하다. 인간이 대도시에 살기 시작하면서 쇠를 제련하는 법을 알아내기까지는 150세대가 걸렸다.)

철을 제련하는 건 알루미늄 광석에서 알루미늄을 제련하는 것보다 훨씬 쉽다. 알루미늄을 제련하려면 현실적으로 많은 양의 전기가 필요하다. 그래서 소형 화학 전지로 알루미늄을 제련하다가 발전기를 이용해 다량의 전기를 이용할 수 있게 될 때까지 알루미늄은 이국적인 금속이었다. 오늘날 알루미늄은 저렴한 지열 전기를 다량 보유하고 있는 아이슬란드에서 쉽게 제련되고 있다. 거대한 바지선을 타고 광석이 도착하면, 컨테이너선을 타고 알루미늄이 떠난다. 광석은 전기 때문에 아이슬란드를 경유하는 셈이다.

▲ 철광석은 거대한 제련 장치 안에서 철 금속으로 변환된다. 이때 사용하는 거대한 제련 장치가 바로 용광로다. 철광석과 코크스를 용광로 안에 가득 채운 후 열과 함께 고압의 공기(강한 바람)를 아래에서 공급한다. 그러면 코크스의 탄소가 철광석의 산화철에서 산소를 빼앗아 이산화탄소를 만들면서 광석으로부터 철 금속을 분리한다. 결국 철은 희고 뜨거운 액체 상태로 용광로 아래로 떨어진다.

◀ 알루미늄은 화학적 방법으로 알루미늄 광석에서 추출되지만, 과정이 아주 어려운 데다 알루미늄보다도 분리하기 힘든 원소를 이용해야 한다. 그러나 다량의 전기를 이용하면 가능하다. 산화알루미늄은 빙정석(알루미늄이 포함된 광석)과 섞여 있는 보크사이트에서 추출되며, 큰 전지들을 쓰면 녹아버린다. 이때 각 전지에는 3~5V에서 전류가 수십만 암페어에 달하는 한 쌍의 전극이 존재한다. 음극에서 알루미늄 금속이 모여 전지 아래쪽으로 흐른다. 왼쪽 사진은 광석이 녹아 전지에 더해지는 모습이다. 사진 오른편의 무지막지하게 두꺼운 전기 케이블을 보라.

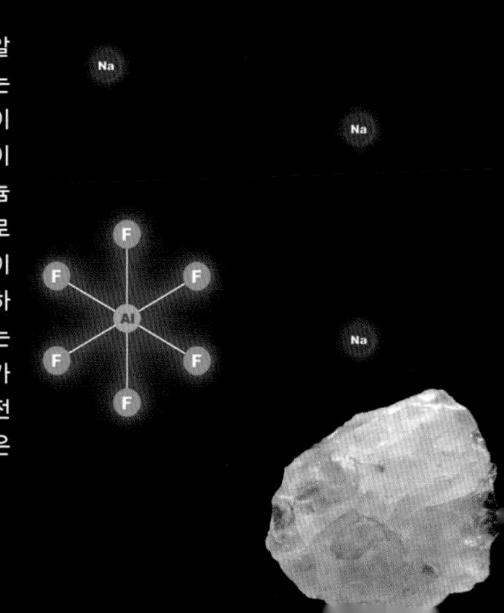

▶ 빙정석은 헥사플루오로알루민산나트륨으로, 과거에는 알루미늄을 추출하는 데 이용되었으나 지금은 보크사이트에서 추출한 산화알루미늄의 녹는점을 낮추는 데 주로 쓰인다. 빙정석이 가장 많이 매립되어 있는 곳은 우연하게도 알루미늄을 제련하는 데 필요한 값싼 지열 전기가 많은 곳과 이웃하고 있다. 전기는 아이슬란드, 빙정석은 그린란드에 많다.

광석 제련

보크사이트는 알루미늄을 추출하는 데 주요한 광석이다. 보크사이트는 몇몇 광물의 혼합물이다.

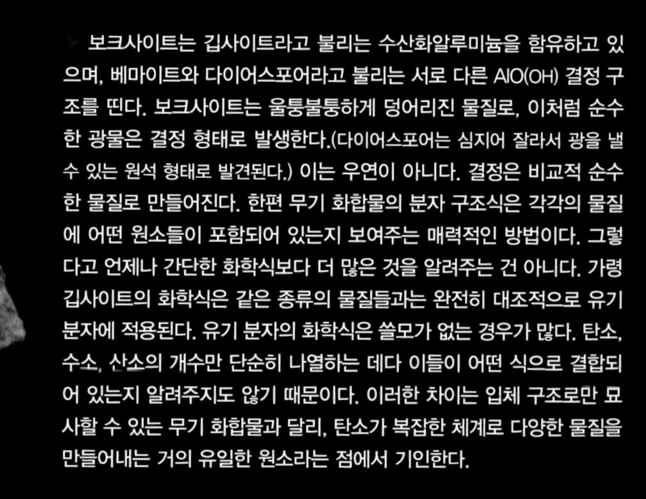

보크사이트는 깁사이트라고 불리는 수산화알루미늄을 함유하고 있으며, 베마이트와 다이어스포어라고 불리는 서로 다른 AlO(OH) 결정 구조를 띤다. 보크사이트는 울퉁불퉁하게 덩어리진 물질로, 이처럼 순수한 광물은 결정 형태로 발생한다.(다이어스포어는 심지어 잘라서 광을 낼 수 있는 원석 형태로 발견된다.) 이는 우연이 아니다. 결정은 비교적 순수한 물질로 만들어진다. 한편 무기 화합물의 분자 구조식은 각각의 물질에 어떤 원소들이 포함되어 있는지 보여주는 매력적인 방법이다. 그렇다고 언제나 간단한 화학식보다 더 많은 것을 알려주는 건 아니다. 가령 깁사이트의 화학식은 같은 종류의 물질들과는 완전히 대조적으로 유기 분자에 적용된다. 유기 분자의 화학식은 쓸모가 없는 경우가 많다. 탄소, 수소, 산소의 개수만 단순히 나열하는 데다 이들이 어떤 식으로 결합되어 있는지 알려주지도 않기 때문이다. 이러한 차이는 입체 구조로만 묘사할 수 있는 무기 화합물과 달리, 탄소가 복잡한 체계로 다양한 물질을 만들어내는 거의 유일한 원소라는 점에서 기인한다.

H
O
H
O
Al
O
H
길사이트
H
O
Al
O
베마이트
H
O
Al
O
다이어스포어
8각형 다이어스포어

기타 광석

모든 금속은 그 금속을 추출할 수 있는 광석이 하나 이상 있다. 금속을 다량 채취할 수 있는 광석들은 철광석, 구리 광석, 알루미늄 광석 등으로 불린다. 그 밖의 다른 금속들은 끼어 있는 수준이다. 가령 갈륨이라는 이 낯선 금속은 앞서 살펴본 보크사이트에서 흔히 추출한다. 갈륨은 보크사이트에 소량 함유되어 있는 불순물이며, 알루미늄을 정제할 때 부가적으로 추출된다.

마찬가지로 '백금족 원소' 즉 오스뮴, 이리듐, 레늄, 로듐, 루테늄은 대개 백금 광산에서 부차적으로 추출되며, 상업적인 관점에서 봤을 때 백금의 불순물이다. 이들 가격이 들쭉날쭉한 이유는 이 때문이다. 수요에 비해 로듐의 공급이 달린다고 백금을 더 많이 채굴하는 건 경제적으로 옳지 않다. 사람들이 로듐에 아무리 높은 값을 치르더라도 말이다. 로듐 값은 백금을 채굴할수록 떨어진다. 사람들이 원하든 말든, 로듐이 많아지기 때문이다.

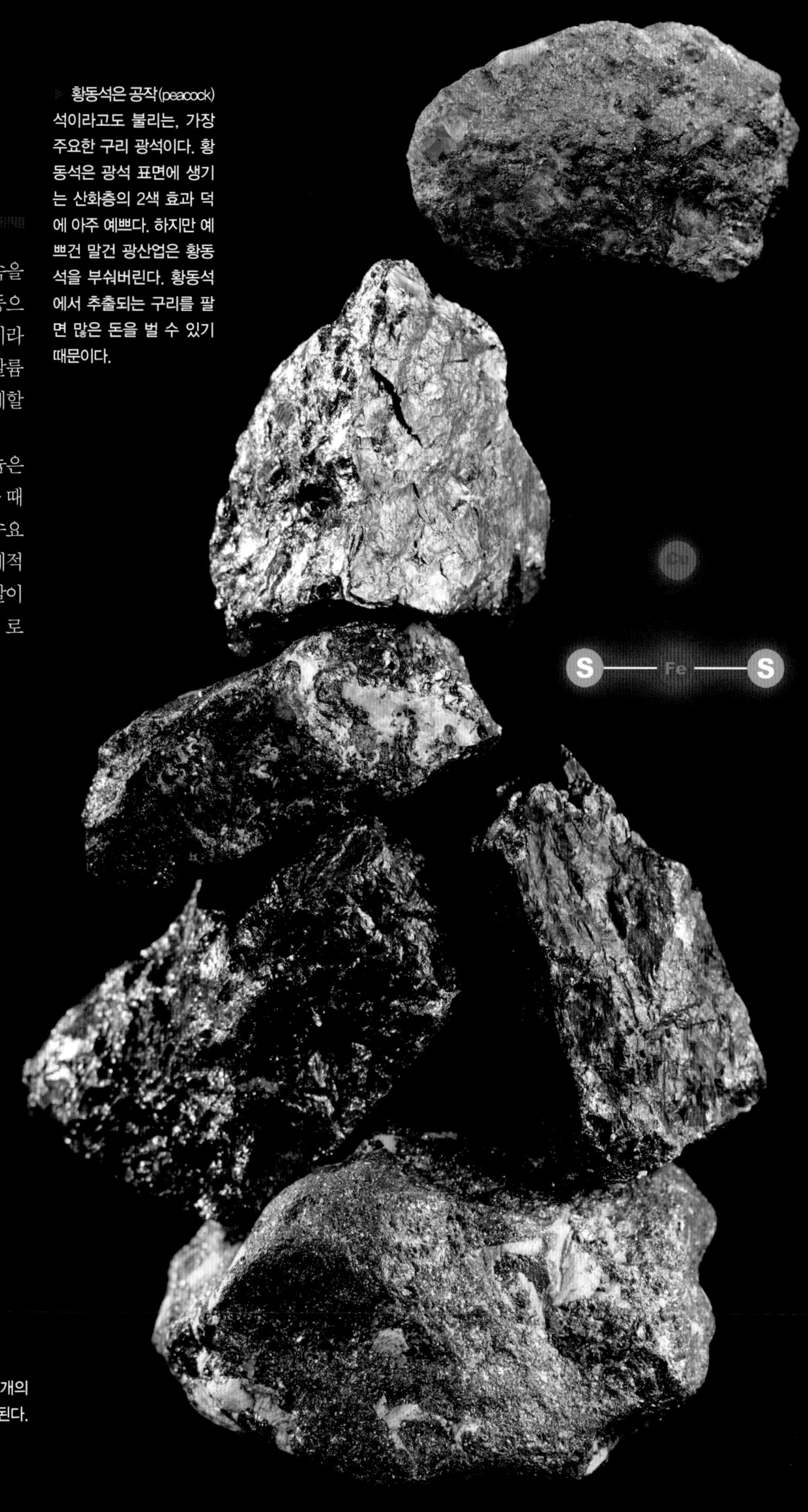

황동석은 공작(peacock)석이라고도 불리는, 가장 주요한 구리 광석이다. 황동석은 광석 표면에 생기는 산화층의 2색 효과 덕에 아주 예쁘다. 하지만 예쁘건 말건 광산업은 황동석을 부숴버린다. 황동석에서 추출되는 구리를 팔면 많은 돈을 벌 수 있기 때문이다.

금광석은 지루한 광석이다. 물론 가끔 순수한 금괴를 찾는 경우도 있지만, 대개의 경우 금광 지역에서 채굴한 심지처럼 생긴, 정말이지 금 같지 않은 암석에서 채굴된다.

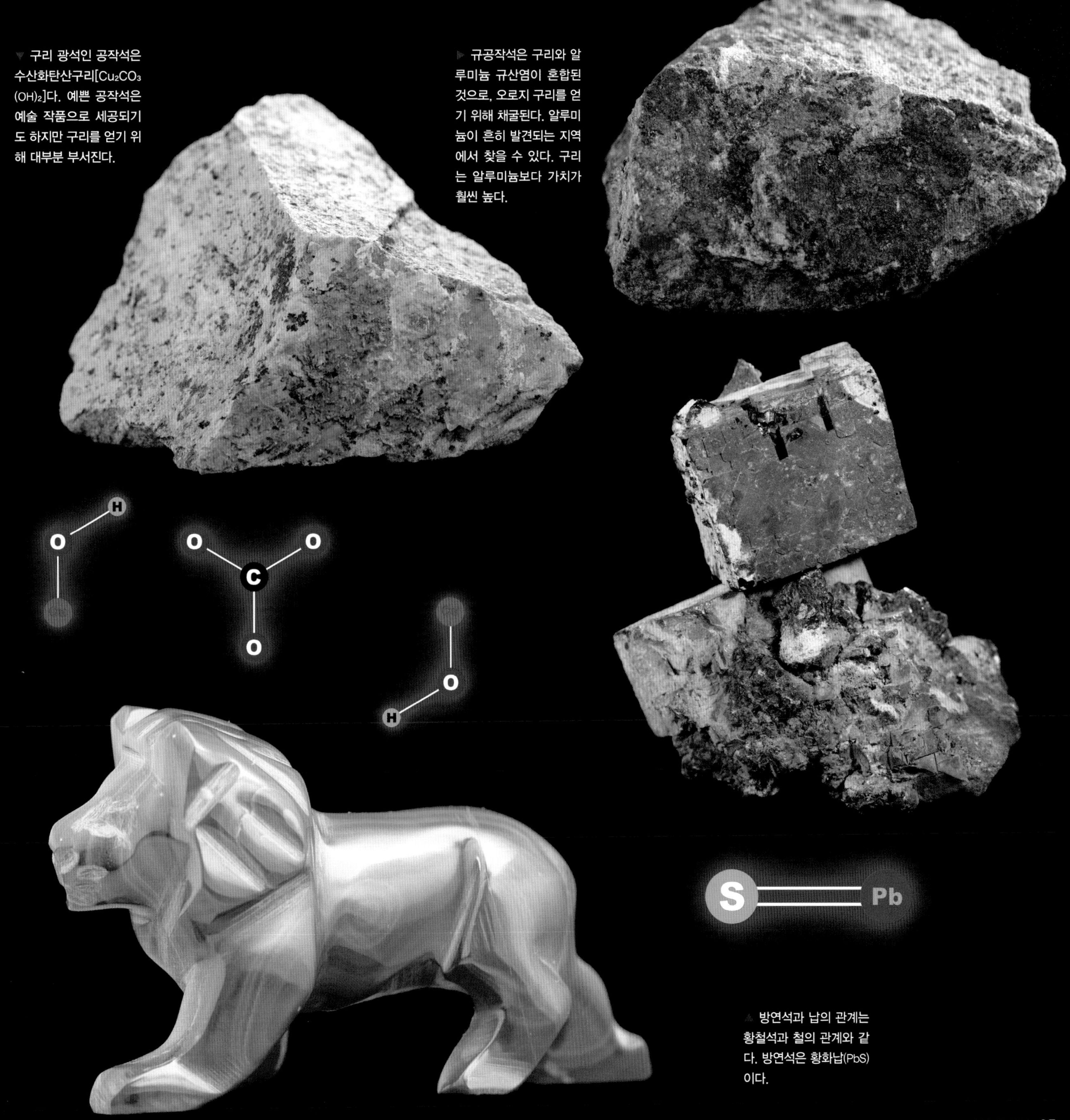

▼ 구리 광석인 공작석은 수산화탄산구리[$Cu_2CO_3(OH)_2$]다. 예쁜 공작석은 예술 작품으로 세공되기도 하지만 구리를 얻기 위해 대부분 부서진다.

▶ 규공작석은 구리와 알루미늄 규산염이 혼합된 것으로, 오로지 구리를 얻기 위해 채굴된다. 알루미늄이 흔히 발견되는 지역에서 찾을 수 있다. 구리는 알루미늄보다 가치가 훨씬 높다.

▲ 방연석과 납의 관계는 황철석과 철의 관계와 같다. 방연석은 황화납(PbS)이다.

기타 광석

망간, 즉 망가니즈는 부드럽게 발음했을 때 마그네슘과 비슷하게 들리지만 전혀 다른 금속이다. 망간 광석인 파이로루사이트(연망가니즈석)는 이산화망간(MnO_2)이다.

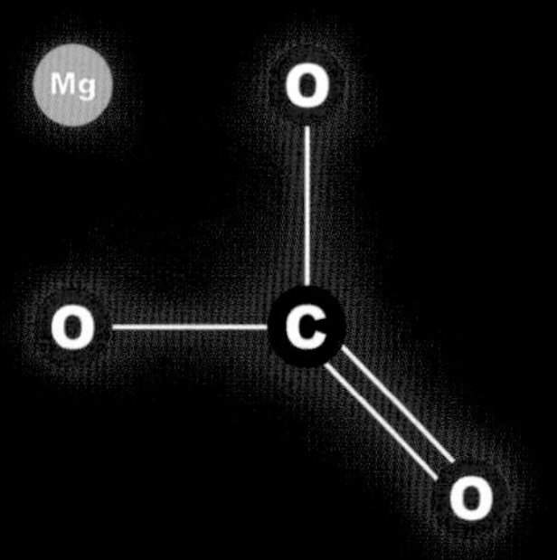

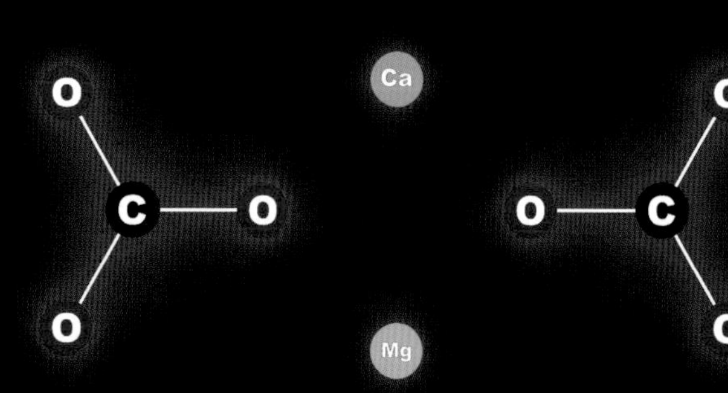

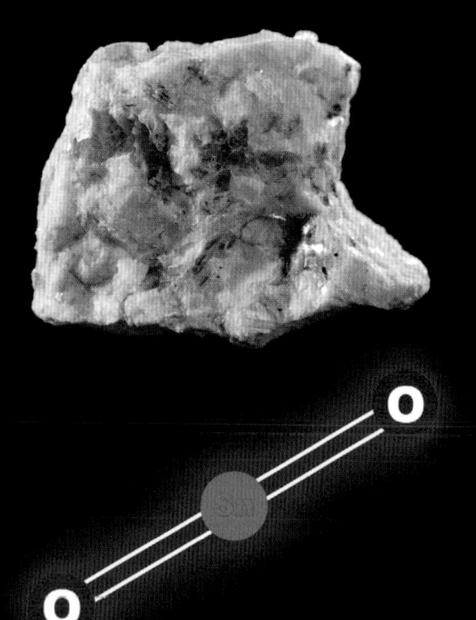

마그네사이트는 발음 때문에 자기가 있는 철광석일 것 같지만, 사실 '마그네'라는 글자는 마그네슘에서 따온 것이다. 마그네사이트는 탄산마그네슘($MgCO_3$)이다.

암석과 광물의 이름은 발견된 지역 혹은 산의 이름을 따서 짓기도 한다. 산처럼 크고 명백한 대상은 아주 오래전 그 산이 어떤 암석으로 이루어져 있는지 인식되기 이전에 이름이 정해지기 때문이다. 하지만 이탈리아의 돌로마이트 산은 마그네슘 광석인 돌로마이트[백운석, 탄산칼슘마그네슘, $CaMg(CO_3)_2$]에서 유래했다. 그리고 돌로마이트는 지질학자 돌로뮤의 이름에서 유래했다. 1800년 나폴레옹이 이 지역을 정복할 당시, 프랑스 지질학자의 이름을 본따 산맥 이름을 짓게 했기 때문이다.(그런데 나폴레옹은 이탈리아인에게 2년간 포로로 잡혀 있었다.)

주석 광석인 카시터라이트(석석)는 산화주석(SnO_2)이다.

아연 광석인 스패러라이트(섬아연석)는 황화아연(ZnS)으로, 보통은 황화철에 오염되어 있다.

베릴륨 광석인 베릴(녹주석)은 사이클로규산염 알루미늄 베릴륨[$Be_3Al_2(SiO_3)_6$]이다. 투명한 결정 형태의 순수한 베릴은 적당히 가치 있는 원석 취급을 받지만, 못생긴 베릴 덩어리는 분쇄기로 부서져 미사일 재료로 쓰인다. 그러니 당신이 암석이라면 예뻐지려고 노력해야 할 거다.

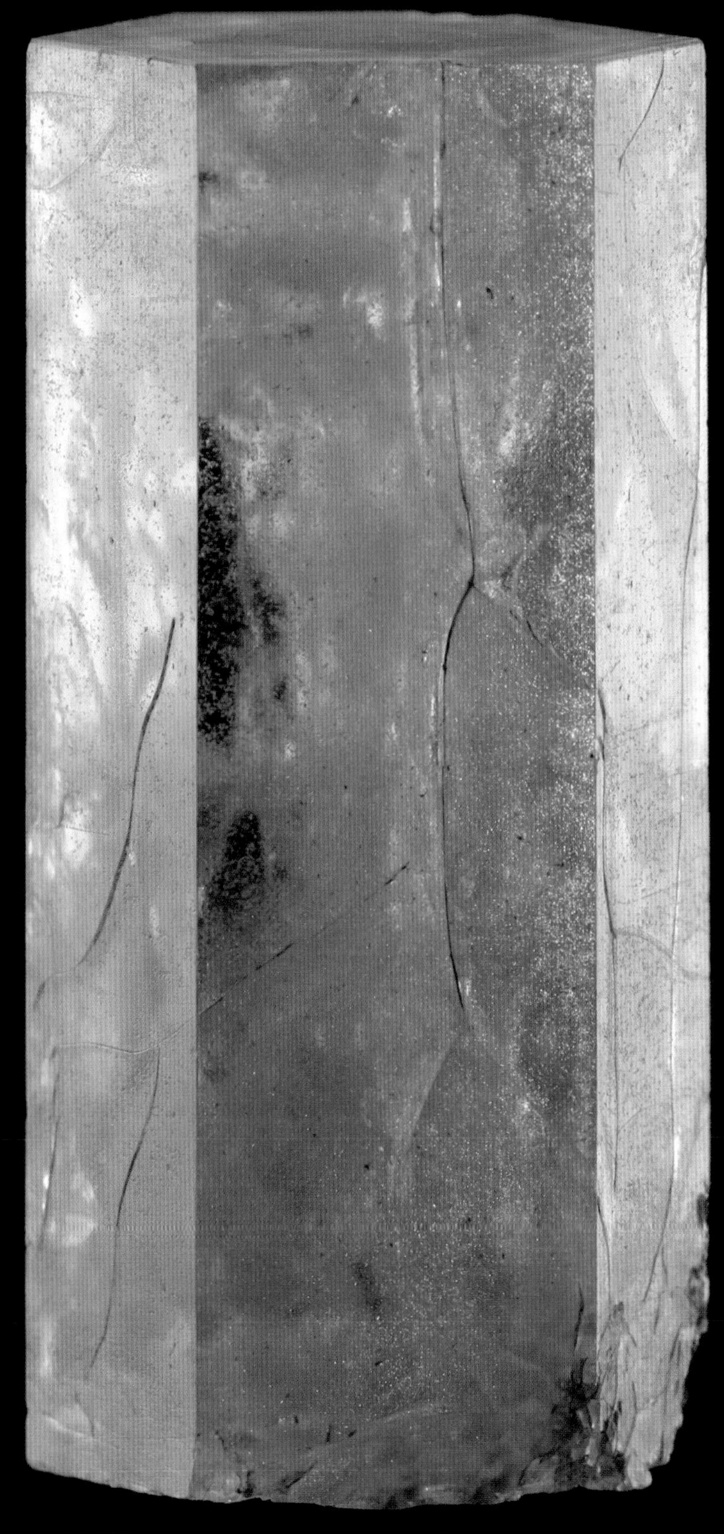

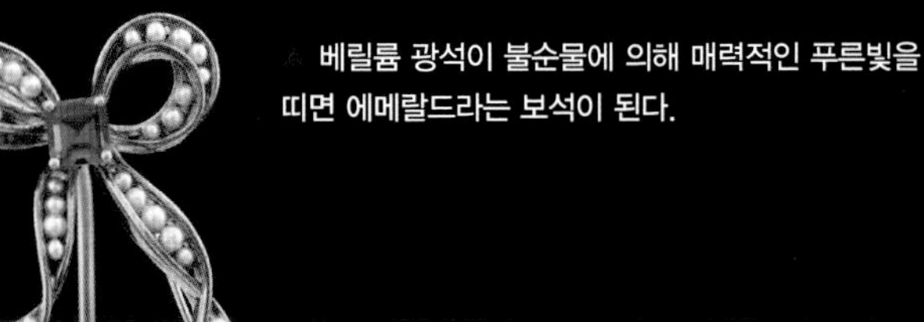

베릴륨 광석이 불순물에 의해 매력적인 푸른빛을 띠면 에메랄드라는 보석이 된다.

광석에서 원소만 뽑아내는 건 아니다

광석은 금속(순수한 형태의 원소)과 관련된 암석을 일컫는다. 광석이 아닌 암석은 땅에서 파헤쳐지거나 퍼내어져 원소가 아닌 다른 실용적 화학 화합물로 바로 변환된다.

우리에게 친숙한 화합물들은 대개 수십 번의 반응 과정 끝에 만들어진 것이다. 때로는 한두 개의 원소를 이러한 방법으로 얻기도 하지만 이는 드문 일이다.(산소 원자는 산화 또는 연소 과정에서 얻는 경우가 대부분이다.)

예컨대 코이어(코코넛 섬유)는 섬유소(셀룰로스)를 추출하거나 레이온이라고 알려진 단일 화학 화합물을 얻기 위해 가공한다. 마약은 식물과 복족류, 비누는 돼지(동물성 지방)와 나무(식물성 지방), 색소는 식물과 광물, 향수는 향유고래와 야생화에서 얻을 수 있으며 뭐든지 원유에서 조금씩은 얻을 수 있다.

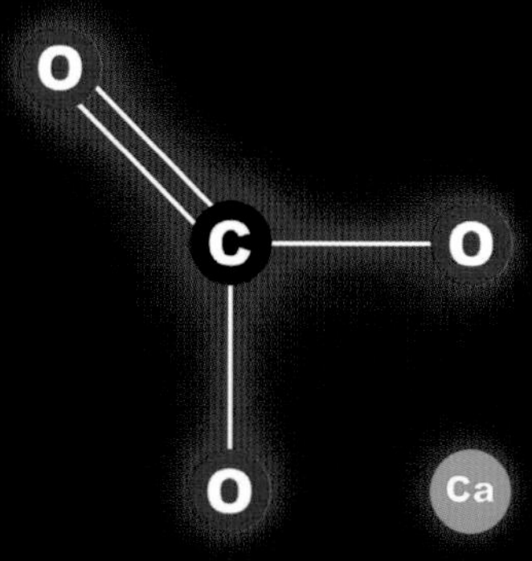

석회석은 탄산칼슘($CaCO_3$)이다. 석회석은 원칙적으로는 칼슘 금속을 얻는 광석이지만, 그보다는 도로의 자갈을 부수거나 땅에 구멍을 낼 때 더 많이 쓰인다. 또한 농업용 석회(잘 간 탄산칼슘)와 시멘트의 주원료다.

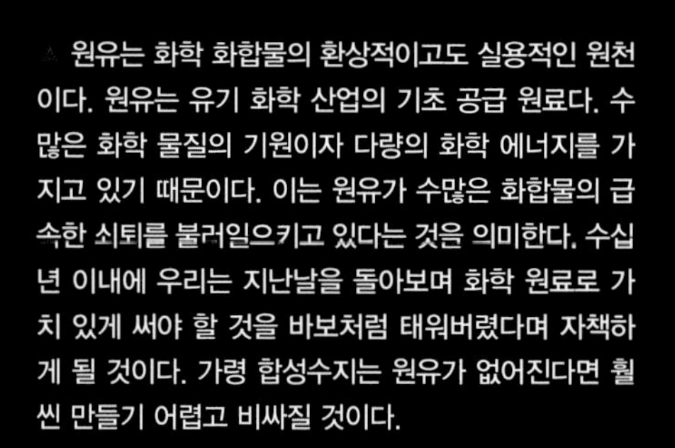

원유는 화학 화합물의 환상적이고도 실용적인 원천이다. 원유는 유기 화학 산업의 기초 공급 원료다. 수많은 화학 물질의 기원이자 다량의 화학 에너지를 가지고 있기 때문이다. 이는 원유가 수많은 화합물의 급속한 쇠퇴를 불러일으키고 있다는 것을 의미한다. 수십 년 이내에 우리는 지난날을 돌아보며 화학 원료로 가치 있게 써야 할 것을 바보처럼 태워버렸다며 자책하게 될 것이다. 가령 합성수지는 원유가 없어진다면 훨씬 만들기 어렵고 비싸질 것이다.

콘크리트와 시멘트는 다르다. 시멘트, 정확히 말해 인공 시멘트는 산화칼슘(보통 생석회라 불린다.)과 규소, 철, 마그네슘 산화물의 조합으로 이루어진 아주 고운 가루다. 시멘트는 물과 섞이면 단 몇 시간 만에 단단한 암석으로 변한다. 콘크리트는 모래와 작은 돌(골재라 불린다.)을 혼합한 시멘트로 이루어져 있다. 시멘트는 콘크리트를 만들 때 골재를 붙잡아 두는 접착제 역할을 한다.

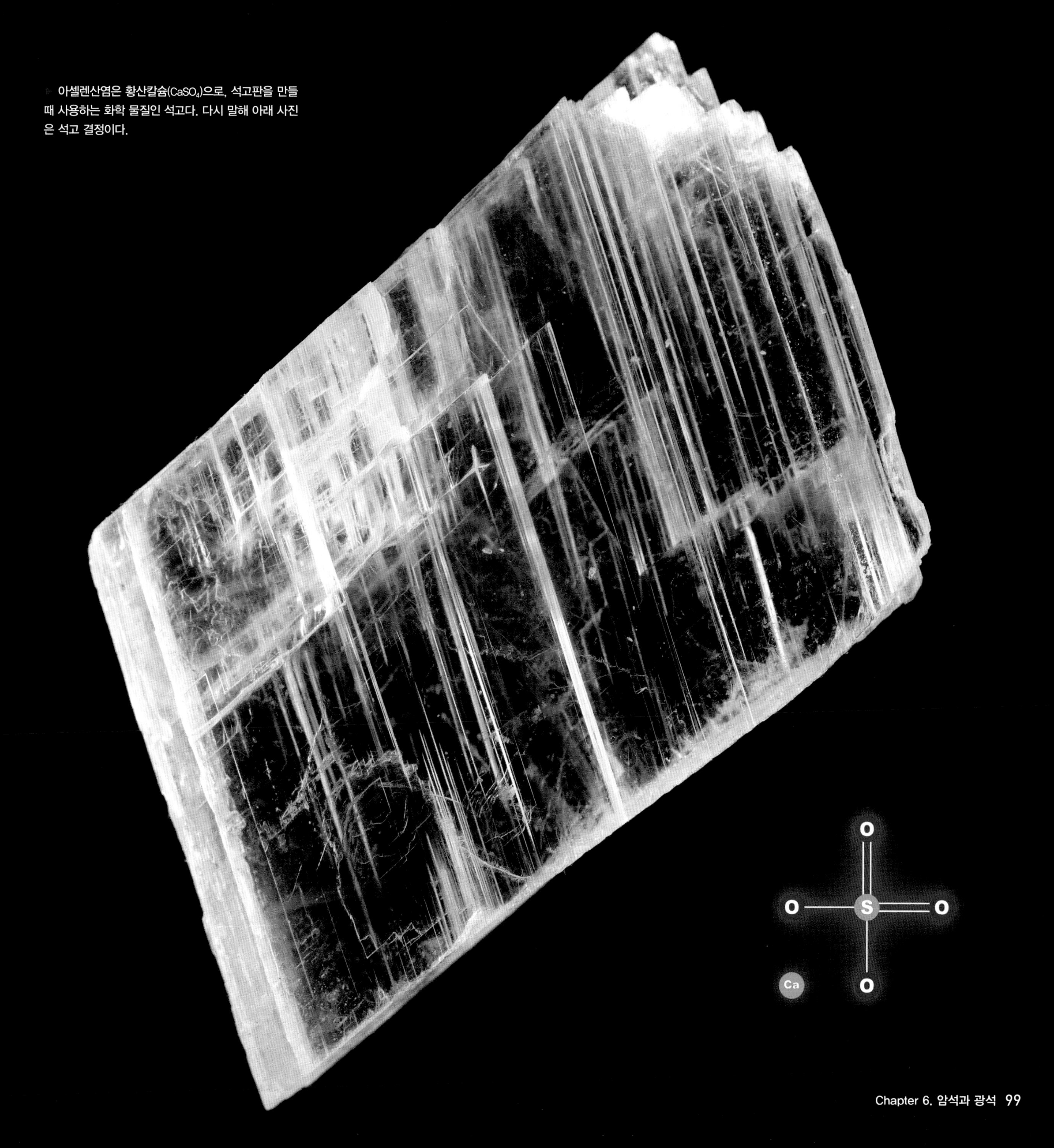

▷ 아셀렌산염은 황산칼슘($CaSO_4$)으로, 석고판을 만들 때 사용하는 화학 물질인 석고다. 다시 말해 아래 사진은 석고 결정이다.

광석에서 원소만 뽑아내는 건 아니다

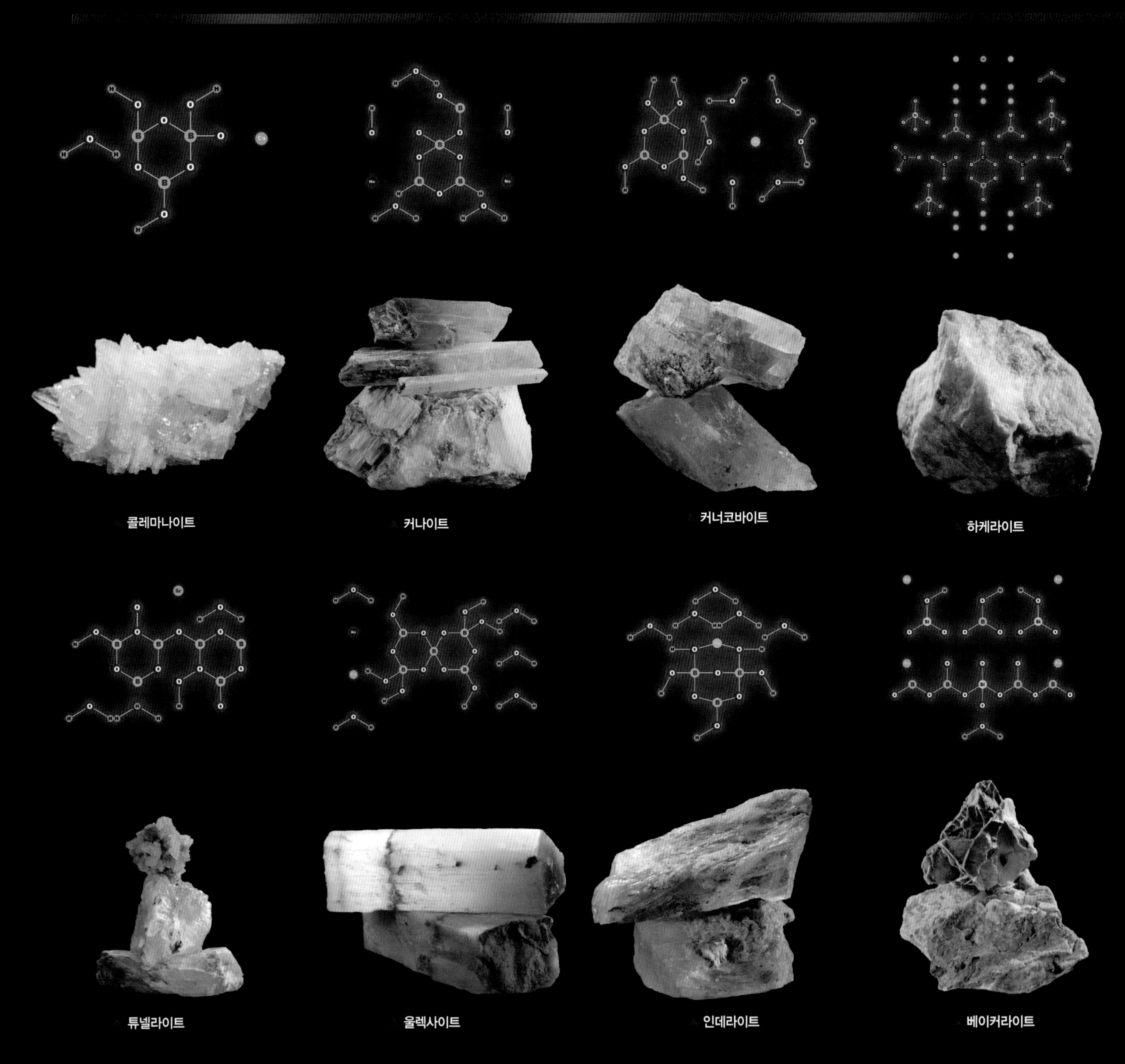

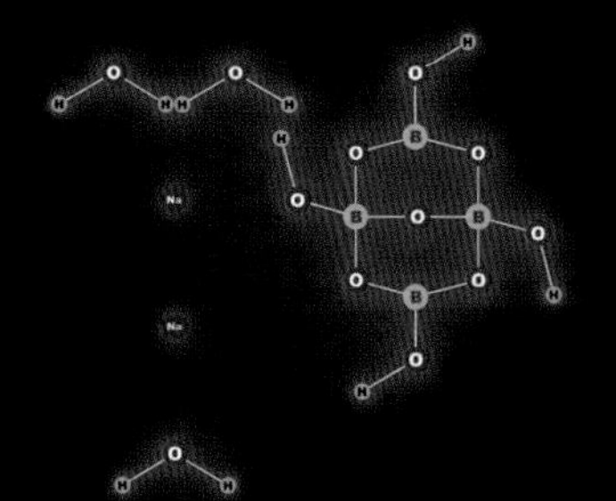

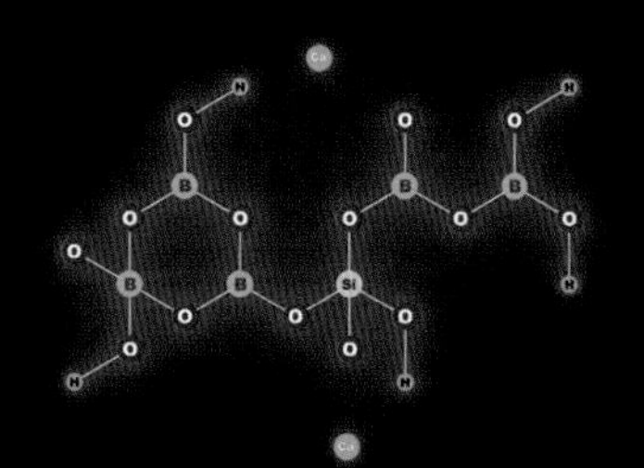

이 광물들은 공통적으로 붕소를 함유하고 있다. 그러나 붕소보다는 붕사(붕산나트륨) 혹은 붕소를 포함한 화합물의 원료로 쓴다. 순수한 붕소는 활용도가 적을 뿐만 아니라 추출하기 어렵고 비싸다. 화합물에서 붕소 원자를 얻으려면 화합물을 다른 화합물로 변환해 붕소를 분리하는 게 항상 더 경제적이며 간단하다.

붕사는 보통 다른 광물에서 만들어지지만 위 결정체처럼 자연적으로 형성되기도 한다.

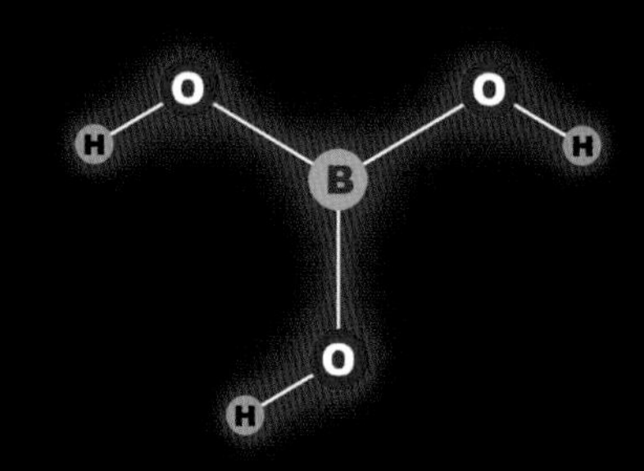

붕산의 화학식은 H_3BO_3이다. 이 책의 2장을 읽었다면 붕산이 왜 알코올이 아닌 산인지 의아할 것이다. 여기서 붕소 원소 대신 탄소가 있다면 3가 알코올이 된다.(하지만 이는 존재할 수 없다. 탄소에 산소 원자 3개가 붙을 수 없기 때문이다). 하지만 붕소는 탄소가 아니다. 그리고 붕산 분자의 전자 분포를 보면 물속의 수소 원자가 분리되기 쉽게 느슨히 결합되어 있다는 것을 알 수 있다. 이는 산의 기본적인 특징이다.

틴캘코나이트

하울라이트

프로버타이트

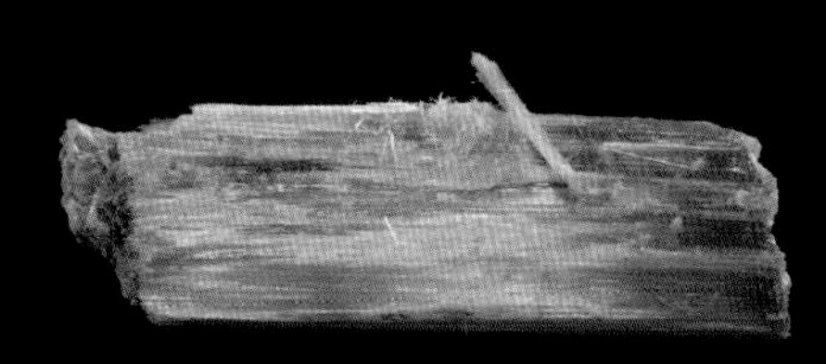

하이드로보라사이트

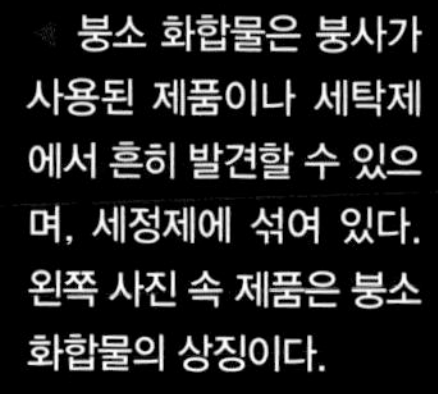

붕소 화합물은 붕사가 사용된 제품이나 세탁제에서 흔히 발견할 수 있으며, 세정제에 섞여 있다. 왼쪽 사진 속 제품은 붕소 화합물의 상징이다.

세척제로 이용되는 붕사는 붕산의 나트륨염이다. 붕산은 살충제로 쓰인다.

Chapter 7

밧줄과 섬유

혹시 원자와 분자로 뭔가를 할 수 있을 것만 같은 기분이 드는가? 쉽지 않은 일이다. 전자는 한곳에 머무르지 않으니까. 빛이 파동이면서 동시에 입자인 것처럼 말이다. 이러한 사실들은 정말 희한하다. 이와 비슷한 맥락에서 대부분의 섬유가 실제로는 길고 가느다란 분자로 구성되어 있다는 당연하고도 분명한 사실에 나는 깜짝깜짝 놀라곤 한다. 섬유는 구성 분자들이 모두 같은 방향으로 줄지어 늘어서 있을 때 가장 질기다. 이때는 섬유를 손으로 만져보는 것으로도 그 강도를 느낄 수 있다.

이처럼 기다란 분자를 '중합체'(고분자, polymer)라고 한다. '다수'(그리스어로 poly)의 반복되는 '단위'(그리스어로 meros)로 구성되어 있어서 이러한 이름이 붙었다. 가장 단순한 형태의 고분자는 에틸렌이 반복적으로 결합한 물질인 폴리에틸렌이다.

폴리에틸렌 분자는 간단히 말해, 탄소 원자 1개와 수소 원자 2개가 결합해 기다란 사슬을 이룬 것이다. 앞서 5장에서 본 광물성 기름과 똑같은 구조다. 탄소들이 서로 연결되는 과정을 살펴보면, 기체에서 시작해 용매, 경유, 중유, 윤활유를 거쳐 파라핀납이 된다. 그리고 탄소 원자 수천 개가 이어지면 폴리에틸렌이 된다.

◀ 약 5cm 직경의 나일론 밧줄. 헥사메틸렌디아민과 아디프산이 번갈아 반복되는 구조로 이루어져 있다.

▲ 폴리에틸렌은 쉽게 꺾이거나 뒤집히는 헐거운 구조의 분자다. 탄소 원자 간의 결합은 약간의 에너지가 들긴 하지만 꽤 쉽게 회전할 수 있다.

▶ 폴리에틸렌은 여러 에틸렌 분자 간의 중합 과정(결합)을 통해 만들어진다. 에틸렌은 전 세계적으로 가장 많이 생산되는 유기 화학물이다.(주로 폴리에틸렌을 생산하는 데 쓰인다.) 에틸렌에 관한 굉장히 놀라운 사실 중 하나는, 과일의 생장을 제어하는 호르몬으로 이용된다는 것이다. 천연 호르몬은 보통 훨씬 더 복잡한 분자인 경우가 많은데 말이다! 사진은 에틸렌을 흡수해서 과일을 오랫동안 신선한 상태로 유지하는 장치다. 물론 그 반대로 작동할 수도 있다. 에틸렌을 사용하여 과일을 빨리 익게 할 수 있다.

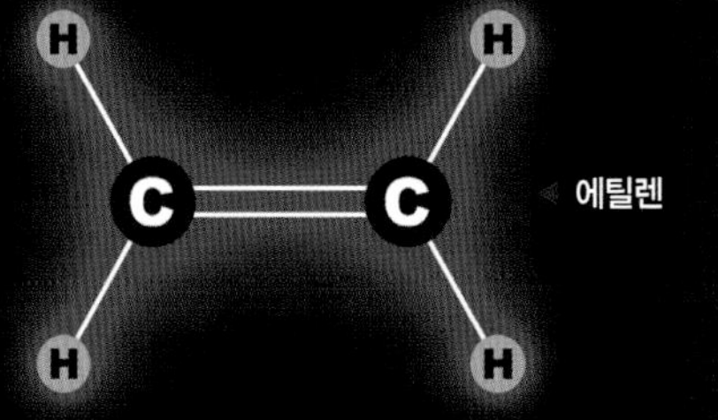

◀ 에틸렌

가장 단순한 중합체

폴리에틸렌은 다양한 것을 만드는 데 사용한다. 그중 가장 흔히 볼 수 있는 물건은 다름 아닌 동네 마트에서 주는 비닐봉지다. 이 보잘것없는 봉지를 구성하고 있는 탄소 사슬은 원자 몇 천 개로 이루어져 있으며, 동그랗게 말려 있거나 서로 꼬여 있는 등 배열이 꽤나 자유롭다. 이 사슬들은 변형되기 쉽다. 탄소 사슬들끼리 결합으로 연결된 게 아니라 물질 간에 작용할 수 있는 힘 중 가장 약한 '반데르발스 힘'(12쪽 참조)에 의해 연결되어 있기 때문이다. 폴리에틸렌 분자들은 쉽게 구부러지거나 펼쳐지고 서로 미끄러지듯 움직일 수 있다.

따라서 비닐봉지는 찢거나 사방으로 쉽게 늘릴 수 있다. 하지만 계속해서 잡아 늘리면 어느 순간 늘어나길 멈추고 갑자기 매우 질긴 물체로 변하여 날카로워진다. 방금 전까지 잘만 늘어나던 부분으로 당신의 손가락을 벨 수도 있다. 그 순간이 바로 모든 분자가 나란히 배열되어(늘어나던 방향으로) 더 이상 멀어질 수 없게 된 때이다. 이때의 질긴 느낌은 탄소 원자 간의 결합력에서 비롯된 것이다.

고강도 폴리에틸렌 섬유는 탄소 사슬이 더욱 길고 팽팽하게 당겨 있어 아주 강하다. 그러나 이 사슬들 역시 서로 결합하고 있지 않다. 그런데도 잡아당겼을 때 사슬들끼리 미끄러져 빠지지 않고 강하게 붙어 있다. 왜 그럴까? 그 이유는 짧은 섬유를 꼬아 만든 밧줄이 풀리지 않는 것과 같다.

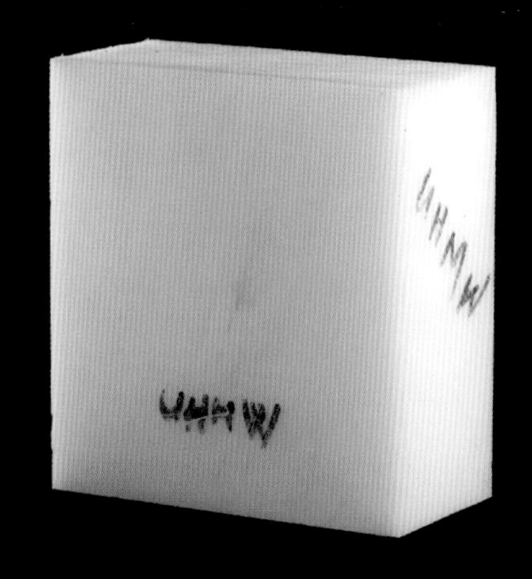

▲ 이 단단하고 미끈한 블록은 초고분자량(UHMW) 폴리에틸렌으로 이루어져 있다. 보통 폴리에틸렌을 구성하는 분자는 탄소 원자가 1,000~2,000개인 데 반해, 이 블록을 구성하는 분자는 탄소 원자가 수십만 개다. 탄소 50만 개가 이어진 폴리에틸렌 분자의 길이는 20분의 1mm로, 분자치고 매우 긴 것이다!

▼ 비닐봉지를 찢으려고 해본 사람들은 봉지를 잘 찢을 수 있는 방법이 따로 있다는 걸 안다. 비닐의 일부분이 늘어나서 가는 실처럼 되고 말았다면 찢기는 글렀다. 순식간에 짜증날 정도로 질겨져 버리니까.

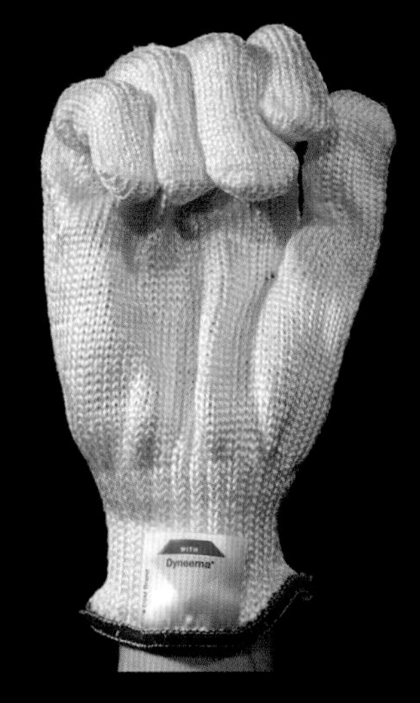

▲ 이 장갑은 매우 강한 초고분자량 폴리에틸렌 섬유로 만들어졌다. 이 섬유의 구성 분자 사슬들이 섬유가 짜인 방향과 같은 쪽으로 늘어선 비율은 최대 95%나 된다.

▼ 폴리에틸렌을 구성하는 분자는 온도가 높아질수록 부드럽게 움직인다. 이 말은 즉, 폴리에틸렌은 녹는점이 무척 낮아서 한번 중합체로 형성된 후에도 다시 녹여서 물건을 만들거나, 압축하거나, 넓게 펴거나, 사출 성형을 하거나 등등 여러 가지 방법을 이용해 새로운 모양으로 바꾸는 게 가능하다는 뜻이다. 그렇게 녹여 쓰기 위해 폴리에틸렌은 사진처럼 구슬 알갱이로 되어 있다.

▶ 폴리에틸렌은 싸고 아주 흔한 재료다. 예전에 사진 속 포장용 폴리에틸렌 블록을 주문한 적이 있었다. 진짜 폴리에틸렌이 맞는지 확인해보고 싶어서. 사실 무거운 물건을 운송할 때 보호용으로 사용하는 비슷한 모양의 폴리에틸렌 블록을 그동안 수백 개나 버렸을 게 뻔하지만.

질기고 질긴 실

면섬유 한 가닥은 2.5cm 정도의 길이밖에 되지 않는다. 5km짜리 면실에서도 면섬유 하나의 길이는 여전히 2.5cm다. 각각의 섬유들은 어떤 방법으로도 결합되어 있지 않다. 그런데도 실이 질긴 이유는 오로지 여러 가닥의 섬유가 거친 표면을 맞닿은 상태로 서로 옥죄는 형태로 꼬여 있기 때문이다.

짧은 면섬유가 꼬여 기다란 실을 이루는 것처럼 길이가 긴 분자들 역시 무작위로 겹치고, 꼬이고, 엉키고, 엮일 수 있다. 이웃한 분자 내에서 원자 간의 힘이 그리 강하지 않더라도 원자 수천 개로 이루어진 분자 사슬들이 가까이 늘어서면 서로 미끄러지는 일은 거의 생기지 않는다.

인류의 문명이 오랜 시간 동안 존속될 수 있었던 것도 이러한 현상과 같다. 한 개인의 삶은 수십 년에 불과하지만 인류 공동체는 세대를 거치며 큰 힘을 가지며, 또한 인간 개개인은 삶의 우여곡절을 겪으며 과거의 사람들, 미래의 사람들과 엮이게 된다. 인류가 처음 모닥불 앞에 둘러앉은 그날부터 지금까지, 1cm의 삶들이 모여 300m가 넘는 문명의 실을 엮은 것이다.

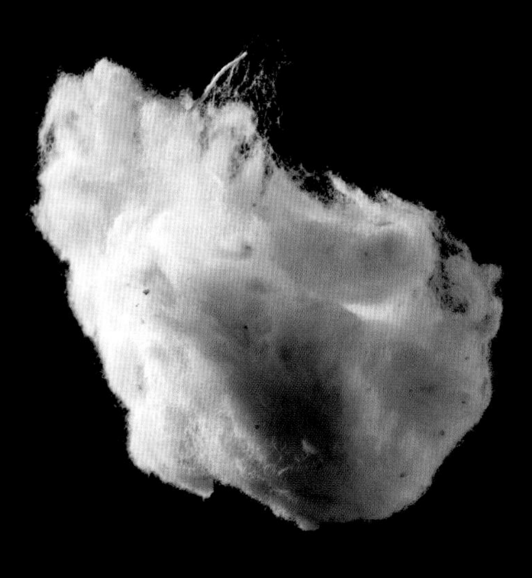

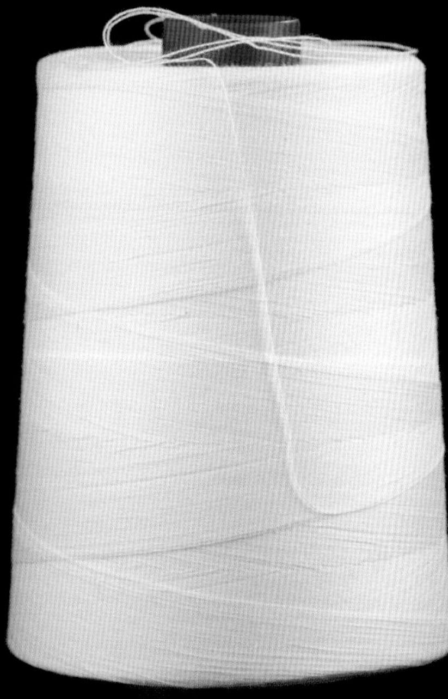

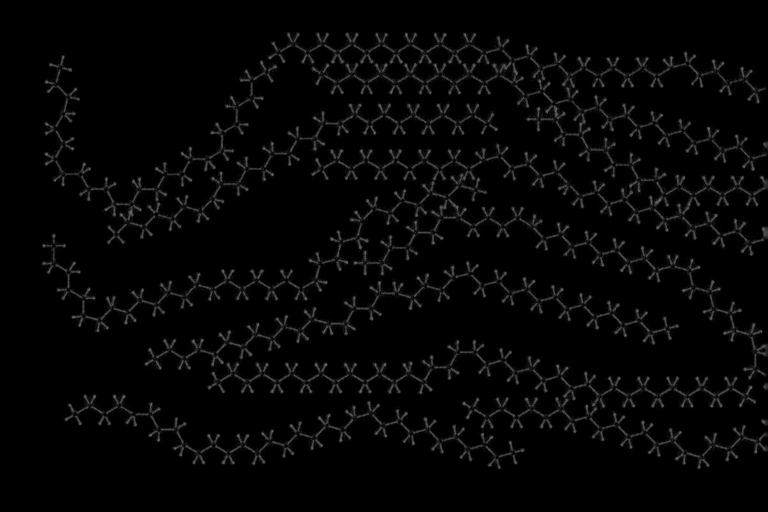

▲ 폴리에틸렌 사슬 내 탄소 원자들의 결합력은 강하다. 하지만 그 힘은 오로지 사슬이 꼬여 있는 방식과 미약한 '반데르발스 힘'에 의한 것이다.

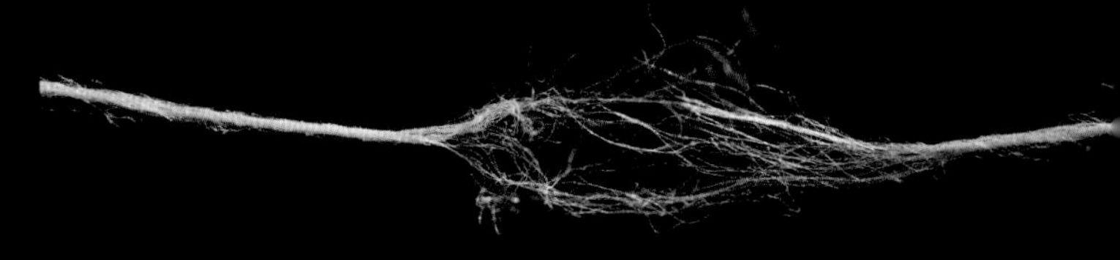

▲ 이것은 조면기(목화씨와 면섬유를 분리하는 기계)로 가공한 면섬유다. 1800년 이전에는 목화씨에서 450g의 면섬유를 분리하기 위해 온종일 일해야 했다. 조면기는 이 노동량을 15분의 1로 줄여주었다. 알다시피 인류는 지적이며 진화하는 존재다. 조면기를 만든 기술은 사실 조면기가 발명되기 최소 1,000년 전부터 있었다. 그때부터 사람들은 하루가 가고 일 년이 가고 한 세기가 가도록 모여 앉아 목화씨를 손으로 하나씩 골라냈다.

▲ 이 원뿔형 실패에는 약 5,646m에 달하는 세 가닥으로 된 면실이 감겨 있다. 세 가닥을 모두 풀어 실의 길이를 재면 약 16km나 된다. 실을 구성하는 면섬유 하나의 길이는 2.5cm 정도이며, 이들 면섬유는 가닥가닥 꼬인 힘에 의해 서로 연결되어 있다.

▲ 꼬여 있는 면실을 풀면 한 올씩 끊어지지 않으면서 분리된다. 그런데 여러 올을 꼬아 만든 실을 푸는 건 사실 좀 어려운 일이다. 실오라기 안의 면섬유들이 꼬인 방향과 실오라기들이 꼬인 방향이 반대이기 때문이다.

▼ 아래 사진은 방금 딴 목화다. 면섬유는 목화씨를 둘러싼 목화 열매 안에서 자라며, 씨를 보호하는 한편 바람을 타고 멀리 퍼지도록 한다. 약국에서 구입할 수 있는 알코올 솜과 크기가 비슷하지만 엄연히 다른 물질이다. 알코올 솜은 여러 가지 가공을 거쳐 뭉치(공) 모양으로 만들어진 면섬유다.

신발 모양의 분자

기다란 실 모양인 폴리에틸렌 사슬은 서로 그 어떤 화학적 결합도 이루고 있지 않으며 서로 완전히 분리되어 있다. 반면 이와 유사한 모양인 다른 중합체들은 '가교 결합'이라고 불리는 과정을 통해 분자들끼리 화학적 결합을 이루고 있다. 가교 결합은 물질을 더욱 단단하게 만들고 높은 온도에서도 녹지 않도록 내구성을 높인다. 폴리에틸렌 같은 물질을 계속 잡아당기면 사슬들이 미끄러지면서 천천히 모양이 변형되는데, 이를 '크리프'(creep)라고 한다. 가교 결합은 이 현상을 방지해 강도를 높인다.

이렇듯 가교 결합은 온도에 따라 구성 요소들이 움직이지 않도록 물질을 하나의 커다란 분자로 만든다. 따라서 한번 가교 결합이 일어나면 그 물질은 녹일 수가 없다. 그러니 가교 결합은 물질을 최종 형태로 만든 후에 이루어져야 한다. 아니면 가교 결합으로 만든 덩어리를 기계로 가공해 최종 형태로 손을 보든지.

가황 처리(vulcanized)된 고무는 가교 결합한 중합체의 예다. 가황 처리란 고무 분자를 황 사슬로 가교시키는 가공 과정에서 황, 열, 압력이 이용되기 때문에 붙여진 용어다.[화산에서는 열과 황, 매캐한 연기와 독특한 냄새가 난다. 따라서 황과 고온을 동반하는 일은 무엇이든 화산의 신 불카누스(Vulcanus)의 이름을 붙일 수 있다.]

오늘날에는 인공적으로 합성된 가교 결합 중합체가 아주 많다.

식물에서 채취한 천연 라텍스 고무는 의료, 과학 분야에서 다양하게 쓰인다. 사진의 라텍스 관은 그 어떤 합성 혼합물보다도 신축성이 뛰어나다.

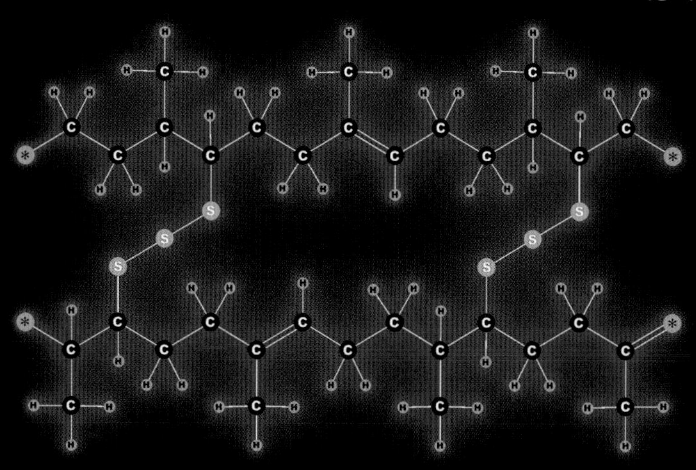

가황 처리된 고무, 즉 가교 결합이 일어난 고무는 우리가 흔히 알고 있는 고무의 성질과 달리 고체 플라스틱처럼 아주 단단하다. 사진 속 전기 절연체와 클라리넷 벨을 만드는 데 쓰이는 에보나이트는 최대 30%까지 황이 들어간 것이다.

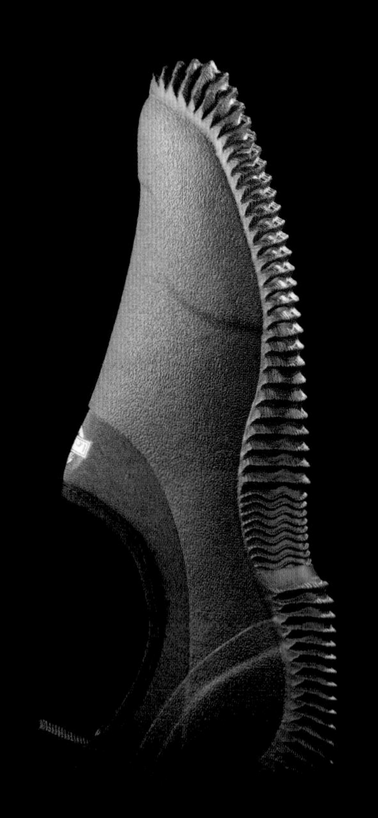

이 신발의 밑창은 가황 처리된 고무로 만들었다. 이 밑창은 녹지도, 분해되지도 않는다. 어찌 보면 신발 모양의 거대한 분자 1개라고도 할 수 있다. 열을 가하면 녹지 않고 까맣게 그을리거나 타오른다.

특수효과 분장에 쓰이는 액체 라텍스는 가황 처리하지 않은 자연 고무다. 라텍스 고무는 가교 결합하지 않아서 다양한 용매에 녹는다. 이 액체 라텍스는 분장할 때 화상이나 상처 난 피부를 표현하기에 그만이다. 일부는 마르고 일부는 여전히 액체 상태일 때 덜 마른 부위에 '피부' 형상을 그려 온갖 징그러운 속임수를 만든다.

라텍스 고무에 직접 색을 칠하면 기가 막히게 진짜 같은 가면을 만들 수 있다. 이런 말 가면도 물론 가능하다.

라텍스 고무는 값비싼 의료 장비를 만드는 데에만 쓰이지 않는다. 이 조화는 천연 라텍스 고무를 염색해서 만든 것이다.

초록색 라텍스 장갑은 촉각을 섬세하게 전달하면서 감염을 예방하기 때문에 병원에서 흔히 쓰인다. 하지만 라텍스에 알레르기 반응을 일으키는 사람도 있어서 합성 나이트릴 고무로 만든 파란색 장갑도 흔하다. 이들의 색은 원재료의 자연색이 아니다. 구별하기 쉬우라고 색소를 첨가한 것이다.

나이트릴 고무는 라텍스 고무와 분자 구조가 비슷하나 인공 합성 혼합물이다. 그래서 라텍스 고무에 있는 알레르기 유발 항원(고무나무에서 유래하는 오염물)을 전혀 가지고 있지 않다. 또한 사슬끼리 이차적인 복잡한 구조를 가지고 있지 않아 천연 고무처럼 놀라운 신축성을 보이지도 않는다.

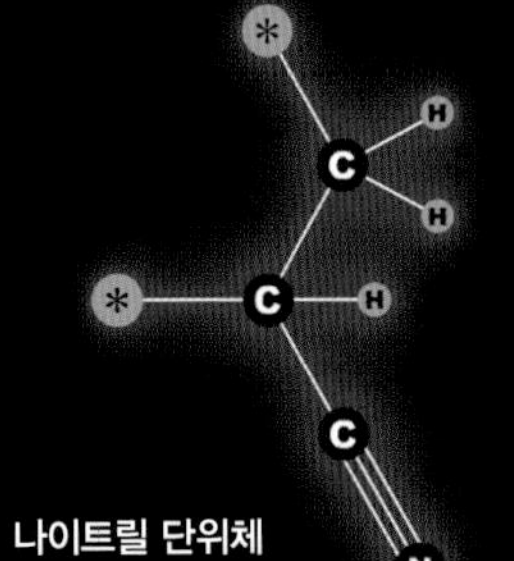

나이트릴 단위체

나이트릴 중합체

구타페르카

구타페르카는 화학적으로 천연 라텍스 고무의 가까운 친척이라고 할 수 있다. 다만 아주 작은 화학 구조의 차이로 인해 가교 결합 없이도 단단한 고체 상태로 존재한다. 이 구타페르카 사진 받침은 보기에도 그렇고 만지기에도 그렇고 마치 단단한 플라스틱 같다.

구타페르카는 팔라퀴움(Palaquium) 나무에서 채취하는, 고대로부터 전해진 물질이다. 이름부터 '고대'답다. 그런데 내 치아에는 구타페르카가 있다. 요즘 치과의사들이 충치 뿌리의 죽은 신경과 혈관을 치료하며 생긴 빈 공간을 채울 때 구타페르카를 사용하기 때문이다. 구타페르카(사진 속 막대의 붉은 표시)는 치아 뿌리까지 내려와 면역계가 미처 손쓰지 못한 부분의 감염을 막는다. 다른 충전재도 이용해봤지만 이보다 더 나은 게 없다고 밝혀졌다.

구타페르카 단위체

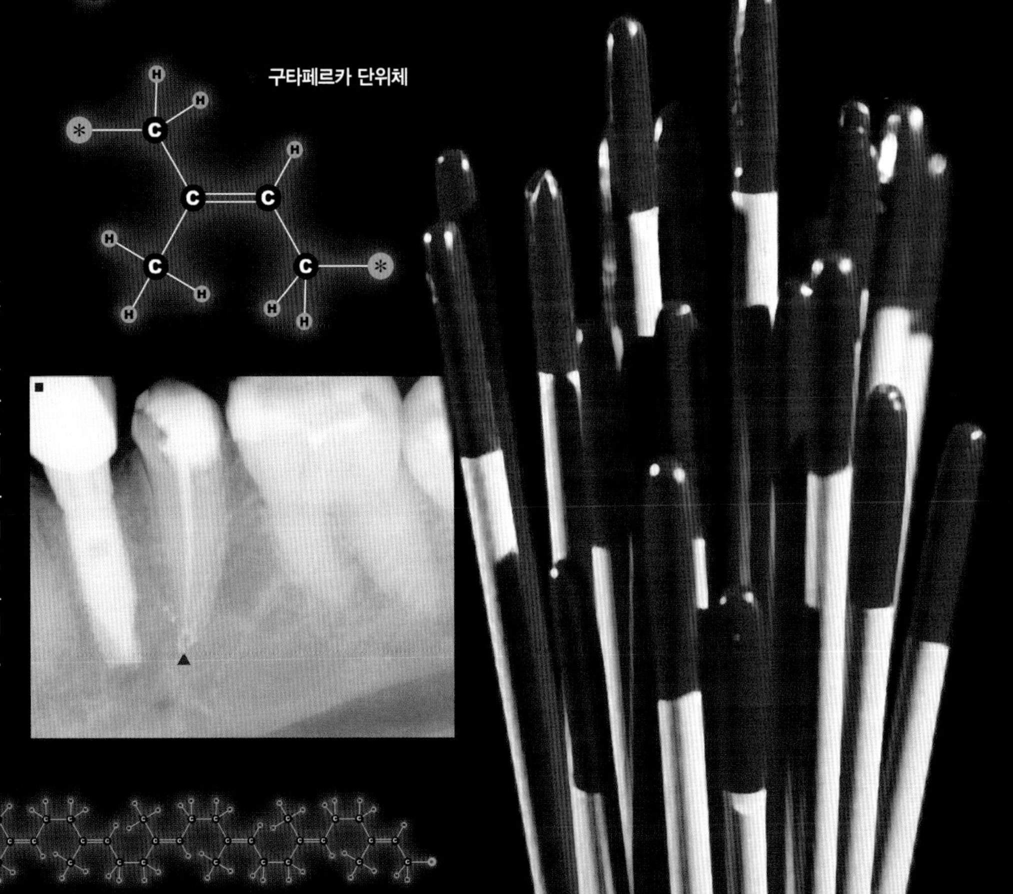

구타페르카 중합체

매력적인 합성 섬유

섬유 공학은 기술이 집약된 산업이다. 섬유가 얼마나 연약한지 나타내는 '파괴 강도'(Breaking strength)만이 섬유의 강도를 보여주는 기준은 아니다. 가령 탄소 섬유는 특정 조건에서 그 어느 섬유보다 강하다.(특히 탄소 나노튜브 섬유는 몇 배나 강하다.) 그러나 탄소 섬유는 강하기는 하나 잘 끊어지는 특성이 있어서 어떤 분야에서는 다른 섬유가 더 선호되기도 한다.

케블라는 파라아라미드 섬유(화학명은 폴리파라페닐렌 테레프탈라마이드)의 상표명으로, 탄소 섬유처럼 강하면서도 매우 질겨 끊어지기 전에 아주 큰 에너지를 흡수한다. 그래서 방탄조끼나 낚싯줄을 만드는 데 유용하게 쓰인다. 마모에도 강해 밧줄과 보호장갑을 만들기도 한다.

어떤 섬유들은 물에 뜨거나, 부식에 강하거나, 혹은 촉감이 매우 부드러워 각광 받기도 한다. 이들의 화학 구조(분자 구성 등)와 물리적 형태(지속력, 직선 혹은 곡선 모양 등) 중 하나만 바꾸어도 다양한 분야의 요구를 만족시킬 수 있는 합성 혼합물로 가공할 수 있다.

섬유를 변형하는 이유는 더 싸게 만들거나, 혹은 천연 섬유의 느낌을 흉내 내기 위해서다. 천연 섬유는 합성 섬유보다 더욱 주목할 만한 특성들이 있기 때문이다.

나일론

이 나일론 중합체 사슬은 헥사메틸렌 디아민과 아디프산이 번갈아 결합된 구조다. 이 때문에 나일론은 '공중합체'(copolymer)라고 불린다.

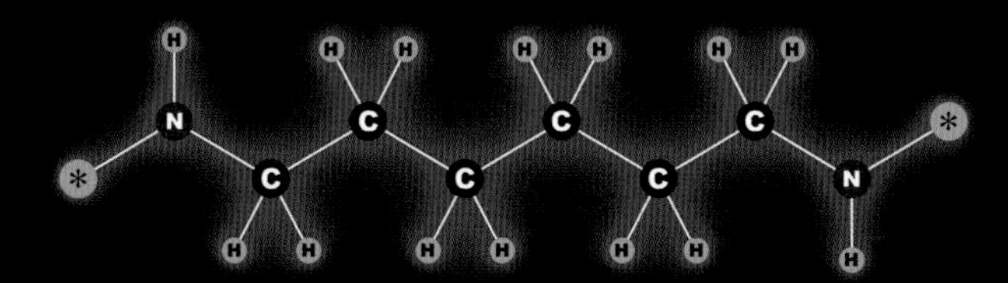

나일론 단위체
헥사메틸렌 디아민

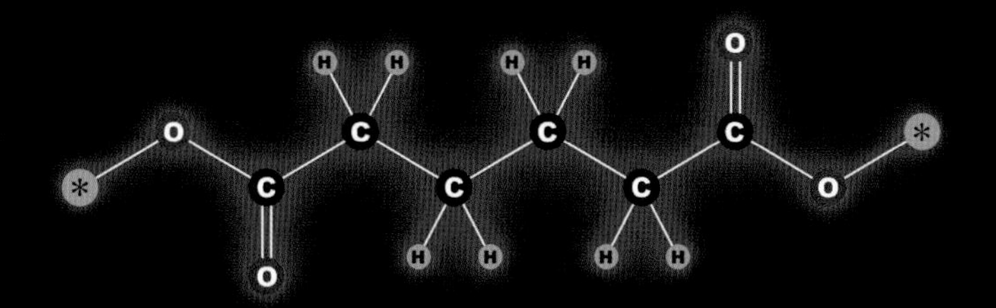

나일론 단위체
아디프산

나일론 66 중합체

아크릴

이 모조 모직 담요는 상상을 초월할 만큼 부드럽고, 껴안고 싶을 만큼 따뜻하다. 기르던 고양이가 필요 없다고 느껴질 정도다. 합성 아크릴 섬유가 진짜 동물 털과 이토록 유사하게 느껴진다는 게 더 놀라운 일일까, 아니면 아크릴 섬유 중합체가 알려진 지 오래되었음에도 불구하고 2013년이 되어서야 이러한 수준의 모조 모직을 만들 수 있게 된 게 더 놀라운 일일까.

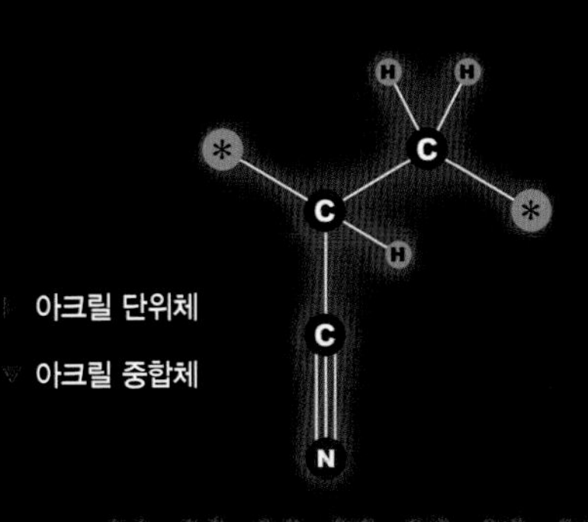

아크릴 단위체

아크릴 중합체

스타킹은 나일론이 등장하면서 엄청나게 개선되었다. 나일론 양말은 합성 섬유의 성공 사례로 꼽힌다. 대중 스스로 인공 물질이 천연 물질보다 우월하다는 것을 깨닫게 한 계기를 마련했다.

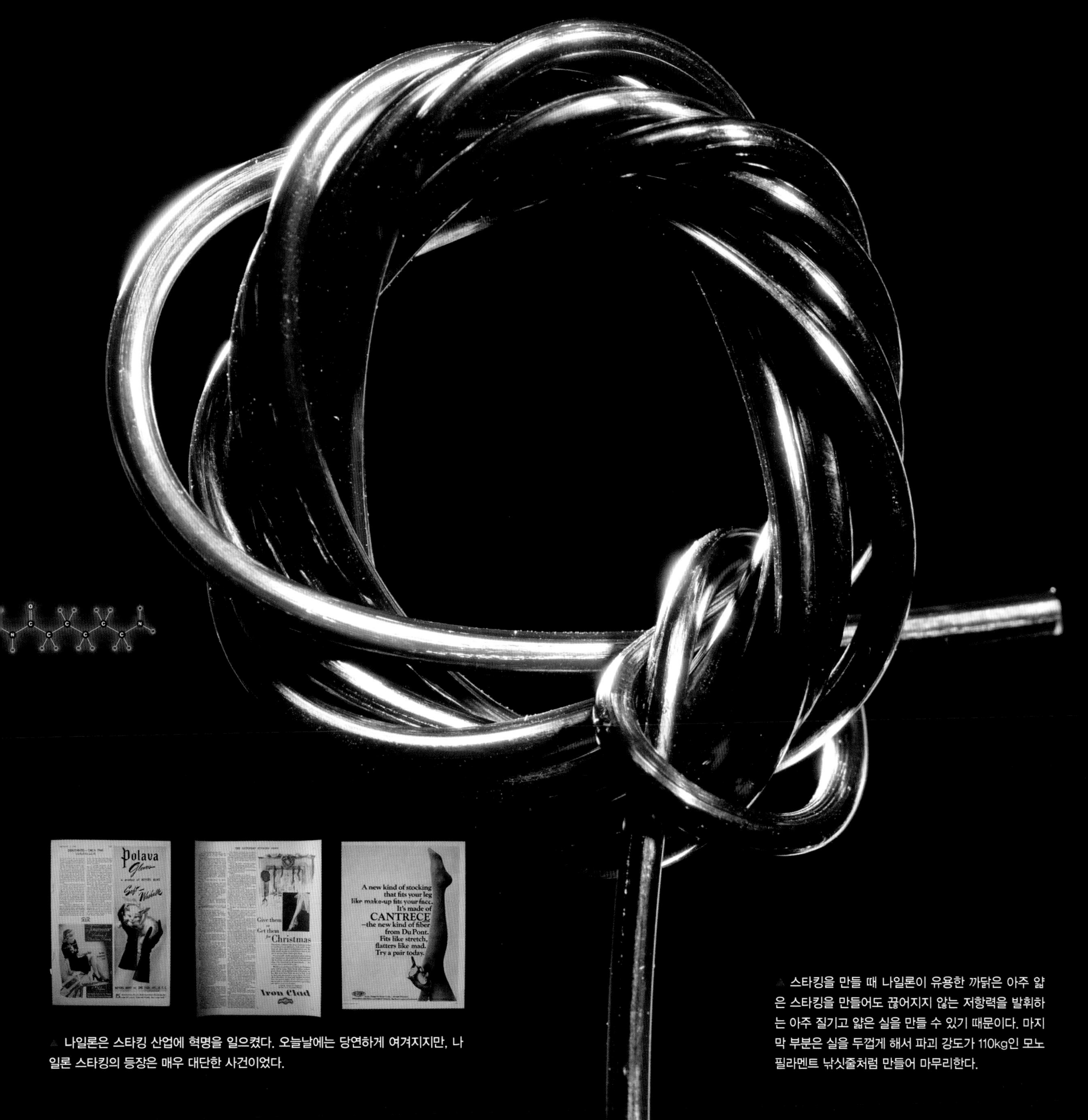

▲ 나일론은 스타킹 산업에 혁명을 일으켰다. 오늘날에는 당연하게 여겨지지만, 나일론 스타킹의 등장은 매우 대단한 사건이었다.

▲ 스타킹을 만들 때 나일론이 유용한 까닭은 아주 얇은 스타킹을 만들어도 끊어지지 않는 저항력을 발휘하는 아주 질기고 얇은 실을 만들 수 있기 때문이다. 마지막 부분은 실을 두껍게 해서 파괴 강도가 110kg인 모노필라멘트 낚싯줄처럼 만들어 마무리한다.

매력적인 합성 섬유

케블라

케블라의 반복 단위는 꽤 복잡한 구조로, 가까운 중합체 분자끼리 잘 달라붙게 만든다.

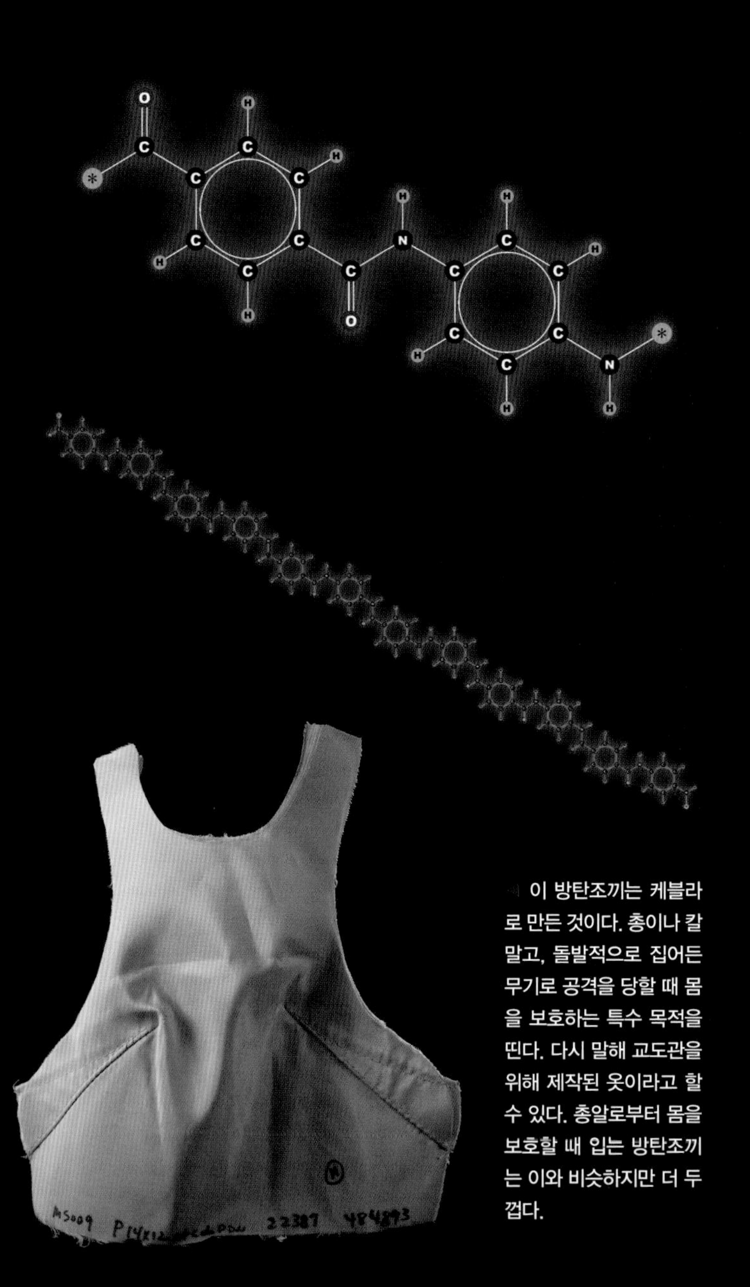

이 방탄조끼는 케블라로 만든 것이다. 총이나 칼 말고, 돌발적으로 집어든 무기로 공격을 당할 때 몸을 보호하는 특수 목적을 띤다. 다시 말해 교도관을 위해 제작된 옷이라고 할 수 있다. 총알로부터 몸을 보호할 때 입는 방탄조끼는 이와 비슷하지만 더 두껍다.

나는 《파퓰러 사이언스》에 내폭 벽지에 관한 칼럼을 쓴 적이 있다. 실제로 크레인의 쇠공을 이용해 시험해 봤는데 꽤 잘 견뎠다.(폭탄을 쓸 수 없으니 주변에서 구할 수 있는 걸로 대체해야 했다.) 내폭 벽지의 힘은 두꺼운 고무판 안에 든 케블라에서 기인한다. 케블라가 폭발 에너지를 흡수하는 것이다.

케블라로 만든 장갑은 정육점 주인이나 저글링 연습생의 손을 날카로운 칼에 다치지 않게 보호한다.

자일론

자일론은 몇몇 한계점 때문에 케블라보다 적게 이용된다. 그러나 장력만큼은 케블라보다 강하다. 자일론은 케블라와 마찬가지로 중합체 반복 단위로 이루어진, 흔치 않은 복잡한 구조를 띤다.

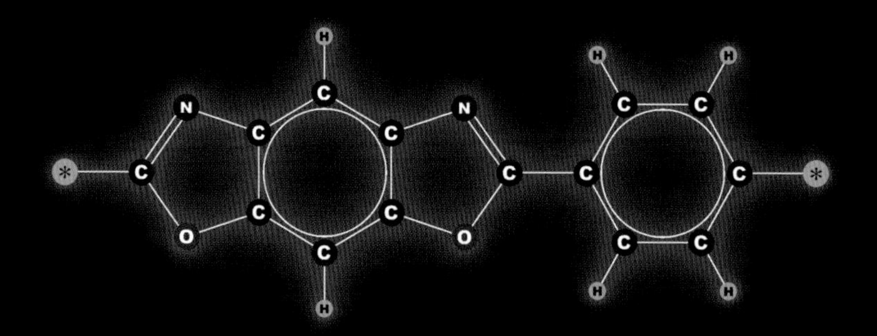

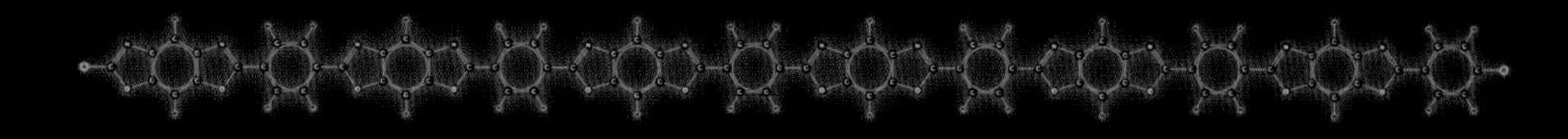

이 케블라 밧줄의 지름은 겨우 3.5mm에 불과하지만 파괴 강도는 900kg짜리 소형차를 들어 올릴 만큼 강력하다.(그렇다고 자동차 아래에서 안심하고 서 있을 수는 없지만.)

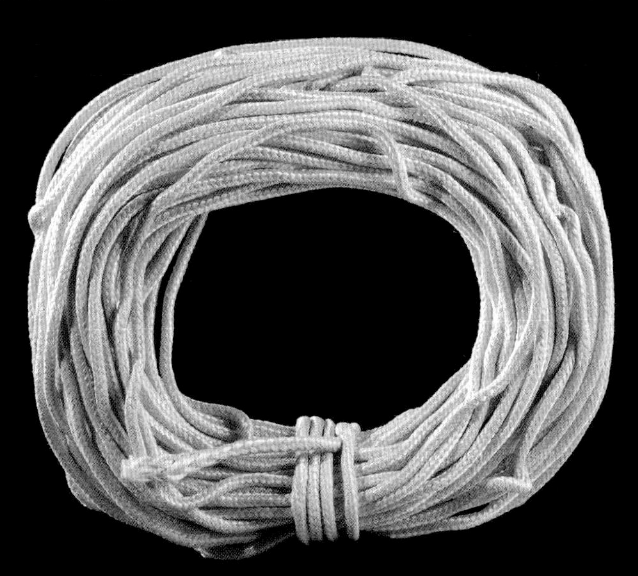

매력적인 합성 섬유

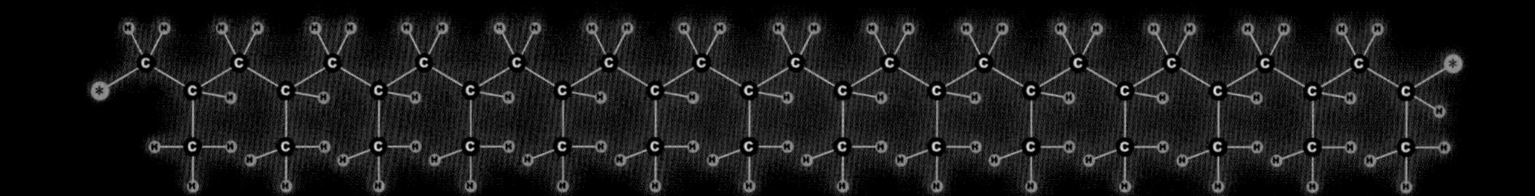

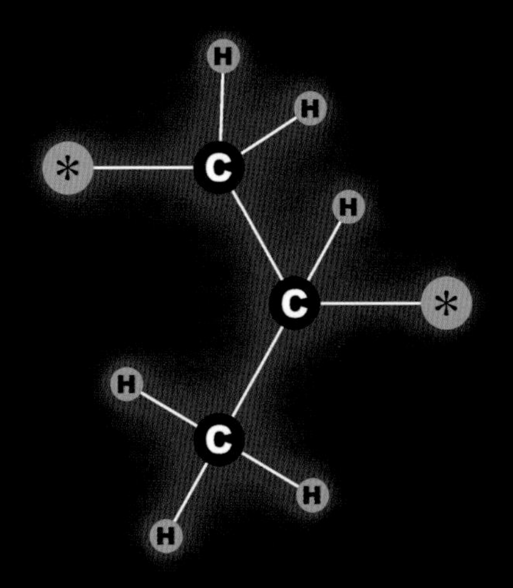

폴리프로필렌

◁ 이것은 내가 싫어하는, 아주 흔해빠진 폴리프로필렌 밧줄이다. 폴리프로필렌 자체에 문제가 있어서가 아니라, 이 밧줄이 너무 두껍고 거칠게 만들어졌으며 잡았을 때 딱딱하기 때문에 싫다. 이 밧줄은 모노필라멘트 밧줄을 잔뜩 꼬아 놓은 것 같다. 예전에 이 밧줄로 매듭을 지으려고 애쓴 기억을 떠올리기만 해도 손이 아파온다. 아래 사진은 아주 안 좋게 묶인 매듭의 예시다.

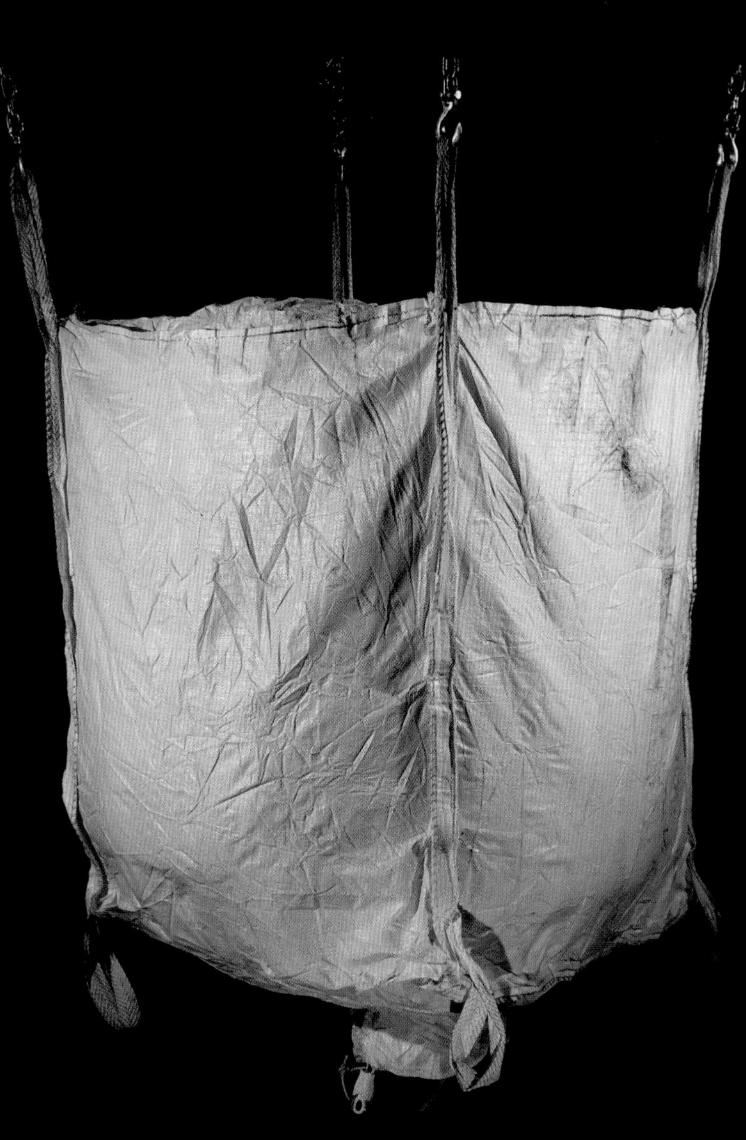

△ 엄청나게 큰 가방이다! 약 $1m^3$의 부피, 1,250kg의 무게에 달하는 물건을 담을 수 있다. 상단의 고리들을 이용해 사슬이나 지게차로 집어 올릴 수도 있고, 하단의 끈을 풀면 모래 같은 내용물을 쏟을 수 있다. 이 가방의 소재는 폴리프로필렌이다.

폴리에스터

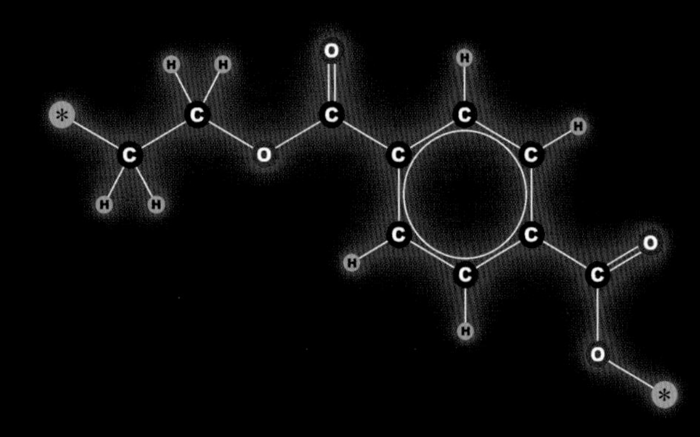

▶ 여기 이 15cm 너비의 끈은 트럭이나 트랙터 같은 무거운 것들을 끌기 위해 만들었다. 이 끈은 2만 7,000kg에 달하는 궁극의 파괴 강도를 자랑한다. 또한 신축성이 전혀 없는 강철 사슬과 달리, 끊어지기 전까지 쭉쭉 늘어나는 폴리에스터로 만들어졌다. 폴리에스터 끈은 강철 사슬과 같은 크기의 파괴 강도를 갖고 있지만 늘어나는 성질 때문에 훨씬 더 많은 에너지를 흡수한다. 그런데 이것은 위험한 요인이기도 하다. 끈이 끊어지는 순간, 끈에 모여 있던 엄청난 양의 에너지가 방출되면서 끈이 난폭하게 되감기기 때문이다. 따라서 강력한 장력을 받고 있는 끈에 가까이 서 있으면 위험하다. 이와 대조적으로 강철 사슬은 끊어져도 살짝 튕겨 나갈 뿐이다. 폴리에스터 끈은 고급스럽고 부드럽지만, 강철 사슬은 차갑고 단단하다. 폴리에스터는 고급 비단실 같은 촉감에 더할 나위 없이 저렴하지만, 우아한 스카프보다는 트럭 바퀴의 차축에 더 많이 이용된다.

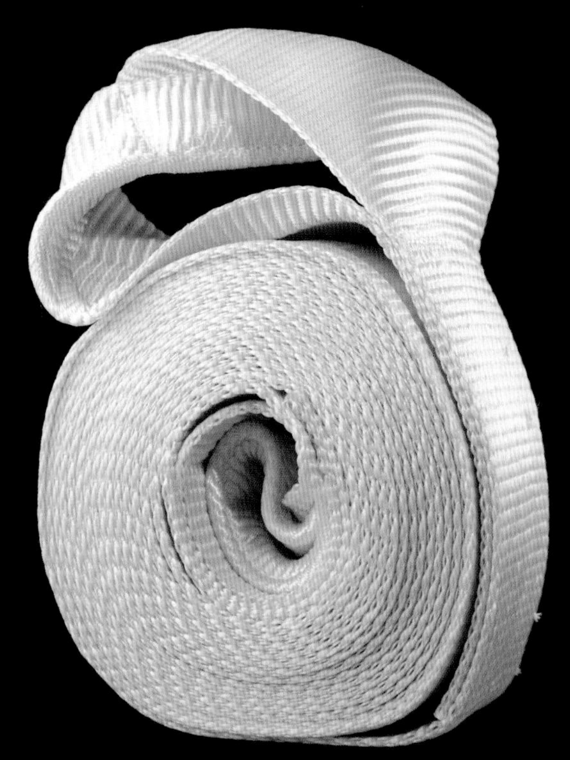

폴리글리콜라이드와 폴리다이옥산온

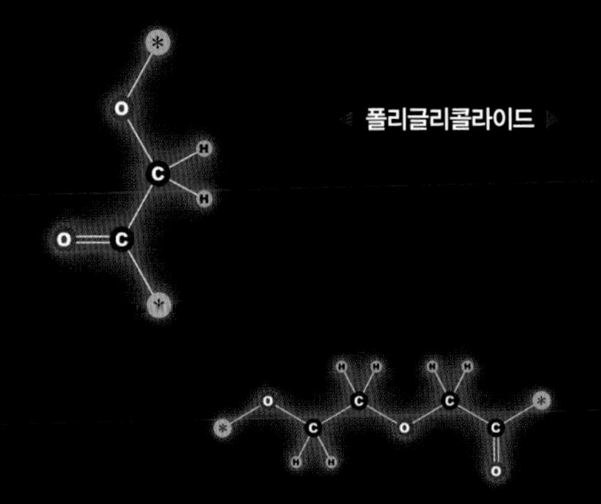

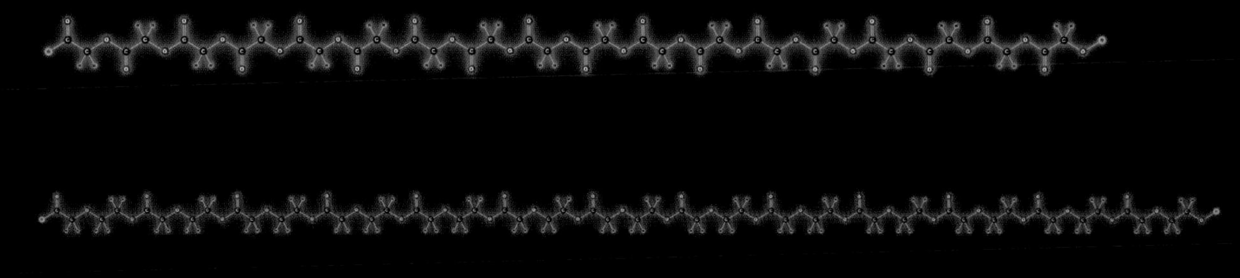

◀ 폴리글리콜라이드 ▶

▲ 폴리다이옥산온

▶ 과거 외과 의사가 사용했던 봉합사 중 시간이 지나면서 체내에 자연 흡수되는 건 장선(동물의 창자로 만드는 실)이 유일했다. 여기 이 2가지 현대의 합성 봉합사는 몸에 쉽게 흡수되면서도 천연 제품을 쓸 때의 문제점(예측하기 어려운 물리적 특성, 오염 위험 등)이 나타나지 않는 폴리글리콜산과 폴리다이옥산온으로 만들었다.

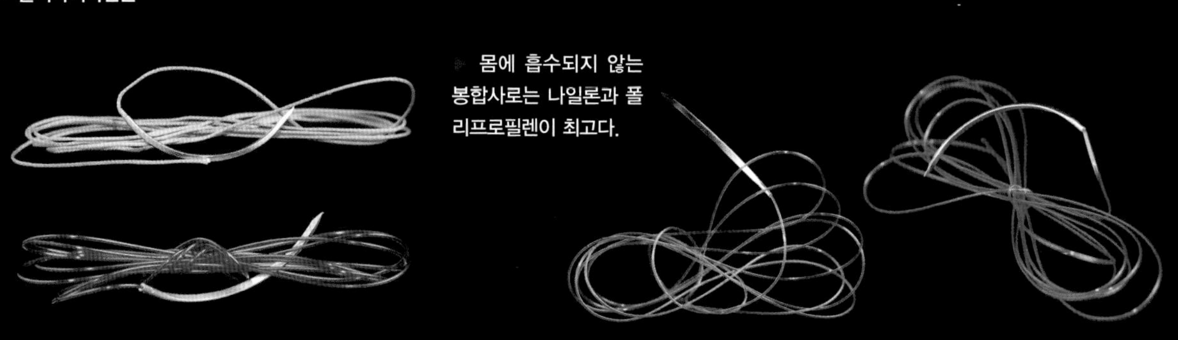

▶ 몸에 흡수되지 않는 봉합사로는 나일론과 폴리프로필렌이 최고다.

당분으로 만든 식물성 섬유

천연 섬유의 세상은 풍요롭고 다양하다. 코코넛부터 낙타까지 사실상 털이 난 것이라면 뭐든 밧줄, 방적실, 바느질실, 옷감, 이불솜을 만드는 데 쓰인다. 개털로 만든 양말을 이상하게 여길 수도 있겠지만, 사실 양털(울)이나 염소털(모헤어)로 만든 양말보다 이상할 건 뭔가? 하물며 사람의 머리카락도 팔찌나 목걸이를 만드는 데 쓰였는데.

'식물성 섬유'는 합성 섬유와 여러 면에서 유사하며 화학적으로 꽤 단순하다. 대부분의 식물성 섬유는 개별 반복 단위가 포도당 분자인 셀룰로스로 이루어져 있다.

이는 몇몇 미생물(그리고 이 미생물이 소화 기관에 사는 동물)이 셀룰로스를 먹고 그 속의 당으로부터 에너지를 얻어 살아간다는 것을 의미한다.(즉, 그들은 풀을 먹을 수 있다.) 인간은 셀룰로스를 소화시킬 효소가 없어서 셀룰로스에 포함된 에너지를 얻으려면 다른 동물에게 이를 먹인 뒤 그 동물이나 동물의 젖을 먹어야 한다.(이게 축산이다.)

식물성 섬유는 특정 비율의 리그닌을 함유하고 있는 경우가 많다. 리그닌의 반복 단위는 3가지 종류의 알코올 분자(시나필, 코니페릴, 파라쿠마릴)가 혼합된 것이다.(알코올의 화학적 정의에 대해 더 알아보려면 38쪽 참조)

시나필 알코올

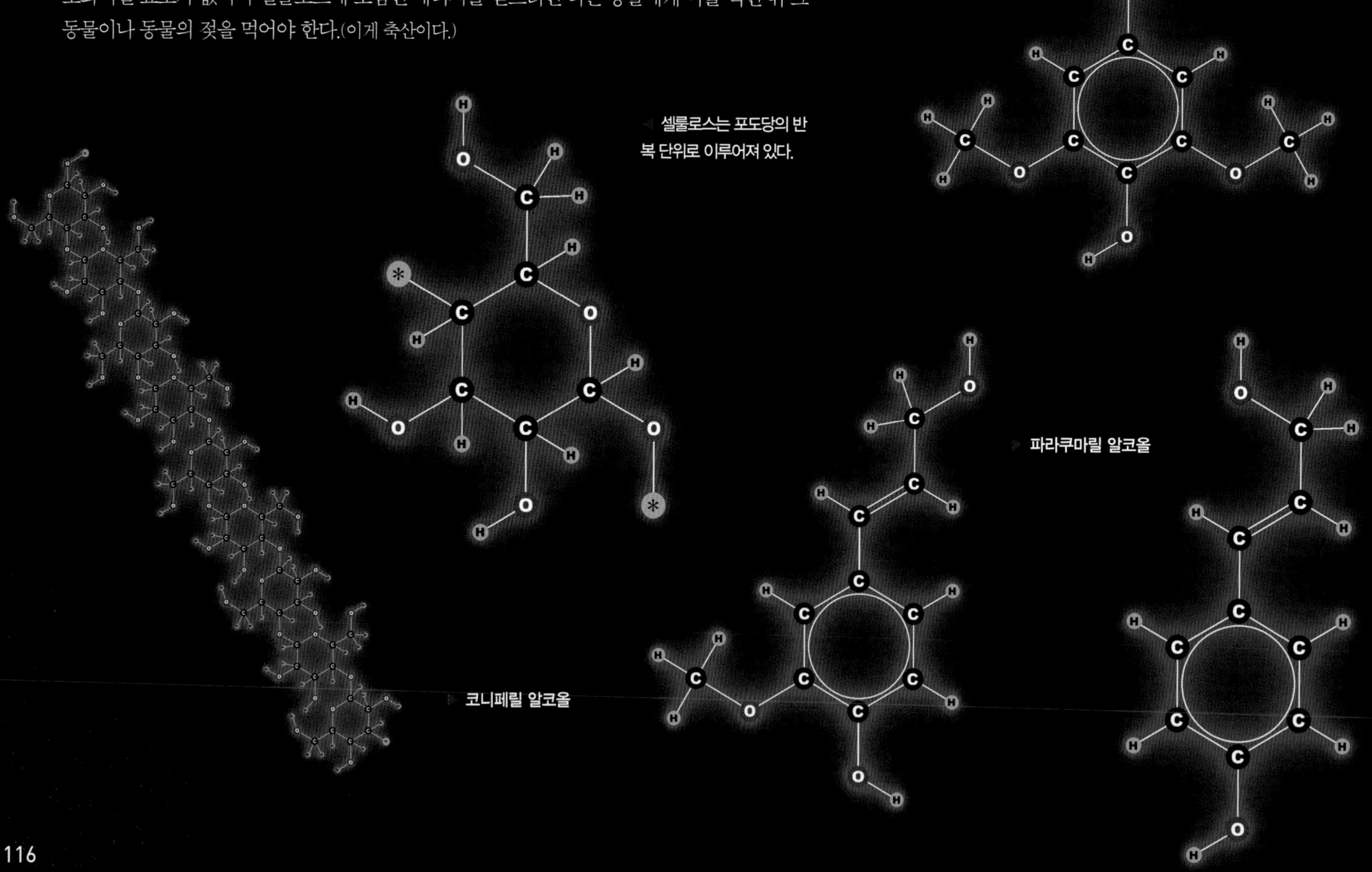

셀룰로스는 포도당의 반복 단위로 이루어져 있다.

▶ 나무는 약 70%의 셀룰로스와 약 30%의 리그닌으로 구성되어 있다. 사진 속 '목모'(wood wool)는 한때 포장재로 많이 사용되었다. 나는 이것을 우리 집 지하에서 발견했는데 최소 40년은 된 것이다. 나무는 최고의 섬유 물질이지만 밧줄이나 실을 만드는 데는 잘 쓰이지 않는다. 그 대신 목섬유는 종이, 하드보드(인공 목재), 책, 그리고 탁자, 의자, 책꽂이, 대들보 같은 목제품을 만드는 데 쓰인다.

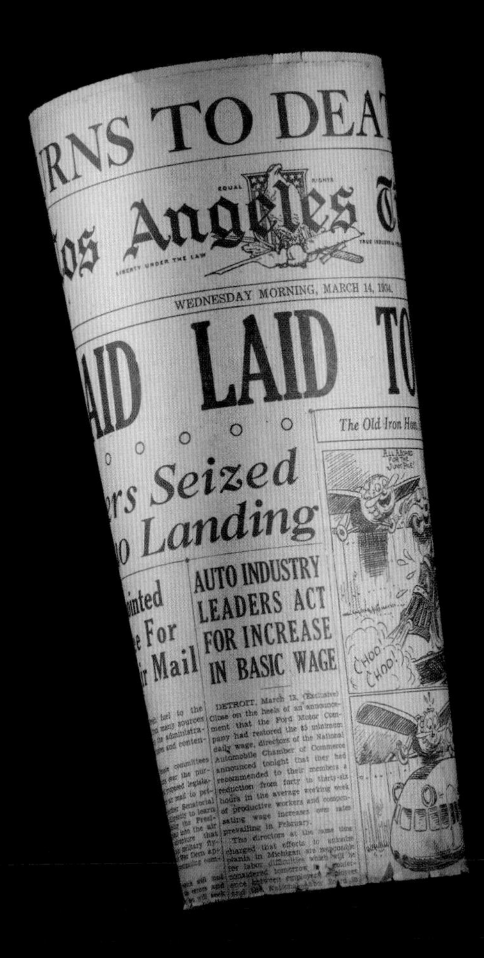

▲ 목섬유로 만든 값싼 종이는 신문이나 문고판 도서에 흔히 쓰이는데, 리그닌 함량이 높아서 시간이 지날수록 산이 배출되어 색이 노래지며 결국에는 못 쓰게 된다. 이보다 오래되고 값비싼 면 종이는 그러한 문제가 없는데, 면은 자연적으로 리그닌을 거의 포함하고 있지 않기 때문이다.

▶ 인도에서 만들어진 이 수제 종이는 순수한 면, 즉 순수한 섬유소로 이루어져 있다. 면 종이는 장기 보관해야 하는 내용을 기록하기에 적합하다. 목섬유와 달리 종이가 누레지는 원인인 리그닌이 극소량만 함유되어 있기 때문이다.

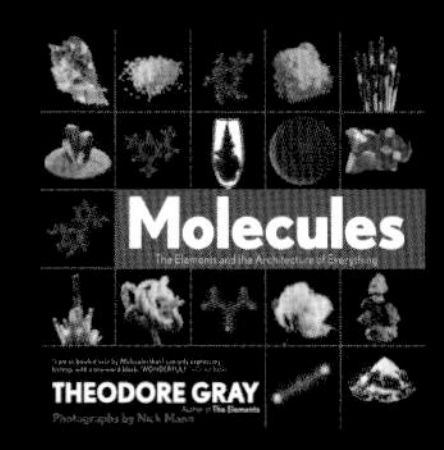

◀ 이 책은 리그닌 성분이 제거된 목섬유로 만든 종이에 인쇄되었다. 이 종이는 반영구적으로 보존되어야 하는 책이나 반질거리며 하얗게 표백한 종이가 필요한 경우에 흔히 쓰인다. 이 종이는 중성지라고도 하는데, 영구적으로 보관할 필요가 있다면 추가로 완충, 중화 처리를 해야 대기 중의 산으로부터 보호할 수 있다.

당분으로 만든 식물성 섬유

▼ '사이잘 섬유'는 테킬라를 증류하는 식물인 용설란에서 채취한다. 사이잘 섬유는 다양한 용도로 쓰이는데, 그중 가장 대표적인 게 고양이가 발톱을 긁을 때 사용하는 스크래처다. 인간이 자신들을 즐겁게 해줄 재료를 찾느라 고생한 것에 대해 고양이들이 그다지 고마워하는 거 같진 않지만.

▲ 코코넛 겉껍질에서 분리된 코코넛 섬유는 '코이어'라고 불린다.

◀ 열대 지방에서 살지 않는 사람들이 가게에서 구입하는 코코넛은 사실 딱딱한 껍질 안에 코코넛 즙이 담긴, 코코넛의 씨다. 나무에서 갓 떨어진 신선한 코코넛은 두꺼운 섬유질 겉껍질(코코넛 종자를 배양하며, 밧줄과 매트의 재료로 쓰인다.)이 코코넛 씨를 둘러싸고 있다.

▼ 코이어로 만든 밧줄은 그다지 좋은 상품이 아니다. 그런데도 앵무새는 고양이가 사이잘 섬유로 만든 밧줄을 좋아하듯 코이어 밧줄을 좋아한다. 애완동물용품 가게에 가면 코이어를 싸게 파는 걸 볼 수 있다.

▶ 이 식물은 사이잘라나라는 용설란 품종으로 밧줄이나 종이, 그리고 세상의 거의 모든 고양이 스크래처를 만드는 데 사용된다. 사이잘라나는 잎의 극히 일부만 섬유로 가공된다. 나머지는 가공 과정 중에 다 버려진다.

▲ '리넨'은 아마로 만든, 아주 오래전부터 사용된 섬유다.(아마 씨는 아마씨유를 만드는 데 이용된다.) 리넨은 오늘날 고급 침대 시트의 소재로 쓰이는데, 사실 우리가 리넨이라고 부르는 천의 상당수는 면이나 합성 섬유를 혼합한 것이다.

▲ '모시'는 인기가 그리 높지 않지만 꽤 오래전부터 사용된 섬유다. 그리고 놀랍게도 쐐기풀로 만든다.(하지만 따가운 품종은 아니다.) 리넨을 아마 줄기에서 얻듯, 모시 역시 줄기의 목질이나 외피가 아닌 체관부와 내피(가지를 따라 수액을 운반하는 부분)로 만든다.

▼ '마'(삼)는 옷감부터 배의 밧줄까지 다양한 용도로 쓰이는 인기 많은 섬유였다. 그래서 마 재배는 전 세계적인 대규모 산업이었다. 그러다 '대마'로 잘 알려진 몇몇 종류의 환각 효과에 대한 우려 때문에 모든 종류의 마를 거래 및 재배 금지하자는 움직임이 일어났다. 현재는 마로 만든 섬유의 생태적 이점이 알려지면서 예전의 영광을 되찾고 있다.

▶ 시중에 유통되고 있는 '대나무 섬유'는 이도 저도 아닌, 아주 흥미로운 유형에 속한다. 대나무 줄기 안의 부드러운 속을 파내 기계로 가공하면 밧줄이나 실을 만들 수 있다. 그렇지만 대나무 섬유라는 이름으로 판매되고 있는 것들 대부분은 사실 대나무로 만든 레이온(인조 섬유)이다. 비록 원재료가 대나무이긴 하나 레이온은 셀룰로스의 원천을 알아볼 수 없는 수준까지 화학적으로 재가공한 것이다. 그런데 과연 대나무 섬유 본래의 물리적, 구조적 특징을 전혀 가지고 있지 않는 것을 대나무 섬유라고 할 수 있는 건가?
하지만 사진 속 대나무 밧줄에 대해서는 걱정할 필요가 없다. 이건 레이온이 아닌 진짜 대나무 섬유라는 걸 보장할 수 있는 대나무 장인이 직접 만든 것이다.

▶ '레이온'이라는 단어가 합성 섬유처럼 들리는가? 어떤 면에서는 레이온이 합성 섬유인 게 맞지만 달리 보면 아니기도 하다. 레이온은 다양한 원자재에서 추출한 식물의 셀룰로스를 정제하고 녹여 새로운 섬유로 가공해 만든 것이다. 화학적으로 레이온은 완전한 천연 식물성 셀룰로스로, 면(거의 순수한 셀룰로스다.)과 아주 흡사하다. 그러나 물리적으로는 완전히 인공 합성물이다.

▼ '황마'는 면에 이어 두 번째로 가장 많이 쓰이는 섬유다. 삼베 포대를 만드는 섬유로 널리 알려져 있지만, 건초 더미를 묶는 노끈을 비롯해 수천 가지 물품을 만드는 데 사용한다.

당분으로 만든 식물성 섬유

이 밧줄 때문에 체육 시간이 괴롭다. 잔가시가 나 있어 따끔거리는 데다 냄새도 이상하니 밧줄 타기가 재밌을 리가 없다.(잔가시와 냄새 빼고 이건 절대 마닐라삼 섬유의 잘못이 아니다.) '마닐라삼 섬유'는 바나나와 가까운 친척인 마닐라삼에서 추출한다.

'파피루스'는 적어도 5,000~6,000년 전부터 이집트에서 사용되었다. 파피루스는 얕은 물에서 자라는 파피루스 줄기 속에서 섬유소를 추출해 만든다. 파피루스는 이집트 같이 건조한 기후에서는 꽤나 잘 쓰였지만, 유럽에서는 오래지 않아 동물의 콜라겐 단백질(피부가 콜라겐이다.)로 만든 양피지의 인기에 점점 밀려났다. 그러나 나중에는 면섬유와 목섬유 같은 형태의 식물의 섬유소를 다시 쓰게 되었다.

솜사탕이라는 단어는 생각보다 훨씬 더 정확한 표현이다. 솜사탕은 목화솜처럼 생겼을 뿐만 아니라 화학적으로 깊은 관련이 있다. 면섬유는 포도당 분자가 사슬 모양으로 길게 이어진 셀룰로스 중합체로 이루어져 있다.(116쪽 참조) 그리고 솜사탕은 당 분자 2개(포도당 1개와 이와 비슷한 과당 1개)가 결합한 자당(설탕)으로 만든다. 목화솜이 솜사탕과 다른 유일한 점은 포도당 간의 결합 위치가 다르다는 것뿐인데, 우리 몸의 소화 효소는 솜사탕은 소화시킬 수 있지만 목화솜은 소화시킬 수 없다.

이게 만약 새의 부리라면 깃털이나 포유동물의 털(121쪽 참고)처럼 케라틴 단백질로 구성되어 있을 것이다. 하지만 이건 50kg짜리 대왕 훔볼트 오징어의 부리로, 훨씬 단순한 화학 물질인 키틴으로 이루어져 있다. 키틴은 반복 단위가 엔(N)-아세틸글루코사민인 중합체이자, 포도당의 유도체다. 즉 키틴은 화학적으로 식물의 섬유소와 더 유사하고 동물의 케라틴과 아주 다르다.

복잡한 동물성 섬유

상업적으로 쓰이는 섬유 중에 연체동물이나 갑각류, 거미나 곰팡이에서 추출한 것은 없지만, 곤충과 포유동물이 만든 섬유는 있다. '동물성 섬유'는 식물성 섬유에 비해 훨씬 더 복잡하며 화학적으로 풍부하고, 단순한 화학 구조로 설명할 수 없는 특징들이 있다.

동물성 섬유는 아미노산이 결합한 기다란 분자, 즉 단백질로 이루어져 있다. 생물학적으로 중요한 아미노산은 20여 개로, 단백질 사슬에서 이웃한 분자들과 연결되는 결합부가 동일하며, 변화무쌍한 '곁사슬'을 가지고 있어서 독특한 특성이 있다.

아미노산의 곁사슬은 크기는 물론, 말단이 양전하를 띠는지 음전하를 띠는지, 물을 끌어당기는지 밀어내는지 등 차이가 있다. 이러한 차이에 따라 단백질은 체내에서 반응을 일으키는 촉매인 효소부터, 신체를 구성하는 구조적 요소까지 아주 다양한 역할을 수행할 수 있다.

또한 이러한 차이는 동물성 섬유에 다양하고도 재미있는 특징을 부여한다. 예를 들어 단백질 사슬 안에서 물을 끌어당기는 부분과 밀어내는 부분을 결합하면, 건조할 때는 단백질을 둥그렇게 말리게 할 수 있고, 젖었을 때는 쫙 늘어나거나 반대로 줄어들게 할 수 있다.(이에 대한 예시는 67쪽 참조)

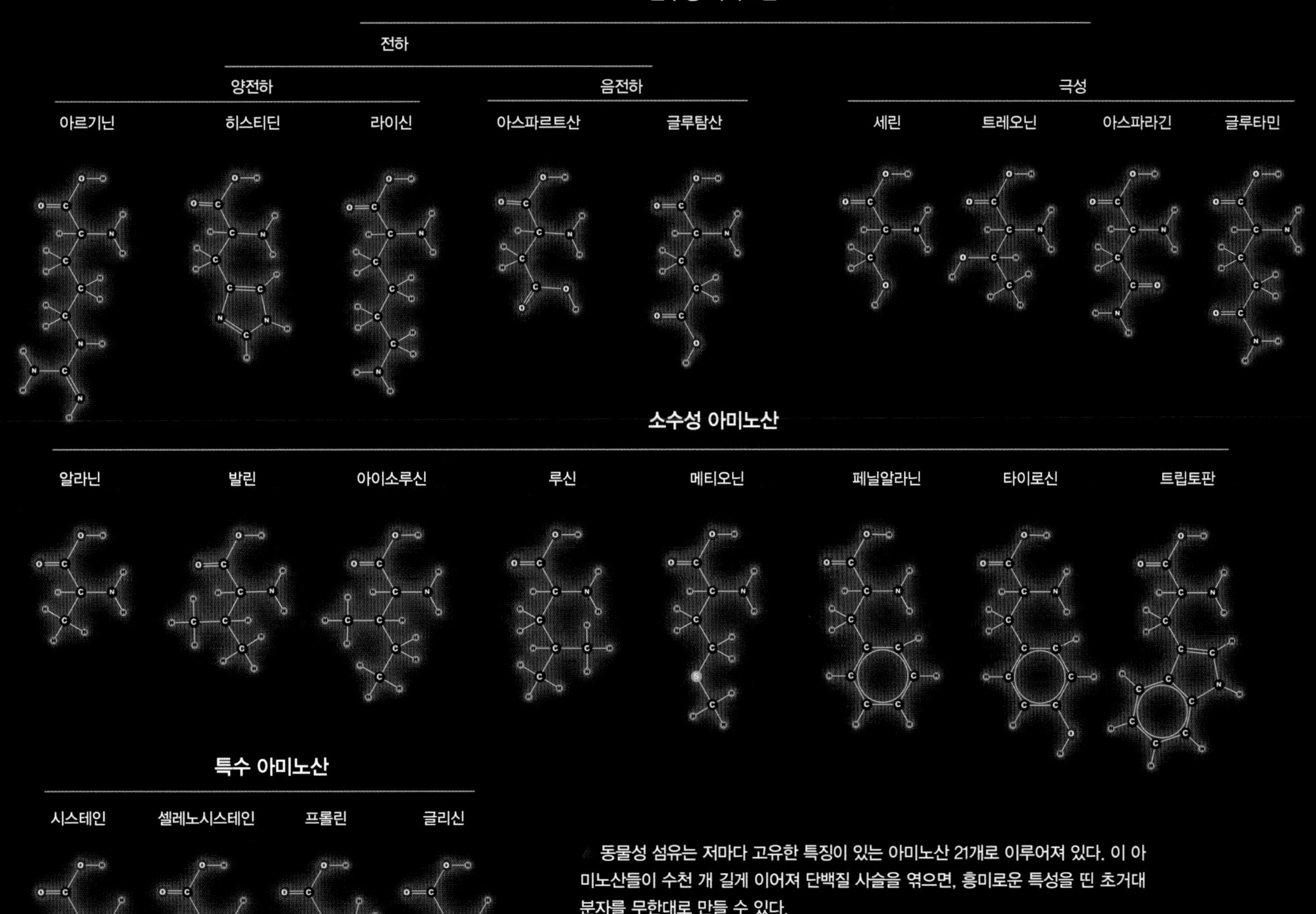

동물성 섬유는 저마다 고유한 특징이 있는 아미노산 21개로 이루어져 있다. 이 아미노산들이 수천 개 길게 이어져 단백질 사슬을 엮으면, 흥미로운 특성을 띤 초거대 분자를 무한대로 만들 수 있다.

동물의 체외 물질로 만든 단백질 섬유

온혈 동물의 몸에는 '케라틴'이라는 특정 종류의 단백질이 다른 단백질에 비해 더 많다. 케라틴 단백질은 황을 포함하고 있는 시스테인 분자 2개가 이황화 결합으로 연결된 아미노산, 즉 '시스틴' 함량이 높다. 여기서 이황화 결합은 고무를 단단하게 만드는 가황 처리와 아주 유사하다. 가황 처리한 고무와 마찬가지로, 황 결합이 많이 일어날수록 단백질은 점점 더 단단해진다.

시스틴과 황의 결합이 얼마나 이루어졌는가에 따라 케라틴의 강도는 달라진다.(사랑스러운 연인의 부드러운 곱슬머리부터, 차였다 하면 공중 3m 높이까지 날아가게 만들 무시무시한 코뿔소의 뿔과 발굽까지 모두 케라틴으로 이루어져 있다.)

▸ 케라틴은 왼쪽 방향으로 꼬이는 복잡한 초나선형 구조를 띤다.[지구상의 모든 단백질 분자는 왼쪽으로만 꼬여 있다. 우리는 왼손잡이 세상에 사는 것이다. 여기서 외계인을 구분할 수 있는 2가지 좋은 방법을 알려주겠다. 만약 분자가 오른쪽으로 꼬여 있거나, 신체를 구성하는 원소 중 동위 원소 분포가 우리 행성에서 흔히 볼 수 있는 것과 확연히 다르다면 외계인이다. 첫 번째 경우는 우리와 관계없이 진화했다(우리 행성에서든지, 다른 행성에서든지)는 것을 의미하며, 두 번째 경우는 진화한 곳이 어디이건 간에 우리와 다른 행성에서 자랐음을 의미한다. 바라건대, 이들 경우에서 그 차이를 구분하기가 사실상 불가능하여 외계인이 우리 사이를 걸어 다닌다 해도 발각되지 않았으면 좋겠다.]

◂ 말갈기로 만든 담요는 불편하기로 악명이 높다. 사람의 머리카락이 가늘고 고운 것에 비해 말갈기가 얼마나 거친지를 보면 그 이유를 알 수 있다. 이 둘은 모두 상점에서 구할 수 있다. 말갈기는 엮거나 땋아서 바이올린 같은 현악기의 활이나 바구니 등 수공예품을 만드는 데 주로 쓴다. 사람의 머리카락은 가발이나 붙임머리로 만들어 판다.

▵ 사람의 머리카락으로 만든 팔찌와 목걸이는 영국 빅토리아 시대에 굉장히 유행했다.(주로 사랑하는 사람이 세상을 떠난 경우, 작은 사진이나 그의 이름을 새겨서 함께 간직한다.)

▸ 손톱과 발톱은 머리카락과 같은 종류의 단백질로 만들어진다. 사진 속의 발톱은 오소리의 것이다.(곰 발톱으로 만든 목걸이는 많은 문화권에서 이보다 더욱 강력한 상징물로 여겨지지만 그만큼 구하기가 더 힘들다. 상점에서 볼 수 있는 건 대개 모조품이다.)

◂ 코뿔소 뿔을 구성하고 있는 케라틴은 시스틴 함량이 아주 높다. 시스틴은 단백질을 단단하게 만드는 이황화 결합을 한 아미노산이다. 사진 속 코뿔소 뿔은 시카고 자연사 박물관의 비공개 장소에 보관되어 있는 것이다. 코뿔소 뿔은 중국 전통 의학에서 매우 귀하게 여겨지며 정력제로도 알려져 있어 밀렵이 성행했다. 이 코뿔소 뿔은 원래 공개 전시되었던 것인데 도둑맞을 위험이 커서 비공개 장소로 옮겼다. 이 귀한 물건의 사진을 찍을 수 있도록 허락해준 시카고 자연사 박물관에 매우 감사드린다.

▲ 검정 코뿔새의 부리처럼 생긴 사진 속 새의 부리는 인간의 머리카락, 손톱과 같은 케라틴 단백질로 이루어져 있다. 움푹 들어간 안쪽의 뼈대는 케라틴을 지탱한다.

▲ 해면은 청소나 목욕할 때 사용하는 '스펀지' 개념의 기원이자 어원이다. 오늘날 시중에 파는 스펀지는 대부분 합성물이지만 천연 바다 해면도 구할 수 있다. 사진처럼 희한하게 뭉쳐 있는 생명체의 뼈 부분을 말이다. 해면은 뇌도, 신경계도, 소화계도 그 외의 어떤 신체 계통도 가지고 있지 않다. 해면은 콜라겐 단백질로 만들어진 뼈대 위에 자라는 세포들의 집단이다. 그래서 해면을 동물의 체내에 있는 단백질로 분류해야 할지, 체외에 있는 단백질로 분류해야 할지 난감하다. 해면의 몸은 겉과 속을 구분하기가 어렵다.

▶ 인기 많은 목욕 용품인 '루퍼'는 해면처럼 보이지만 동물로 만든 게 아니다. 식물(구체적으로 말하면 수세미)로 만든 것이다. 흔히 볼 수 있는 건 잘린 단면이지만 이 사진은 본래의 전체 모습을 찍은 것이다. 수세미의 섬유는 셀룰로스와 리그닌으로 이루어져 있다.

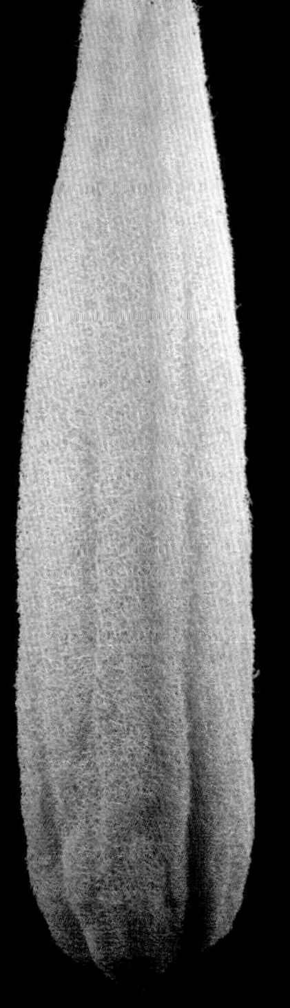

▲ 이 희한한 물질은 '족사'라고 불리는 것으로, 연체동물에서 섬유를 구할 수 없다는 주장에 대한 반증이다. 족사는 바다에 사는 조개, 홍합 등이 바위에 붙어 있기 위해 스스로 만든 섬유다. 사진의 케라틴 성분의 족사는 흔히 볼 수 있는 조개에서 채취한 것으로, 섬유의 길이가 5cm쯤 된다. 그러나 몇몇 종의 족사는 20cm에 이르는 섬유를 만들기도 한다. 족사로 화려한 직물을 만들기도 하는데, 지금은 사르데냐에 사는 예술가 단 1명만이 족사 섬유로 예술품을 만들고 있다. 그러니 족사는 일반적이지 않은, 특이한 재료라 할 수 있다.

다양한 털

시중에 파는 동물 털은 놀랄 만큼 다양하다. 모든 종류의 털은 원료(의류 산업의 유행에서 그 어떤 고려 사항보다 가장 중시된다.)에 따라 뻣뻣한 정도, 정전기를 일으키는 수준, 표면의 거친 느낌, 색깔, 스칠 때 얼마나 멋진 소리가 나는지 등등 고유한 특징이 있다.

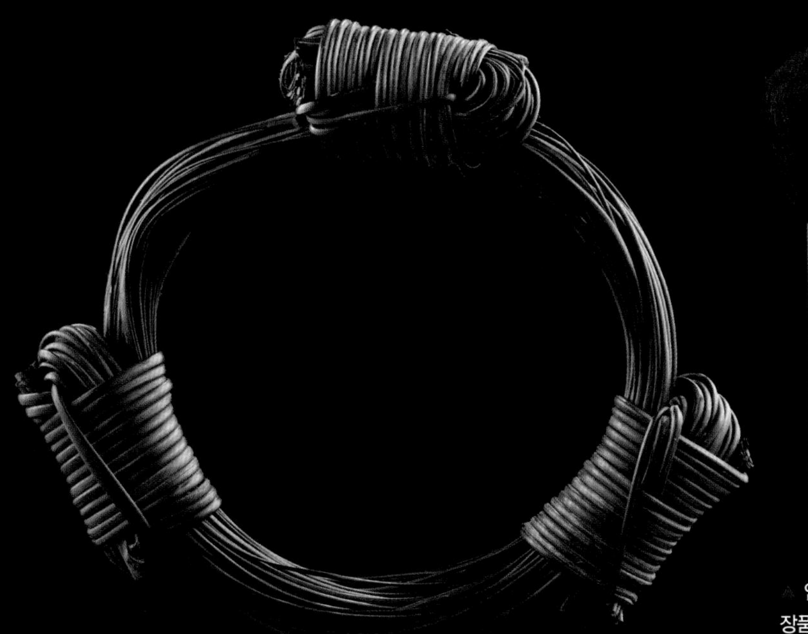

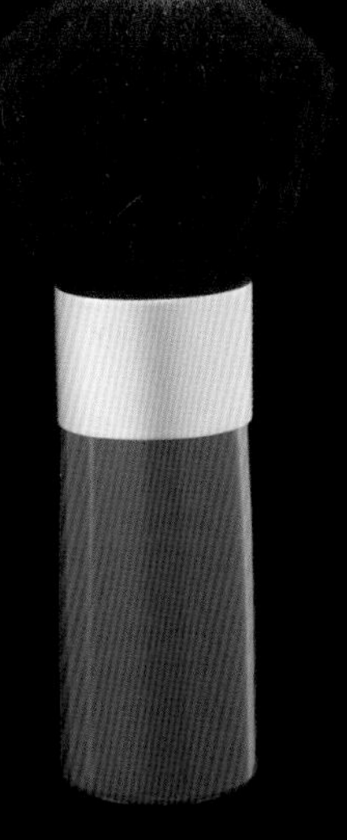

▲ 염소 털로 만든 붓. 화장품을 바르는 데 쓴다.

▲ 금박은 오래된, 섬세한 예술이다. 금박은 믿을 수 없을 정도로 두께가 얇아 손가락으로 건드리기만 해도 바로 부서진다. 금박을 집어 드는 유일한 방법은 붓 끝에 아주 약한 정전기를 발생시켜 이용하는 것이다. 이때 청설모의 털로 만든 붓을 쓰면 가장 좋다. 회색, 붉은색, 청색, 밤색 털 중 어느 것이 가장 좋은지는 확실치 않지만, 이 모든 털을 도금용 붓으로 쓸 수 있다.

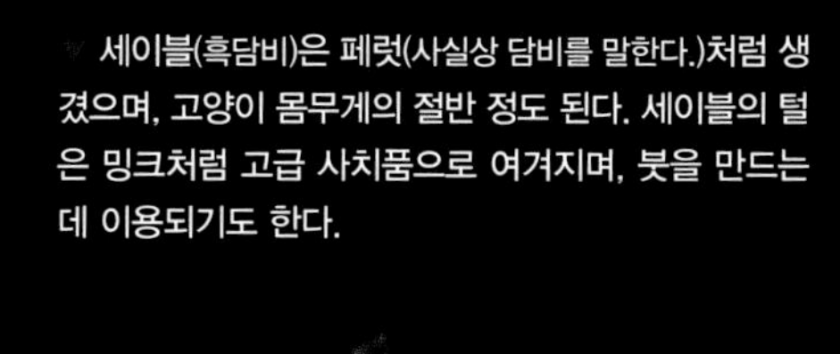

▼ 세이블(흑담비)은 페럿(사실상 담비를 말한다.)처럼 생겼으며, 고양이 몸무게의 절반 정도 된다. 세이블의 털은 밍크처럼 고급 사치품으로 여겨지며, 붓을 만드는 데 이용되기도 한다.

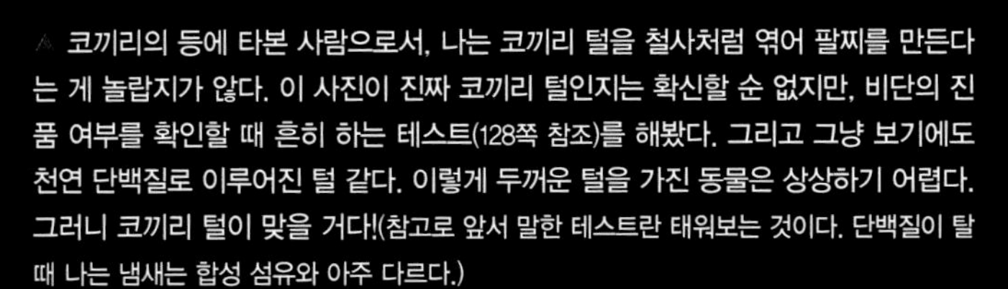

▲ 코끼리의 등에 타본 사람으로서, 나는 코끼리 털을 철사처럼 엮어 팔찌를 만든다는 게 놀랍지가 않다. 이 사진이 진짜 코끼리 털인지는 확신할 순 없지만, 비단의 진품 여부를 확인할 때 흔히 하는 테스트(128쪽 참조)를 해봤다. 그리고 그냥 보기에도 천연 단백질로 이루어진 털 같다. 이렇게 두꺼운 털을 가진 동물은 상상하기 어렵다. 그러니 코끼리 털이 맞을 거다!(참고로 앞서 말한 테스트란 태워보는 것이다. 단백질이 탈 때 나는 냄새는 합성 섬유와 아주 다르다.)

▶ 청설모의 파란 털은 전문가용 미술 붓에 특히 많이 쓰인다.

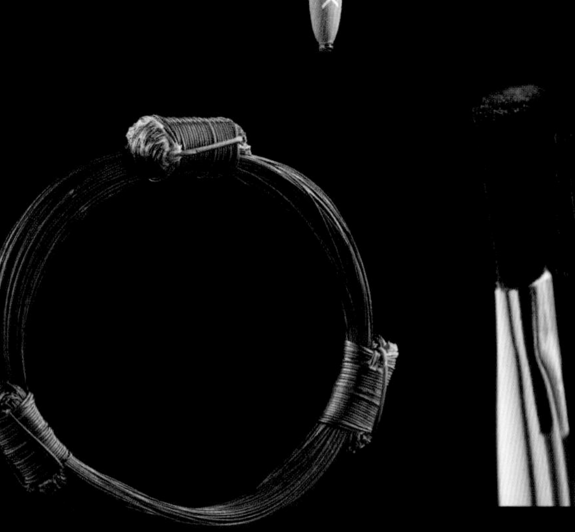

▶ 이 물건은 내 허를 찔렀다. 기린의 털로 팔찌를 만들다니. 너무 충격적이어서 머리를 얻어맞은 느낌이었다. 이 물건은 이 세상이 어떻게 연결되어 있는지 보여주는 놀라운 징표다. 즉, 내가 우리 집 거실에 앉아서 남아프리카의 누군가에게 전자 신호를 보내 기린의 털을 하늘을 나는 기계에 실어 보내달라고 부탁하면 며칠 뒤에 받을 수 있다는 것이다. 하지만 이런 일이 가능한 사회는 얼마나 지속 가능할까? 단지 생태학적인 관점에서 말하는 게 아니다. 세상이 얼마나 복잡한 곳인지, 단순한 생각에서 하는 말이다.

케라틴, 따뜻한 동물 털

가장 많이 쓰이는 동물성 섬유는 양털이나 새털처럼 부드럽고 따뜻한 동물들에게서 얻을 수 있다. 이건 별로 놀라운 사실이 아니다. 우리는 이러한 섬유로 따뜻하고 부드러운 옷과 폭신한 잠자리를 만드니까.

▼ 양털, 정확히 울(wool)이라고 불리는 섬유는 아주 널리 이용된다. 한 해 생산량이 100만t 이상이다. 사진 속 울은 몬태나 주에서 자란 셰틀랜드 면양에서 얻은 것이다. 울을 양털이라고 부르는 건 양을 기르는 사람들을 기분 나쁘게 할 수 있다. 왜냐하면 양의 '털'(방적용 실을 만들기엔 너무 곧고 매끄럽다.)과 '울'(겉 털 밑에서 자라며 겉 털의 보호를 받는 솜털이다.)은 엄연히 의미가 다르기 때문이다. 일반적으로 울은 구불거리는 모양으로 자라며, 표면이 거칠어서 잘 엉킨다. 다른 동물의 털들도 케라틴 단백질의 아미노산 서열 때문에 같은 특성을 띤다.

▲ 모헤어(mohair)는 앙고라염소(앙고라토끼와 혼동하면 안 된다.)의 털이다. 앙고라염소의 털은 스웨터, 값비싼 코트 그리고 재미있게도 인형의 가짜 머리카락을 만드는 데에도 쓴다. 왜 사람의 가발을 만드는 데에는 쓰지 않는지 모르겠다.

▲ 개털로 짠 양말은 진짜 있다. 이건 도그쇼에서 구한 양말로, 노바 스코샤 덕 톨링 리트리버의 털로 만들었다. 이 개는 붉은색과 주황색이 뒤섞인 털을 가졌으며, 가슴팍에는 흰색 털이 나 있다. 이 양말은 염색하지 않은 실로 만든 것이다. 그래서 이 개의 털색을 정확히 볼 수 있다.

▶ 낙타털(정확히는 억센 털을 제거한 뒤의 잔털)은 놀랍게도 부드러워 코트를 만드는 데 널리 사용된다. 낙타털이라고 알려진 비싼 붓 중에는 사실 청설모의 털로 만들어진 것도 있다.

▶ 오늘날 울은 호주, 뉴질랜드, 중국에서 대부분 생산되지만, 현지 목양업자 공동체는 전 세계에 퍼져 있다. 사진 속 울은 포도주 양조장으로도 유명하고 목양 산업으로도 유명한, 일리노이 주의 우리 집에서 몇 킬로미터에서 떨어진 곳에서 생산된 것이다. 원래는 실로 양 모양을 뜨개질하려고 했는데 아직 끝 부분밖에 완성이 안 됐다.

뽀송한 동물 털

▷ 새의 깃털(베개에서 꺼낸 사진 속 오리털 같은)을 구성하는 케라틴은 사람이나 다른 동물과 유사하지만 그보다는 좀 더 딱딱한 단백질 사슬로 이루어져 있다. 깃털의 단백질은 인간의 손톱을 구성하는 케라틴에 좀 더 가깝다.

△ 가공된 솜털오리 털을 넣어 만든 작고 귀여운 비단 베개.

▽ 타조의 깃털은 지금도 먼지를 터는 데 널리 이용된다. 합성품으로 대체 가능하지만(더 싸다.) 타조 깃털 표면의 미세한 구조가 먼지를 날리지 않고 붙잡아 두기 때문에 훨씬 효과가 좋다고 한다. 자연이 정말 잘하는 일 중 하나가 엄청나게 복잡하고 미세한 구조를 만드는 것이다. 자연이 만든 제품은 분자 크기인데 비해, 인간이 만든 제품은 방 하나 크기에 달한다.

△ 이 특별한 오리털로 만든 이불의 가격은 약 1,600만 원으로, 아마 합법적으로 살 수 있는 가장 비싼 케라틴일 것이다. 도대체 누가 오리 배에 난 솜털에 그렇게나 많은 돈을 지불하는 걸까? 깃털 중에서도 솜털은 울과 비슷하다. 새의 솜털과 울은 모두 길고 뻣뻣하면서 보온과 방수 효과가 있는, 외피의 보호를 받는 부드러운 잔털 부분이다. 새의 솜털은 깃털보다 따뜻함이나 부드러움이 월등하다. 그래서 비싼 코트와 담요는 온전히 솜털로만 채워져 있고, 좀 더 싼 것들은 깃털로 채워져 있거나 깃털과 솜털이 섞여 있다. 물론 새의 솜털이라고 해서 모두 같은 대우를 받진 않는다. 추운 지역에 사는 새의 경우, 솜털이 더 두껍고 따뜻해서 가치가 높다. 솜털오리의 솜털은 오로지 아이슬란드의 솜털오리 둥지에서, 새와 알들에게 아무런 해를 끼치지 않는다고 알려진 방법을 통해서만 모을 수 있다고 한다. 둥지 하나당 사진에 보이는 것만큼, 딱 20g의 솜털을 구할 수 있다. 1년 총 생산량은 작은 트럭 1대에 들어가는 정도다.

비단

천연 섬유의 왕이 귀여운 포유동물이 아닌 하찮은 생물에게서 만들어졌다는 것은 반박할 여지가 없는 사실이다. 벌레, 정확히 말해서 누에나방의 애벌레인 누에 말이다. 비단은 아주 오래전부터 이용되었으며, 부드럽고 매끄러우며 놀랄 만큼 질기다. 비싸기도 하고 세탁도 조심스레 해야 해서 일꾼들이 사랑하는 면이나 울, 합성 섬유에 비하면 아주 화려하고 고급스러운 섬유다.

비단도 머리카락처럼 단백질로 이루어져 있지만 종류가 다르다. 비단은 피브로인으로 구성되어 있다.

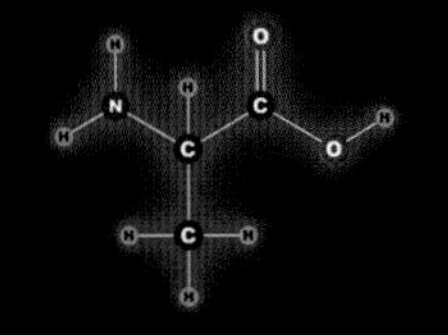

알라닌

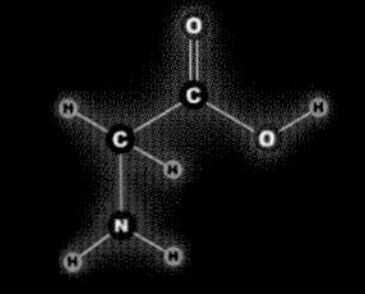

글리신

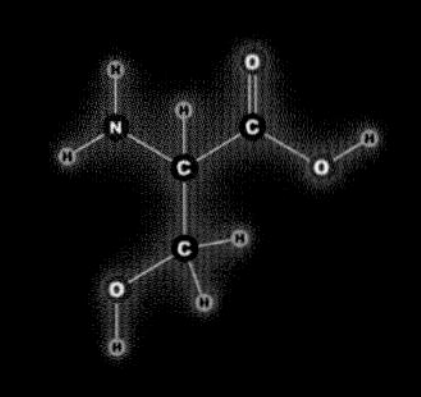

세린

피브로인의 화학 구조는 서로 다른 아미노산 3개가 반복되어 비교적 단순하다. 하지만 물리적 구조는 단백질 뼈대가 복잡한 고리 모양을 이루거나 얇은 판 형태로 접혀 있어 특유의 질긴 성질과 광택을 만든다.

비단 밧줄은 너무하다. 특정 상업적 용도에서만 그런 거라 정당화하기엔 심하게 비싸다.

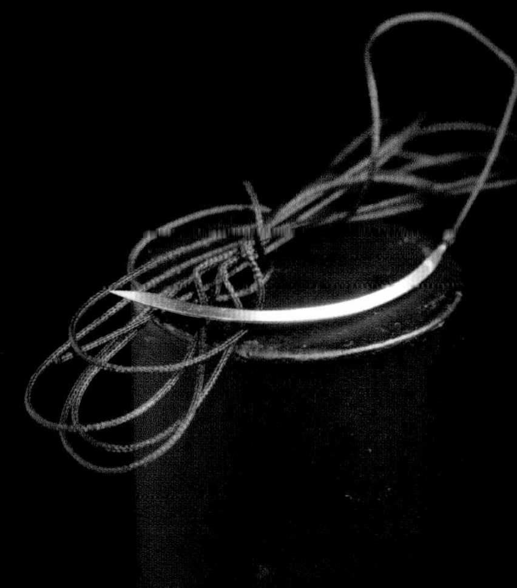

의료용 비단 봉합선도 질기긴 하지만 더 좋은 합성품으로 대부분 교체되었다.

비단은 누에가 나방으로 변태하기 위한 준비 과정에서 자신을 둘러싸는 고치를 지으면서 생겨난다. 슬프게도, 상업적인 비단 생산 방식은 누에가 나방이 될 수 없게 만든다. 누에고치는 물에 넣고 삶고 담가 섬유로 길게 풀어지는데, 누에는 그 고치 안에서 죽음을 맞는다.

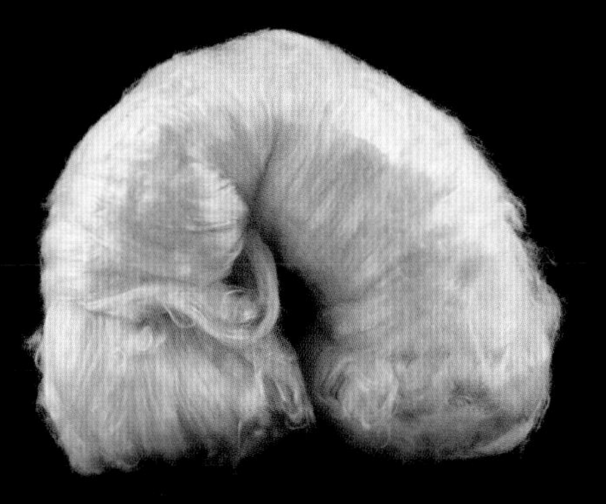

실로 자아지기 전의 비단 섬유는 아름답고 윤기가 흐르며 반짝거린다.

비단도 면과 마찬가지로 여러 가닥으로 실이 자아지는데, 비단이 훨씬 더 튼튼하다.

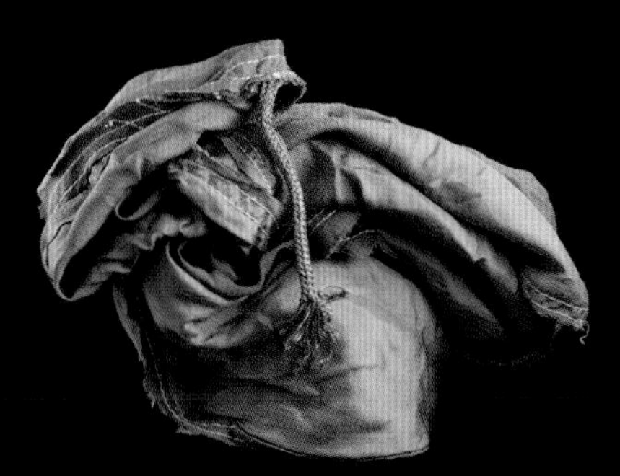

비단은 질기고 가벼워서 나일론으로 대체되기 전까지 낙하산을 만드는 데 사용했다. 사진은 제2차 세계대전에 쓰던 비단 낙하산 조각이다.

손으로 대강 자아도 비단 옷감은 전혀 거칠지 않다. 이 상태로도 비단의 부드러움이 느껴진다.

불로 진짜를 안다

실험실이 아닌 곳에서 진짜 비단이 무엇인지 확인할 수 있는 확실한 방법은 오직 하나뿐이다. 천 조각 일부를 태워보는 것이다. 비단, 털, 가죽 같은 천연 단백질 섬유는 불에 태우면 약간만 녹아내릴 뿐 대부분은 새까맣게 그을린 덩어리가 된다.

나일론 같은 합성 섬유는 대개 이와 반대다. 흐물흐물 녹아버린다. 그래서 작게 덩어리져 합성 물질이 녹아 흘러내리다가 쪼끄맣게 공 모양으로 쪼그라들고, 완전히 다 타버렸을 때는 아무것도 남지 않는다. 이 두 반응을 나란히 놓고 보면 어느 것이 합성 섬유인지 너무나도 확실히 알 수 있다.

한편 면이나 목섬유 같은 식물성 섬유는 조금도 녹아내리지 않고 불에 탄다. 식물성 섬유는 불꽃이 나면서 천천히 재로 변할 뿐이다. 그리고 놀랍게도 품질만 충분히 좋으면 단단한 목섬유도 불에 잘 탄다.

▶ 처음으로 비단을 불로 시험해본 것이라(책에서 보기만 했다.) 어떤 결과가 나올지 확신이 없었다. 처음에는 몇몇 비단 견본이 책에서 묘사된 것보다 더 많이 녹는 거 같아 걱정스러웠다. 그러나 다행히도 비단이 분명하다는 완벽한 증거가 나왔다. 그 안에 누에가 들어 있는 온전한 누에고치였던 것이다. 이건 결코 가짜일 수가 없다. 이 실험을 통해 비단은 더 이상 불에 타거나 녹지 않는 새까만 덩어리가 되기 전에 꽤 많이 녹아내린다는 것을 알 수 있었다.

▼ 비단실을 잣기 전의 조방사(roving) 다발을 손가락으로 문질러보면 합성 섬유로 만든 밧줄처럼 독특한 '끈끈하고', '뽀득뽀득한' 감촉이 든다. 내가 가진 비단실 샘플이 이와 느낌이 달라 가짜라고 확신했건만, 불로 시험해 보니 명백한 진짜 비단이었다.

▼ 이 비단실은 손으로 만졌을 때 비단 조방사처럼 뽀득거리는 감촉이 전혀 없었다. 그러나 불꽃에 갖다 대니 녹아내리다가 딱딱한 까만 덩어리가 되었다. 이것 역시 진짜 비단이었다.

▼ 잘 꼰 나일론 줄은 겉보기나 느낌이 비단과 매우 비슷하지만 불에 태워보면 모든 의심이 사라진다. 나일론 줄은 불에 바로 녹아내리며, 타는 동안 방울방울 흘러 뜨거운 액체 덩어리로 쪼그라든다. 이 불타는 작은 덩어리가 공기 중에 떨어지며 내는 소리는 꽤 재미있다. 합성 섬유라는 사실도 알 수 있고.(하지만 이 불타는 덩어리가 합성 섬유로 만든 카펫 같은 인화성 물질 위에 떨어지면 위험하다.)

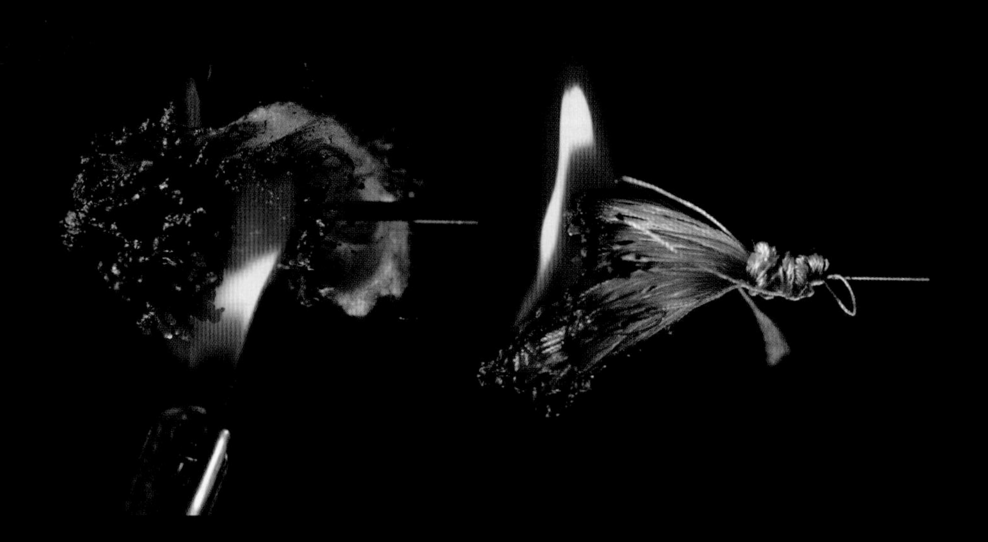

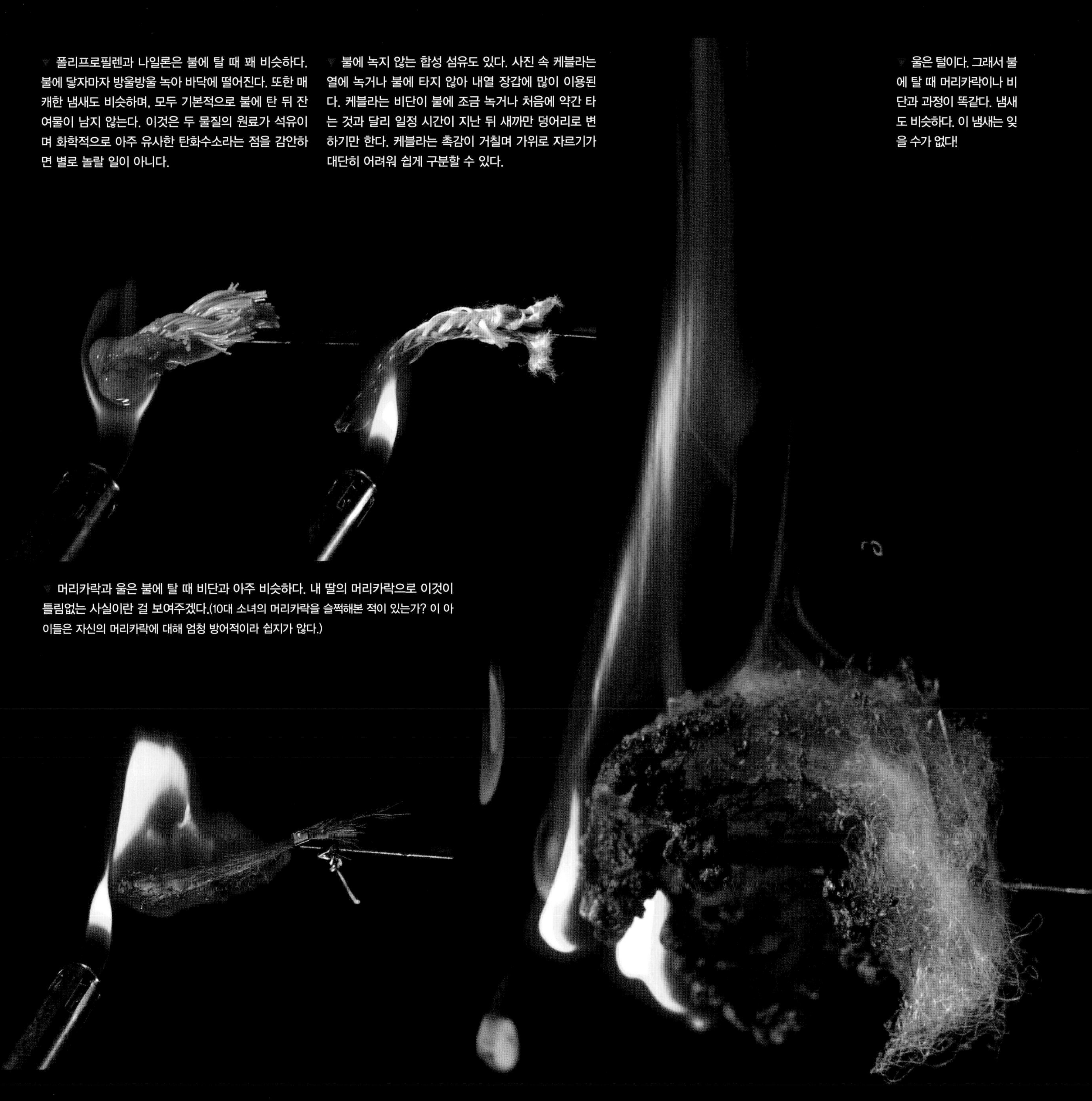

▼ 폴리프로필렌과 나일론은 불에 탈 때 꽤 비슷하다. 불에 닿자마자 방울방울 녹아 바닥에 떨어진다. 또한 매캐한 냄새도 비슷하며, 모두 기본적으로 불에 탄 뒤 잔여물이 남지 않는다. 이것은 두 물질의 원료가 석유이며 화학적으로 아주 유사한 탄화수소라는 점을 감안하면 별로 놀랄 일이 아니다.

▼ 불에 녹지 않는 합성 섬유도 있다. 사진 속 케블라는 열에 녹거나 불에 타지 않아 내열 장갑에 많이 이용된다. 케블라는 비단이 불에 조금 녹거나 처음에 약간 타는 것과 달리 일정 시간이 지난 뒤 새까만 덩어리로 변하기만 한다. 케블라는 촉감이 거칠며 가위로 자르기가 대단히 어려워 쉽게 구분할 수 있다.

▼ 울은 털이다. 그래서 불에 탈 때 머리카락이나 비단과 과정이 똑같다. 냄새도 비슷하다. 이 냄새는 잊을 수가 없다!

▼ 머리카락과 울은 불에 탈 때 비단과 아주 비슷하다. 내 딸의 머리카락으로 이것이 틀림없는 사실이란 걸 보여주겠다.(10대 소녀의 머리카락을 슬쩍해본 적이 있는가? 이 아이들은 자신의 머리카락에 대해 엄청 방어적이라 쉽지가 않다.)

불로 진짜를 안다

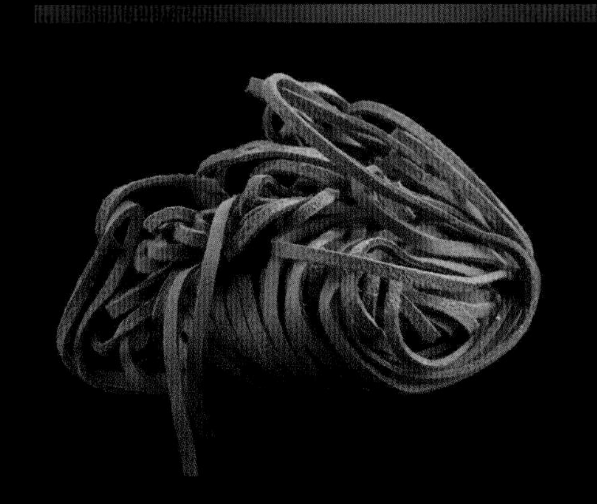

▲ 구매자들은 조심해라! 이 물건은 진짜 스웨이드 가죽으로 판매되고 있지만 합성 중합체처럼 불에 탄다. 순전히 가짜다. 폴리우레탄 합성수지로 만든 게 분명하다.

▲ 모조품은 진짜 가죽 끈과 깜짝 놀랄 만큼 비슷하지만, 진짜 가죽이 훨씬 더 질기며 불에 잘 타지 않는다.

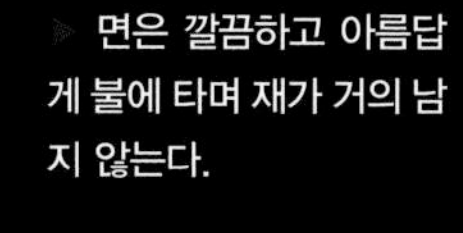

▶ 면은 깔끔하고 아름답게 불에 타며 재가 거의 남지 않는다.

▼ 오리의 깃털은 불에 탈 때 머리털이나 비단과 매우 비슷하다. 대부분의 합성 섬유와 달리 조금만 녹고, 방울져 흐르지 않으며, 새까만 덩어리를 남긴다.

▼ 내가 만든 불타는 가죽 표본이다. 표면에 양모가 나 있는 진짜 양피 조각을 자른 것이다. 진짜 가죽은 머리카락과 유사하게 타며 새까맣게 그을린 덩어리를 남긴다.

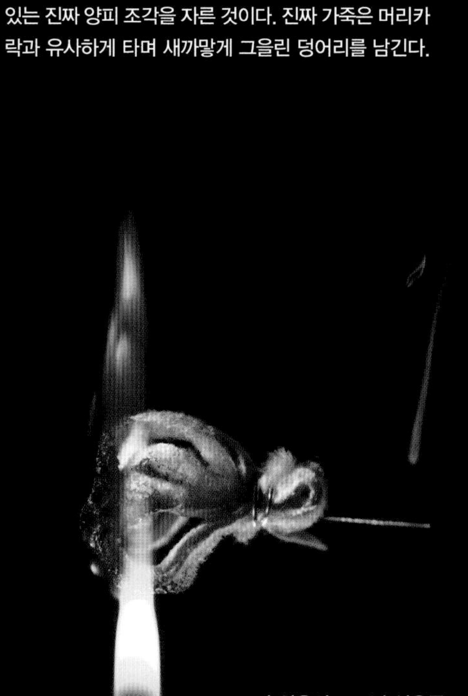

◀ 이 불타는 스웨이드 가죽에서 불덩이가 뚝뚝 떨어지는 건 이게 합성 섬유라는 결정적인 증거다.

▶ 마 섬유와 코코넛 섬유를 포함한 모든 식물성 섬유는 목재와 비슷하게 불탄다.(이 사진은 마로 만든 밧줄이다.) 식물성 섬유는 면처럼 대부분 식물성 셀룰로스로 이루어져 있다. 차이가 있다면 면은 순수한 셀룰로스, 마는 셀룰로스와 리그닌으로 이루어진 데 반해, 목재는 거품을 내고 불꽃을 일으키는 로진(천연 수지)과 기름 성분도 포함하고 있다는 것이다.

◀ 놀랍게도 금속, 심지어 쇠도 조건만 알맞으면 불에 쉽게 탄다. 이 최상급 강모(steel wool)는 고리에 걸어놓고 담뱃불을 붙일 때 쓰는 라이터로 불을 붙인 것이다. 쇠가 불에 타는 건 속도만 빠를 뿐 녹이 스는 것과 화학적으로 동일한 과정이다. 쇠로 된 냄비가 불에 타지 않는 건 단지 질량이 커서 표면 온도가 발화점 이하로 유지되기 때문이다. 엄청난 양의 열이 있다면 쇠 냄비도 불타게 할 수 있지만 이러한 일은 평범한 난로나 모닥불 정도로는 불가능하다. 금속의 연소에 관해 알아두어야 할 흥미로운 점이 하나 있다. 그 흔한 '불꽃'이 없다는 것. 유기물이 불탈 때 멀리서 보면 불꽃이 넘실댄다. 불에 타는 물질로부터 가스가 풀려나와 불의 열기에 타오르는 것이다. 이때 타오르는 기체는 공기 중으로 솟아올라 불타지 않은 공기와 뒤섞여 예쁘게 깜박거리는 불꽃을 만들어낸다. 반면 금속이 불에 탈 때는 금속으로부터 풀려나올 만한 게 없어 연소가 금속 표면에서 직접적으로만 일어난다.(행여나 연기가 보인다면 그건 철사를 만들 때 남은 기름 찌꺼기 때문이다.) 가느다란 철사 가닥을 따라 서로를 쫓아가며 반짝이는 작은 불티는 보고 있으면 놀랍기도 하고 아름답기도 하다.

▲ 유리 섬유나 광물성 울은 절대 불에 타지 않는다.(흔히 가정용 절연체로 쓰인다.) 연소란 공기 중의 산소가 불에 태우려는 물질과 결합해 반응하는 산화 과정이다. 하지만 유리 섬유는 이미 산화물이다. 유리는 이산화규소로 이루어져 있다. 말하자면 유리는 불에 탄 규소의 재라서 더 이상 태울 수 없는 것이다.

동물로 만든 단백질 섬유

가죽은 다른 섬유들과 마찬가지로 가늘고 긴 가닥으로 자른 뒤 꼬거나, 엮거나 땋을 수 있다. 이 채찍은 가죽을 땋아 만든 것으로, 꽤 위협적인 콜라겐 섬유라 할 수 있다.

이 가면은 좀 기괴하다. 가죽 가면을 쓴 남자에 대한 영화가 있지 않았던가? 맞다, 그건 사람 피부였다. 어쨌든 간에.

흰꼬리사슴의 등뼈를 따라 이어진 인대의 힘줄. 원시적인 방식으로 활을 만들 때 활을 더 강하게 해준다.

케라틴 단백질을 얻기 위해 동물을 죽이는 경우는 없다. 털과 피부 모두를 벗겨내겠다고 마음먹지 않는 이상 말이다. 그런데 동물은 '콜라겐'이라는 단백질 섬유도 만들어낸다. 콜라겐은 피부, 인대, 힘줄, 각종 결합 조직을 구성하는 단백질이다. 콜라겐은 코트, 신발, 가방, 벨트를 비롯한 수천 가지 물건을 만드는 데 이용된다.

동물의 힘줄을 섬유로 쓰는 건 다소 이색적이다. 힘줄로 섬유를 만드는 건 주로 취미활동에 속하는데, 현재는 더 나은 합성 대용품이 개발되었다. 장선은 콜라겐 결합 조직 중 하나로 여전히 몇몇 용도로 쓰이고 있다.

가죽은 놀라울 정도로 다양한 용도로 이용된다. 위 사진은 소가죽으로 만든 말이다.

콜라겐은 케라틴처럼 단백질이지만 아미노산 서열이 달라서 전반적인 물리적 구조가 다르다.

장선은 영어로 'catgut'라고 쓰지만 고양이로 만든 게 아니다! 흥분하지 마라! 양, 염소, 소, 돼지, 말, 당나귀 등의 창자로 만든 것이다. catgut라는 단어도 고양이에게서 유래한 게 아니다. gut는 창자를 뜻하는 게 맞지만, cat은 바이올린을 뜻하는 고어인 kit에서 유래했다고 한다. 장선은 지금도 여전히 현악기에 사용되곤 하는데, 타르라는 페르시아 현악기의 현으로 쓰인다.

장선은 동물들을 살리기 위해 복부를 꿰맬 때 봉합사로 쓰인다.(장선을 얻기 위해 죽인 동물도 있겠지만.) 장선은 몸에 서서히 흡수되기 때문에 나중에 봉합사를 제거할 필요가 없어서 좋다.

Here I fell asleep

양피지는 매우 얇은 가죽이다. 글을 쓰기 위해 동물 가죽의 콜라겐을 이용해 만든다. 양피지는 오랜 시간 보관이 가능해서 중세 시대에 수많은 필사본을 쓰는 데 이용되었다. 사진 속 양피지는 중세 시대 물건이라는데 확실치는 않다.

튼튼한 광물성 섬유

섬유는 대개 유기 화합물이지만, 그중에는 무기 화합물도 있다. 철사와 철선은 물론이고, 탄소 섬유와 유리 섬유도 해당된다. 천연 섬유 중 가장 아름답기로 손꼽히는 석면은 요즘 평판이 나쁘지만(226쪽 참조), 한때는 가벼움과 내화성, 절연성 때문에 인기가 높았다.

지금까지 설명한 유기 섬유들은 긴 사슬 형태지만, 무기 섬유는 대개 단일 원소들로만 이루어져 있다. 또한 당연히 단일 분자들로만 이루어져 있다. 예를 들어 금속 섬유는 분자가 결합한 게 아니며, 원자들이 특정 방향으로 배열되어 있지도 않다. 유리나 록 파이버(화산암으로 만든 유리 모양의 섬유)는 유기 섬유와 비슷하게 가늘고 긴 사슬 형태로 결합되어 있으나, 곧은 사슬이 아닌 3차원 구조로 연결된 것이다.

무기 섬유는 유기 섬유처럼 다양하지 않지만 고온에 강해 중요한 역할을 한다. 또한 무기 섬유의 원료가 되는 암석과 마찬가지로 거의 모든 극한 상황에서도 영원히 살아남는다.

◀ 강철과 마찬가지로 순수한 구리 역시 섬유로 추출해 밧줄로 엮을 수 있다. 하지만 강도가 약해 실제 밧줄로 만들어진 적은 없다. 대신 구리는 전기 전도율이 뛰어나 구리선과 케이블로 이용된다. 사진 속 예쁜 물건은 구리선으로 땋아 만든 접지선이다.

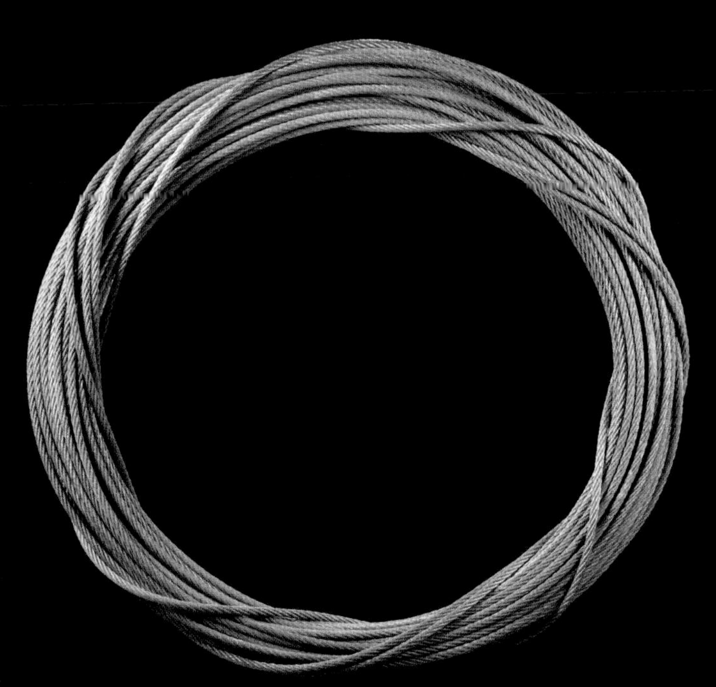

◀ 밧줄 강도의 모범이라 불리는, 지름이 작은 와이어로프다. 와이어로프는 고장력강이다.(탄소가 약간 들어간 철로 만들었다.) 케블라나 초고분자량 폴리에틸렌 같은 몇몇 합성 유기 섬유와 비단 등 천연 섬유를 하나하나 보면 강철보다 질기기는 하지만, 그 어느 것도 강철보다 내구성과 강도가 높지 않으며 저렴하지 않다. 건설용 크레인, 엘리베이터 건축, 상승 케이블카를 만드는 데 쓸 섬유로는 강철이 딱이다.

튼튼한 광물성 섬유

'강모'는 조금 더 꺼끌꺼끌하다는 것만 빼면 양모와 아주 유사하다. 강모에 성냥으로 불을 붙이면 어떤 놀라운 일이 일어나는지 131쪽을 확인해보라.

이 카오울 사의 '세라믹 울'은 고령토로 만든다. 목탄 난로, 용광로 같은 가마에서 고온에 견디는 절연체로 쓴다. 옛날에는 석면을 썼다. 솜사탕을 만드는 방법과 유사한 식으로 고령토를 녹여 실을 뽑는다.

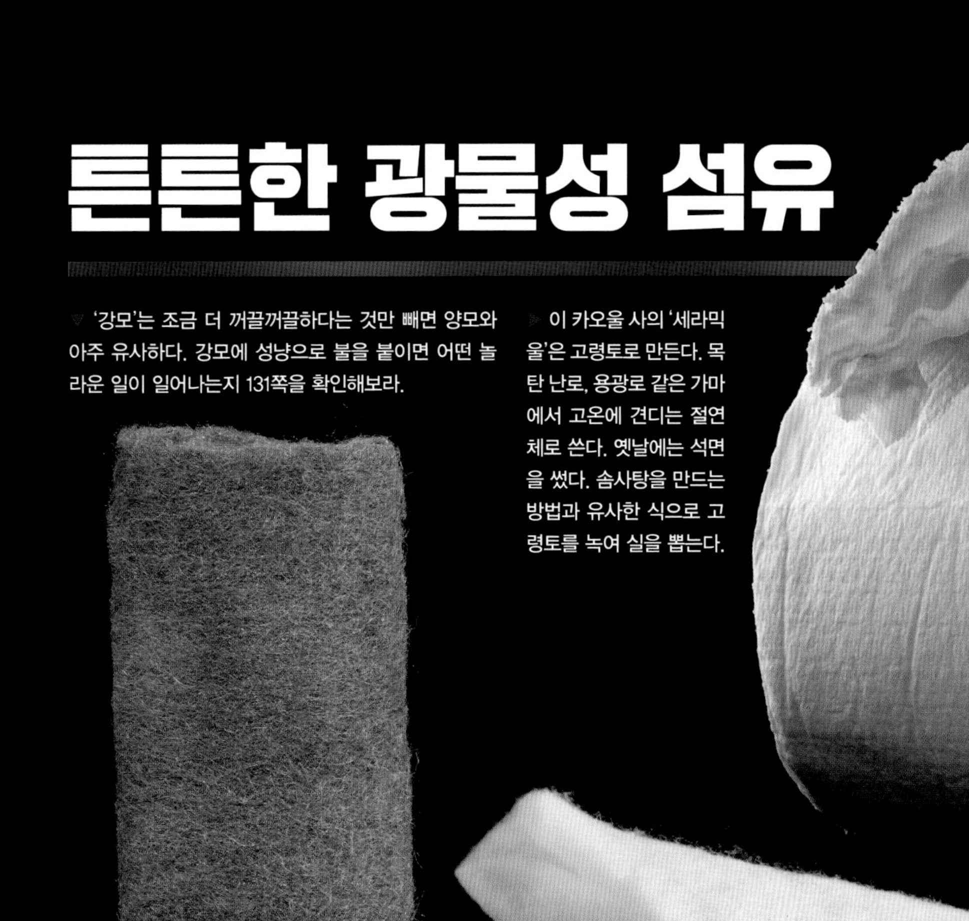

고내열성인 세라믹 울은 규산마그네슘칼슘으로 만들었으며, 내열성 절연체로 쓴다.

이 고령토 뭉치를 녹여 세라믹 울을 만든다.

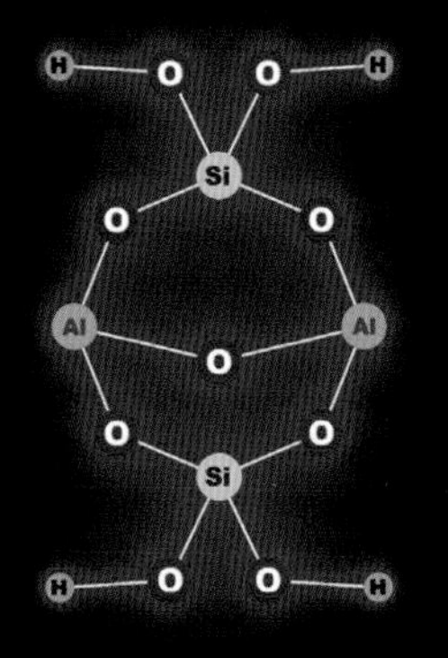

이산화규소

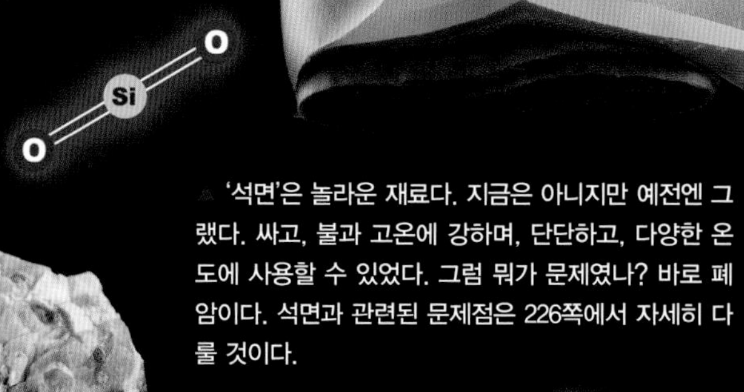

'석면'은 놀라운 재료다. 지금은 아니지만 예전엔 그랬다. 싸고, 불과 고온에 강하며, 단단하고, 다양한 온도에 사용할 수 있었다. 그럼 뭐가 문제였나? 바로 폐암이다. 석면과 관련된 문제점은 226쪽에서 자세히 다룰 것이다.

석면

'유리 섬유'는 탄소 섬유와 아주 비슷하다. 단단하지만 그것만으로 무얼 만들면 너무 잘 부러진다. 그래서 에폭시나 다른 합성수지에 첨가해 단단하고 가벼운 복합 패널을 제작하는 데 쓴다.

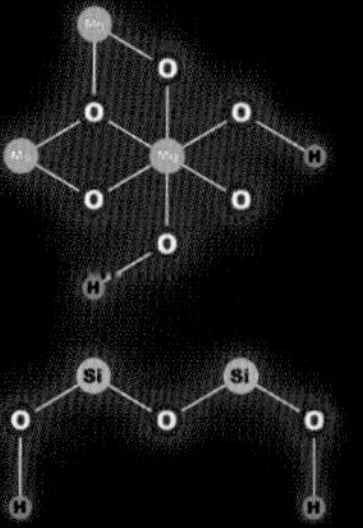

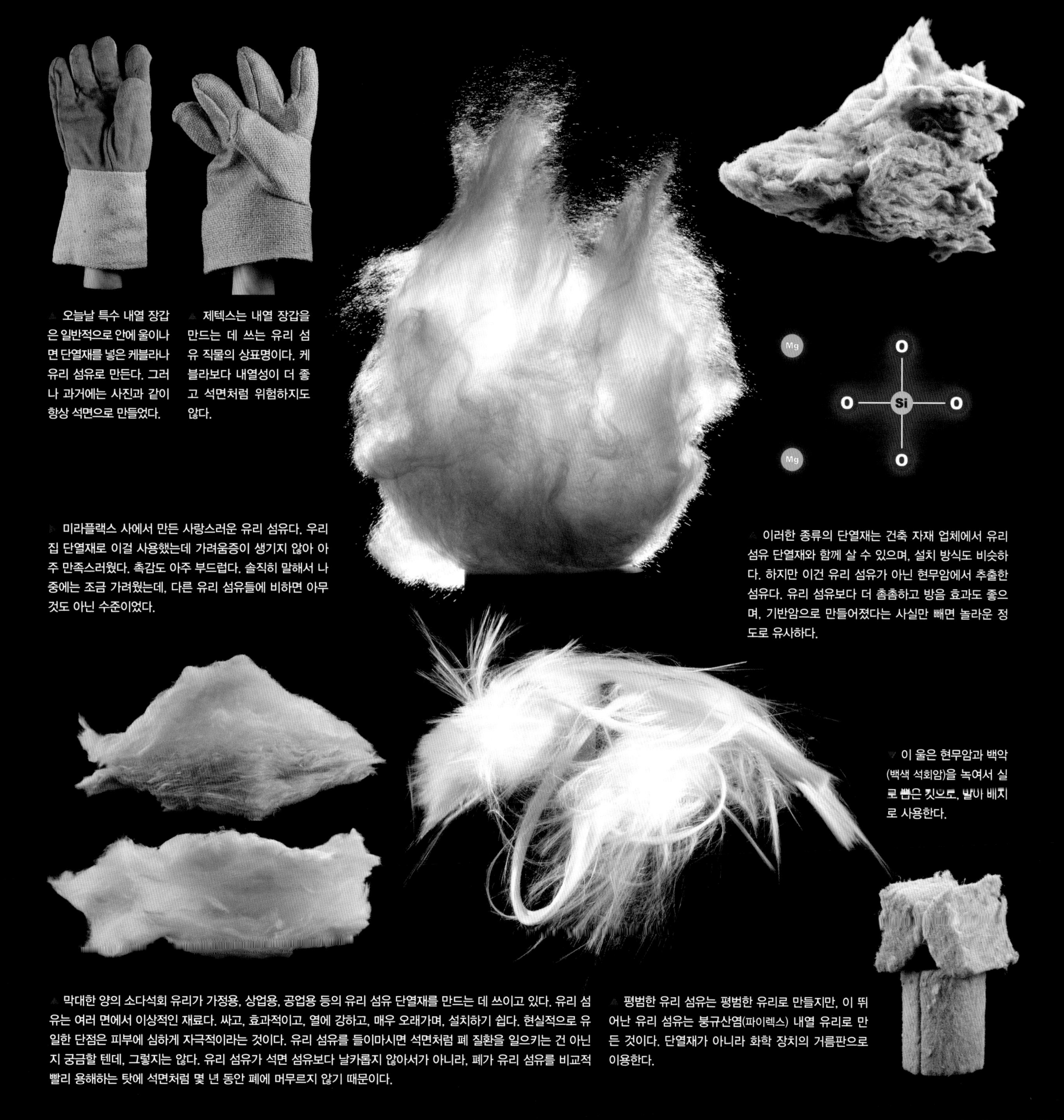

오늘날 특수 내열 장갑은 일반적으로 안에 울이나 면 단열재를 넣은 케블라나 유리 섬유로 만든다. 그러나 과거에는 사진과 같이 항상 석면으로 만들었다.

제텍스는 내열 장갑을 만드는 데 쓰는 유리 섬유 직물의 상표명이다. 케블라보다 내열성이 더 좋고 석면처럼 위험하지도 않다.

미라플랙스 사에서 만든 사랑스러운 유리 섬유다. 우리 집 단열재로 이걸 사용했는데 가려움증이 생기지 않아 아주 만족스러웠다. 촉감도 아주 부드럽다. 솔직히 말해서 나중에는 조금 가려웠는데, 다른 유리 섬유들에 비하면 아무것도 아닌 수준이었다.

이러한 종류의 단열재는 건축 자재 업체에서 유리 섬유 단열재와 함께 살 수 있으며, 설치 방식도 비슷하다. 하지만 이건 유리 섬유가 아닌 현무암에서 추출한 섬유다. 유리 섬유보다 더 촘촘하고 방음 효과도 좋으며, 기반암으로 만들어졌다는 사실만 빼면 놀라운 정도로 유사하다.

이 울은 현무암과 백악(백색 석회암)을 녹여서 실로 뽑은 것으로, 발아 배지로 사용한다.

막대한 양의 소다석회 유리가 가정용, 상업용, 공업용 등의 유리 섬유 단열재를 만드는 데 쓰이고 있다. 유리 섬유는 여러 면에서 이상적인 재료다. 싸고, 효과적이고, 열에 강하고, 매우 오래가며, 설치하기 쉽다. 현실적으로 유일한 단점은 피부에 심하게 자극적이라는 것이다. 유리 섬유를 들이마시면 석면처럼 폐 질환을 일으키는 건 아닌지 궁금할 텐데, 그렇지는 않다. 유리 섬유가 석면 섬유보다 날카롭지 않아서가 아니라, 폐가 유리 섬유를 비교적 빨리 용해하는 탓에 석면처럼 몇 년 동안 폐에 머무르지 않기 때문이다.

평범한 유리 섬유는 평범한 유리로 만들지만, 이 뛰어난 유리 섬유는 붕규산염(파이렉스) 내열 유리로 만든 것이다. 단열재가 아니라 화학 장치의 거름판으로 이용한다.

튼튼한 광물성 섬유

탄소 섬유는 흑연과 마찬가지로 육각형 격자 형태로 배열된 탄소 원자들로 이루어져 있다. 다만 흑연은 납작한 판 형태고, 탄소 섬유는 기다란 섬유 형태다. 탄소 섬유는 아주 강하지만 잘 부러지기도 해서 합성수지를 첨가해 강화한다. 이렇게 만든 가볍고 튼튼한 탄소 섬유 합성 혼합물은 비행기, 스포츠 용품, 화려한 카메라 삼각대 등을 만들 때 쓰인다.

탄소 섬유는 종종 에폭시나 폴리스티렌 같은 유기 합성수지를 강화하고 단단하게 만드는 데 사용된다. 그래서 항상 길이가 길 필요는 없다. 사진 속의 탄소 섬유는 원래 길이가 길었지만, 강화용 충전제로 이용하기 위해 일부러 0.5cm 정도의 길이로 자른 것이다. 유리 섬유는 배, 스포츠카에 이용하는 유리 섬유 강화 패널을 만들기 위해 작게 토막 내서 쓰는 경우가 많다.

에폭시 안에 첨가한 기다란 탄소 섬유는 매우 가볍고 튼튼하며 단단한 구조물을 만든다. 사진 속 값비싼 자전거의 프레임처럼.

이 모든 걸 매달고 있는 게 정말 전자기력일까?

비행기를 탈 때, 나는 가끔 내가 타고 있는 이 커다란 쇳덩이가 전자기력으로 지탱되고 있다는 게 겁이 나곤 한다. 금속과 줄, 사슬, 비행기 등등 이 모든 걸 붙들고 있는 힘이 풍선을 셔츠에 문지르면 벽에 달라붙게 만드는 힘과 같은 것이라는 사실 말이다. 더구나 풍선은 벽에 그리 잘 달라붙지도 않는다.

모든 물건은 어마어마한 수의 양전하와 음전하(양성자와 전자를 뜻한다.)를 갖고 있지만, 대부분 양전하와 음전하가 완벽히 짝을 이루고 있어 서로의 전하를 상쇄한다. 아주 큰 정전기 전하라 할지라도 가지고 있는 전하 수는 굉장히 적다. 정전기 전하를 지닌 물체(예를 들어 풍선)를 구성하고 있는 전체 원자에 포함된 전자 수에 비하면 말이다.

만약 어떤 물체에 포함된 모든 양성자와 전자를 분리할 수 있다면 그 사이에 발생하게 될 힘은 상상조차 할 수 없을 만큼 클 것이다.

예를 들어 여기 철 1g이 있다고 치자. 이것으로 약 4mm 두께의 항공기 케이블 1cm를 만들 수 있는데, 그 파괴 강도는 1.4t에 달한다.(작은 차 1대나, $50cm^3$ 크기의 정육면체 모양 철 덩어리를 떠받칠 수 있다.)

하지만 이 철 조각의 모든 양성자를 전자로부터 떼어내어 각각의 양성자와 전자를 1cm 간격으로 서로 반대쪽에 늘어놓는다면, 그 사이에 생기는 인력은 $13km^3$ 크기의 정육면체 철 덩어리나 커다란 산 하나를 떠받칠 만큼 세다.

전자기력은 아주 강한 힘이다. 아주 작은 전자기력으로도 비행기 1대의 외피를 붙들고 있기에 충분하다.

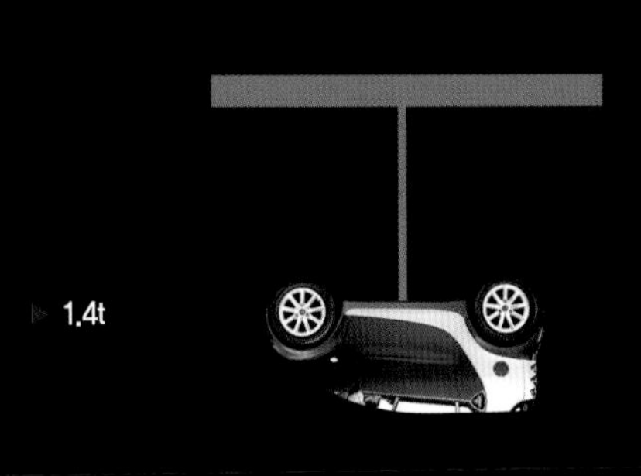

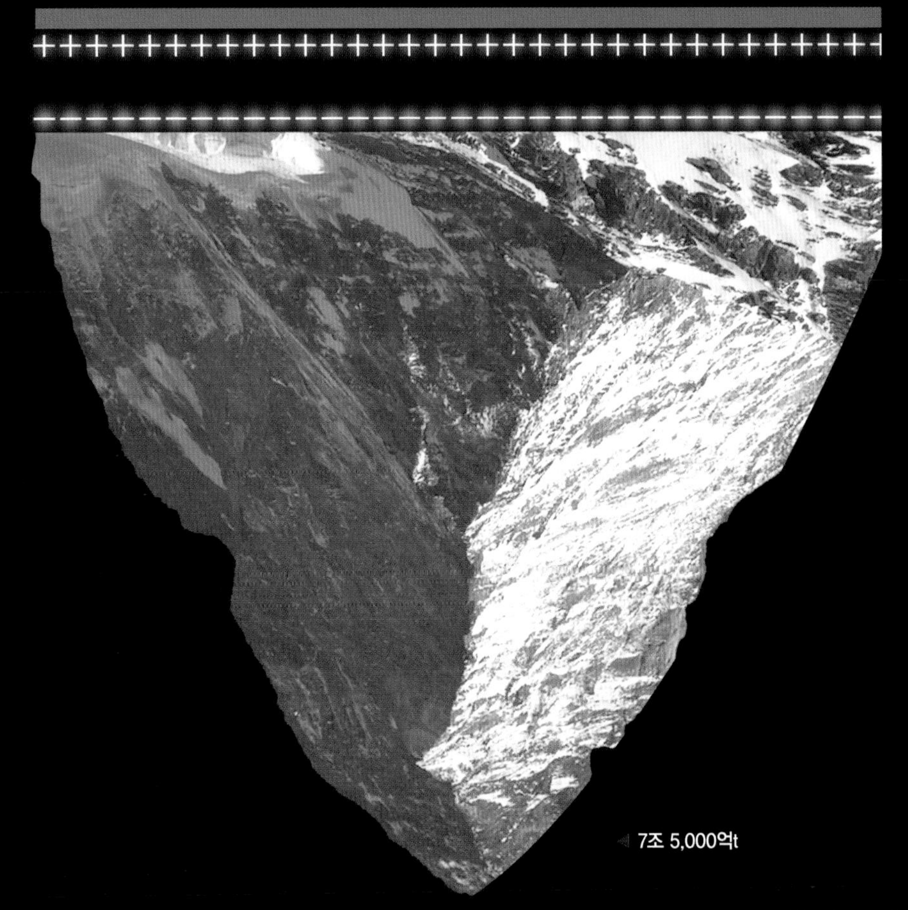

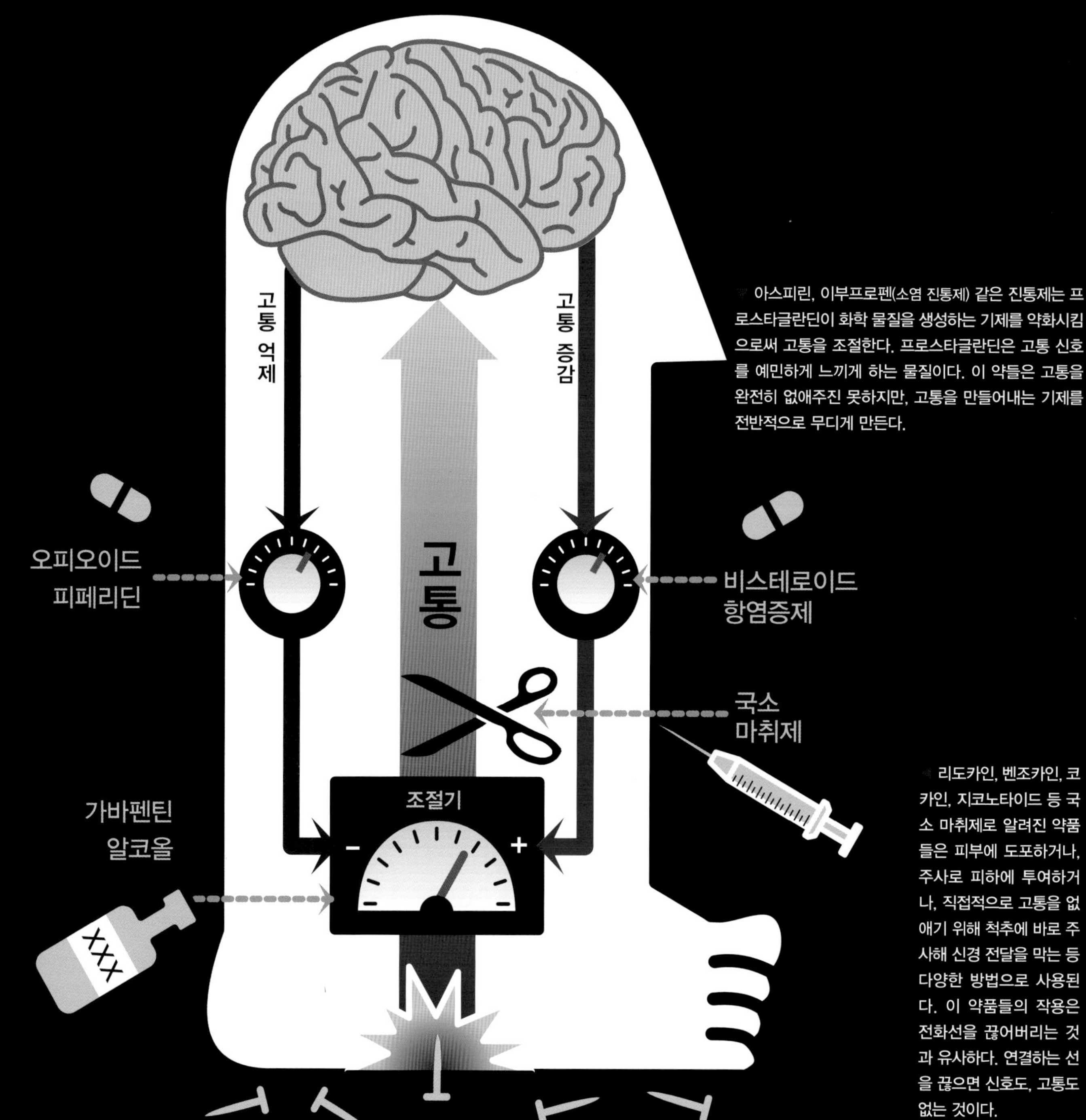

▼ 아스피린, 이부프로펜(소염 진통제) 같은 진통제는 프로스타글란딘이 화학 물질을 생성하는 기제를 약화시킴으로써 고통을 조절한다. 프로스타글란딘은 고통 신호를 예민하게 느끼게 하는 물질이다. 이 약들은 고통을 완전히 없애주진 못하지만, 고통을 만들어내는 기제를 전반적으로 무디게 만든다.

▶ 코카인 같은 오피오이드는 국소 마취제로 이용할 수 있지만, 뇌로 들어갈 경우(먹거나 주사된 뒤에) 고통을 느끼는 기제를 약화시키는 도파민(신경전달물질. 쾌락이나 행복감을 일으킨다.)을 과도하게 분비하는 등 이상 현상을 일으킨다.

◀ 리도카인, 벤조카인, 코카인, 지코노타이드 등 국소 마취제로 알려진 약품들은 피부에 도포하거나, 주사로 피하에 투여하거나, 직접적으로 고통을 없애기 위해 척추에 바로 주사해 신경 전달을 막는 등 다양한 방법으로 사용된다. 이 약품들의 작용은 전화선을 끊어버리는 것과 유사하다. 연결하는 선을 끊으면 신호도, 고통도 없는 것이다.

▲ 가바펜틴(간질 치료제) 같은 진통제는 알코올처럼 고통 감각 수용기를 무디게 만들어 직접적으로 고통을 느끼지 못하게 한다.

Chapter 8

고통과 흥분

고통은 실제 느끼지 않는 한 평소에는 별로 떠오르지 않다가, 실제 느껴지는 순간부터는 오로지 그 고통만 생각하게 한다. 고통을 피하고 싶은 생각은 우리를 무슨 짓이든 하게 만든다. 단순하게는 뜨거운 난로에서 황급히 손을 떼게 하고, 더 나은 진통제를 개발하기 위해(달리 말해 더 나은 분자를 찾아내기 위해) 무려 1조 원짜리 연구를 하게 한다.

고통은 단순한 신호라고 할 수 있다. 먼발치에서 깜빡거리는 빛과 같다. 깜빡거리는 속도가 빠를수록 고통은 더 강렬하다. 그런데 이 빛에는 내재된 힘이 없고, 뇌가 인지하기 전까지는 조금도 중요하지 않다. 그 빛이 얼마나 강하든 상관없이 종이 1장만 있으면 당신과 빛 사이를 차단하고 고통을 멈추게 할 수 있다. 고통은 그 자체로는 아무런 힘이 없다.(마음이 고통을 만든다는 말은 비현실적이다.) 이 사실은 당신이 고통을 느끼는 순간에는 별 도움이 안 되지만, 진통제가 반드시 크고 셀 필요가 없다는 점을 알려준다. 진통제에 필요한 건 크기나 힘이 아닌, 기술이다.

오늘날 많이 쓰이는 진통제는 식물 추출물을 정제한 것이거나, 식물 추출물과 똑같이 만든 인공 합성물, 또는 특정 천연 물질과 유사한 화학적 성질을 띠는 합성 화합물이다.

식물이 진통제와 관련된 물질을 만들어내는 건 인간을 돕기 위해서가 아니다. 오히려 그 반대다. 식물에서 추출한 효과적인 의약 물질들은 사실 식물의 방어용 독이다. 그리고 바로 이 점이 식물 추출물이 의약품으로써 효과가 큰 이유다. 신경 전달을 차단하는 물질은 심장에 영향을 끼쳐 죽음에 이르게 할 수도 있다. 그리고 수술 시 절개 부위와 뇌를 잇는 신경에 작용함으로써 수술 과정의 통증을 막을 수도 있다. 바로 이것이 연구자들이 신약 개발을 할 때 독성이 있는 식물이나 곤충, 개구리, 세균, 곰팡이 등을 찾으면 흥분하는 이유다.

아인슈타인은 "모든 게 가급적 간단해야 하지만 지나치게 간단해선 안 된다."는 명언을 남겼다. 그러니 그는 아마 이 그림을 별로 좋아하지 않았을 거다. 고통이 전달되고 조절되는 세부적인 과정은 사실 너무나도 복잡하다. 이 그림은 지나치리만치 단순하게 그린 것이니 있는 그대로 받아들이면 곤란하다. 부탁인데, 내가 설명을 잘못했다고 분노의 편지를 보내지 말길 바란다.

버드나무 껍질

진통제는 너무 약해서 차라리 벽에다가 머리를 쿵쿵 찧는 게 더 나을 정도인 약물부터 너무 강해서 주로 코끼리를 마취시키는 데 쓰이는 것까지 다양한 종류가 있다.

아주 강하지도 아주 오래되지도 않았지만 현재까지 가장 널리 쓰이는 진통제는 바로 버드나무 껍질에서 착안되었다. 미국의 모든 초등학생은 북미 원주민이 아스피린 성분이 포함된 버드나무 껍질을 씹어 고통을 완화시켰다고 배운다. 버드나무 껍질은 최소 3,000여 년 전부터 진통제로 이용되었는데, 실제로는 아스피린 성분이 함유되어 있지 않다. 대신 현대의 아스피린 유효 성분과 유사한 화합물이 들어 있다. 아스피린보다 독성이 조금 더 강하고 진통제로 딱히 더 좋다고 할 수 없는 물질인 살리신이다.

약물을 만들 때 가장 중요한 점이 있다. 자연에서 얻은 경우 그 화학적 변형물들을 시험해봐야 한다는 것이다. 자연에서 얻은 물질보다 훨씬 나은 물질을 찾아낼 확률이 꽤 높기 때문이다. 그 예로 인공 변형물인 아세틸살리실산은 천연 물질보다 좋은 대안으로 밝혀졌는데, 이것이 바로 현대의 아스피린이다.

요즘에는 비슷한 점도 있지만 다른 점도 있는, 다양한 아스피린 합성 변형물이 많이 쓰인다. 이들을 'NSAIDs'(NonSteroidal Anti-Inflammatory Drugs)라고 부르는데, 비스테로이드 항염증제의 줄임말이다. 여기에는 전 세계 어디서나 처방전 없이도 약국에서 살 수 있는, 아주 흔한 4가지 진통제가 포함되어 있다. 아스피린, 아세트아미노펜, 이부프로펜, 나프록센 나트륨.

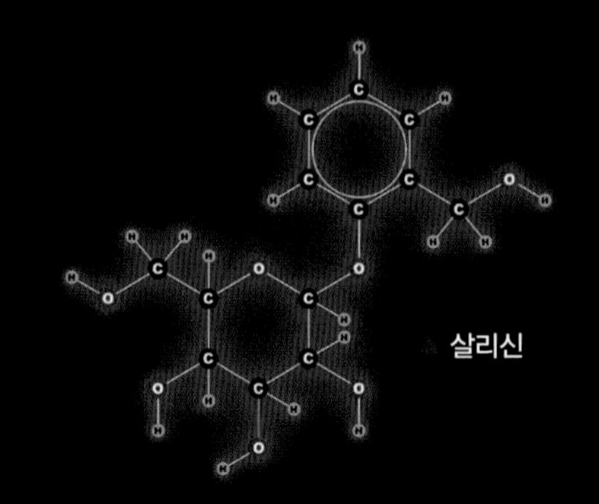

▶ 살리신

◀ 잘게 자른 버드나무 껍질은 전 세계에서 수천 년 동안 통증을 다스리는 데 이용되었다. 주요 유효 성분은 살리신이지만, 이 식물에는 실제 효과를 일으키는 물질일지도 모르는 폴리페놀과 플라보노이드도 함유되어 있다.

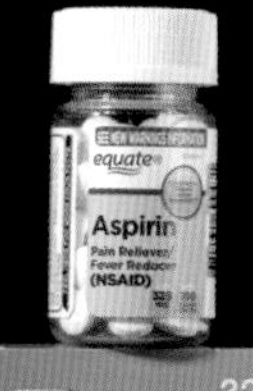

◀ 아세틸살리실산의 상표명은 수십 가지인데, 그 중 원조는 바이엘 제약회사의 아스피린이다. 아스피린은 합성 염료인 푹신(fuchsine)이 만들어지면서 바이엘 사가 맨 처음 상업적으로 판매한 것이다.

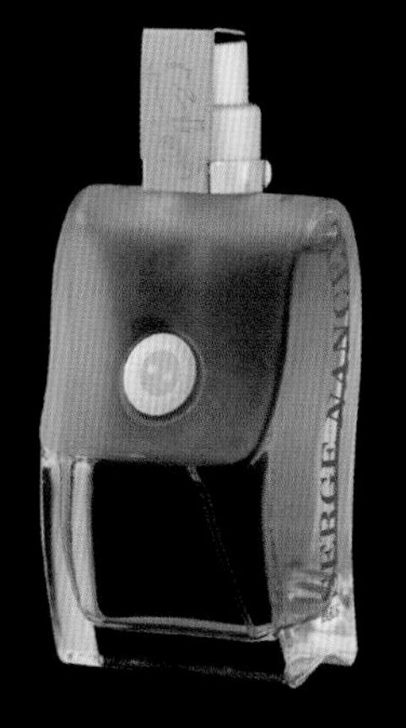

◀ 카스토레움(해리향)은 비버 항문의 향분비샘에서 추출한 것으로, 비버가 영역 표시를 할 때 이용하는 물질이다. 여기에는 버드나무 껍질에 들어 있는 진통제 원료와 똑같은 살리신이 함유되어 있다. 카스토레움이 진통제로 사용되었다는 기록이 있긴 하지만, 오늘날에는 주로 향수를 만드는 데 쓰인다. 사람들이 좋아하거나 싫어하는 냄새가 궁금하면 11장을 보라.

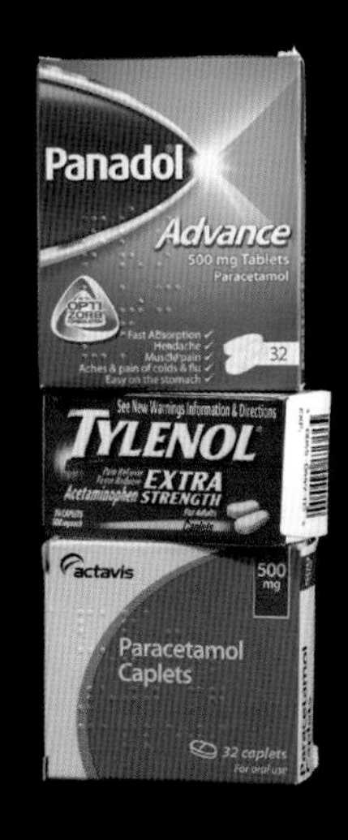

◀ 상표명인 아세트아미노펜(영국에서 쓰인다.)과 파라세타몰(기타 지역에서 쓰인다.)은 파라아세틸아미노페놀이라는 화학명의 약자다. 어느 글자를 생략하느냐의 문제일 뿐이다. 아스피린과 마찬가지로 이 화학 물질 역시 수십 가지 상품명으로 판매되고 있다. 미국의 타이레놀, 영국의 파나돌이 그 예다.

▶ 아스피린은 동물에게도 사람과 똑같이 작용한다. 가축 치료용으로 이용하는 아스피린은 굵은 가루로 되어 있거나(450g에 몇 천 원이다.) 매우 큰 알약 형태로 되어 있다. 이 사진은 사람이 먹는 아스피린 알약이다. 햄스터용 아스피린은 배치할 수가 없었다.

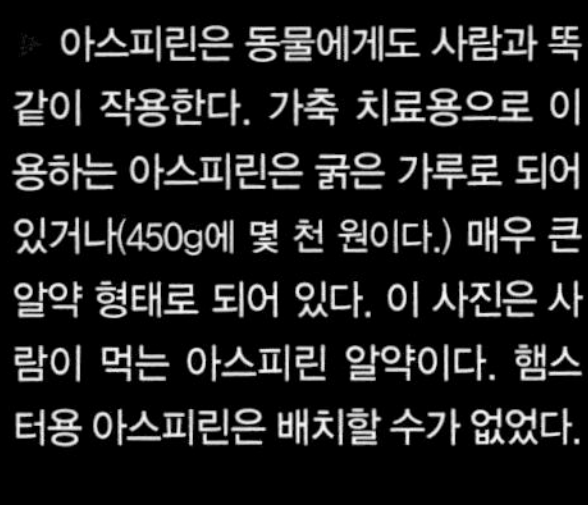

▼ 아세틸살리실산

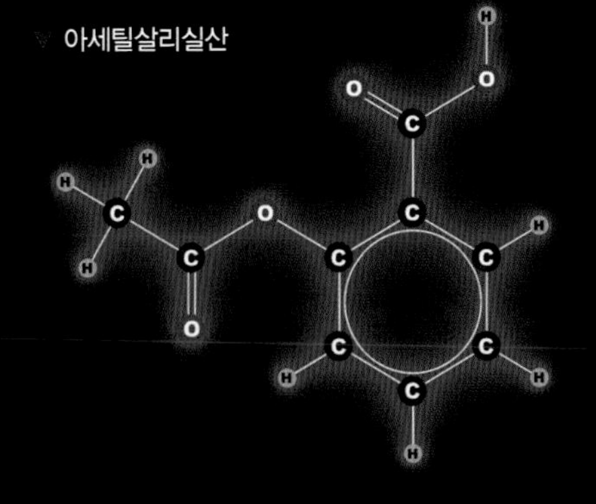

▶ 아세트아미노펜

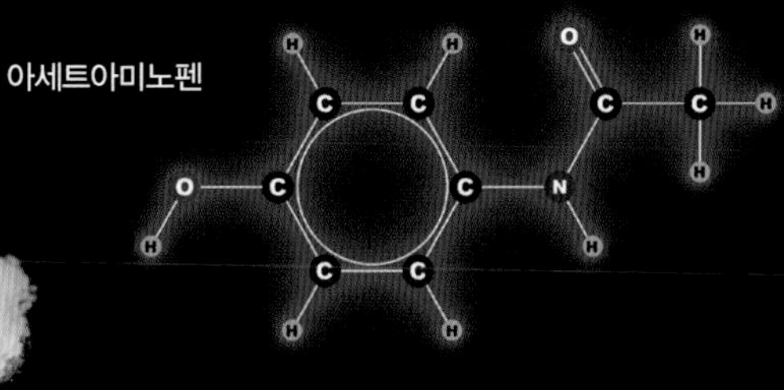

두통에 사용하는 진통제는 복합적인 효과를 내기 위해 카페인이나 항스타민제를 넣어 다양하게 조제한다.

모트린: 이부프로펜, 디펜히드라민

이퀘이트: 아세트아미노펜, 디펜히드라민

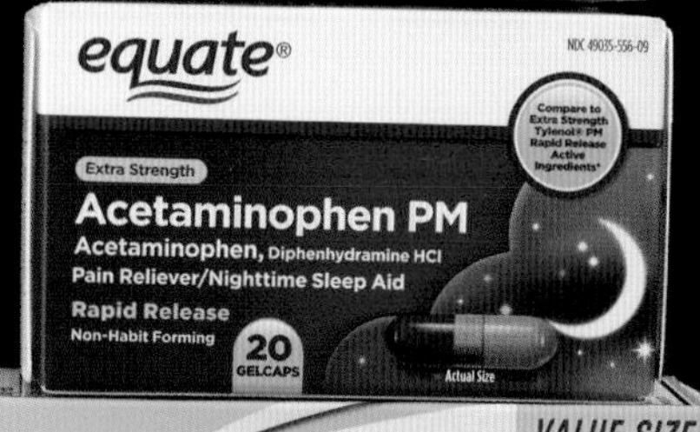

미돌: 아세트아미노펜, 카페인, 말레산 피릴라민

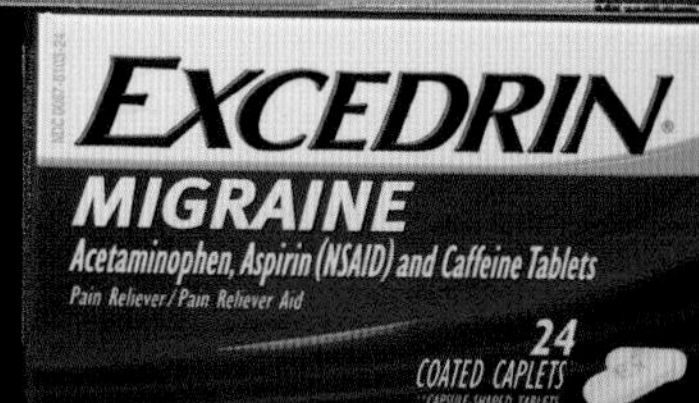

엑세드린: 아세트아미노펜, 카페인

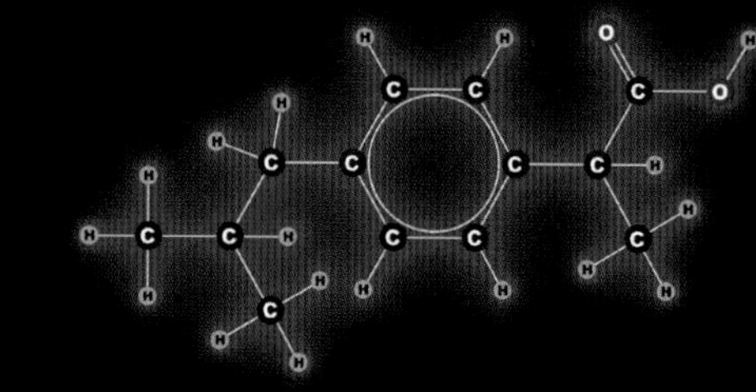

이부프로펜(진통제)

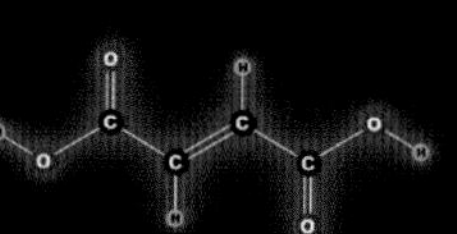

디펜히드라민(항히스타민제이지만 진정제로도 쓰인다.)

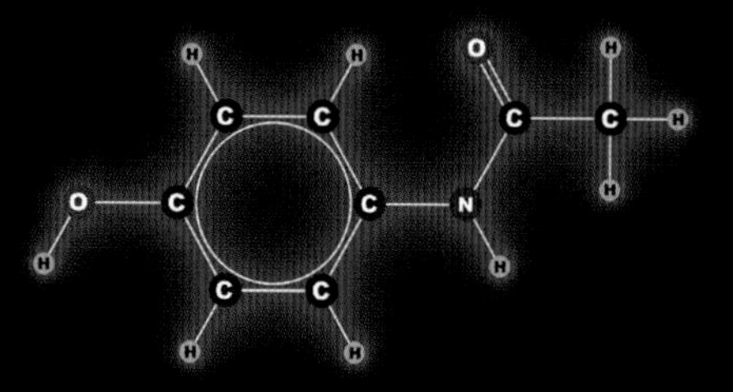

아세트아미노펜(진통제)

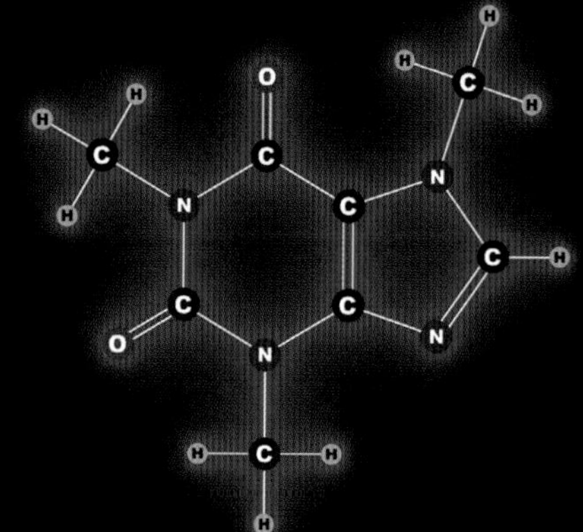

카페인(각성제이지만 진통제로 더 효과적인 것 같다.)

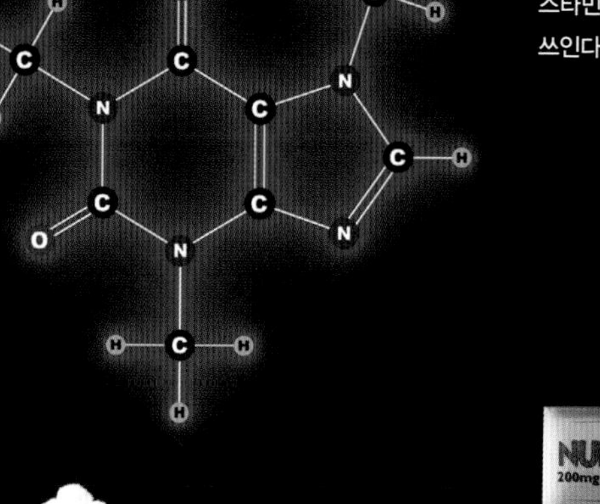

말레산 피릴라민(항히스타민제이지만 진정제로도 쓰인다.)

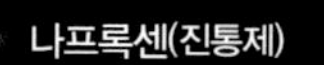

나프록센 나트륨은 비교적 최근에 나온, 처방전 없이 살 수 있는 진통제다. 아스피린과 같은 산 구조지만 벤젠 고리가 1개가 아니라 2개다.

나프록센(진통제)

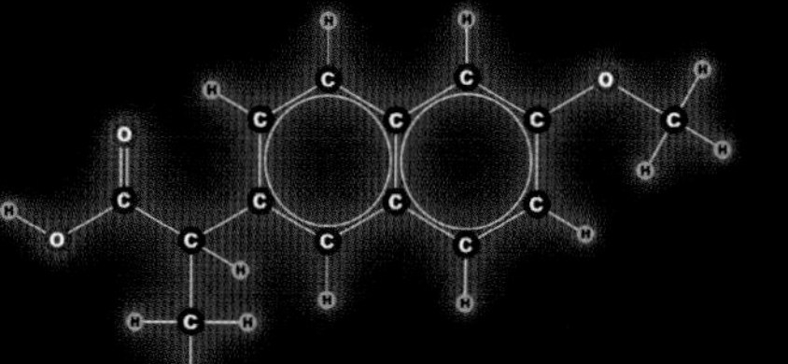

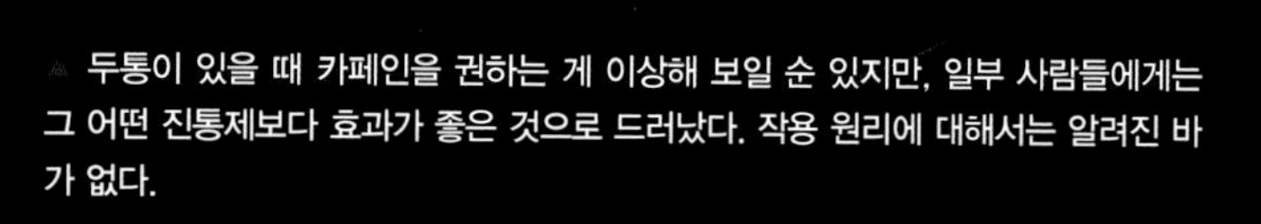

두통이 있을 때 카페인을 권하는 게 이상해 보일 순 있지만, 일부 사람들에게는 그 어떤 진통제보다 효과가 좋은 것으로 드러났다. 작용 원리에 대해서는 알려진 바가 없다.

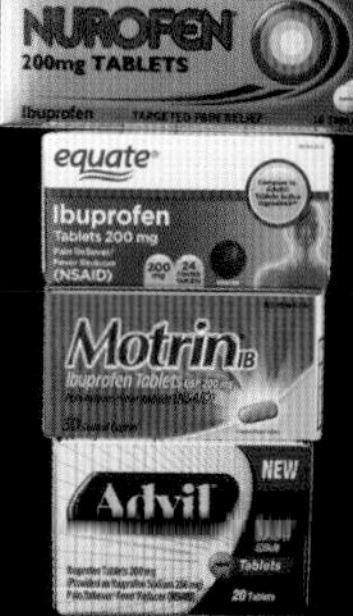

이부프로펜은 아스피린처럼 약한 유기산으로, 탄소 원자가 6개인 벤젠 고리를 가지고 있다. 하지만 아스피린보다 효과가 더 좋은 진통 소염제로 작용할 때가 많다.

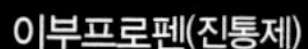

이부프로펜(진통제)

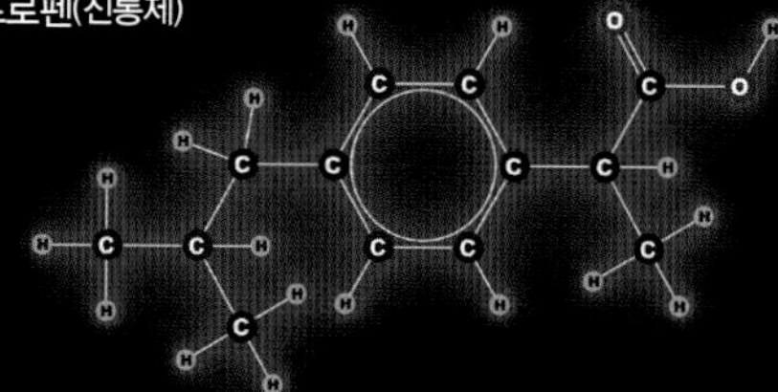

아편과 그 사촌들

놀랍게도 모든 진통제 중 가장 강력한 '이것'은 그 효과가 정말 좋아서 오늘날까지도 전 세계 병원에서 흔하게 사용되고 있다. '이것'은 현존하는 진통제 중 가장 오래된 것이며, 버드나무 껍질보다 수천 년 앞서 사용되었다. '이것'은 바로 '아편'이다.

아편은 양귀비라는 꽃에서 추출하는데, 매우 유사한 3가지 성분을 함유하고 있다. 바로 '모르핀', '코데인', '테바인'이다. 이 가운데 2가지 화학 물질이 지금까지도 현대 의약품으로 흔히 사용되는 걸 생각해보면 양귀비라는 꽃이 얼마나 대단한 식물인지 알 수 있다. 수천 년 동안 인류에게 항생제나 백신은 없었어도 기가 막히게 좋은 진통제는 있었던 것이다.

오늘날에는 아편과 화학적으로 유사한, 아주 다양한 물질을 쓰고 있는데 그중 몇몇은 아편의 주성분인 모르핀보다 수천 배 더 강력하다. (비교해보자면, 아스피린은 진통제로서 모르핀보다 수백 배 약하다.) 이 물질들은 각각 그만의 독특한 이점을 가지고 있다. 어느 것은 체내에서 며칠 동안 머무를 만큼 지속 시간이 길다. 반면 어느 것은 금세 분해되어 사라지는데, 이 특성이 유용하기도 하다.

아편과 아편 합성 유도체는 화학적 의존성(중독성)이 있다. 그리고 물리적·감정적 고통을 한꺼번에 없애준다. 이 두 가지 특징은 이들 약물을 아주 위험한 존재로 만든다. 합법적으로든, 불법적으로든 이 약물들은 남용되기 쉽다. 그래서 의사들은 매우 극심한 통증을 느끼는 환자들에게조차 이 약물들을 처방하길 주저한다. 합법적으로 받은 약물에 중독된 사람은 처방이 중단될 경우, 뒷골목에서 모르핀의 합성 변형물인 헤로인 같은 위험한 약을 찾게 될 것이기 때문이다.

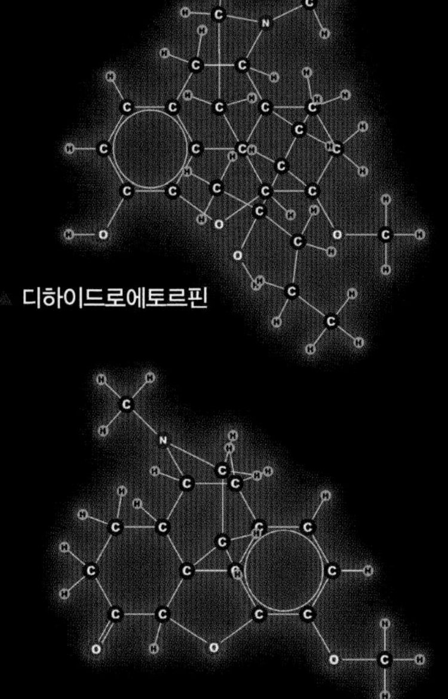
디하이드로에토르핀

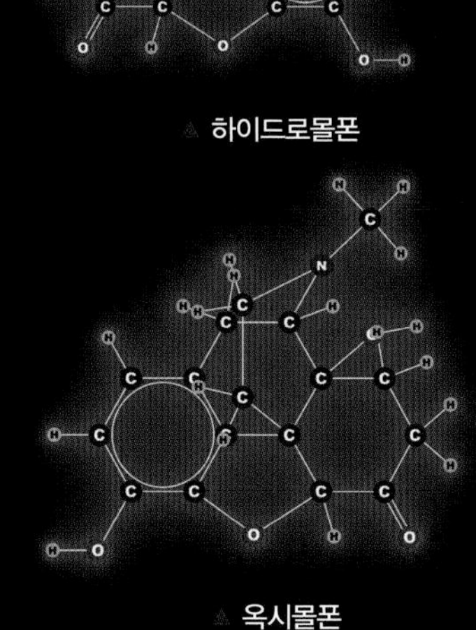
하이드로몰폰

하이드로코돈

옥시몰폰

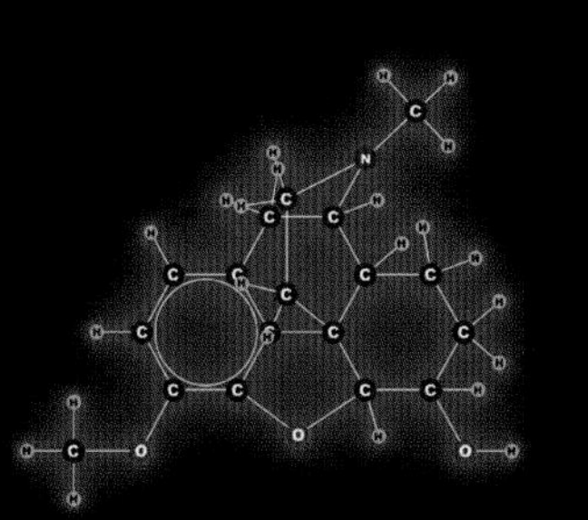
다이하이드로코데인

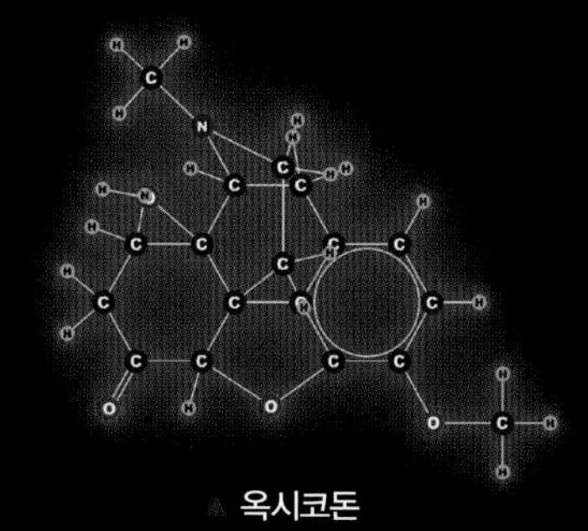
옥시코돈

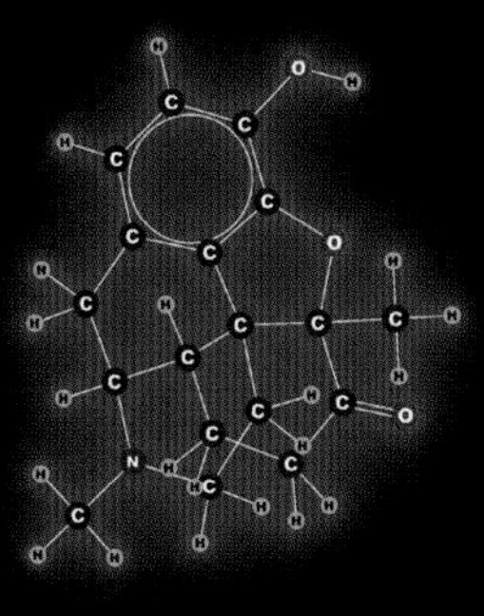
메토폰

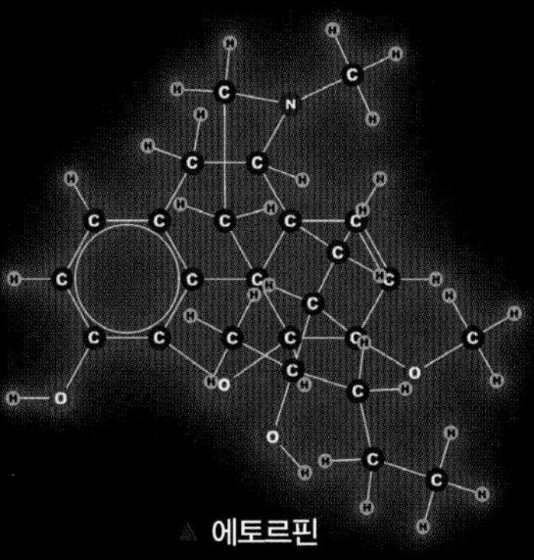
에토르핀

여기 실린 화합물에는 천연물, 합성물이 섞여 있다. 그리고 모두 모르핀처럼 고리 4개로 이루어진 동일한 구조이며, 강력한 진통제다. 양귀비의 천연 수지는 모르핀, 코데인, 테바인 이 3가지로 이루어져 있다.

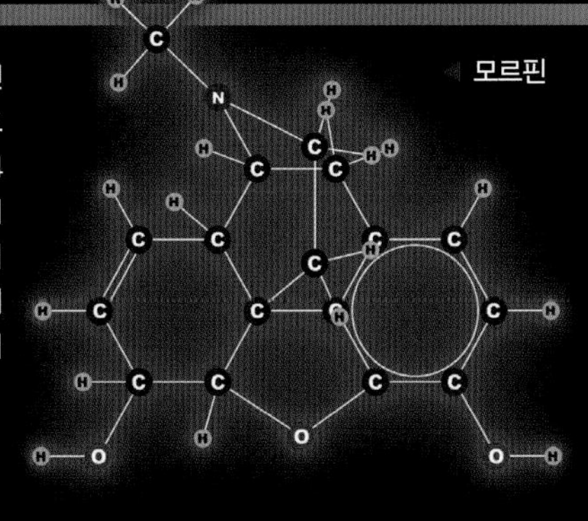
모르핀

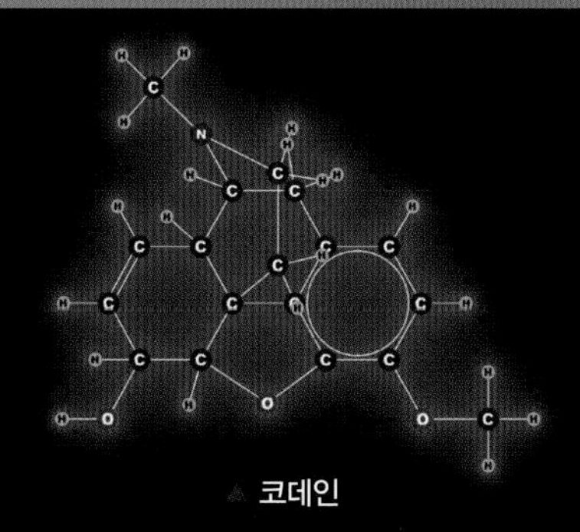
코데인

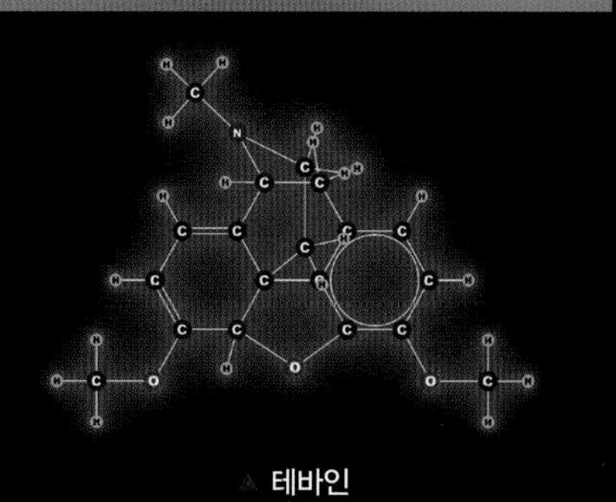
테바인

◀ 양귀비에서 추출한 천연 수지에는 고농도의 모르핀, 코데인, 테바인이 함유되어 있다.

아편과 그 사촌들

아편은 중국을 비롯한 동양의 모든 나라에서 수천 년 동안 거래되었다. 사진 속 바이올린 모양 저울은 극소량의 귀한 물질의 무게를 잴 때 사용했다.

여기 보이는 약 10cm 높이의 상자에 아편이 가득 들어 있다면, 그리고 이 상자를 손에 넣는다면 그건 정말 엄청난 일이다. 이 같은 상자는 골동품 거래상들 사이에서 공공연하게 아편 상자라 불려왔는데 사실 그보다는 담뱃갑으로 더 많이 썼을 것이다.

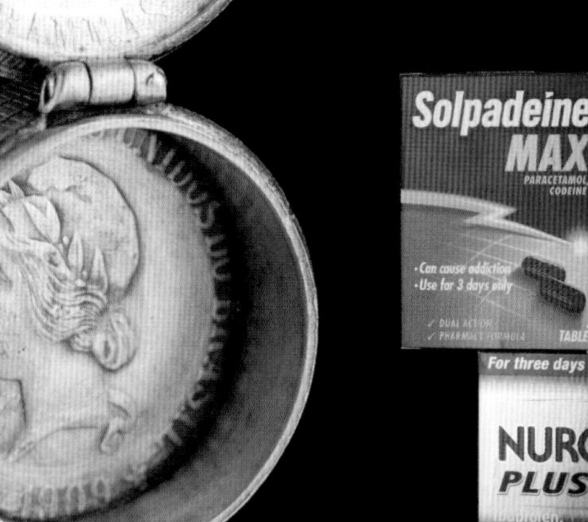

아편을 담는 상자는 세기가 바뀌면서 동전 모양으로도 만들었다. 이것 때문에 누군가는 골탕을 먹기도 했을 것이다. 위 사진 속 상자는 비교적 최신 것으로 1906년에 만들었다.

비코딘은 다양한 진통제 상표 중 하나로, 아세트아미노펜과 합성 아편인 하이드로코돈을 결합한 것이다. 중독성이 강해 처방전 없이는 구할 수 없다. 사진 속 알약은 합법적으로 약을 얻을 수 없는 통증 환자들이 암시장에서 많이 구입한다.(붉은색 반점은 이 약에 하이드로코돈이 들어 있다는 것을 확실히 표시하기 위해 의도적으로 그려 넣은 것이다.)

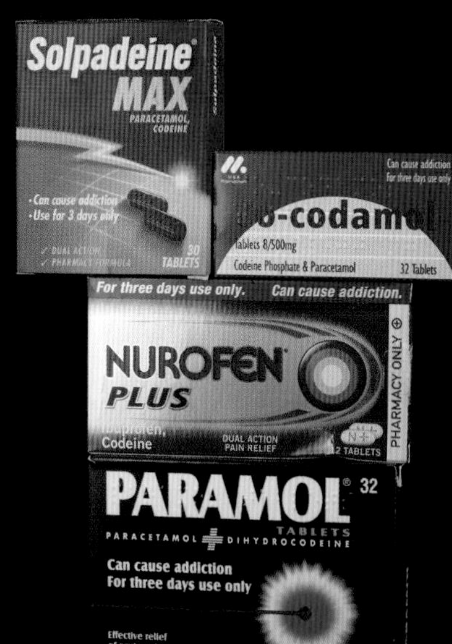

미국에서는 의사의 처방전이 있어야만 코데인을 구할 수 있지만, 다른 나라는 다르다. 가령 영국에서는 약사의 동의만 있으면 코데인을 함유한 약을 구할 수 있다. 말도 안 되게 많은 양을 요구하지만 않는다면 약국으로 들어가 코데인을 구입하는 게 가능하다는 뜻이다.

모르핀은 과거에는 물론 지금까지도 전쟁터에서 매우 중요한 안정제다. 사진의 모르핀 자가 주사기는 제2차 세계대전 때 사용하던 것이다. 사용설명서를 보면 주삿바늘 안에 작은 핀을 넣어서 튜브 안쪽의 밀봉된 속포장에 구멍을 낸다고 되어 있다.

화학 구조를 통해 모르핀과 그 유사 화학 물질들을 구분하기란 거의 불가능하다. 그러나 여기 이것들은 실제로 항아편 물질이다. 이 물질들은 체내에서 아편이 일으키는 화학적 경로와 동일하게 움직여 그 흐름을 차단함으로써 아편과 아편 유도체의 영향력에 대항한다. 다시 말해 이 물질들은 모르핀 과다 복용, 아편 중독, 헤로인 중독을 치료하는 해독제로 쓰일 수 있다는 뜻이다.

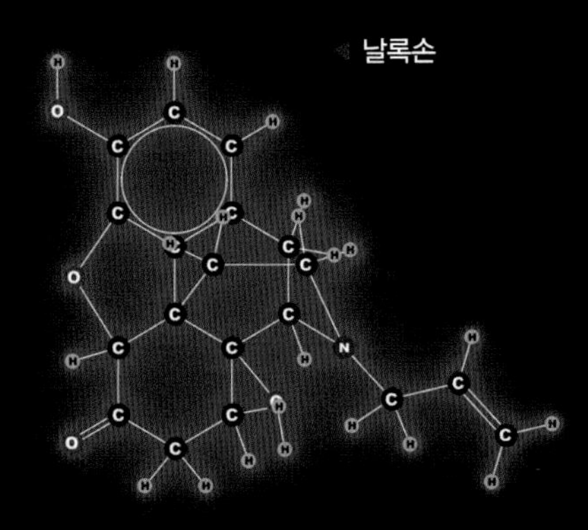

날록손

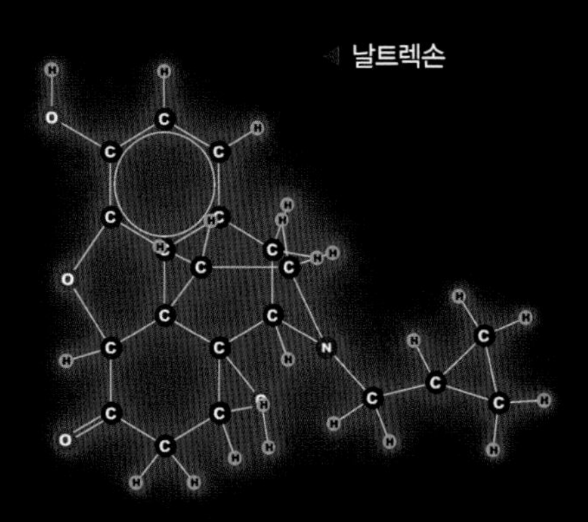

날트렉손

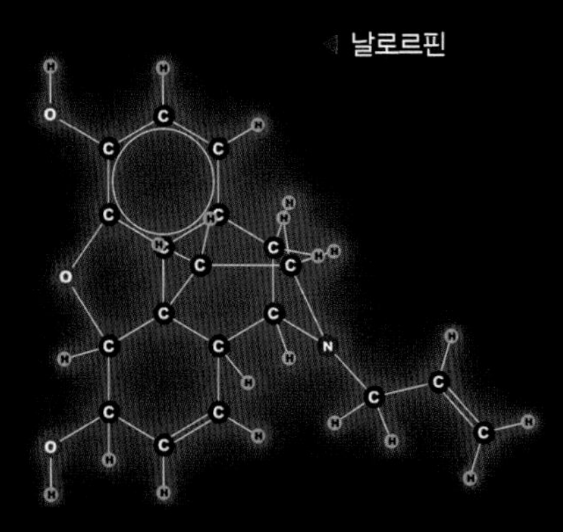

날로르핀

모르핀 알약은 아주 조금만 먹어도 극심한 고통으로부터 벗어날 수 있다. 그러나 중독으로 쉽게 이어진다.

헤로인은 아편 무리 중에서도 가장 골칫덩어리다. 대부분 불법으로 지정되어 있고, 다른 아편 물질들과 비교했을 때에도 의학적으로 이점이 거의 없다.(그럼에도 의약품으로 사용할 때는 디아모르핀이라 부른다.)

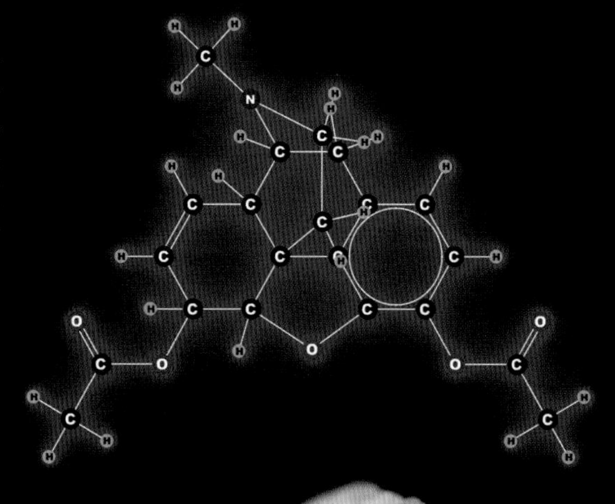

날록손은 주사를 통해 투여되며 아편과 유사한 점이 많지만, 오남용의 가능성이 없어 강하게 규제하지 않는다. 날록손은 아편 과다 복용을 치료할 때 이용한다. 날록손이 아편 같은 약물의 효과를 없애주기 때문이다.

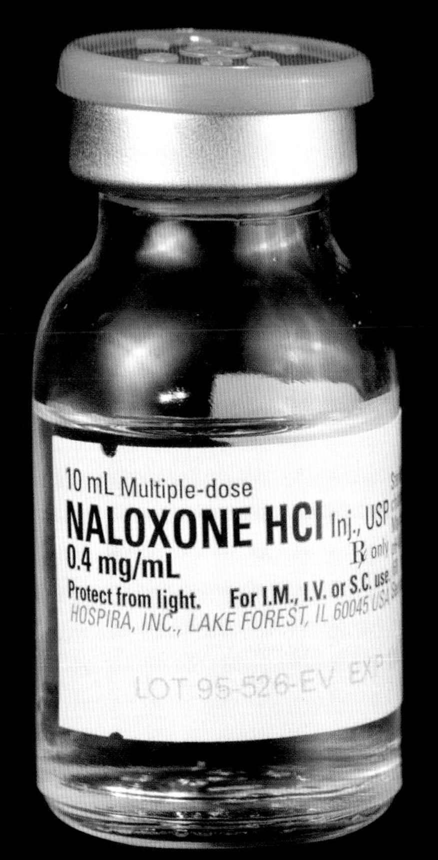

헤로인에 함유되어 있는 순수 화학 물질인 디아세틸모르핀은 원래 하얀색이다! 사진 속 불법 헤로인은 헤로인보다 훨씬 더 강하고 예상하기 어려운 양의 향정신성 성분이 들어 있음을 얼룩을 통해 보여주고 있다. 이러한 밀거래 약물은 매우 위험하다.

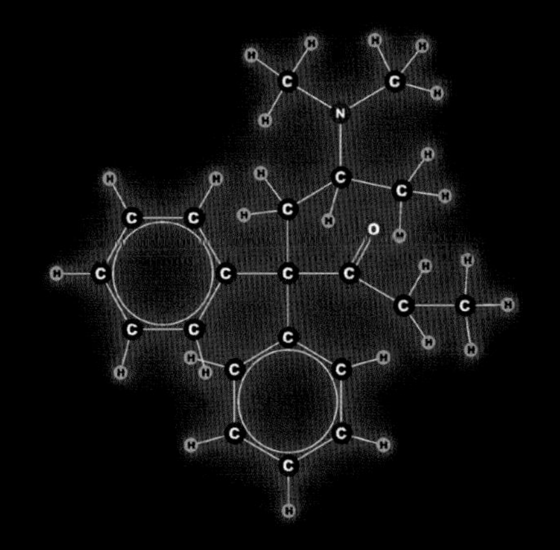

메타돈은 화학적으로 그 어떤 아편 진통제와도 비슷하지 않다. 메타돈은 아편과 전체적인 모습은 비슷하지만 매우 다른 화학 결합을 이루고 있다. 그래서 신경계에서 모르핀, 헤로인 등 아편이 작용할 때와 같은 화학적 수용체에 맞아 들어가 이들의 작용을 막는다.

메타돈은 헤로인 금단 증상을 치료하는 데 쓰인다. 그 효과는 체내에서 꽤 오래간다. 메타돈은 체내의 아편 수용체에 결합해 헤로인으로 인한 부작용들을 막는다.

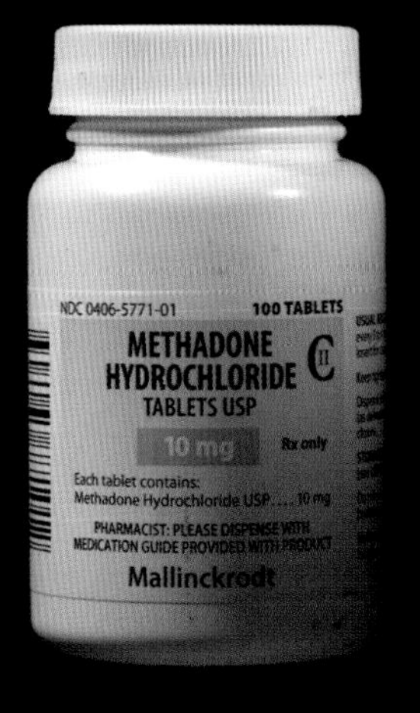

후추의 힘

양귀비에서 추출한 약물이 강한 것처럼, 효과 높은 다른 진통제를 구하려면 완전히 다른 종류의 식물들을 찾아봐야 한다. '후추' 열매 같은.

말린 검정 후추 열매는 '피페린' 분자로 이루어져 있다. 피페린은 탄소 원자 5개와 질소 원자 1개로 이루어진 6원자 고리라는, 흔치 않으며 만들기도 어려운 구조다. 피페린을 분리해 맹독, 진통제, 몇몇 자극 물질의 기본 구성 요소인 피페리딘을 얻는다.

진통제와 독은 밀접한 관련이 있다. 중추신경계에 작용하는 진통제는 무엇이든 과도하게 투여했을 경우 생명에 치명적이다. 진통제가 효과를 내는 원리가 생명 유지에 필수인 신경 체계 일부를 정지시키는 것이기 때문이다. 고통에 무뎌지게 하면서 심장 박동과 호흡도 느려지게 만드는데, 원래대로 되돌아오지 못하면 죽을 수도 있다.

진통제는 또한 극심한 고통이나 가려움을 일으키는 화합물과도 가까운 친척뻘이다. 이들 모두 신경에 영향을 미치며, 분자 하나에 아주 작은 변화만 주어도 신경의 작용을 억제하는 데서 반대로 자극하는 것으로 특성을 변화시킬 수 있기 때문이다. 또한 분자가 작용하는 위치나 양에 따라 고통을 줄 수도, 없앨 수도 있다.

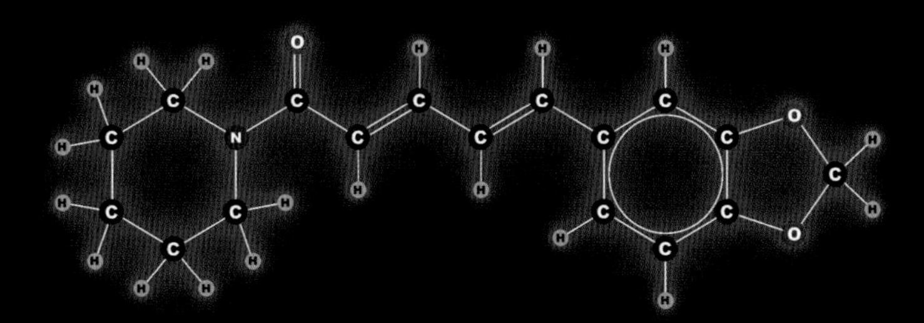

▲ 말린 후추 열매에서 강력한 맛이 나는 건 피페린 때문이다. 피페린은 수많은 진통제에 함유되어 있지만 그 자체로는 아무런 효과를 낼 수 없다. 그저 아주 진한 맛을 낼 뿐이다.

◀ 피페리딘 분자는 탄소 5개, 질소 1개로 이루어진 단순한 6원자 고리다. 고리는 화학적으로 합성해 만들어내기 어렵다. 따라서 특정 고리 구조를 가진 화합물을 만들기 위해서는 이미 고리 구조를 가지고 있는 분자를 이용하는 게 가장 쉬운 방법인 경우가 많다. 그래서 피페리딘은 합성의 시작 단계에서 '전구체'(중간물질) 역할로 인기가 많다.

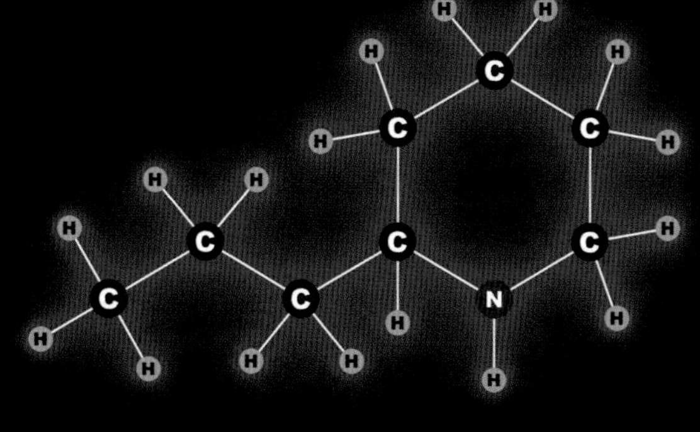

▼ 갈아서 정제한 후추 열매는 순수한 피페린을 만드는 원료다. 자연 원료에서 추출한 순수 화학 물질의 최종 산물은 대개 흰색 가루다. 여기도, 저기도 온통 흰색 가루들! 사실 여기에는 그럴 만한 이유가 있다. 분자가 오직 특정한 결합 구조를 형성할 때에만 색이 나타나기 때문이다.(12장 참조.)

▶ 독미나리에는 '코닌'이라는 독소가 들어 있다. 코닌은 피페리딘 고리에 탄소 원자가 3개인 사슬이 붙은, 아주 단순한 형태의 변형물이다. 코닌은 약 2,400년 전 소크라테스가 사형을 당할 때 마신 독으로 유명하다. 그는 신을 입증하지 못했다는 이유로 유죄를 선고받았다. 흔히 그렇듯 약초학자들이 이룬 과학의 힘은 빈말을 일삼는 성직자와 정치인이 더러운 일들을 실행하는 데 이용했다.

▼ 1-피페리딘은 줄여서 펜사이클리딘이나 PCP라고 불린다. PCP는 규제 대상인 불법 약물이기 때문에 합성 전구체로 피페리딘을 이용한다.

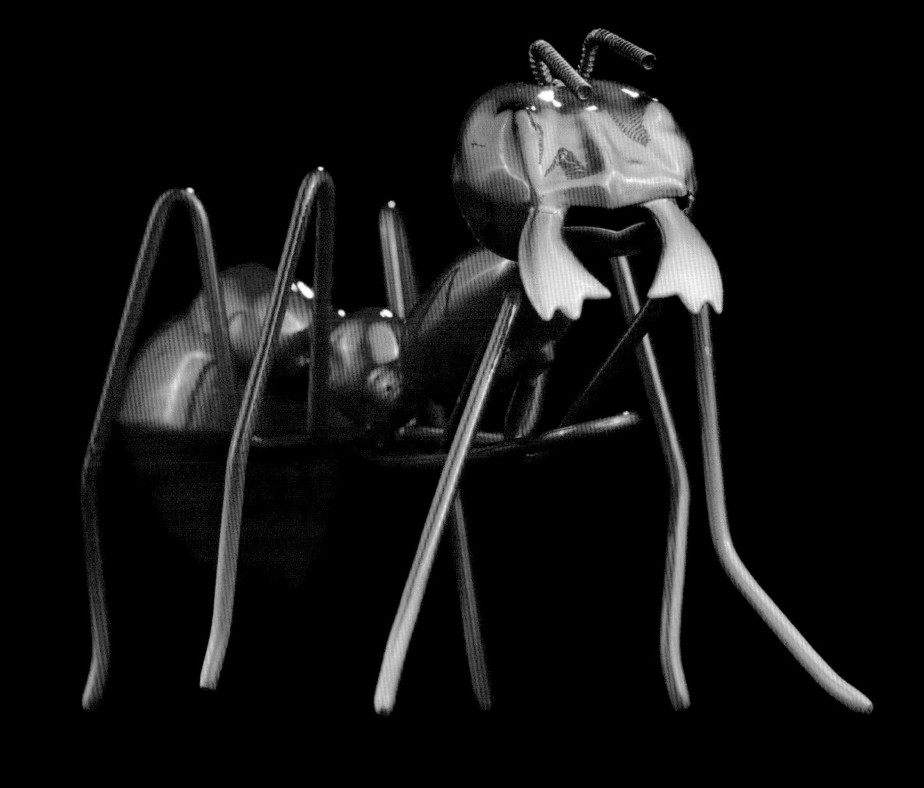

▶ 불개미 운반은 불법이다. 불개미는 아주 불쾌한 존재라서(솔레노프신을 분비하고 건물과 전선 등 온갖 물건을 갉아먹는 습성 때문에) 다른 지역으로 퍼지지 않도록 하기 위해서다.

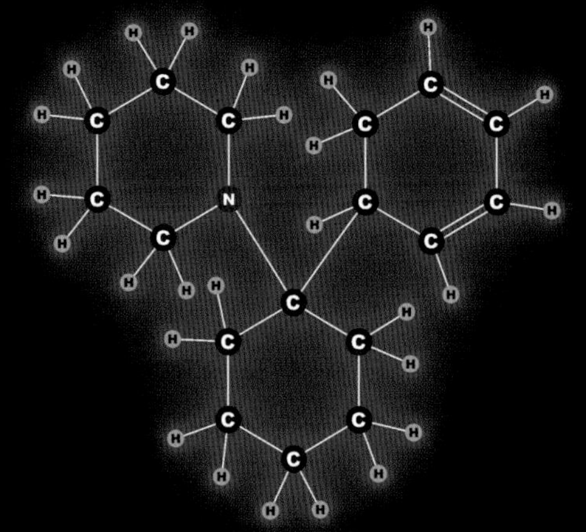

▲ 펜사이클리딘

▼ 솔레노프신은 피페리딘 유도체 중 하나다. 불개미에게 물렸을 때 엄청 아픈 이유는 바로 이 솔레노프신 때문이다.

▶ 호신용 후추 스프레이에서 화학적으로 효과를 일으키는 자극 물질은 이름과 달리 피페리딘 변형물이 아니다. '캡사이신'이다. 캡사이신은 피페리딘의 원료인 말린 후추 열매가 아니라 칠리 고추에서 추출하는 다른 종류의 분자다.

▲ 솔레노프신

▶ 독미나리 잎은 코닌이라는 독소를 포함하고 있는 것으로 유명하다.

▲ 캡사이신

▶ 캡사이신은 자극의 세계에서 놀라운 신 물질로 꼽힌다. 캡사이신은 상대방이 꼼짝하지 못하게 고통을 가할 수 있는 후추 스프레이와 아주 유사한 화합물이다. 또한 캡사이신으로 만든 연고를 피부에 문지르면 진통제 역할도 한다. 처음 발랐을 때 뜨거운 느낌이 드는 것은 캡사이신이 신경을 자극하기 때문이다. 하지만 강렬한 자극으로 신경이 피로해지면서 뜨거운 느낌은 곧 사라지고 고통이 완화되는 느낌이 든다.

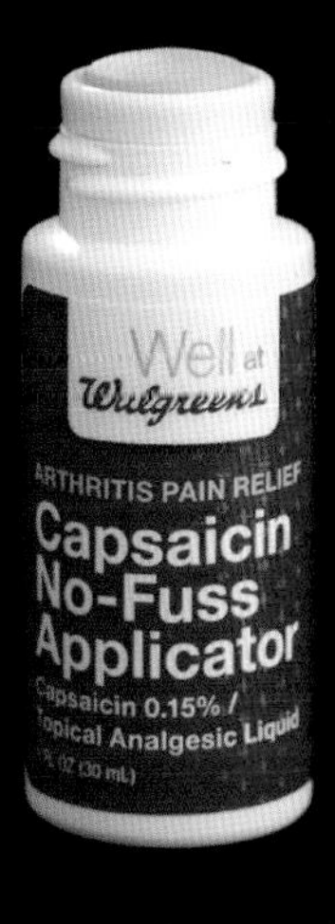

후추의 힘

피페리딘과 관련된 진통제는 엄청나게 다양하다. 사람이 쓰는 것도 있고, 동물이 쓰는 것도 있으며, 각각 특유의 장점과 단점이 있다. 가장 강력한 것들은 주로 몸집이 큰 동물이 쓴다.

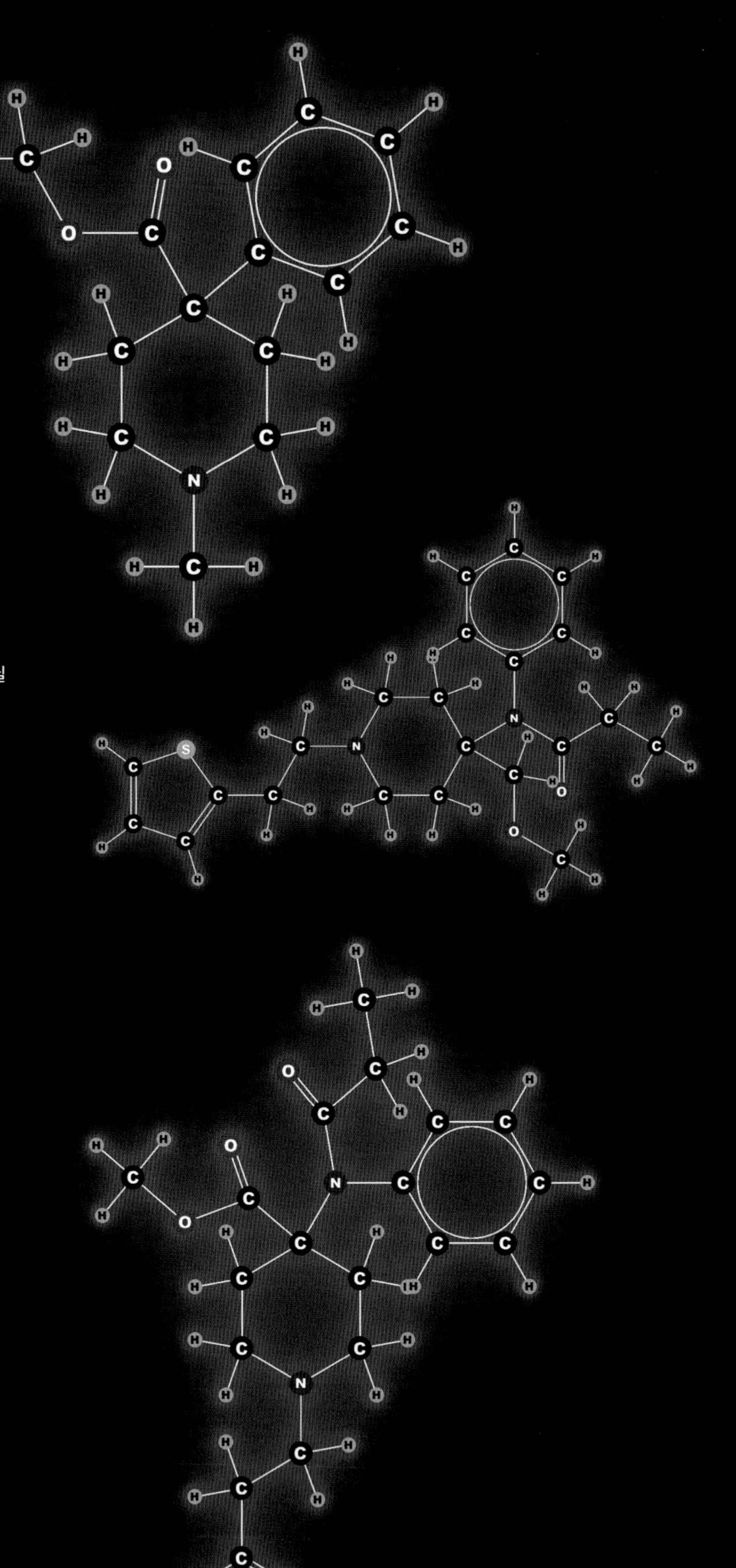

페티딘

수펜타닐

아닐레리딘

알파프로딘

레미펜타닐

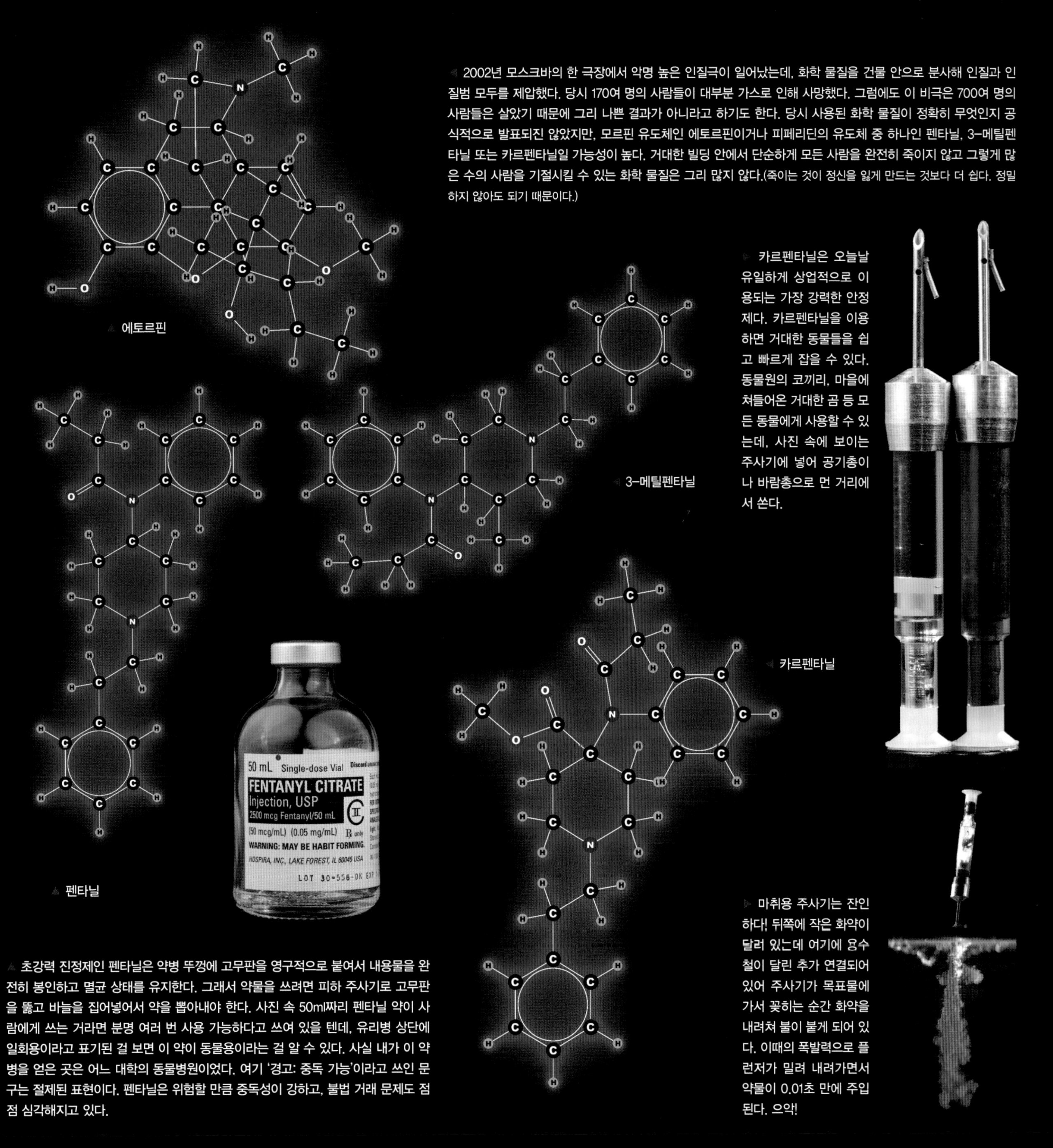

◀ 2002년 모스크바의 한 극장에서 악명 높은 인질극이 일어났는데, 화학 물질을 건물 안으로 분사해 인질과 인질범 모두를 제압했다. 당시 170여 명의 사람들이 대부분 가스로 인해 사망했다. 그럼에도 이 비극은 700여 명의 사람들은 살았기 때문에 그리 나쁜 결과가 아니라고 하기도 한다. 당시 사용된 화학 물질이 정확히 무엇인지 공식적으로 발표되진 않았지만, 모르핀 유도체인 에토르핀이거나 피페리딘의 유도체 중 하나인 펜타닐, 3-메틸펜타닐 또는 카르펜타닐일 가능성이 높다. 거대한 빌딩 안에서 단순하게 모든 사람을 완전히 죽이지 않고 그렇게 많은 수의 사람을 기절시킬 수 있는 화학 물질은 그리 많지 않다.(죽이는 것이 정신을 잃게 만드는 것보다 더 쉽다. 정밀하지 않아도 되기 때문이다.)

▲ 에토르핀

▶ 카르펜타닐은 오늘날 유일하게 상업적으로 이용되는 가장 강력한 안정제다. 카르펜타닐을 이용하면 거대한 동물들을 쉽고 빠르게 잡을 수 있다. 동물원의 코끼리, 마을에 쳐들어온 거대한 곰 등 모든 동물에게 사용할 수 있는데, 사진 속에 보이는 주사기에 넣어 공기총이나 바람총으로 먼 거리에서 쏜다.

◀ 3-메틸펜타닐

◀ 카르펜타닐

▲ 펜타닐

▲ 초강력 진정제인 펜타닐은 약병 뚜껑에 고무판을 영구적으로 붙여서 내용물을 완전히 봉인하고 멸균 상태를 유지한다. 그래서 약물을 쓰려면 피하 주사기로 고무판을 뚫고 바늘을 집어넣어서 약을 뽑아내야 한다. 사진 속 50ml짜리 펜타닐 약이 사람에게 쓰는 거라면 분명 여러 번 사용 가능하다고 쓰여 있을 텐데, 유리병 상단에 일회용이라고 표기된 걸 보면 이 약이 동물용이라는 걸 알 수 있다. 사실 내가 이 약병을 얻은 곳은 어느 대학의 동물병원이었다. 여기 '경고: 중독 가능'이라고 쓰인 문구는 절제된 표현이다. 펜타닐은 위험할 만큼 중독성이 강하고, 불법 거래 문제도 점점 심각해지고 있다.

▶ 마취용 주사기는 잔인하다! 뒤쪽에 작은 화약이 달려 있는데 여기에 용수철이 달린 추가 연결되어 있어 주사기가 목표물에 가서 꽂히는 순간 화약을 내려쳐 불이 붙게 되어 있다. 이때의 폭발력으로 플런저가 밀려 내려가면서 약물이 0.01초 만에 주입된다. 으악!

코카인 사용과 오용

코카인은 셀 수 없이 많은 생명을 파괴했고 그 주변인들까지 전부 엉망으로 만들었지만, 옛날에는 유용한 약물이었다. 잉카 문명 사람들은 코카인의 주요 원료인 코카 잎을 씹어 기운을 얻었다. 저명한 정신분석학자인 지그문트 프로이트는 스스로 코카인을 이용했고, 환자들에게도 추천했다. 코카콜라가 초기에 강장 음료로 명성을 날린 것은 그 제품명에서 분명히 알 수 있듯이 코카인을 함유하고 있었기 때문이다.(1903년 코카콜라에서 코카인은 완전히 빠지게 되었다.)

오늘날까지도 코카인은 국소 마취제로 널리 쓰인다.(즉, 몸속에 투여하는 게 아니라 피부에 직접 바른다는 말이다.) 치과 의사들은 치료를 하기 전에 잇몸의 감각을 마비시키려고 코카인을 사용한다.(전혀 쓸모없는 일이긴 하다.) 놀랍게도 치과에서 쓰는 코카인의 부작용 중 하나는 '이상하게 기분 좋은 느낌'이란다. 나는 치과에 다니면서 지금껏 단 한 번도 겪어보지 못한 부작용인데!

코카인 역시 다른 화학 물질과 마찬가지로 어떤 목적이나 의도 없이 스스로 해야 할 일을 할 뿐이다. 그게 좋은 물질이냐, 나쁜 물질이냐 하는 문제는 사람들이 어떻게 사용하는가에 달려 있다.

이 티백 차는 코카인을 함유하고 있다. 남아메리카에서 아주 쉽게 구할 수 있는 코카 잎을 갈아 넣었다.

남아메리카 사람들은 수천 년 동안 말린 코카 잎을 껌처럼 씹었고, 여행객이 방문했을 때 차로 대접하기도 했다. 코카 잎의 코카인 함량은 전 세계 대부분 지역에서 불법으로 규정하고 있는 수치에 달한다.

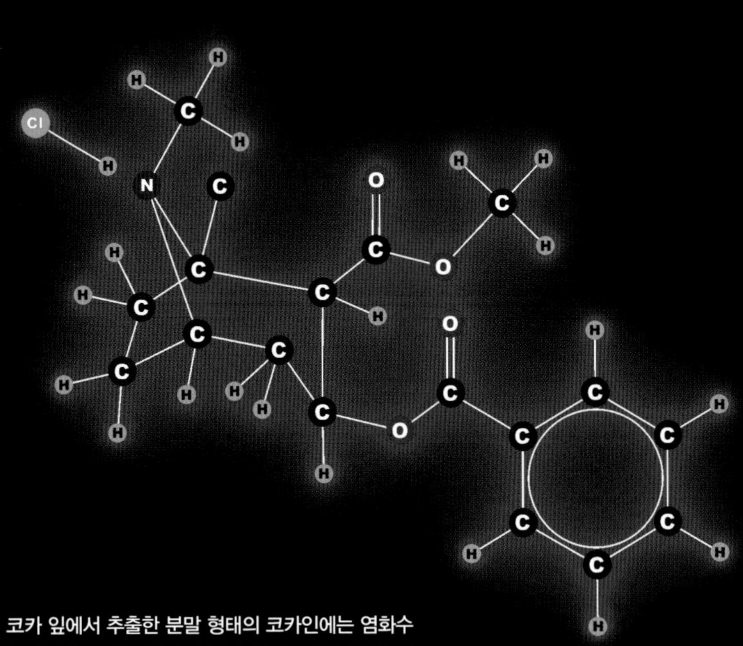

코카 잎에서 추출한 분말 형태의 코카인에는 염화수소와 결합한 코카인 분자가 들어 있다. 자세히 말하자면, 코카인-염화수소 결합체다. 이때 염화수소의 수소 원자는 코카인 분자의 한쪽에 있는, 약염기성(산의 반대)을 띤 질소 쪽으로 붙고, 염소 원자는 그 근처를 맴돈다. 코카인-염화수소는 녹는점이 높고, 증기압이 낮다.

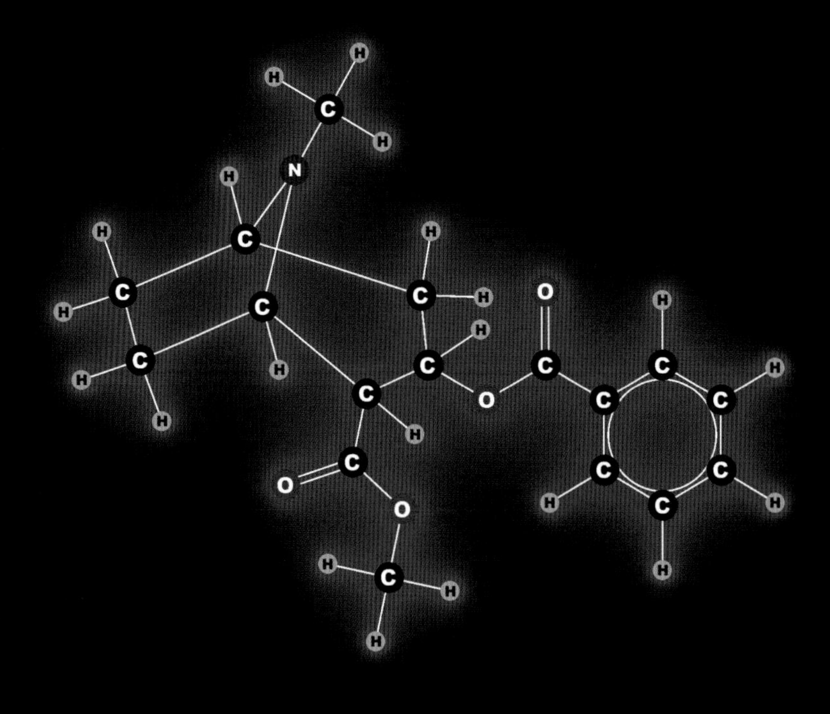

크랙 코카인이나 순수한 코카인은 염화수소 분자와 결합하지 않은 것이다. 순수한 코카인은 염화수소와 결합한 코카인보다 녹는점이 낮고, 분해가 시작되는 온도보다 훨씬 낮은 온도에서 이미 높은 증기압을 띤다.

잘게 빻은 코카인-염화수소

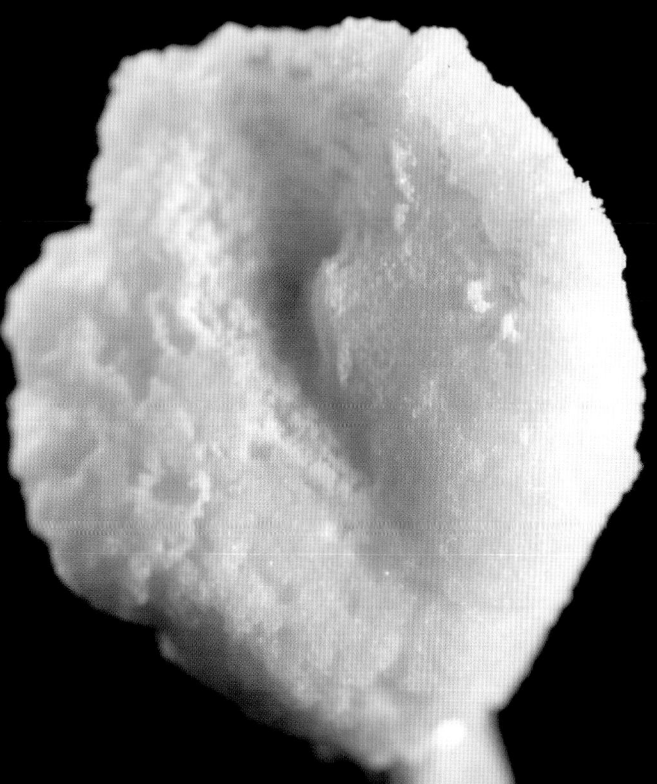

크랙(crack) 코카인은 코카인-염화수소가 아니라 파우더(powder) 코카인 같은 순수한 코카인이다.

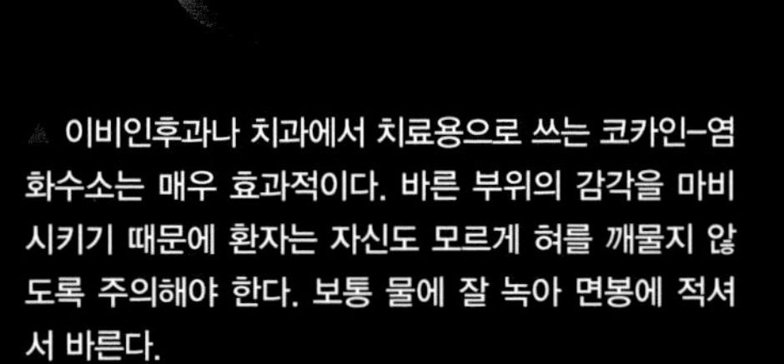

이비인후과나 치과에서 치료용으로 쓰는 코카인-염화수소는 매우 효과적이다. 바른 부위의 감각을 마비시키기 때문에 환자는 자신도 모르게 혀를 깨물지 않도록 주의해야 한다. 보통 물에 잘 녹아 면봉에 적셔서 바른다.

코카인 사용과 오용

리도카인, 노보카인, 벤조카인은 가장 흔히 쓰는 마취제로, 모두 코카인 유도체 같은 이름을 가지고 있다. 하지만 이 물질들의 화학 구조는 코카인과 완전히 다르며, 코카인만의 특이한 다중 고리 구조를 하나도 가지고 있지 않다. 코카인과 마찬가지로 이 물질들도 국소 마취제로 쓰며, 치과 치료 등 작은 수술을 할 때 사용한다. 코카인과 다른 점은 이 물질들은 오남용의 가능성이 매우 낮아 규제가 없고, 따라서 처방전 없이도 약국에서 구할 수 있다는 것이다.

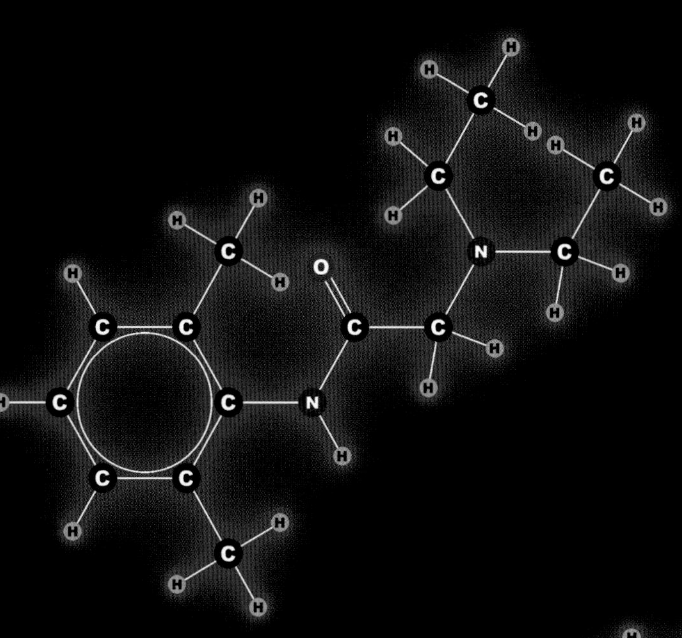

리도카인

벤조카인

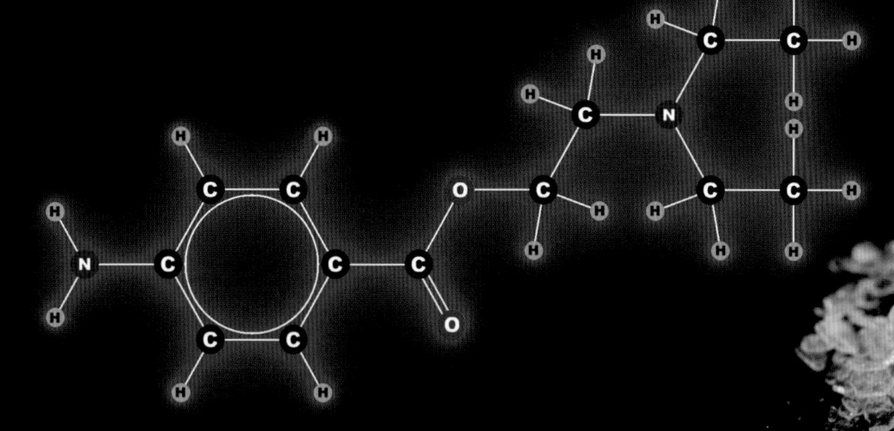

노보카인

치아, 입, 목이 아플 때 처방전 없이 살 수 있는 일반의약품 중에는 벤조카인을 함유한 것이 많다.

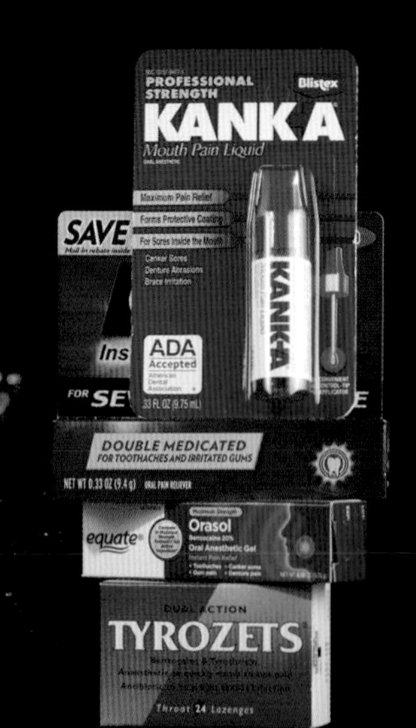

요상한 진통제들

통증은 정말 희한하고 주관적인 것이라서 요상한 화합물들을 진통제로 쓴다고 해도 별로 놀랍지가 않다. 더구나 우리의 몸은 어느 곳에서든 통증이 느껴질 수 있기 때문에 통증을 조절할 수 있는 화합물 후보가 다양할 수밖에 없다.

대부분의 진통제(사실 대부분의 약물)는 기껏해야 수십 개, 수백 개의 원자들로 구성된, 조그마한 분자들로 이루어져 있으며, 벤젠 고리 같은 안정된 구조로 만들어져 꽤 단순하다. 진통제가 이러한 분자들로 이루어진 이유는 생물학적 기능에 더 적합해서라기보다, 혈액에 흡수되기 전까지 위장 안에서 오래 버티는 게 가능하기 때문이다. 이 점은 삼켜 먹는 모든 약의 전제 조건이다.

예를 들어 단백질은 잠재적으로 뛰어난 진통제다. 하지만 위장의 입장에서 볼 때 단백질은 즉각적으로 소화가 되기 때문에 음식을 가리키는 말이 되기도 한다. 따라서 단백질로 만든 약물은 주사나 흡입을 통해서 투여되는 경우가 많다. 그럼에도 몇몇 새로이 각광받고 있는 진통제들은 예상 밖의 원료를 이용해 만든 단백질이다.

가바펜틴(상표명은 뉴론틴)은 지금까지 이야기한 그 흔한 진통제 중 어디에도 속하지 않는다. 가바펜틴은 뇌의 신경전달물질 중 하나인 감마아미노부티르산과 아주 비슷한 구조로 되어 있어서 그 작용을 모방한다. 실제로 가바펜틴은 주로 신경통에 처방한다. 이런저런 이유로 교도소에서도 쓰지만 사실 코데인 같은 진정제를 쓰는 게 더 좋다. 코데인은 오남용 가능성이 전혀 없기 때문이다. 우울하게 만들기 때문에 중독되지 않아 실제 해악이 적다.

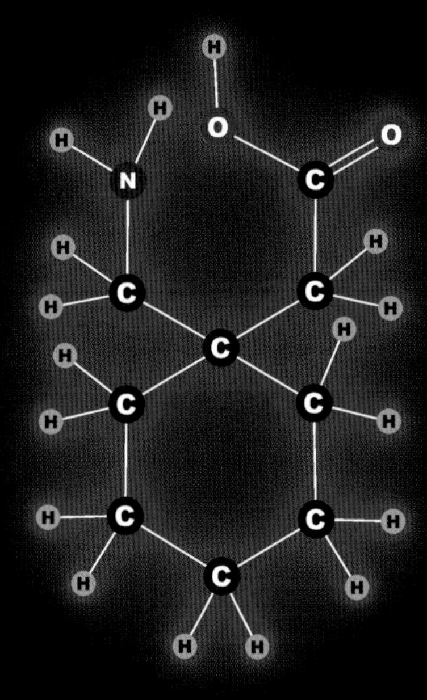

가바펜틴-90-에프

감마아미노부티르산

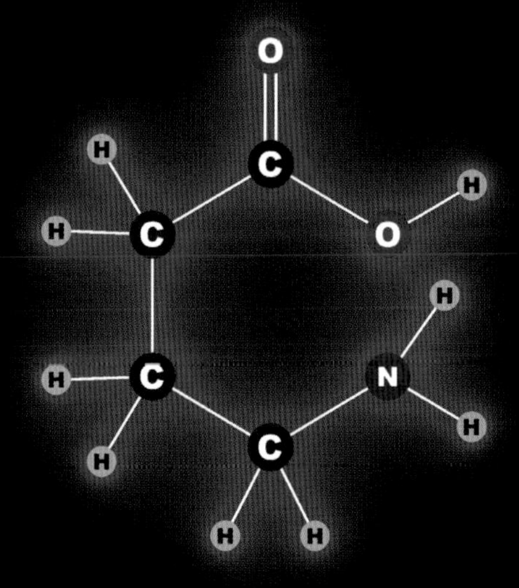

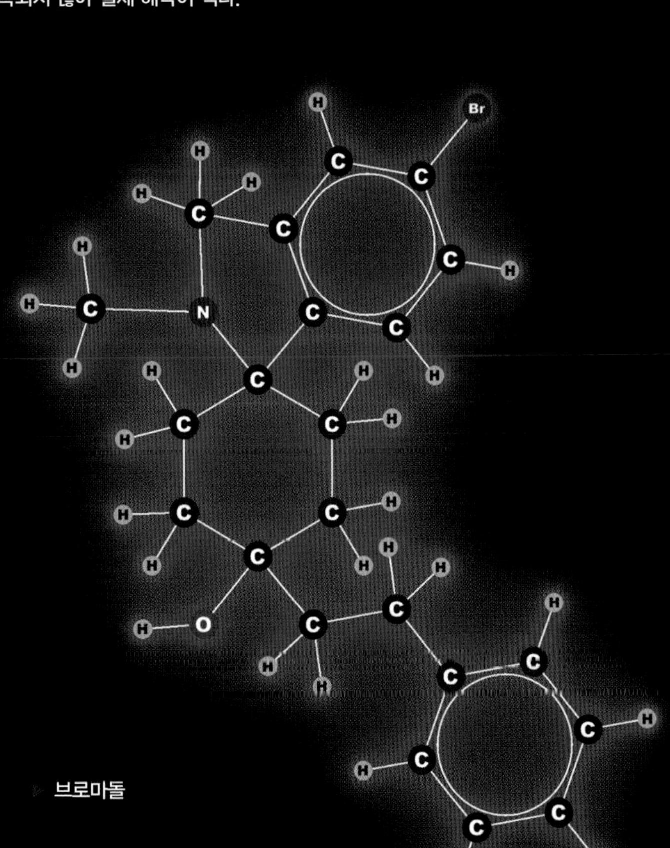

브로마돌

브로마돌은 여타의 진통제들과 다르며, 인간에게 적합한 약물인지 확실하지 않다. 그래서 범죄 조직이 마약으로 판매하려는 시도가 끊이질 않는다.

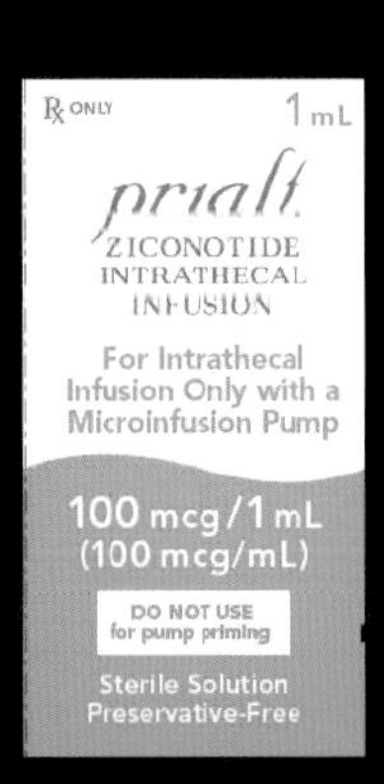

'프리알트'라는 상표명으로 팔리는 지코노타이드는 청지고둥 독소 가운데 하나를 합성 복제한 것이다. 척수액에 직접 주사하는 방식으로 투여되며, 가장 심각하고 만성적인 통증을 치료할 때에만 쓴다.

요상한 진통제들

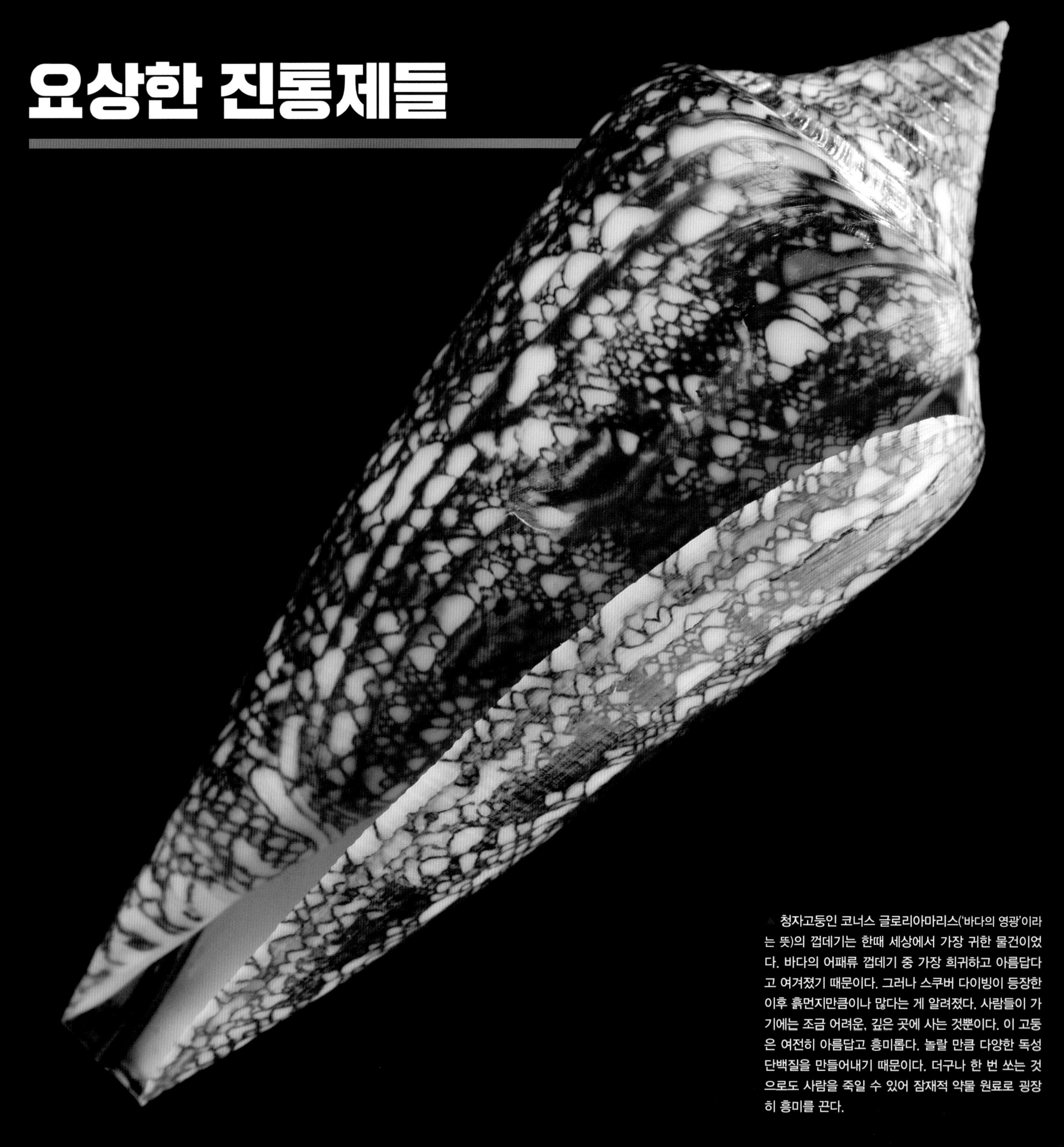

▲ 청자고둥인 코너스 글로리아마리스('바다의 영광'이라는 뜻)의 껍데기는 한때 세상에서 가장 귀한 물건이었다. 바다의 어패류 껍데기 중 가장 희귀하고 아름답다고 여겨졌기 때문이다. 그러나 스쿠버 다이빙이 등장한 이후 흙먼지만큼이나 많다는 게 알려졌다. 사람들이 가기에는 조금 어려운, 깊은 곳에 사는 것뿐이다. 이 고둥은 여전히 아름답고 흥미롭다. 놀랄 만큼 다양한 독성 단백질을 만들어내기 때문이다. 더구나 한 번 쏘는 것으로도 사람을 죽일 수 있어 잠재적 약물 원료로 굉장히 흥미를 끈다.

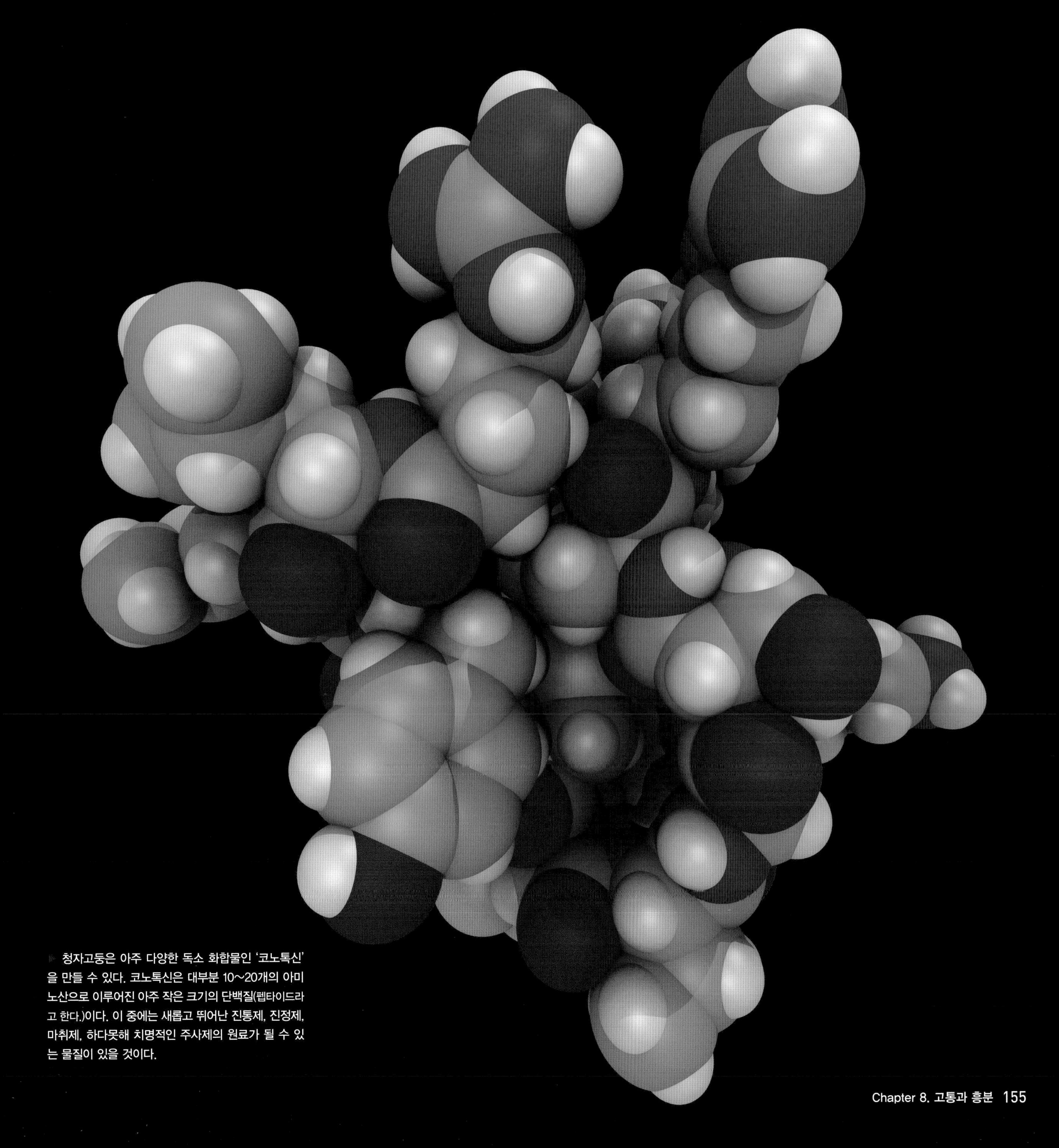

청자고둥은 아주 다양한 독소 화합물인 '코노톡신'을 만들 수 있다. 코노톡신은 대부분 10~20개의 아미노산으로 이루어진 아주 작은 크기의 단백질(펩타이드라고 한다.)이다. 이 중에는 새롭고 뛰어난 진통제, 진정제, 마취제, 하다못해 치명적인 주사제의 원료가 될 수 있는 물질이 있을 것이다.

Chapter 9

달콤하게, 더욱 달콤하게

달콤함을 느끼게 하는 분자는 많다. 불행히도 우리는 달콤한 음식들을 너무도 많이 먹는다. 설탕 즉 '자당'(수크로스), 자당과 가까운 친척인 '포도당'(글루코스), 그리고 '과당'(프룩토스)은 얼마나 먹든지 간에 몸에 좋지 않다. 이들은 당뇨, 심장병, 충치, 시력 감퇴, 말초 신경 질환, 신장병, 고혈압, 그리고 뇌졸중을 야기한다. 이들이 인공 물질이었다면 오래전부터 금지되었을 것이다.

인공 대용품은 강도 높은 천연 감미료, 합성 감미료의 형태를 띠는데, 너무 달콤해서 아주 소량만 있으면 충분하다. 이들 대용품에는 2가지 문제점이 있는데 하나는 이 특별한 맛을 좋아하지 않는 사람이 많다는 것이고, 다른 하나는 뇌종양 위험이 있다는 것이다.(하지만 인공 감미료 못지않게 천연 설탕 또한 건강에 해롭다.) 당알코올이라 알려진, 열량이 낮은 화합물들은 가끔 위장에 통증을 주긴 하지만 설탕과 아주 유사한 맛을 낸다.

인류는 매년 수억 톤에 달하는 달콤한 감미료를 열광적으로 소비한다. 이는 우리가 이 놀라운 분자들의 단맛을, 몸에 나쁜 단맛을 얼마나 갈망하는지 보여준다.

꿀은 과당과 포도당이 반반 섞인 액상 과당(HFCS)이다.

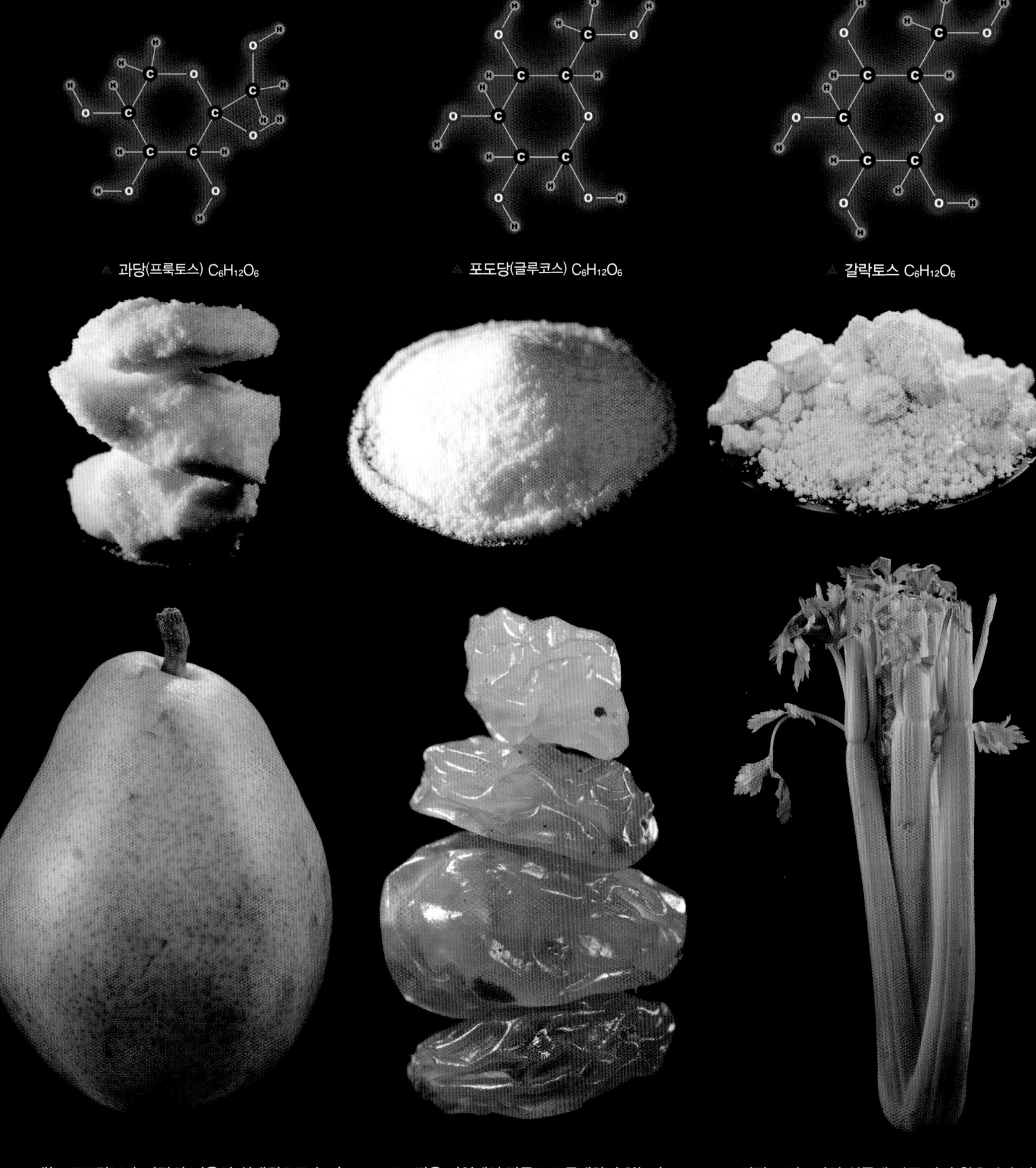

과당(프룩토스) $C_6H_{12}O_6$

포도당(글루코스) $C_6H_{12}O_6$

갈락토스 $C_6H_{12}O_6$

왼쪽은 3가지 천연 당류이자, 단당류인 과당, 포도당, 갈락토스다. 분자 구조식을 보면 알겠지만 이들은 아주 유사하다. 특히 포도당과 갈락토스는 너무 유사해서 2차원 평면에서 다른 점을 발견할 수 없다. 이 둘은 구조가 동일하고 오직 몇몇 결합 방향만 다르다.(입체적으로 보면 말이다.) 하지만 갈락토스는 단맛이 포도당의 절반밖에 안 된다. 맛은 분자의 모양과 화학적 특성에 아주 민감하게 영향을 받는다.

배는 포도당보다 과당의 비율이 상대적으로 높다. 대부분의 과일에서 포도당과 과당의 비율이 동등한 것에 비해, 배는 포도당보다 과당이 3배 이상 많다. 과당은 포도당보다 약 1.7배 더 달다.(이게 무엇을 의미하냐면, 소량의 과당이 물에 녹아도 사람들 절반은 그 맛을 감지한다는 뜻이다.)

포도당은 자연에서 단독으로 존재하지 않는다. 보통 과당과 섞여 있다. 순수한 포도당은 건포도에서 최초로 추출되었다. 대부분의 과일과 마찬가지로 건포도에도 포도당과 과당이 섞여 있다.(반반 정도다.) 포도당의 포도는 과일을 뜻한다.

갈락토스는 자연 식품에 아주 많이 함유되어 있지만 잘 알려져 있지 않은 단당류다. 그래서인지 당이 들어 있을 거라고 전혀 예상할 수 없는 식품에서도 찾을 수 있다. 바로 셀러리다.

2개의 당, 이당류

자당은 단당류에 속하지 않는다. 자당은 포도당 분자 1개와 과당 분자 1개, 즉 2개의 단당류가 결합해 만든 이당류다. 젖당(락토스)은 우유에 함유된 당류로, 포도당과 갈락토스가 결합한 것이다. 엿당(말토스)은 맥아에서 추출되는 당류로 포도당 2개가 결합한 것이다. 다양한 조합이 자연과 공장에서 이루어지는데, 이는 어떤 종류의 단당류가 결합하는가 혹은 얼마나 많이 결합하는가, 분자의 어느 위치에서 결합하는가에 따라 달라진다. 또한 각각의 조합은 독특한 화학 구조와 맛 그리고 건강과 관련된 특징이 있다.

감미료 산업의 핵심은 특정 당류를 다른 당류로 바꾸는 데 있다. 예를 들어 액상 과당(고과당 옥수수 시럽)을 만들 때는, 엿당을 포도당 2개로 분해한 후 포도당을 과당으로 바꿔 최종적으로 포도당과 과당을 혼합한다.(수많은 과일과 꿀에서 유사한 조합이 발견되지만 옥수수를 이용하는 게 가장 싸다.)

식료품의 원료 목록을 살펴볼 때 당류의 출처는 중요치 않다. 당류의 출처로는 흔히 사탕수수, 이기베 시럽, 꿀, 액상 과당, 말토덱스트린이 있으며, 녹말처럼 설탕 같지 않은, 특정 단당류가 혼합된 것도 있다. 단당류의 비율과 당류의 전체적인 양은 건강한 음식인지 아닌지를 나타내는 지표 역할을 한다. 훌륭한 맛과 색을 내는 감미료라고 해서 영양과 건강에도 좋은 건 아니다.

▽ 자당($C_{12}H_{22}O_{11}$), 즉 설탕은 배열과 색이 멋지다. 설탕은 입자 크기나 섞여 있는 불순물에 따라 먹었을 때의 맛이나 기분이 크게 달라진다. 영양적으로는 동일하지만, 모든 설탕은 처음엔 갈색이다. 우리가 이용하는 백설탕은 갈색 설탕에서 당밀을 제거해 만든다.

▷ 슈거 파우더

▷ 벨기에산 펄슈거

▽ 연한 흑설탕

◁ 진한 흑설탕

▽ 코코넛 설탕

▽ 사탕무 설탕

△ 당밀

△ 설탕은 다량의 에너지를 제공한다. 우리가 단맛을 좋아하는 건, 진화적 관점에서 볼 때 생명체에 다량의 에너지를 주는 음식이 필요하기 때문이다. 그러나 요즘처럼 설탕을 너무 많이 먹는 건 문제다.

자당

▶ 사탕 중에는 대놓고 설탕이 들어 있다고 티를 내는 것들이 있다. 사진 속 단풍잎 사탕은 대부분 자당으로 이루어져 있고, 약간의 과당과 포도당이 함유되어 있다. 그 외에는 아무것도 들어 있지 않다.

▶ 팜 슈거 덩어리는 그냥 먹지 않고 설탕을 만드는 데 쓴다.

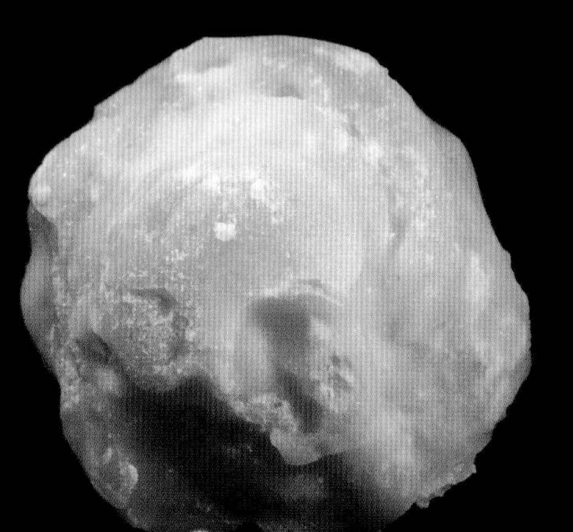

▼ 재거리는 정제하지 않은 설탕으로, 인도에서 만든 것이다. 재료는 사탕수수, 야자나무, 대추야자나무 등등이다. 이들 재료에는 당뿐만 아니라 일반 정제 설탕에서는 제거했을 단백질과 식물성 섬유도 함유되어 있다.

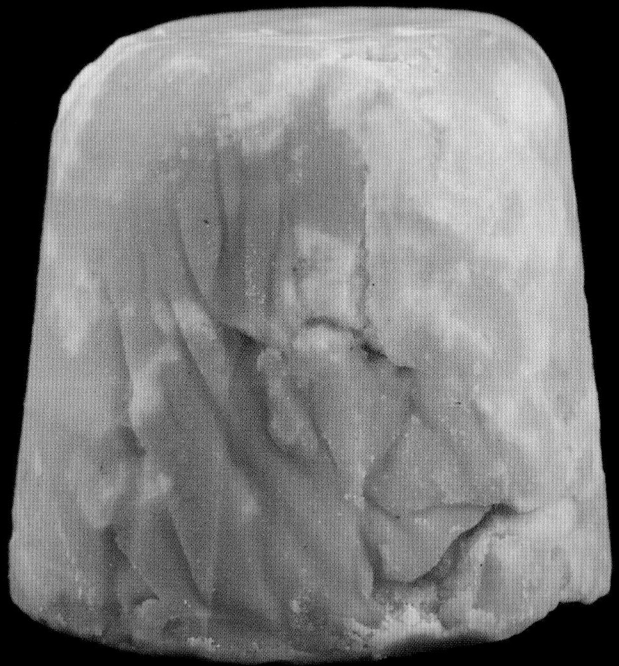

▼ 자당은 대개 사탕수수에서 추출한다. 사탕수수는 아주 커다란 식물이다. 갓 추수한 사탕수수는 일부를 잘라 군것질거리로 오물거릴 수도 있다.

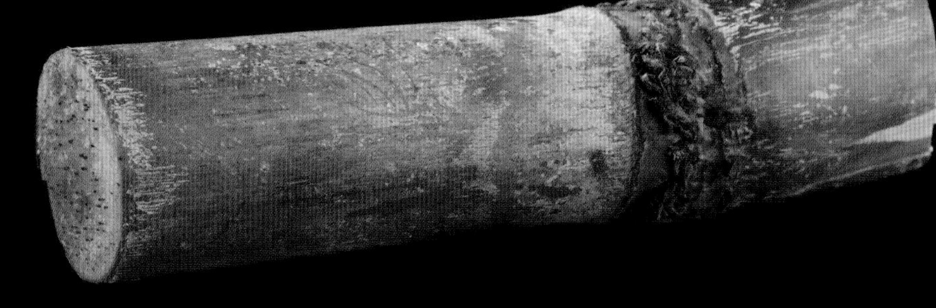

▶ 사진 속 간편하게 포장된 설탕은 오랫동안 이용되고 있으며, 혈류에 바로 침투한다.

▶ 사탕무는 사탕수수 다음으로 커다란, 자당의 원료다. 설탕 생산에 이용되는 사탕무는 식료품 가게에서 구할 수 있는 것보다 훨씬 더 크고 겉이 희다.

사탕무는 놀랍게도 강렬한 색을 띠고 있다. 아래 사진은 사탕무가 백색이 아니라는 걸 증명하기 위해 그 분말을 구한 것이다. 사탕무의 붉은색은 베타레인 색소군 때문인데, 베타시아닌과 베타크산틴이 대표적이다. 이 색소들은 아주 적은 양으로도 강하게 발색한다. 즉, 사진 속 사탕무 분말은 약간의 섬유소와 아주 소량의 색소를 함유한, 순수한 설탕이다.

젖당

젖당($C_{12}H_{22}O_{11}$)은 우유에서 추출한 당으로, 포도당과 갈락토스가 결합한 것이다.

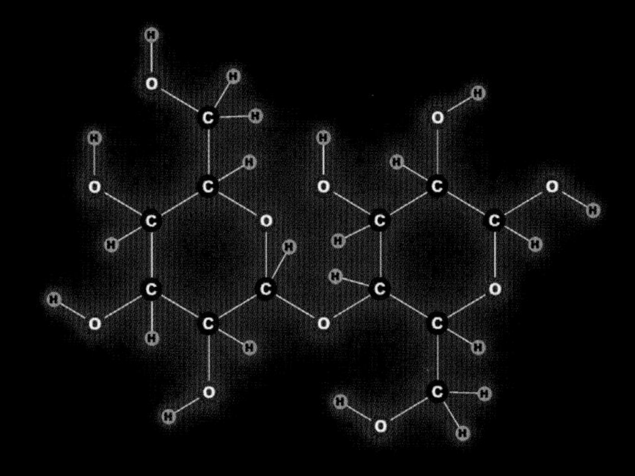

순수한 젖당은 보통 단독으로 쓰지 않지만, 자당처럼 이용할 수 있고 비슷하게 생겼다.

성인이 젖당을 소화할 수 있게 된 건 약 1만 년 전에 나타난 유전적 돌연변이의 결과다. 이 능력은 세계 인구의 3분의 1에게서만 나타난다.(특정 지역에서는 더욱 높다.) 돌연변이 유전자가 없는 사람들은 유아기 이후에 우유를 마시면 문제가 생긴다. 하지만 젖당 분해 효소를 넣은 알약을 먹으면 이들도 우유와 아이스크림을 즐길 수 있다.

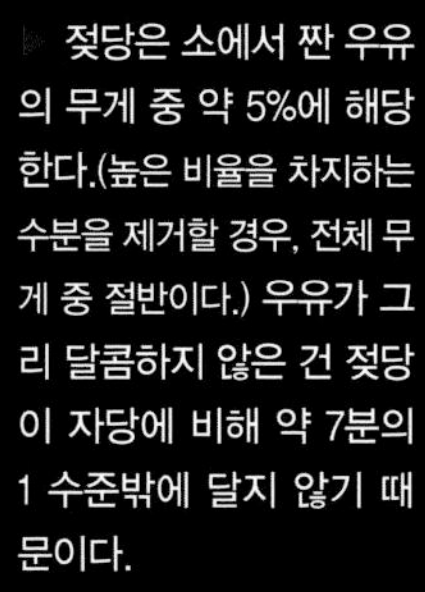

젖당은 소에서 짠 우유의 무게 중 약 5%에 해당한다.(높은 비율을 차지하는 수분을 제거할 경우, 전체 무게 중 절반이다.) 우유가 그리 달콤하지 않은 건 젖당이 자당에 비해 약 7분의 1 수준밖에 달지 않기 때문이다.

엿당

엿당($C_{12}H_{22}O_{11}$)은 맥아에서 추출한 당류로, 포도당 2개로 이루어져 있다.

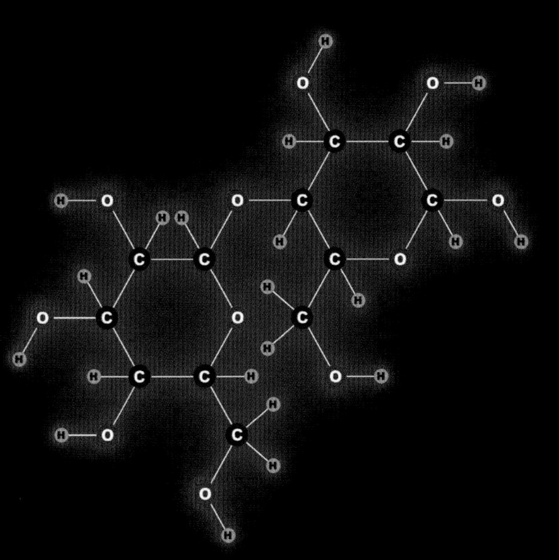

순수한 형태의 엿당은 자당이나 젖당 같은 하얀색 가루인데, 보통은 아주 끈끈한 시럽 형태로 판다.(추운 방에서는 시럽이라기보다 돌덩이 같다.) 사진 속 시럽은 엿당 70%로, 하얗지 않은 걸 봐서 순수한 엿당이 아니다.

맥아(이 사진은 옥수수다.)는 발아할 수 있는 곡식의 씨앗을 가리키는데, 발아 단계를 넘으면 싹을 틔우지 못한다. 맥아는 당류인 엿당이 높은 비율로 함유되어 있어 맛이 있다. 옥수수 맥아의 분말 추출물은 음식의 당도를 높이거나 술을 빚는 데 이용한다.(박테리아가 당분을 맥주 같은 음료로 만들거나 연료용 알코올로 바꾼다.)

엿당은 옥수수 맥아에서 추출한다. 옥수수 시럽은 뒤에 설명할, 완전히 다른 물질인 액상 과당으로 가공된 경우를 제외하면 거의 엿당으로만 이루어져 있다.

기타 혼합 당류

▽ 말토트리오스($C_{18}H_{32}O_{16}$)는 말토덱스트린(식품 라벨에서 흔히 볼 수 있다.)이라 불리는 식품 성분 중 가장 간단한 형태다. 엿당은 포도당 분자 2개, 말토트리오스는 포도당 분자 3개로 이루어져 있다. 말토덱스트린은 같은 방식으로 포도당 분자가 최대 20개까지 결합되어 있다.(이를 넘으면 녹말이 된다.) 아래 사진은 상업용 말토덱스트린 분말이다.

▶ 액상 과당은 미국에서 아주 대중적으로 쓰인다. 세금과 농업 정책으로 인해 자당보다 더 싸기 때문이다. 액상 과당은 대부분 과당과 포도당이 반씩 섞인 것이다. 순수한 액상 과당은 대량보다 소량으로 사기가 더 어렵다. 그래도 상관없다. 팬케이크 시럽은 대개 액상 과당이니까. 팬케이크 시럽 상표에 '라이트'라고 적힌 것은, 달달함은 같지만 자당으로 만든 시럽보다 열량이 적다는 뜻이다.

◁ 꿀은 액상 과당처럼 과당과 포도당이 약 절반씩 섞여 있다. 꿀과 액상 과당은 효소가 당을 '과당과 포도당의 혼합'으로 바꾸는 과정 중에 만들어진다.(꿀벌은 이 과정을 뱃속에서 진행한다. 사람들은 통 안에서 하고.) 꿀에는 과당, 포도당 외의 몇몇 당류를 비롯해 다양하고 독특한 색과 맛을 내는, 소량의 고농도 유기 화합물이 들어 있다. 심미적으로나 미각적으로나 꿀은 액상 과당과 매우 다르다. 하지만 영양학적이나 건강상으로 볼 때는 다르다고 주장하기 어렵다. 더구나 시판되는 꿀 중에는 싸구려 액상 과당을 첨가, 불순물이 섞인 것도 있다. 설령 꿀통에서 불순물이 섞였다 하더라고, 이 둘을 구별하기란 불가능하다. 화학 성분을 분석해도 그렇고, 실험실에서나 몸속에서나 분간할 수 없다.(흥미롭게도 당류의 탄소 13 동위원소 구성을 세밀하게 분석하면 가능하다. 하지만 이 역시 어렵다. 그리고 탄소 13 동위원소 비율은 생물학적 기능에 아무런 영향을 미치지 않는다.)

◁ 전화당은 포도당과 과당으로 분리되는 설탕(즉, 자당)이다.(전체적으로 보면 포도당과 과당이 섞인 것이나, 부분적으로 보면 포도당과 과당, 자당이 섞인 것이다.) 따라서 화학적으로 액상 과당, 꿀과 아주 유사하다. 다른 점은 맥아나 꿀이 아닌, 사탕수수나 사탕무로 만든다는 것이다. 달리 말해 화학적, 영양적 측면보다는 경제적인 면에서 차이가 있다. 나는 전화당이 꿀과 맛이 아주 비슷해 놀란 적이 있다. 화학적인 이유 때문이 아닐 거라고 생각했지만 그건 순전히 과당과 포도당의 조합이 원인이었다. 오늘날 액상 과당으로 만든 팬케이크 시럽도 그와 같은 조합이지만, 전화당에는 없는 인공적인 맛이 더해져 있다.

▽ 녹말은 말토덱스트린처럼 포도당 분자들이 줄줄이 이어져 아주 긴 사슬을 이룬 것이다. 녹말을 비롯해 이당류에 속하는 당 분자들은 위장에서 분비되는 효소에 의해 결합이 쉽게 끊긴다. 따라서 당분이나 녹말이 포함된 음식을 먹는 것은 영양학적으로 여러 가지 단당류를 먹는 것과 같다. 당뇨병 환자는 포도당을 특히 걱정하는데, 설탕은 포도당과 과당이 혼합되어 있지만 녹말은 순수한 포도당이 연결된 것이라 설탕보다 녹말이 더 위험하다. 심지어 녹말은 달콤하지도 않다.

▶ 용설란 시럽과 용설란 분말은 설탕보다 몸에 좋다는 주장에 힘입어 널리 팔리고 있다. 이 주장은 동일한 열량에서 용설란 시럽이 더 달다는 점, 즉 설탕보다 과당 함량이 높다는 데에 근거하고 있다.(실제 용설란의 당류는 약 90%가 과당이다. 설탕이나 액상 과당이 약 50%인 것과 비교된다.) 하지만 이러한 차이는 다른 천연 감미료, 인공 감미료의 이점과 비교하면 보잘것없다. 열량이 당신의 가장 큰 걱정거리라면 말이다.

당알코올

알코올이란 탄소 원자에 알코올기(–OH, 산소와 수소가 결합한 것)가 붙은 것이다. 이때 탄소 원자에는 다른 산소 원자가 붙어 있지 않다. 이러한 원자단을 가진 분자를 알코올이라 하고, 없으면 알코올이 아니다.

앞에서 배웠듯이 알코올은 '산소 원자와 수소 원자가 특정 방식으로 결합한 알코올기'를 포함하고 있는 유기 화합물을 지칭한다.(38쪽 참조) 메탄올, 에탄올, 아이소프로판올과 같은 알코올들은 단일 알코올기를 포함하고 있는데, 몇 개의 알코올기를 더 거느릴 수 있다.

바로 앞에 나온 당류 분자 구조를 보라. 알코올기가 잔뜩 붙어 있는 것을 볼 수 있을 것이다! 자당은 알코올기가 최대 8개다. 하지만 자당은 알코올이면서 동시에 에스터 결합과 연결된 고리이기도 하다.

설탕과 유사한 분자들은 복잡한 에스터 결합이 없어도 달콤하다. 그 예로 단순한 '당알코올'인 에리트리톨과 자일리톨은 무가당 제품에서 인공 감미료로 널리 쓰인다. 이들은 설탕이 아니라서 충치를 유발하지 않고,(실제로 자일리톨은 치아에 구멍을 내기보단 막는 것 같다.) 혈당 수치를 높이지도 않는다.

당알코올의 맛은 다양한데 전반적으로 설탕과 비슷하다. 음식의 열량을 높이므로 설탕 대신 이용할 경우 다이어트에는 도움이 안 되지만, 당뇨병에는 도움을 줄 수 있다. 체중 감량을 위해선 다른 방법을 써야 한다.

대부분의 당알코올 감미료는 완전 이용 가능한 당알코올이다. 에리트리톨은 탄소 원자가 4개이며 이들 각각에 알코올기가 붙어 있다. 자일리톨은 탄소 원자가 5개이며 마찬가지로 이들 각각에 알코올기가 붙어 있다. 소비톨과 마니톨은 탄소 원자가 6개이며 각각의 탄소에 알코올기가 붙어 있다. 이들의 차이점은 알코올기 하나의 방향이 다르다는 것으로, 분자를 3차원으로 봤을 때에 잘 확인할 수 있다.

에리트리톨은 맛의 균형을 맞추기 위해 강렬한 인공 감미료가 필요할 때 쓴다. 다른 당알코올과 달리 위장 질환을 일으키지 않는다.

자일리톨은 충치 예방에 효과적이라고 알려져 있으며, 무가당 풍선껌과 치약에 이상적이다.

소비톨은 가장 널리 이용하는 당알코올 감미료다. 달지만 위장 질환을 일으킬 위험이 크다. 소비톨을 변비약으로 쓴다는 사실을 생각하면 무슨 뜻인지 알 것이다.

마니톨은 화학식으로는 소비톨과 잘 구분되지 않는다. 위 사진으로는 다르게 보이는데, 그건 정제된 정도, 수분 함유량, 정돈된 상태, 제조 방식 차이 등에 따라 흰색인 분말이 달라질 수 있기 때문이다.

말티톨과 아이소말트

말티톨과 아이소말트는 모두 포도당과 당알코올이 결합한 것으로, 당알코올의 각각 다른 부분에 포도당이 결합해 있다. 구체적으로 말티톨은 포도당과 소비톨이 결합한 것이며, 아이소말트는 포도당과 마니톨이 결합한 것이다.

이 젤리 곰들은 온라인 판매 사이트에서 인기가 많았다. 젤리 곰 한 움큼이 장에 미치는 효과에 대해 묘사한 재미있는 평가들 덕분이었다. 조금 과장된 면이 있긴 하지만, 사실 이 젤리 곰의 주요 재료인 리카신은 다양한 당알코올의 혼합물이며, 변비약으로 효과 좋은 말티톨이 다량 함유되어 있다.

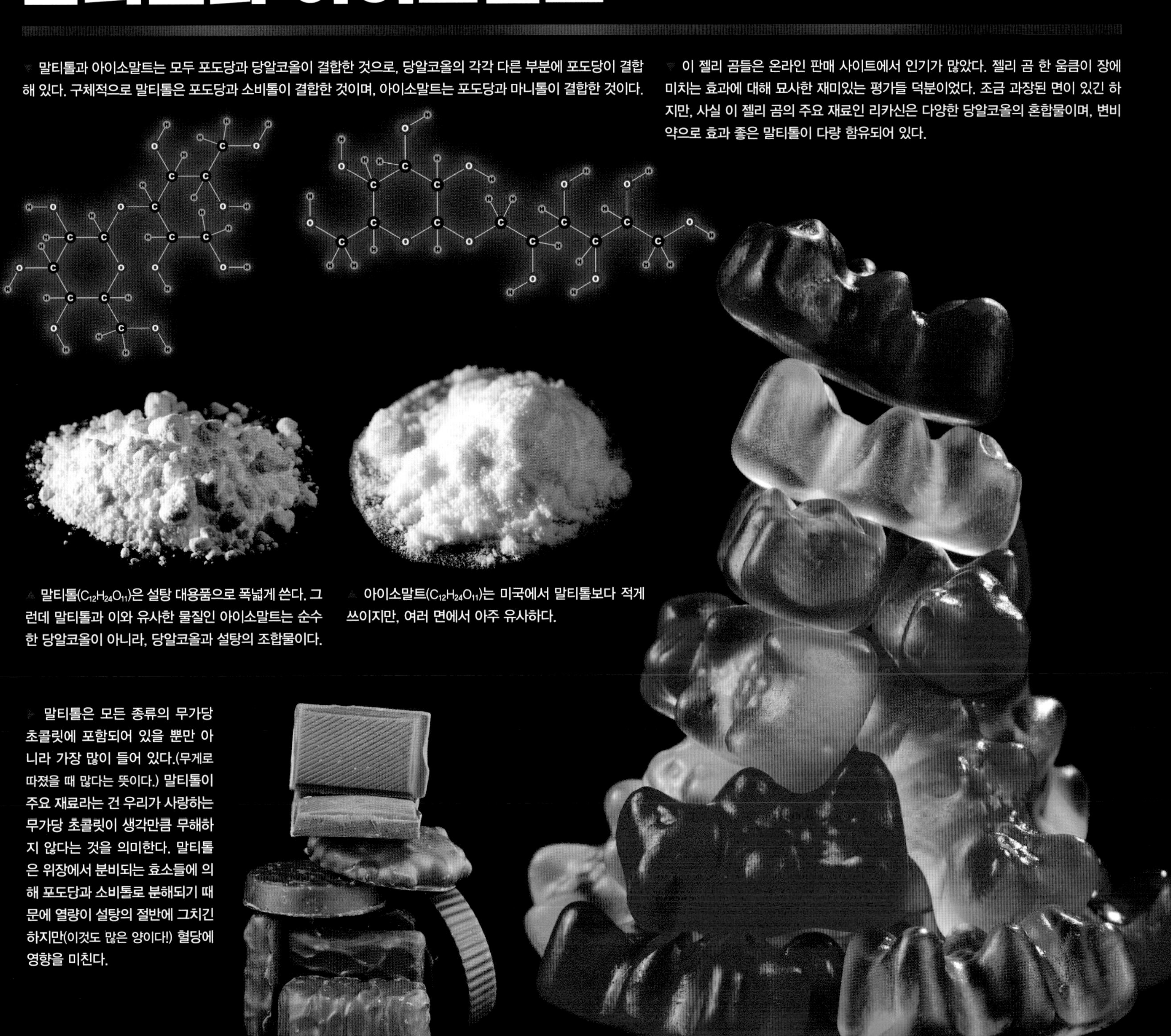

말티톨($C_{12}H_{24}O_{11}$)은 설탕 대용품으로 폭넓게 쓴다. 그런데 말티톨과 이와 유사한 물질인 아이소말트는 순수한 당알코올이 아니라, 당알코올과 설탕의 조합물이다.

아이소말트($C_{12}H_{24}O_{11}$)는 미국에서 말티톨보다 적게 쓰이지만, 여러 면에서 아주 유사하다.

말티톨은 모든 종류의 무가당 초콜릿에 포함되어 있을 뿐만 아니라 가장 많이 들어 있다.(무게로 따졌을 때 많다는 뜻이다.) 말티톨이 주요 재료라는 건 우리가 사랑하는 무가당 초콜릿이 생각만큼 무해하지 않다는 것을 의미한다. 말티톨은 위장에서 분비되는 효소들에 의해 포도당과 소비톨로 분해되기 때문에 열량이 설탕의 절반에 그치긴 하지만(이것도 많은 양이다!) 혈당에 영향을 미친다.

엄청난 달콤함

당류와 당알코올은 대부분 감미료로 쓰인다. 즉 음식이나 음료를 달게 만들기 위해 넣는다. 사탕이나 시리얼 같은 달달한 음식에는 이들이 가장 많이 들어 있기도 하다.(무게로 봤을 때 말이다.)

하지만 단맛의 수준이 아주 다른 차원인 물질들도 있다. 이러한 물질들은 설탕보다 수백 배 혹은 수천 배 더 달고, 1g에 불과한 아주 적은 양으로도 단맛을 내기 충분하다. 재료가 무엇이든지 간에 열량에 영향을 끼치지 않는다는 점에서 이 혼합물들은 아주 굉장하다.(들어가는 양 자체가 워낙 적다.) 하지만 달리 보면, 설탕과 설탕 대용품이 단맛보다 더 중요한 음식의 특징이 된다는 점은 문제다.(간단히 말해 설탕의 끈적거림, 높은 온도일 때의 매력적인 갈색, 식감, 방부제 효과 등등 말이다.)

훌륭한 감미료는 이상한 맛과 식감을 내지 않으면서 열량도 적어 완벽히 설탕을 대신할 수 있어야 한다. 그런데 이러한 감미료는 대개 합성 화합물이다. 상업적으로 가장 유명한 스테비아와 모그로사이드(멍크 프루트에서 얻는다.)는 자연에 있는 식물에서 추출한다. 물론 자연이나 천연 화합물이라는 출처가 음식의 맛이나 먹을거리의 안전을 보장하지는 않지만, 상표를 붙일 때는 큰 영향을 끼친다. 식물 추출물로 만든 음식에는 '자연 그대로!' 같은 표시를 하거나 그러한 효과를 주는 단어를 적을 수 있으니까.

사카린

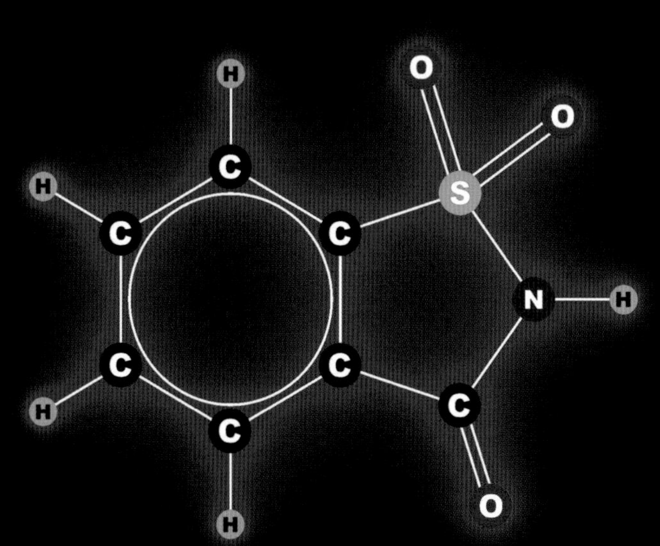

사카린($C_7H_5NO_3S$)은 설탕보다 300배 더 달다. 사카린은 역사가 꽤 길어서 괜찮은 골동품이 존재한다. 아래 사진은 사카린이 얼마나 단지 보여주기 위해 설탕 그릇 위에 사카린 그릇을 올린 것이다. 사실 저렇게 큰 설탕 그릇을 쓰는 건 어리석은 짓이다. 한두 잔의 커피에 넣을 양만 담을 수 있으면 충분하기 때문이다. 그건 그렇고, 아래의 설탕 그릇 안에 사카린을 가득 채우면 평생 사용할 수 있는 양이 될 것이다!

사카린은 굉장히 많은 제품에 사용되는데, 이처럼 작은 봉투에 담겨 집이나 음식점에서 흔히 쓰인다. 나는 사카린이 포함된 제품에 경고 문구가 적힌 것을 보며 자랐다. 그래서 요즘처럼 사카린이 수많은 제품에 특별한 표시도 없이 들어가는 걸 보면 조금 놀랍다. 경고 문구가 잘못된 것이기는 했지만, 아마 구세대에게 사카린은 여전히 찜찜한 물질일 것이다.
위의 사진은 아주 유명한 사카린 상품이고, 아래는 그 유사 상품이다. 인공 감미료는 이처럼 어이없을 만큼 똑같이 포장을 한 유사 상품이 아주 많다.

사카린은 무독성이자, 상업적으로 성공한 최초의 인공 설탕 대용품이다. 사카린은 고난의 시간을 겪었다. 처음에는 사기꾼으로 통했다. 영양적 가치가 없는 싸구려 설탕 대용품이었기 때문이다.(옛날에는 열량이 높아야 좋은 식품이라고 여겼다.) 그러다 1970년대부터 1990년대까지는 방광암을 유발하는 것으로 추정되어 경고 문구를 달게 되었다. 2000년이 되어서야 인간에게 실질적인 해를 일으키지 않는 물질이라는 점이 확실해져 경고 문구를 붙이지 않게 되었다.

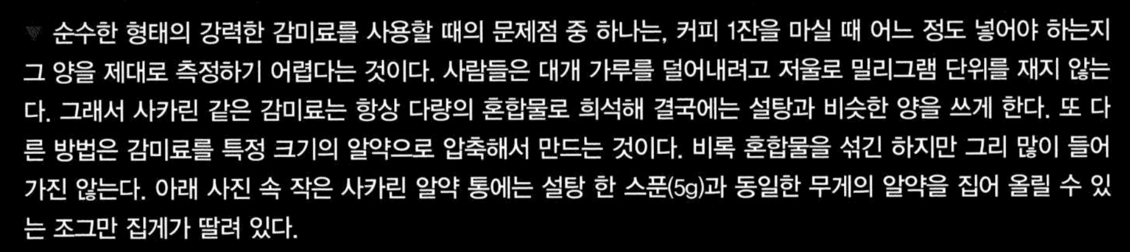

순수한 형태의 강력한 감미료를 사용할 때의 문제점 중 하나는, 커피 1잔을 마실 때 어느 정도 넣어야 하는지 그 양을 제대로 측정하기 어렵다는 것이다. 사람들은 대개 가루를 덜어내려고 저울로 밀리그램 단위를 재지 않는다. 그래서 사카린 같은 감미료는 항상 다량의 혼합물로 희석해 결국에는 설탕과 비슷한 양을 쓰게 한다. 또 다른 방법은 감미료를 특정 크기의 알약으로 압축해서 만드는 것이다. 비록 혼합물을 섞긴 하지만 그리 많이 들어가진 않는다. 아래 사진 속 작은 사카린 알약 통에는 설탕 한 스푼(5g)과 동일한 무게의 알약을 집어 올릴 수 있는 조그만 집게가 딸려 있다.

이 근사하고 오래된 사카린 통은 아마 상업용으로 팔던 게 분명하다. 대량 생산이 아니라면 이처럼 강력한 순수 감미료 분말이 대량으로 필요한 사람이 있을까?

사진을 찍으려고 사카린 50g을 주문했다. 내가 추정하기로, 이 사카린 50g은 설탕 150kg과 단맛이 같을 것이다.

감미료를 이용하는 뜻밖의 방법. 아래 사진은 먼지 필터 마스크의 성능을 시험하는 장비다. 먼저 마스크를 쓰고 사카린을 용해한 물질의 증기를 흡입한다. 만약 사카린의 달콤한 향이 맡아진다면 마스크를 고치거나 착용법을 조정해야 한다. 이러한 시험에는 사카린 말고도 다양한 종류의 감미료 혼합물을 이용할 수 있다.(가령 캡사이신 가루) 하지만 마스크가 제 역할을 하는지 알아보는 데에는 사카린만 한 게 없다.

시클라메이트

사카린과 시클라메이트($C_6H_{12}NO_3SNa$) 분자는 황 원자 1개에 산소 원자 2개를 붙여 인공적으로 만든 것이다. 이는 자연 분자에서 흔치 않으며 천연 감미료에서는 존재하지 않는다. 하지만 우리는 이와 유사한 배열로 만들어진 감미료 맛을 좋아한다.

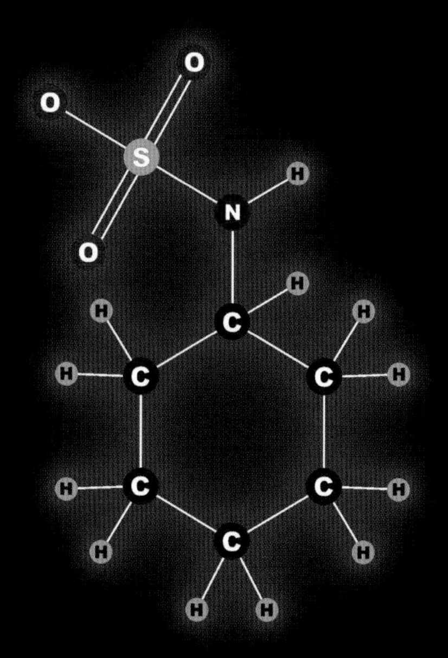

우리는 잘 지낼 수 없을까? 미국에서는 시클라메이트가 금지 물질이라 사카린으로 사진의 제품을 만든다. 그런데 반대로 캐나다에서는 사카린이 금지 물질이라 똑같은 제품을 시클라메이트로 만든다.

대부분의 유럽 국가를 비롯해 사카린과 시클라메이트를 모두 인정하는 나라에서는 이 2가지를 혼합해서 쓰는 걸 선호한다. 서로의 부정적인 맛을 상쇄시키기 때문이다. 시클라메이트의 단맛은 사카린의 10분의 1 수준이다. 그래서 시클라메이트와 사카린의 비율을 10대 1로 조정해 맛의 크기를 동등하게 한다.

이것은 설탕보다 10배 더 달콤한, 사카린과 시클라메이트의 액체 혼합 물질이다.

아세설팜 포타슘

아세설팜 포타슘($C_4H_4KNO_4S$)은 사카린, 시클라메이트처럼 황과 산소 원자로 만든 분자이며, 강렬한 금속성 뒷맛이 특징이다. 아세설팜 포타슘은 다른 감미료와 달리 상당히 높은 온도에서도 안정적이기 때문에 음식을 구울 때 쓴다.

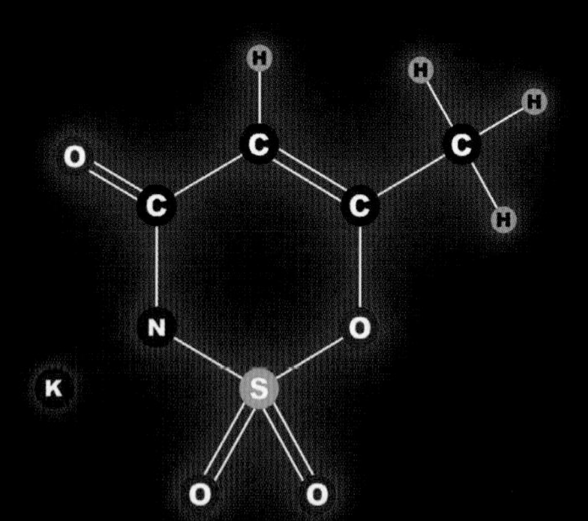

아세설팜 포타슘은 설탕보다 200배 더 달다.

아스파탐과 네오탐

▼ 아스파탐($C_{14}H_{18}N_2O_5$)은 아미노산 2개(모든 단백질의 구성 요소)와 아스파르트산, 페닐알라닌의 혼합물이다. 이들은 단백질에서와는 다른 방식으로 연결되어 있지만 위장에 들어가면 바로 분해된다. 아스파탐을 섭취했을 때 나오는 건 건강한 삶을 위한 필수 영양소인 아미노산 2개뿐이다. 아스파탐이 몸에 안 좋다는 것을 확인하기는 굉장히 힘들며, 사실 여러 번의 논쟁이 있었음에도 불구하고 모든 표지는 아스파탐이 전적으로 안전하다고 말하고 있다.(다만 특정 유전병이 있는 사람의 경우, 아스파탐을 함유한 제품의 주의 문구를 자세히 봐야 한다. 1만 명 중 1명 꼴로 있는 이 유전병 보유자는 식단에서 페닐알라닌의 양을 제한해야 하기 때문이다. 따라서 자연에서 구하는 천연 재료를 선별하고 아스파탐 같은 감미료를 피해서 페닐알라닌을 제거한 엄격한 식단을 유지해야 한다.)

◀ 네오탐($C_{20}H_{30}N_2O_5$)은 새로이 촉망받는 아스파탐 유도체로, 디메틸부틸 그룹(왼쪽 분자 구조식 위쪽의 탄소 6개와 수소 13개)이 아스파탐의 아스파르트산에 붙은 것이다. 디메틸부틸 그룹이 추가됨으로써 네오탐은 아스파탐보다 무려 50배 더 달고, 설탕보다는 1만 배 더 달다! 네오탐이 체내에서 분해된 물질은 아스파탐과 네오탐에 포함된 페닐알라닌에 예민한 병증이 있는 사람에게도 무해하다.

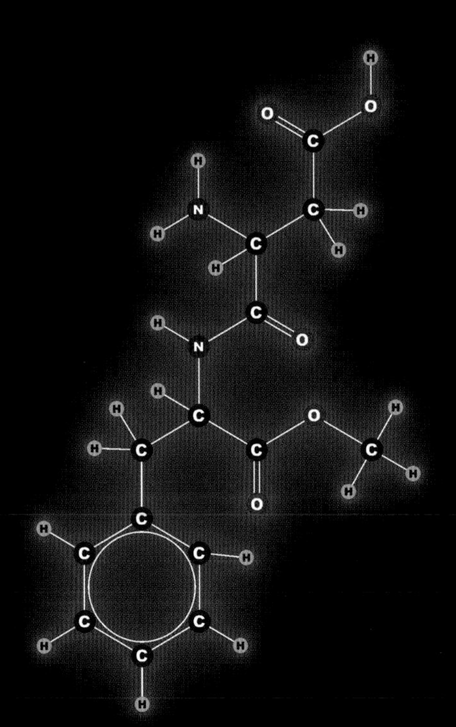

▶ 네오탐은 자연적, 인공적으로 존재하는 모든 종류의 설탕 대용품 중 가장 단 것으로 알려져 있다. 네오탐 분말 4.5g은 설탕 45kg과 달달한 정도가 같다. 더구나 이때 설탕이 17만 1,000kcal인데 반해 네오탐은 0cal다! 티스푼 1개 분량의 설탕과 동등한 맛을 내려면 네오탐 0.4mg만 있으면 된다. 이 어마어마한 능력은 네오탐이 안전한 이유 중 하나다. 설령 네오탐이 가장 독한 인공 화합물로 알려진 VX 신경가스 수준의 독성을 가지고 있다고 해도, 아주 적은 양만 사용하기 때문에 우리가 네오탐을 넣은 달달한 커피를 마셔도 살아 있을 가능성이 높다.

▼ 네오탐은 믿기 힘들 정도로 달콤하다. 봉투를 열고 네오탐 분말을 한 숟갈 뜨기 시작한 지 얼마 지나지 않았는데도 입에서 달콤함이 느껴질 정도다. 네오탐은 입자가 고와서 일부러 분말을 흔들지 않아도 아주 적은 양이 코로 날아들어 온다. 1시간이 지나면 콧수염으로도 그 맛을 느낄 수 있다. 눈으로는 절대 볼 수 없는 미세한 가루가 불쾌하지 않은 단맛을 터뜨린다! 마치 네오탐을 광고하는 것 같아서 미안하지만, 네오탐은 정말 굉장하다.

수크랄로스

수크랄로스($C_{12}H_{18}Cl_3O_8$)는 화학적으로 알코올기 3개가 염소 원자로 대체된 것만 빼면 설탕(자당)과 동일하다. 이러한 변화로 인해 수크랄로스는 설탕보다 600배 더 달고 체내 흡수도 안 된다. 무언가를 달콤하게 만드는 데 소량의 감미료로 충분하다는 것은 열량이 거의 없음을 의미한다.

스테비아

스테비아 잎에는 스테비오사이드라고 불리는 물질이 함유되어 있다. 스테비오사이드는 몇몇 인공 감미료보다 강한 맛을 낸다.(설탕보다 약 300배 더 달다.) 여기서 중요한 역할을 하는 분자는 2개인데, 리바우디오사이드A와 스테비오사이드다.

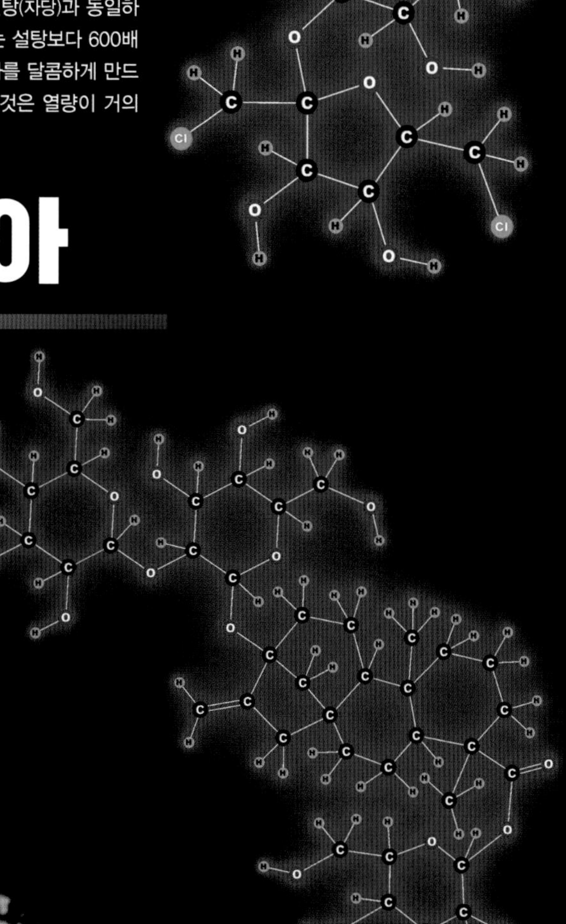

스테비아 잎에서 얻은 순수한 추출물은 서로 연관이 있는 분자들의 조합으로 이루어져 있다. 다른 감미료와 마찬가지로 스테비아 잎 추출물도 화학 물질이며, 자연에서 얻었다고 해서 당연히 안전한 것도, 안전하지 않은 것도 아니다. 잘 알려진 인공 감미료들만큼 연구되지는 않았지만 현재로서는 안전하다고 여겨진다.

스테비아는 초강력 합성 감미료처럼 대개 액상으로 판다. 적은 양을 넣을 때 액체 방울을 이용하는 게 편리하기 때문이다. 오른쪽 사진처럼 제품을 포장하면 고농축한 액체를 부피가 작은 물질 안에 퍼트리기 쉽다. 가루 형태로는 힘들다.

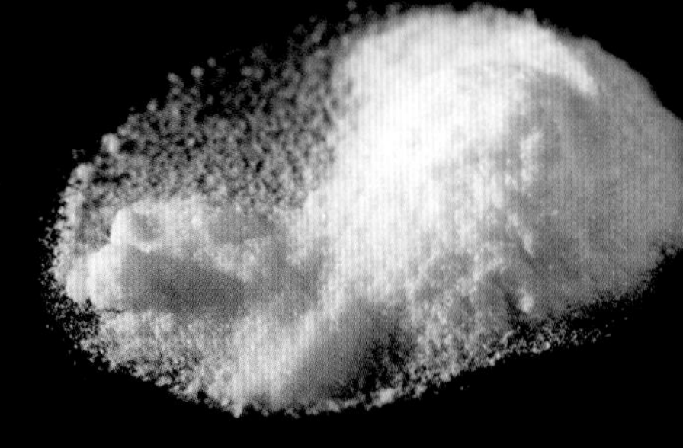

수크랄로스는 고온에서 안정적이고 맛이 좋아 무가당 쿠키 등을 만들 때 이상적이다.

아래 포장된 두 제품에는 수크랄로스가 들어 있어 달콤하다. 주요 재료는 포도당(덱스트로오스)과 말토덱스트린이다. 실제로는 4cal이지만 FDA(미국 식품의약국)가 반올림해서 0cal로 표기하는 걸 승인했다.

사진은 스테비아 감미료를 추출하는 스테비아의 잎이다. 자연에서 얻은 0cal의 감미료라는 이유로 대부분의 사람들은 스테비아를 완벽한 감미료라 한다. 하지만 익숙한 설탕 맛과 달라 싫어하는 이들도 있다.

스테비아는 식물 추출물이라 상표에 '자연 그대로'라고 쓰거나, 건강에 좋다는 이미로 '건강 보조식품'이라는 문구를 쓸 수 있다. 하지만 오른쪽 사진의 1g짜리 스테비아 감미료 봉지는 96%가 포도당(덱스트로오스나 마찬가지다.)이다. 맛에 결정적으로 영향을 미치는 스테비아 추출물은 나머지 4%이다. 이런 식으로 설탕 대용품이 순도 높은 설탕이 되는 건 어렵지 않다. 설탕과 설탕 대용품은 FDA 승인에 따라 무엇이든지 간에 열량이 5cal 미만이면 0cal로 표기해 팔 수 있다. 하지만 포도당 1g은 4cal의 열량을 가지고 있다. 사진 속 감미료 봉지는 32cal인 설탕 2스푼과 단맛의 강도가 동일하다. 따라서 감미료를 1봉지 사용할 경우 설탕에 비해 약 8분의 1 수준의 열량만 섭취하는 셈이다. 하지만 그래도 0cal는 아니다.

스테비아로 만든 감미료는 혼합물로 포도당 대신 에리트리톨을 혼합해 사용한다. 에리트리톨은 포도당보다 열량이 적고, 혈당에 영향을 끼치지 않아 좋다. 이러한 특징 때문에 설탕 대용품이 과체중이나 당뇨가 있는 이들에게 인기가 많을 것 같겠지만, 에리트리톨은 '천연' 성분이 아니다. 스테비아는 식물에서 직접 추출한 게 맞지만, 에리트리톨은 옥수수를 발효해 만든 거라 '천연'이라 보기 어렵다.

Zero Calorie
Sweetener
Made with Stevia Extract
NET WT 0.070 OZ (2g) this unit not labeled for retail sale

모그로사이드

모그로사이드는 복잡한 식물 화합물로, 각양각색의 모양을 띤다.(여기서는 숫자 5처럼 보인다.)

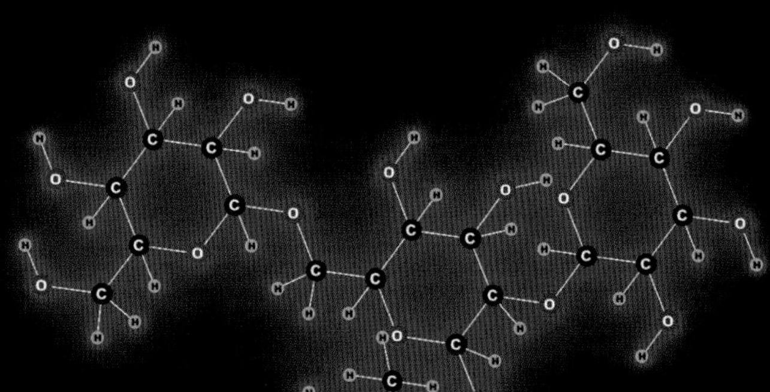

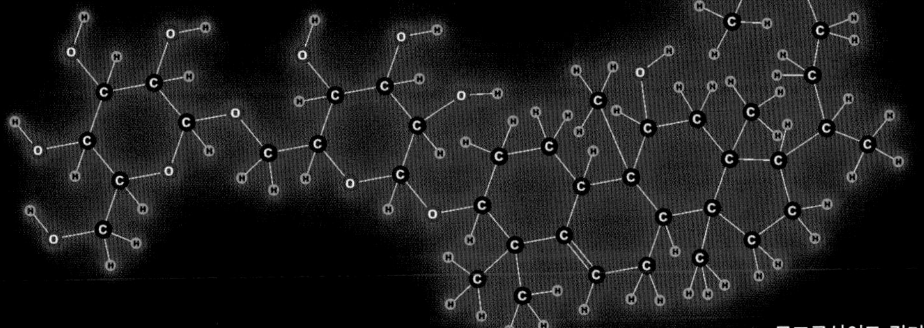

모그로사이드 감미료는 고대 중국 의학에서도 인기가 많았다.

모그로사이드는 멍크 프루트라는 과일에서 추출하는데, 중국에서는 이 과일을 뤄한궈(羅漢果)라고 부른다.

순수한 모그로사이드는 설탕보다 약 300배나 더 달콤하다. 아주 강한 화학 감미료들과 비교할 만하다. 갓 추출한 분말은 모그로사이드 함량이 약 7%에 불과한데, 그럼에도 설탕보다 여전히 몇 배나 더 달다. 그렇다면 나머지 93%는 뭘까? 화학적 분석을 구체적으로 하지 않고는 말하기 어렵다.

혼합, 하나보다는 여럿

기본적으로 모든 감미료는 설탕에 비해 맛이 떨어진다고들 여긴다. 생물학적 문제인지 심리학적 문제인지 알기 어렵다.(가령 나는 10년 넘게 다이어트 콜라 맛을 좋아하기 위해 애썼고 어느 정도 성공했다. 그러나 일반 콜라는 절대 마시지 않는 식이요법을 했기 때문에 내가 일반 콜라의 무슨 맛을 놓쳤는지는 알 수 없다.)

감미료 제조회사는 인공 감미료의 맛을 더 좋게 하려면 여러 가지를 섞어야 한다는 것을 깨달았다. 어느 감미료가 이상한 맛이 나거나, 뒷맛이 안 좋거나, 서서히 안 좋은 맛이 나면 다른 감미료로 그 맛을 상쇄할 수 있는 것이다.

이 제품에는 아스파탐과 아세설팜 포타슘이 들어 있어 달콤하다. 대부분은 포도당으로 채워져 있다. 열량이 0cal로 표기되어 있는 건 5cal 미만, 즉 4cal라 해도 규정상 0cal로 표기할 수 있기 때문이다.

식료품점에서 구할 수 있는 다양한 설탕 대용품에는 우리가 흔히 아는 천연 감미료와 인공 감미료 혼합물이 들어 있다. 가령 이 제품에는 자당, 에리트리톨, 스테비아가 섞여 있다.

여러 가지 미세한 맛이 고농축된 원액을 만들 수 있는 건 강렬한 단맛을 내는 분자 덕분이다.(사진 속 원액 병들은 높이가 10cm도 안 된다.) 만약 설탕만으로 원액을 제조하면 이 작은 병에 든 양으로 오직 한두 잔의 음료밖에 만들 수 없다. 하지만 실제 이 원액들은 맛있는 주스를 3.8ℓ 나 만들 수 있는 향과 단맛을 가지고 있다. 각각의 원액은 특별히 천연 감미료와 인공 감미료를 섞거나, 따로 넣은 것이다.

수크랄로스, 수크로스 아세트산염 아이소부티레이트

자당, 스테비아 추출물

에리트리톨, 스테비아 추출물

멍크 푸르트 추출물

카페인, 수크랄로스, 아세설팜 포타슘, 수크로스 아세트산염 아이소부티레이트

수크랄로스, 아세설팜 포타슘

▶ 제과류에 들어가는 감미료에게는 문제가 하나 있다. 장시간 동안 고온을 견딜 수 있어야 한다는 것이다. 이로 인해 사용할 수 있는 종류는 상당히 제한적이다.

▼ 아이소말트, 소비톨, 아세설팜 포타슘, 수크랄로스

▶ 말티톨, 락티톨, 소비톨, 아세설팜 포타슘, 수크랄로스

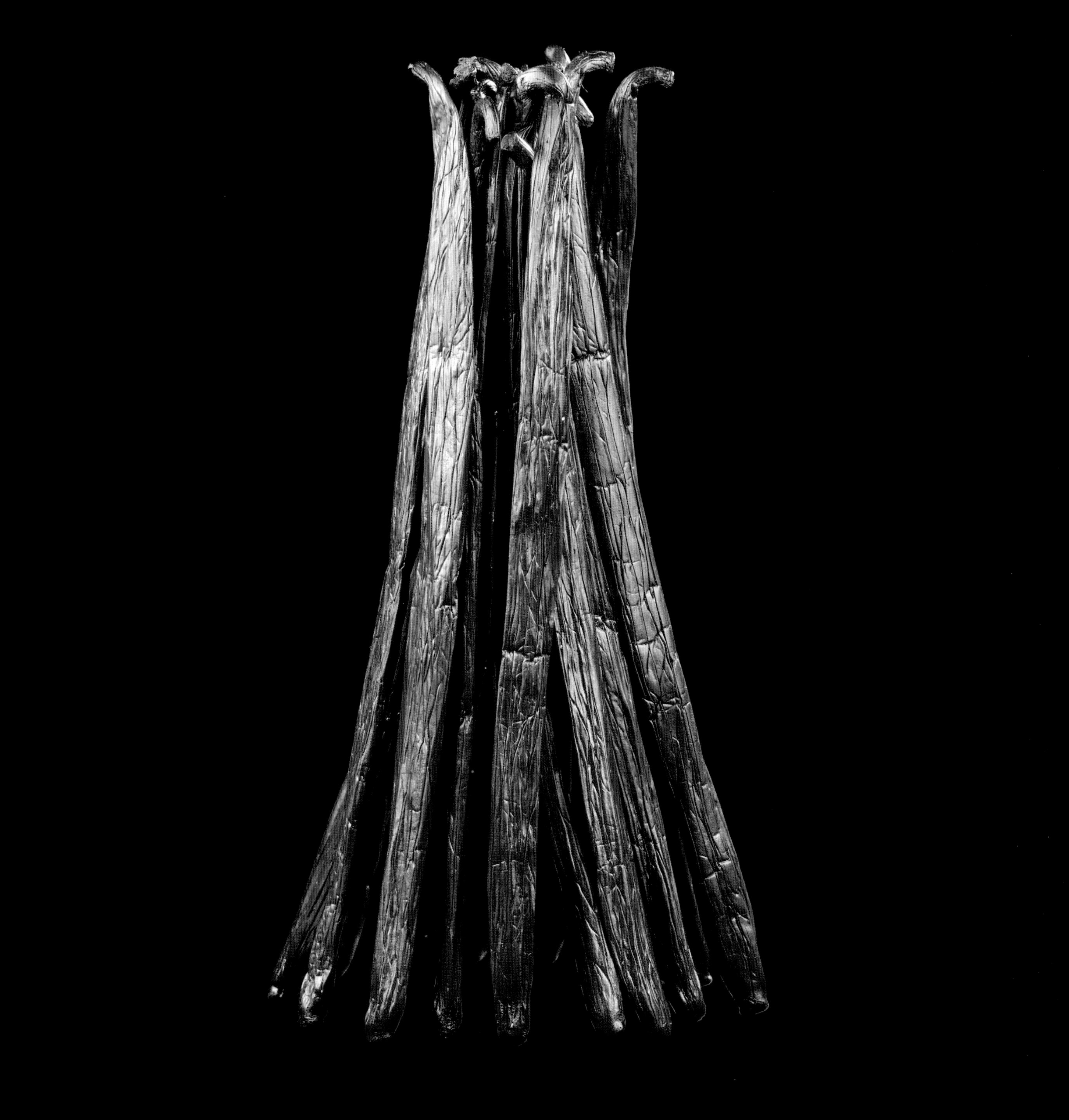

Chapter 10 천연 물질과 인공 물질

앞장에서 우리는 천연 감미료와 인공 감미료에 대해 배웠다. 사카린과 아스파탐 같은 화합물은 민감한 주제다. 많은 사람이 이러한 화합물을 불신하고 있고, 유명한 화합물은 대개 과학적, 법적, 대중적으로 멸시를 받아왔다. 하지만 스테비아 같은 천연 식물 추출물은 종종 자유 입장권을 얻곤 한다. 사람들은 반대되는 증거가 나타나기 전까지는 천연 물질을 좋게 보는 경향이 있다. 규제 기관에서도 천연 물질에 대한 조사는 느슨하게 한다.

어쩌면 누군가는 화학에 대한 나의 열린 태도로 미루어 보아, 내가 새로운 합성 감미료를 만들고 싶어 할 거라 생각할 수도 있다. 하지만 이 경우는 아니다. 정부와 산업 기관이 화합물의 안전성을 시험하기 위해 모든 노력을 다해도,(때로는 엉성하거나 부정부패가 개입되지만) 새로운 분자의 문제점들은 감지하기 어려워 수백만 명의 사람들이 오랫동안 사용한 뒤에야 발견할 수 있다. 나는 이러한 문제점들을 발견할 수 있도록 수십 년에 걸쳐 지켜보는 게 최선이라 생각한다.

하지만 나는 숲속에서 찾은 버섯을 따 먹거나, '유기농'이라는 명성에 기대는 싸구려 천연 식품 판매업자들에게서 허브 용품을 사는 것 또한 하지 않는다. 새로 발견된 합성 화합물이 무서운 이유는 수상한 버섯이나 규제되지 않은 물품이 무서운 이유와 정확히 동일하다. 즉, 불확실성이 문제다. 본질적으로 합성 화합물이 천연 물질보다 더 위험하다는 근거는 하나도 없다.

물론 실험실에서 만든 화합물들 중에는 건강을 해치는 것들이 있긴 하다. 하지만 독성 물질은 자연에도 수두룩하다! 몇몇 식물들은 자신들을 위협하는 생물을 죽이거나 심각한 불구로 만들려고 특유의 화합물을 개발하는 데 굉장히 많은 시간을 쏟아붓는다.(식물은 움직일 수 없기 때문에 화학 무기 외에는 선택할 수 있는 방법이 별로 없다.)

분자들은 자신이 어디에서 왔는지 알지 못한다. 그들은 자신이 천연 물질인지 인공 물질인지, 좋은지 나쁜지, 유익한지 유해한지 모른다. 그들은 그들로 존재할 뿐이다. 실험실에서 만들어진 물질인지, 바다달팽이에서 추출한 독인지, 공장에서 합성된 건지 식물의 이파리에서 합성된 건지, 이런 것들을 묻는 건 의미가 없다.

◀ 바닐라콩은 천연 바닐라 추출물의 원료로, 주요 성분인 바닐린은 실험실에서 합성한 것과 정확히 똑같다.

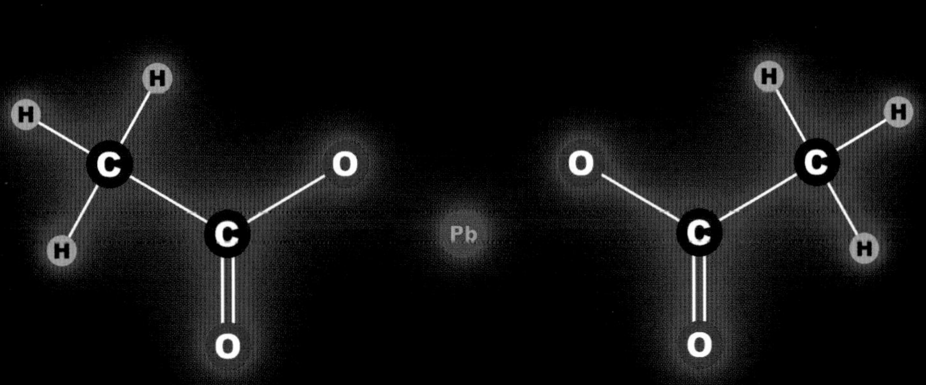

▲ 아세트산납은 아세트산(식초)의 납염이다.

▲ 오해하지 마라. 독성이 있는 인공 감미료도 분명히 있다. '연당'(Sugar of lead)은 아세트산납의 연금술 시대 이름으로, 약 2,000년 전 로마 제국 시대에 인공 감미료로 쓰였다. 납은 매우 교활한 물질이다. 오랜 시간에 걸쳐 몸에 축적되는 신경 독소이기 때문이다.(소량이라도 일정 기간 이상 섭취할 경우 사람을 멍청하게 만든다.) 몇 세기 동안 아무도 이를 알아채지 못했다. 진짜 이유를 밝혀내지 못하고 마녀나 악령의 소행 때문에 정신이 나간 거라고 생각했다.

▶ 아세트산납은 분명 문제가 있지만(중금속 독이다.) 그럼에도 오늘날까지 합법적으로 널리 쓰이고 있다. 흰머리를 가리기 위해 남성들이 쓰는 최신 염색약 중에는 아세트산납이 들어 있는 게 있다. 여기서 납은 색소 역할을 한다. 머리카락 섬유에 영구적으로 달라붙는 것이다. 아직까지는 이 염색약의 유해성이 밝혀지지 않았지만, 납에 어느 정도 노출되어야 증상이 나타나는 것을 생각해볼 때 매우 위험해 보인다. 나는 납이 들어 있다는 사실 하나만으로, 저 염색약을 쓰지 않을 것이다.(필요한 때가 오더라도 말이다.)

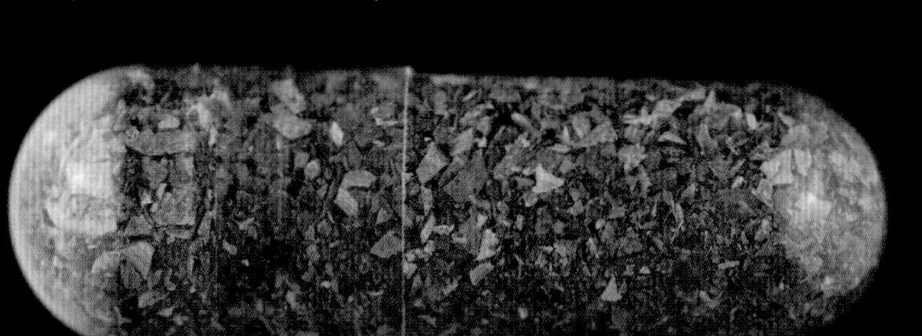

▲ 2013년 조사에 의하면 미국에서 유통되고 있는 식물성 제품 중 68%는 성분표에 없는 식물 추출물을 포함하고 있다.(즉, 성분표에 쓰인 '기타'에 잡초를 집어넣은 것이다.) 그리고 무려 32%는 성분표에 있는 원료를 함유하고 있지 않다. 합성 식품의 경우 최소한 재료를 규제하고 검열한다.(그건 합성 식품 제조업자들이 더 정직해서가 아니다.) 반면에 천연 식품과 식물성 제품은 전혀 규제를 받고 있지 않다. 누구도 이러한 제품은 검사하지 않는다.(예를 들어, 위 사진을 얻기 위해 나는 내 마당에서 마른 풀을 주워 캡슐에 담았다. 이건 미국에서 판매되는 식물성 제품의 3분의 1을 담당하는 제조업자들이 하는 짓을 그대로 따라한 셈이다.)

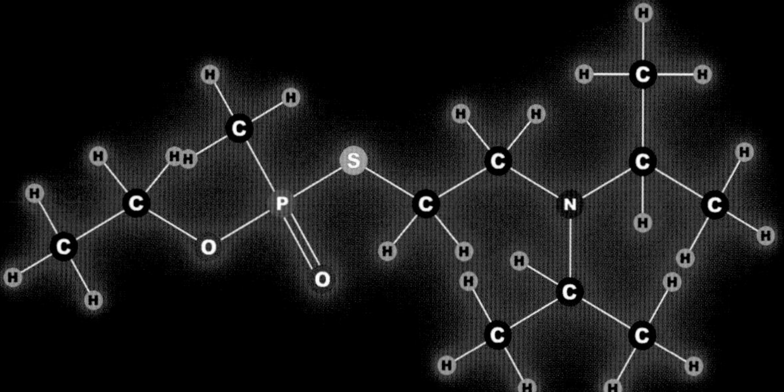

▲ 아세트산납은 천천히 효과가 나타나는 독이며, 다른 합성 화합물들은 그보다 효과가 빠르다. VX 신경가스는 눈에 거의 보이지 않는 양만으로도 치명적이며, 합성 화합물들 중 가장 독성이 강한 것으로 알려져 있다. 그럼에도 이 물질은 전체 독성 물질 순위에서 고작 4위를 차지한다. 1~3위는 순서대로 보툴리눔 독소, 마이토톡신(해양 조류가 분비하는 물질) 그리고 바트라코톡신이다.(177~178쪽에서 자세히 다룬다.) 이들은 모두 합성 색소나 인공 향, 첨가제가 들어가지 않은 천연 물질이다.

▶ 아세트산납 같은 독은 매우 교활하다. 이러한 독은 사람들 사이에 흘러들어 미처 눈치 채기 전에 수많은 목숨을 앗아갈 수 있다. 독가스는 이 경우에 해당하지 않는다. 은밀함과는 거리가 멀다. 독가스로 수백만 명이 죽었지만, 이는 의도적인 것이었고 아무도 눈치채지 못해서 일어난 참사가 아니었다.

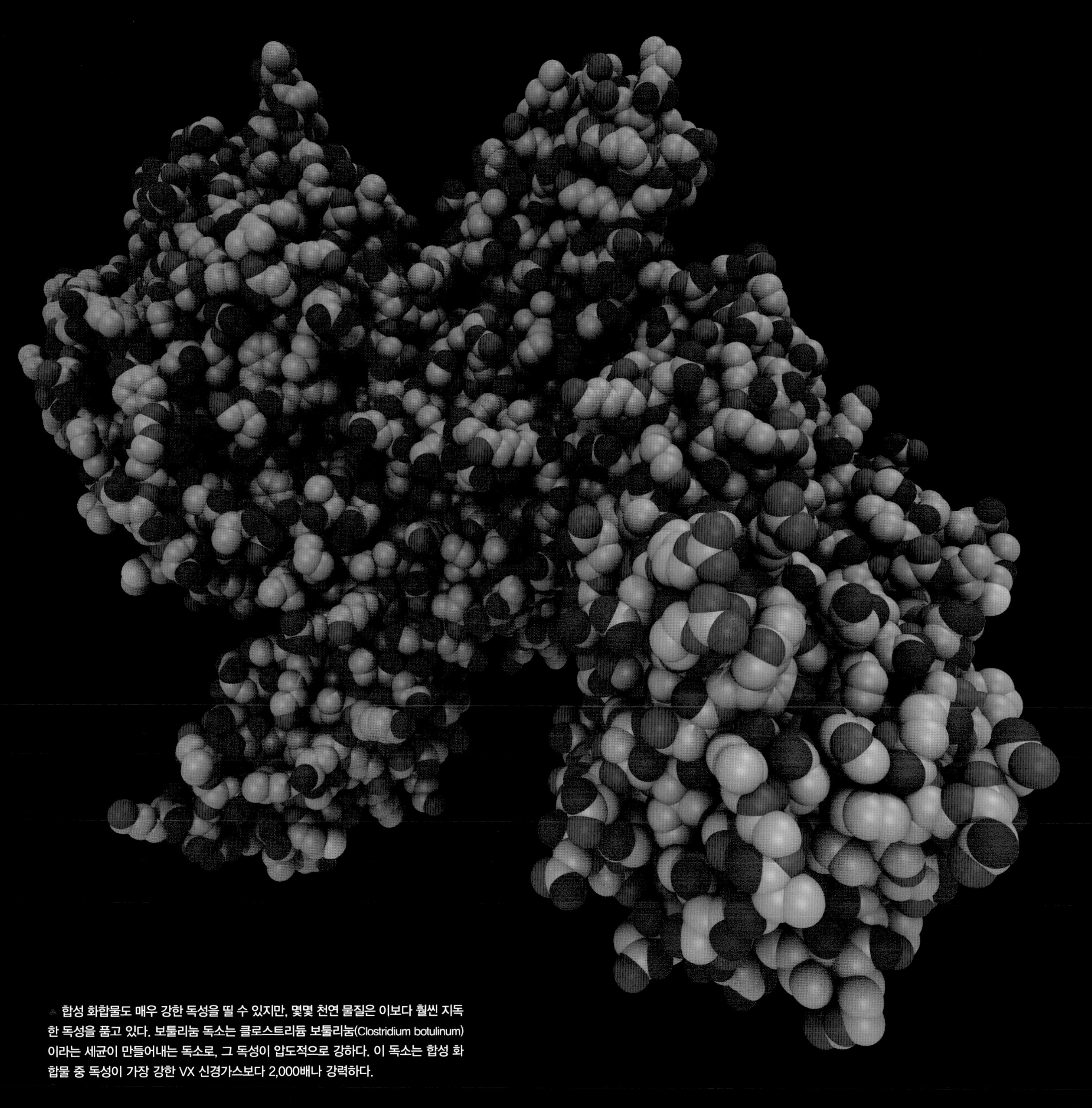

▲ 합성 화합물도 매우 강한 독성을 띨 수 있지만, 몇몇 천연 물질은 이보다 훨씬 지독한 독성을 품고 있다. 보툴리눔 독소는 클로스트리듐 보툴리눔(Clostridium botulinum)이라는 세균이 만들어내는 독소로, 그 독성이 압도적으로 강하다. 이 독소는 합성 화합물 중 독성이 가장 강한 VX 신경가스보다 2,000배나 강력하다.

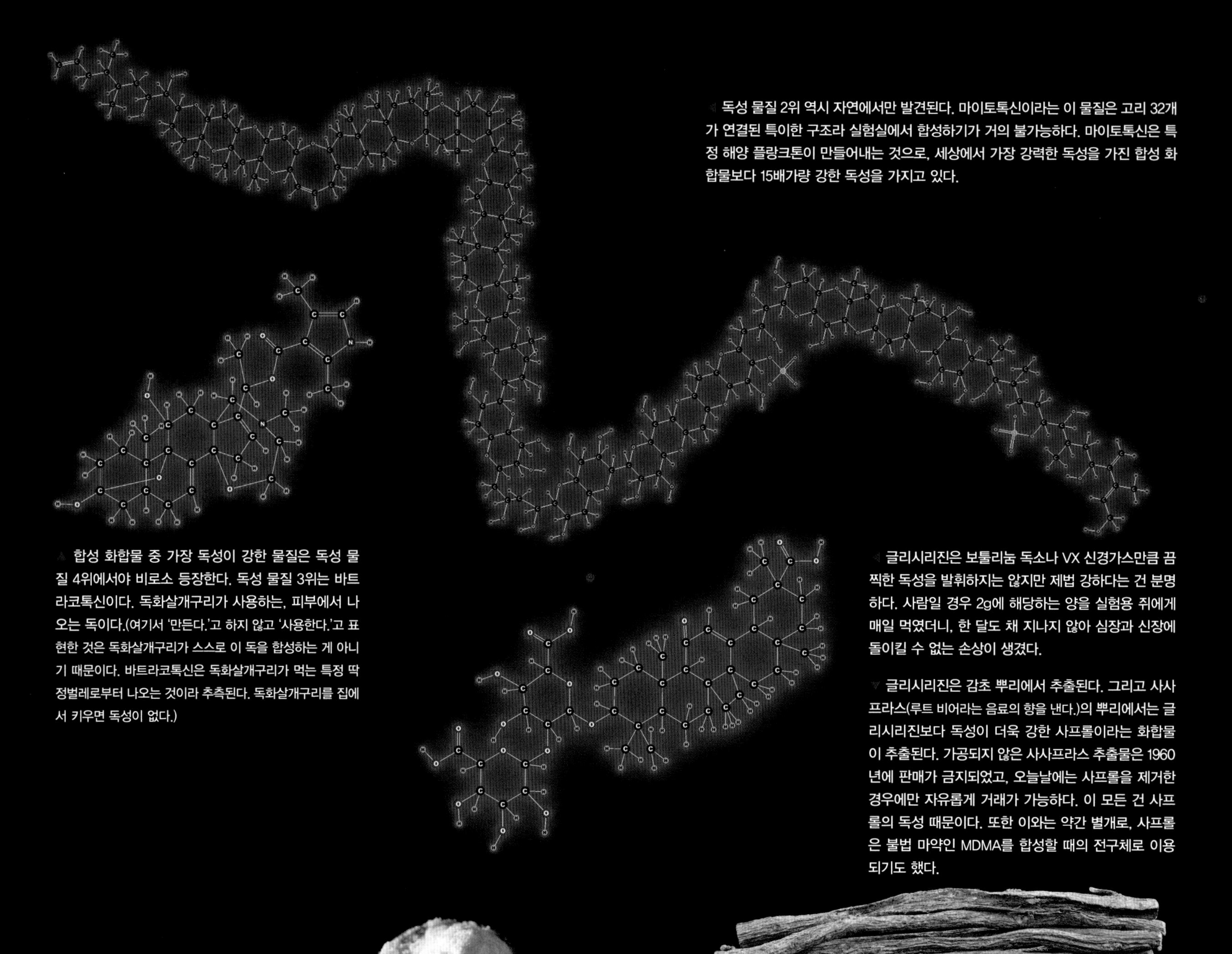

◁ 독성 물질 2위 역시 자연에서만 발견된다. 마이토톡신이라는 이 물질은 고리 32개가 연결된 특이한 구조라 실험실에서 합성하기가 거의 불가능하다. 마이토톡신은 특정 해양 플랑크톤이 만들어내는 것으로, 세상에서 가장 강력한 독성을 가진 합성 화합물보다 15배가량 강한 독성을 가지고 있다.

△ 합성 화합물 중 가장 독성이 강한 물질은 독성 물질 4위에서야 비로소 등장한다. 독성 물질 3위는 바트라코톡신이다. 독화살개구리가 사용하는, 피부에서 나오는 독이다.(여기서 '만든다.'고 하지 않고 '사용한다.'고 표현한 것은 독화살개구리가 스스로 이 독을 합성하는 게 아니기 때문이다. 바트라코톡신은 독화살개구리가 먹는 특정 딱정벌레로부터 나오는 것이라 추측된다. 독화살개구리를 집에서 키우면 독성이 없다.)

◁ 글리시리진은 보툴리눔 독소나 VX 신경가스만큼 끔찍한 독성을 발휘하지는 않지만 제법 강하다는 건 분명하다. 사람일 경우 2g에 해당하는 양을 실험용 쥐에게 매일 먹였더니, 한 달도 채 지나지 않아 심장과 신장에 돌이킬 수 없는 손상이 생겼다.

▽ 글리시리진은 감초 뿌리에서 추출된다. 그리고 사사프라스(루트 비어라는 음료의 향을 낸다.)의 뿌리에서는 글리시리진보다 독성이 더욱 강한 사프롤이라는 화합물이 추출된다. 가공되지 않은 사사프라스 추출물은 1960년에 판매가 금지되었고, 오늘날에는 사프롤을 제거한 경우에만 자유롭게 거래가 가능하다. 이 모든 건 사프롤의 독성 때문이다. 또한 이와는 약간 별개로, 사프롤은 불법 마약인 MDMA를 합성할 때의 전구체로 이용되기도 했다.

▷ 글리시리진은 설탕보다 50배가량 더 달고, 감초 향을 내는 것으로 알려져 있다. 글리시리진은 감초 식물 뿌리에서 추출한 천연 물질이다. 과다 섭취할 경우 독성을 내는 합성 화합물에 적용하는 기준을 글리시리진에 똑같이 적용한다면, 감초 사탕의 일일 허용 섭취량은 많아야 몇 개뿐일 것이다. 지금 내가 하루에 감초 사탕을 몇 개 이상 먹지 말라고 말하는 건가? 그건 아니다. 그저 글리시리진을 많이 섭취하면 분명 독성이 나타날 거고, 합성 화합물에 대한 안전 기준이 글리시리진에도 적용된다면 공식 권장량은 위와 같을 거라는 말이다. 내 말을 어떻게 받아들일지는 당신 마음이다. 글리시리진은 아직까지 제재를 당한 적이 없는 천연 추출물로, 식품 함유량에 대한 법적 규제가 마련되어 있지 않다.

▽ 이 감초 사탕은 유독 맛이 강렬하다고 광고한다. 그건 글리시리진 농도가 굉장히 높다는 뜻이다.

▷ 감초 뿌리 분말은 글리시리진 함량이 상당하다. 수많은 식물이 그러하듯 감초는 엄연한 약재다. 이는 감초가 의약 효과와 동시에 부작용을 가지고 있음을 의미한다. 단지 천연이라는 이유만으로 안전한 게 아니다. 또한 단지 합성되었다는 이유만으로 그 물질이 안전하지 않거나 건강에 해로운 것도 아니다. 화합물이 체내에 가져다주는 효과는 '어떤' 화합물이며 '얼마나' 섭취하는가에 달린 것이지, '어디서' 왔는지 또는 '누가' 만들었는지에 달린 게 아니다.

▼ '붉은 감초'라는 말은 그저 상술일 뿐이다. 이 사탕은 사실 감초로 만든 게 아니다. 이 사탕에서 나는 인공 딸기향은 진짜 감초 사탕에 들어 있는 글리시리진과는 관계가 없다. 그러니 마음대로 먹어도 된다.

천연·합성 바닐라향

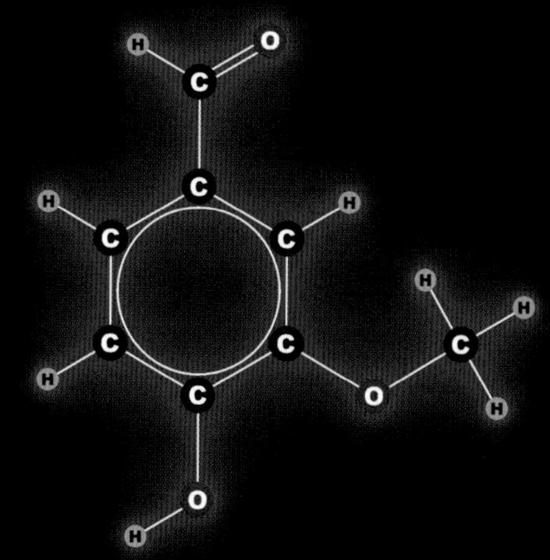

천연 제품과 그 합성 대용품은 흥미롭게도 주성분 외의 기타 구성 성분 종류가 다르다.(이와 같은 기타 성분은 성분 및 구분에 따라 혼합물, 향신료, 불순물, 합성 착향료라 불린다.)

합성 화합물들은 광물이나 석유 전구체로 만드는 경우가 많기 때문에 납이나 발암 물질인 석유 유출물 같은 불순물이 형성 과정 중에 포함되지 않도록 주의해야 한다. 화학 반응을 통해 화합물을 만들 때, 원하는 화합물과 더불어 비슷하지만 원치 않는 화합물이 함께 형성되는 경우가 흔하기 때문이다.

반대로 식물을 원료로 하는 경우에는 식물이 스스로를 보호하기 위해 만든 수많은 독성 화합물을 조심해야 한다. 이를 잘못 다루어 환경오염이 일어나거나, 토양에 독성 물질이 스며들어 늘 골칫거리가 되고 있다. 그리고 천연 물질을 발효하거나 요리하는 등의 가공 과정에서도 자연적으로 존재하는 독성 화합물이 중화되거나, 새로이 원치 않는 화합물이 만들어질 수 있다.

바닐라는 천연 제품과 그 합성 대용품의 차이를 보여주는 재미있는 사례다.

바닐린 분자의 화학명은 4-하이드록시-3-메톡시벤즈알데히드이며, 세계에서 가장 중요한 향신료의 원료로 꼽힌다. 천연 바닐라향과 인공 바닐라향 모두 바로 이 바닐린 분자 덕에 굉장한 향을 낸다. 이들의 유일한 차이점은 바닐린 분자와 함께 들어 있는 기타 화합물이 다르다는 것이다. 요리사들은 천연 바닐라가 제각기 매우 다양한 향을 낸다고 주장하는데 이는 사실이다. 하지만 그건 천연 바닐라에 포함된 바닐린 분자가 서로 달라서가 아니라, 단지 바닐라콩이 재배되고 가공되는 과정에 따라 각기 다른 종류의 기타 불순물이 들어가기 때문이다.

천연 바닐라 추출물

글루코바닐린은 바닐린 분자와 포도당 분자가 붙어 있는 것으로, 발효하기 전의 바닐라콩(vanilla bean)에 들어 있다. 바닐라콩을 발효하면(인위적으로 일으키긴 하지만 발효는 자연적인 반응이라 할 수 있다.) 효소가 이 두 분자를 분리시켜 바닐린만 남는다.

시중에서 구할 수 있는 '천연 바닐라 추출물'은 대부분 알코올과 물이 혼합된 것이다. 시판 기준에 따르려면 알코올 도수는 최소 35%이어야 하고, 1ℓ 당 100g 이상의 발효 바닐라콩 분말 추출물이 들어가야 한다. 이 말은 즉, 우리가 구입하는 바닐라 시럽은 원래 바닐라콩 안에 든 바닐린 농도의 겨우 10분 1 혹은 그 이하라는 뜻이다. 아래 제품에서 주요 향을 내는 원료인 바닐린은 0.2% 정도다.

바닐라콩은 마다가스카르를 비롯한 여러 아름다운 지역에서 자라며 천연 바닐라향의 원료다. 꼬투리는 원래 녹색이지만 햇빛에 말렸다가 물에 담그기를 몇 주 동안 여러 번 반복하고 나면(나라도 마다가스카르에 있었다면 물속을 들락거리고 싶을 것 같다.) 색이 검게 변한다.(나라도 마다가스카르에서 햇빛에 있다가 물에 들어가길 몇 주 동안 반복하면 검게 될 것이다.)

발효한 바닐라콩 분말에는 바닐린이 약 2% 함유되어 있다. 물과 알코올의 혼합물을 이용하면 바닐라콩 분말에서 바닐린과 더불어 최소 수백 가지에 이르는 기타 성분을 추출할 수 있다.

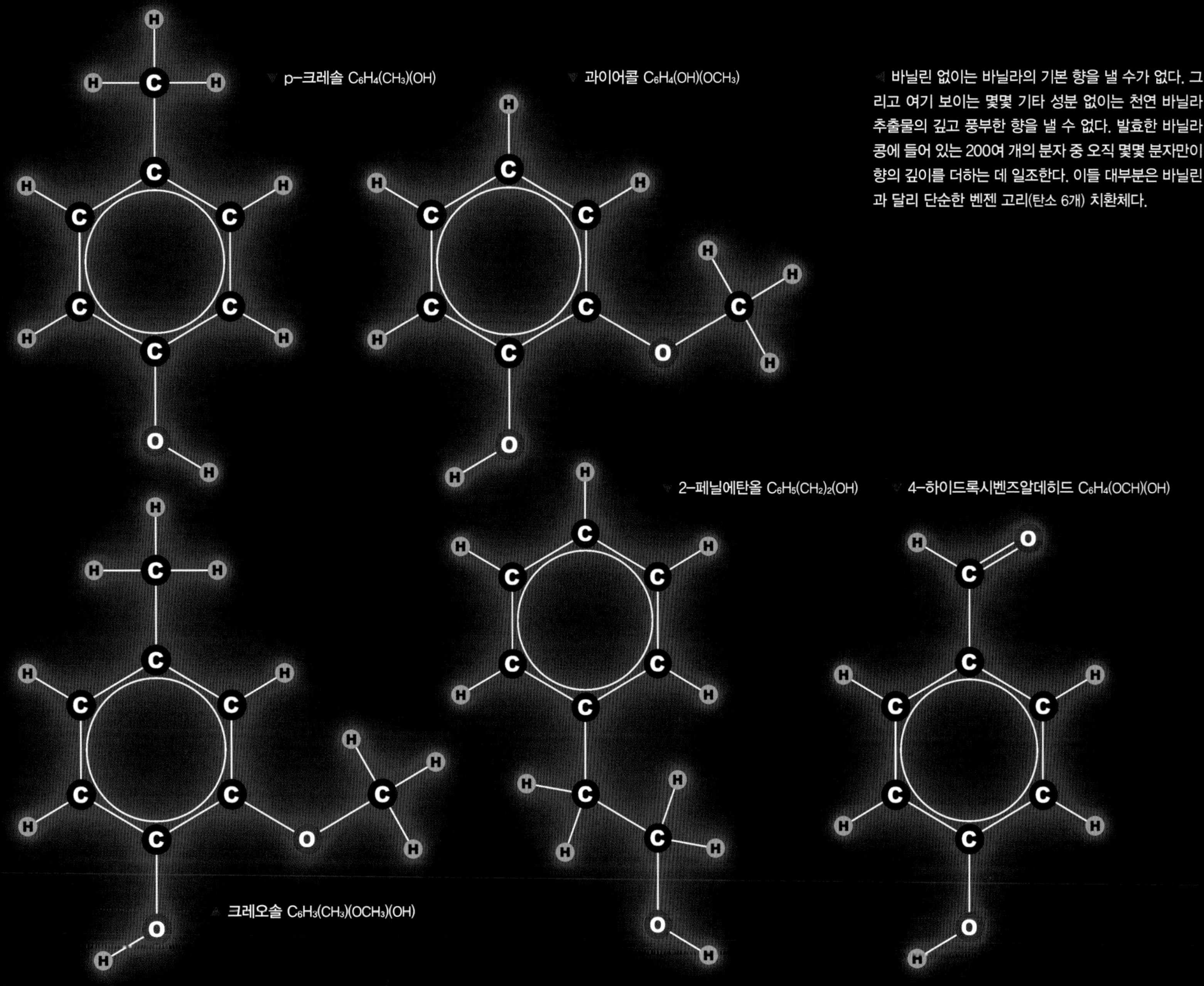

바닐린 없이는 바닐라의 기본 향을 낼 수가 없다. 그리고 여기 보이는 몇몇 기타 성분 없이는 천연 바닐라 추출물의 깊고 풍부한 향을 낼 수 없다. 발효한 바닐라콩에 들어 있는 200여 개의 분자 중 오직 몇몇 분자만이 향의 깊이를 더하는 데 일조한다. 이들 대부분은 바닐린과 달리 단순한 벤젠 고리(탄소 6개) 치환체다.

합성 바닐라향

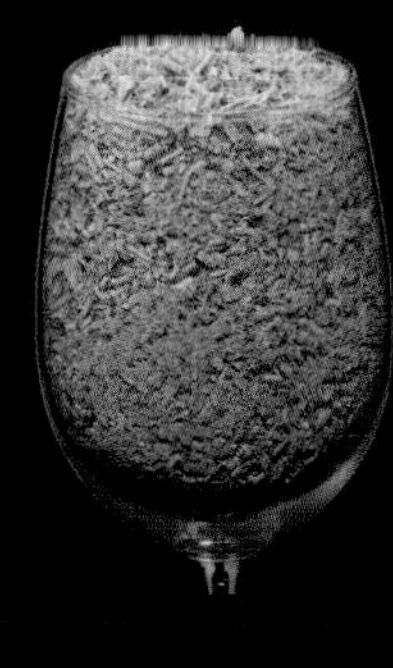

1930년대, 목재 펄프로 종이를 생산하는 과정 중에 나온 리그닌으로 바닐린을 합성하는 방법이 개발되었다. 이로 인해 전 세계 바닐라 가격은 폭락했다.

오늘날의 수많은 합성 바닐린은 원유나 석탄에서 추출한 화합물로 만든다. 그래서 합성 바닐라향이 천연 바닐라향으로 둔갑해 팔리지 않도록 검사하는 매우 흥미로운 방법이 나왔다.(기업 입장에서는 합성 바닐라향에 매우 구미가 당길 수밖에 없다. 천연 바닐라는 훨씬 비싼 데다 화학적인 검사법으로는 천연 바닐라향과 합성 바닐라향을 구분할 수 없기 때문이다.) 천연 바닐린은 방사능을 띠지만 합성 바닐린은 그렇지 않다. 깜짝 놀랄 말이지만, 그래야 한다. 살아 있는 식물로부터 추출된 모든 물질은 살아 있는 식물과 동일한 비율(10억 분의 1)의 방사성 탄소(탄소 14)를 가지고 있다. 이 방사성 탄소는 식물이 대기 중에서 흡수한 이산화탄소로부터 온 것이다. 하지만 시간이 지남에 따라 이 방사성 탄소는 붕괴되고, 방사능을 띠지 않게 된다.(이것은 탄소 연대 측정법의 기초가 된다.) 원유와 석탄은 매우 오래된 물질로 방사성 탄소 방사능을 가지고 있지 않으며, 여기서 추출한 화합물은 그 어느 것도 방사성 탄소를 가지고 있지 않다.

합성 바닐라향

인조 바닐라라고도 불리는 합성 바닐라향은 주성분이 바닐린이라는 점에서는 천연 바닐라와 화학적으로 동일하다. 몇몇 국가에서는 식품 첨가제로 표시할 때 '인조' 대신 '천연과 동일한'으로 표기하는 것을 허용한다. 이 표현은 아주 정확하다. 화학을 아는 사람의 입장에서 볼 때, 한쪽이 공장에서 만들어졌을 뿐이지 사실 이 둘은 같다는 것을 알 수 있기 때문이다. 미국에서는 제품의 성분표에 써 있는 '인조'라는 단어가 진짜 인조를 의미하는 게 아니라, 우리가 원하는 화합물을 합성했음을 뜻한다.

천연 바닐린은 식물을 직접 손으로 수정하고 수확해야 하기 때문에 비싸다. 그에 비해 합성 바닐린은 저렴하다. 500g에 겨우 몇 천 원이다.(1kg당 약 1만 원이다.) 1,000원어치에 해당하는 합성 바닐린의 양이면, 마트에서 살 수 있는 바닐라 시럽을 50ℓ나 만들 수 있다. 합성 바닐린은 천연 바닐라 추출물에 비해 기타 화합물이 적게 포함되어 있기 때문에 향이 비교적 단순해서 단번에 알아챌 수 있다. 이 점은 용도에 따라 장점이 되기도 하고, 단점이 되기도 한다. 예를 들어 집에서 요리를 할 때 천연 바닐라 추출물을 넣으면 쉽고 빠르게 다양한 화합물을 첨가하는 효과를 낼 수 있다. 만약 이 화합물들의 맛을 좋아한다면(많은 이가 좋아한다.) 더욱 금상첨화다. 나 역시 액체 질소로 아이스크림을 만들 때 천연 바닐라를 사용한다. 하지만 맛을 까다롭게 조절해야 하는 판매용 제품을 만들 때는 화합물의 양을 정확히, 원하는 만큼 따로따로 첨가하는 게 좋다. 쓸 때마다 화합물의 비율이 달라지는 천연 추출물을 쓰는 것보다 말이다. 일류 요리사들이 즐겨 사용하는 굉장히 다양한 종류의 천연 바닐라향은 대량 판매용 음식 요리사에게 그저 골칫덩이일 뿐이다.

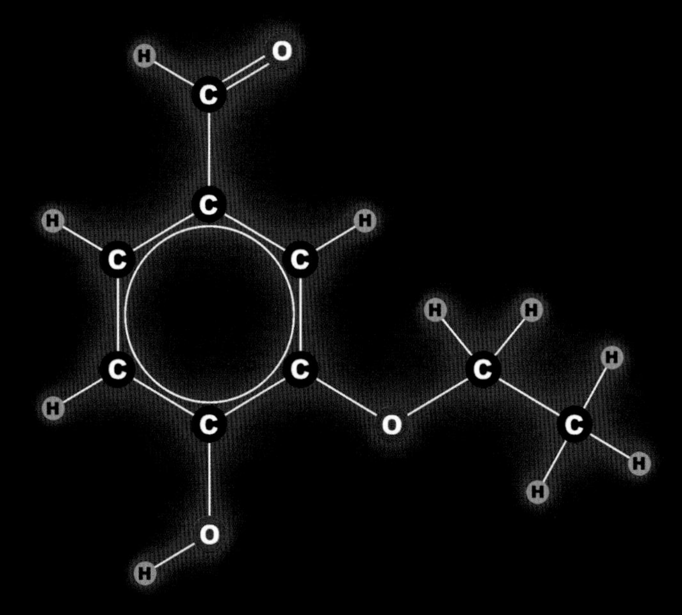

에틸 바닐린은 바닐린과 동일하다. 위 분자 구조식 오른쪽에 보이는 바와 같이, 메틸기가 에틸기로 대체되었다는 점만 다르다. 이는 바닐린을 인공적으로 합성하는 과정에서 생긴 일종의 사고다. 이러한 관점에서 볼 때 에틸 바닐린은 합성 바닐린의 오염 물질로 천연 바닐라에서는 볼 수 없는 것이다. 하지만 천연 바닐라에 들어 있는 '오염 물질들'처럼 에틸 바닐린도 향이 좋다.

에틸 바닐린은 천연 바닐린보다 향이 두세 배 더 강하다. 어떤 사람들은 천연 바닐린보다 에틸 바닐린의 향을 더 좋아한다. 에틸 바닐린은 자연적으로 만들어지지 않고, 바닐린을 합성하는 과정에서 소량으로 함께 만들어지곤 한다. 이때 에틸 바닐린만 순물질 상태로 걸러낼 수 있으며, 판매용 제품을 만들 때 바닐라향을 조절하고 균형을 맞추는 데 유용하게 쓸 수 있다. 훨씬 비싸며 조절하기 어려운 천연 바닐라 추출물의 대용품으로써 말이다. 나는 7만 원을 주고 1kg짜리 순수한 에틸 바닐라 분말을 샀는데, 이게 시중에 파는 최소 용량이었다. 이 때문에 스튜디오에 온통 바닐라향이 진동했다. 아마 이 향은 평생 가거나, 사진을 찍으려고 다량의 오줌 샘플을 모으기 전까진 사라지지 않을 것이다.(196쪽 참조)

가공 식품

어떤 식품은 포장지에 적힌 성분표가 충격적일 만큼 길다. 사람이 먹는 음식에 왜 이렇게도 많은 화합물을 넣어야 하는가? 하지만 정말 궁금한 건 이 기다란 성분표에 있지 않다. 바로 짧은 성분표에 있다.

가공하지 않은 천연 식품은 구성 성분이 전반적으로 더 많다. 다만 천연 식품 속의 화합물을 성분표에 기재해야 할 의무가 없기 때문에 우리 눈에 보이지 않는 것뿐이다. 사과 파이의 경우 성분표에 사과 하나만을 적을 뿐, 사과를 구성하는 200여 개의 화합물들은 적지 않는다.

사람이 만든 식품에 굉장히 많은 성분이 들어가 있는 건, 사람이 사과 같은 자연 식품을 만들기 위해 자연이 한 일과 정확히 같은 역할을 했기 때문이다. 사과 안에 든 화합물들은 저마다의 방식으로 사과가 제 기능을 수행할 수 있도록 돕는다. 당분은 동물들이 사과를 먹어 씨앗을 운반하도록 유혹한다. 셀룰로스는 사과 과육이 단단히 뭉쳐 있게 한다. 산과 독성 화합물은 벌레와 곰팡이를 물리친다. 색소와 향은 씨앗을 운반할 수 있는 동물과 새에게 사과를 맛있게 광고한다.

식품 디자이너들이 가공 식품을 만들 때 화합물을 첨가하는 것은 이와 비슷한 이유에서다. 맛과 영양을 위해 당분을 넣는다. 서로를 단단히 지탱하고, 식품의 구조를 형성하며, 무게를 가볍게 하고, 식감을 좋게 하기 위해 전분, 섬유소, 단백질을 넣는다. 곰팡이를 퇴치하기 위해서 독성 화합물을 넣는다. 소비자를 끌어 모으기 위해 색소와 향을 넣는다.

사실 가공 식품은 사람들이 먹고 마신다는 것을 염두에 두고 만들어지는 것들인 만큼, 우리는 모든 가공 식품이 더욱 건강하게 만들어져야 한다고 생각할 수 있다. 하지만 모유라는 단 하나의 예외를 빼면, 자연이 만든 모든 것 중 우리가 먹을 수 있는 음식은 인간을 염두에 두고 만들어진 게 아니며, 심지어 식물 중에서도 먹을 수 있는 건 극히 일부에 불과하다!(다만 과일은 의도적으로 먹히려고 한다. 식물의 번식을 위해 우리가 씨앗을 운반하게 만드는 것이다. 우리가 건강하게 오래 사는 건 그들의 관심 밖이다.)

불행하게도 새로운 식품을 개발할 때의 초점은 우리 몸의 건강이 아니라, 대개 맛을 좋게 해서 더 많이 팔리게 하는 데 맞추어져 있다. 하지만 예외는 있다. 그리고 현대의 서구 식습관이 얼마나 안 좋은지 점차 깨닫게 되면서 가공 식품 분야도 조금씩 개선되고 있다.

◀ 물, 섬유소, 설탕, 티오펜, 티아졸, 바닐린, 아스파라긴산, 쿼세틴, 루틴, 하이페로사이드, 디오스게닌, 쿼세틴-3-글루쿠로니드, 아스파라긴, 아르기닌, 타이로신, 캠페롤, 사르사사포게닌, 샤타바린 I-IV, 아스파라고사이드 A-I, 수크로스 1-푸룩토실트렌스퍼레이즈, 스피로스타놀 글리코사이드, 1-메톡시-4[5-(4-메톡시페녹시)-3-펜텐-1-닐]-벤젠, 4[5-(4-메톡시페녹시)-3-펜텐-1-닐]-페놀, 캡산틴, 캡소루빈, 캡산틴 5, 6-에폭사이드, 3-O-[알파-L-람노피라노실-(1→2)-알파 - L-람노피라노실-(1→4)-베타-D-글루코피라노실]-(25S)-스피로스트-5-인-3베타-올, 2-하이드록시아스파레닌 4'-트랜스-2-하이드록시-1-메톡시-4-5(4-메톡시페녹시)-3-펜텐-1-닐-벤젠, 아드센딘 A, 아드센딘 B, 아스파라닌 A-C, 큐릴린 G, 에피피노레신올, 1,3-O-디페룰로일글리세롤, 1,2-O-디페룰로일글리세롤, 리놀레산, 블루멘올 C, 아스파라긴산 산화메틸에스터, 2-하이드록시아스파레닌, 아스파레닌, 아스파레니올, 모노팔미틴, 페룰산, 1,3-O-Di-p-쿠마로일글리세롤, 1-O-페룰로릴- 3-O-p-쿠마로릴글리세롤, 이눌린, 오피시날리신스 I/ II, 베타-시토스테롤, 디하이드로아스파라긴산, S-아세틸디하이드로아스파라긴산, 알파-아미노디메틸-감마-부티로테틴, 숙신산(석신산), 설탕, 다이제인, p-하이드록시벤조산, p-쿠마르산, 젠티스산, 아스파라구세이트 데하이드로제네이스(탈수소 효소) I/ II, 리포일 탈수소 효소

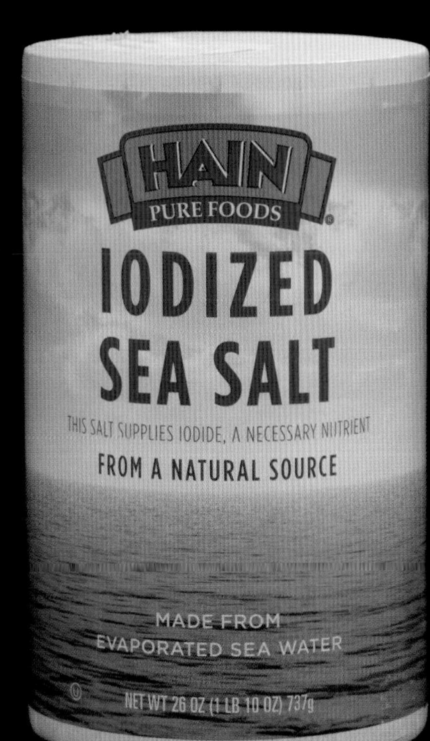

◀ 요오드를 첨가한 소금은 천연 식품을 건강에 더 유익하게 재탄생시킨 것으로, 일찌감치 세계적으로 성공을 거두었다. 건강을 위해서는 식단에 일정량의 요오드가 들어 있어야 하며, 세계의 수많은 곳에서 요오드가 든 일상 음식을 통해 이를 충족하고 있다. 하지만 자연적으로 토양에 요오드가 매우 적게 함유된 지역에서는 평범한 식단만으로 부족할 수 있다. 그래서 소량의 요오드를 소금이라는 천연 운반체에 첨가하는 방법을 생각해냈다. 이 발상은 널리 전파되었으며, 요오드 결핍에 의한 질병들을 거의 없애버렸다.

▶ 소금에 인위적으로 요오드를 첨가한 것과 마찬가지로, 전 세계 대부분의 지역에서는 우유에 비타민 D를 넣는다. 이는 바람직한 국민 건강 정책이다. 비타민 D 결핍증(구루병)은 어린이들에게 흔한 질환이었으나, 지금은 비타민 D 강화 우유 덕에 찾아보기 어려워졌다.

가공 식품

첨가물이 많아 성분표가 긴데도 사람들이 좋아하는 식품을 하나 꼽으라면 바로 비타민이다. 화합물을 아무리 싫어한다 해도 이 특별한 화합물 없이는 살 수 없다. 아래 나열한 물질들은 여러 가지 비타민을 2g씩 정제한 것이다.(비타민 B12는 예외다. 정제한 게 너무 비싸서 1g만 얻었다.) 각 이름 옆에 꽤 인상적인 숫자를 적었다. 이는 매일 공식 권장 섭취량을 섭취했을 경우, 2g의 비타민이 체내에서 얼마나 오랫동안 남아 있는지 표시한 것이다. 비타민 C는 22일인 데 비해 비타민 B12는 2280년으로, 그 기간이 상당히 길다. 비타민 B12의 일일 권장 섭취량은 2.4㎍에 불과하며, 이는 먼지 조각 하나에 해당하는 양이다. 이처럼 권장 섭취량이 적은 이유는 비타민이 주로 촉매 역할을 하기 때문이다. 비타민은 체내에 들어가 효소처럼 어느 화합물을 다른 화합물로 변형시키는 일을 하며, 그 자신은 소모되지 않는다. 그래서 우리 몸에 들어간 비타민은 오랫동안 남아 있을 수 있으며, 자주 보충되지 않아도 충분한 양을 유지할 수 있다.

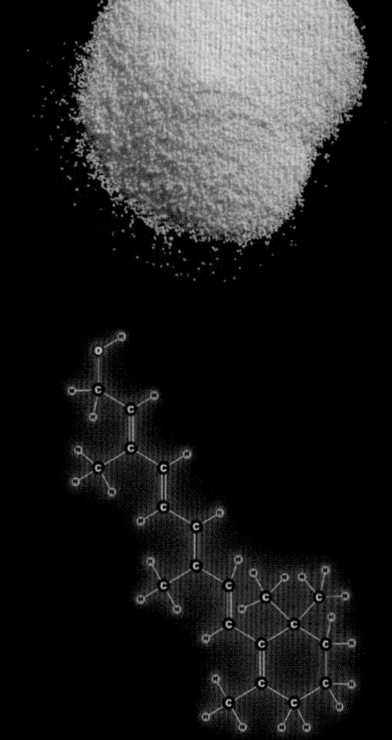

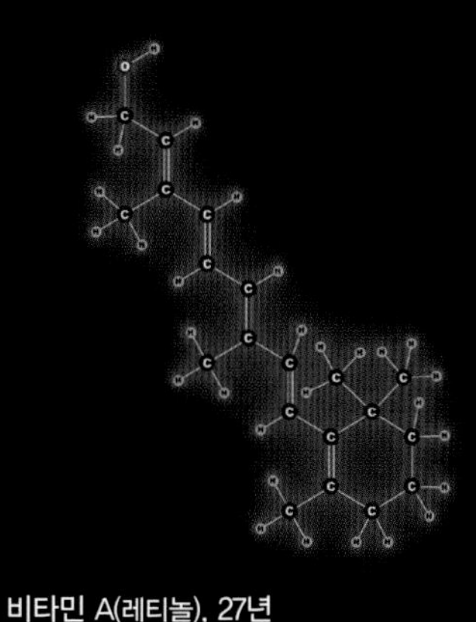

비타민 A(레티놀), 27년

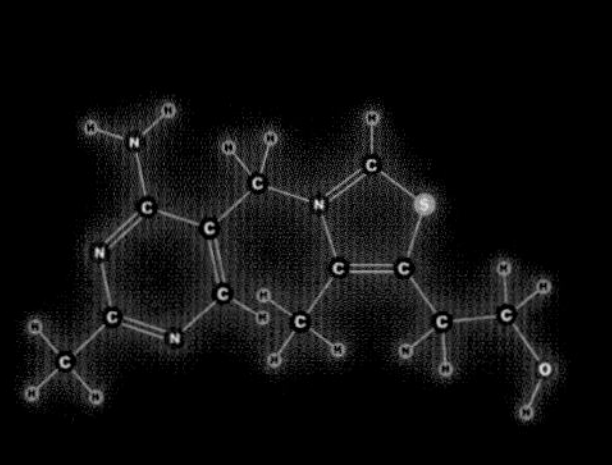

비타민 B1(티아민), 4년

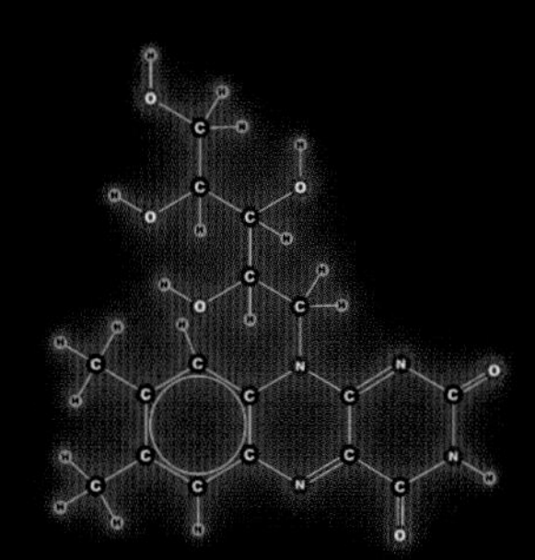

비타민 B2(리보플라빈), 4년

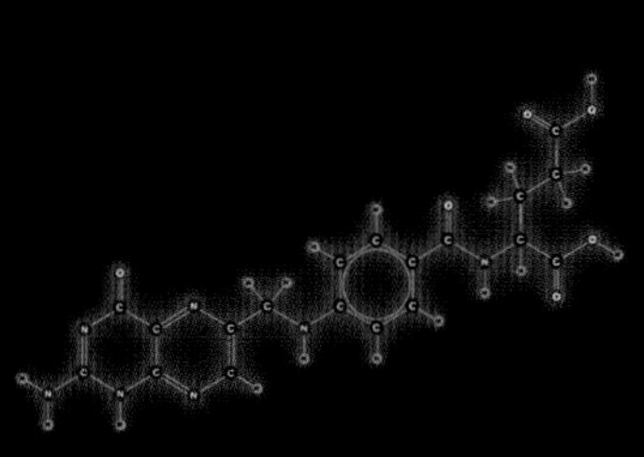

비타민 B9(엽산), 14년

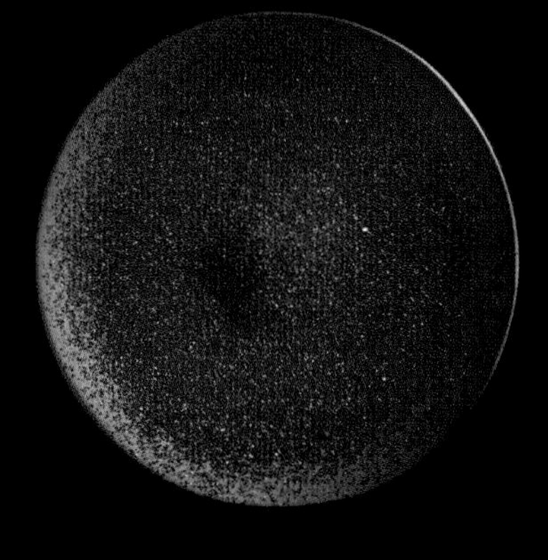

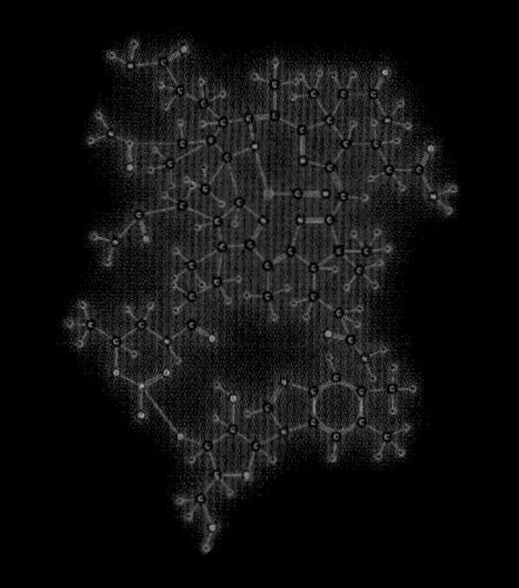

비타민 B12(사이아노코발라민), 2280년 (2g 기준. 이 사진은 1g이다.)

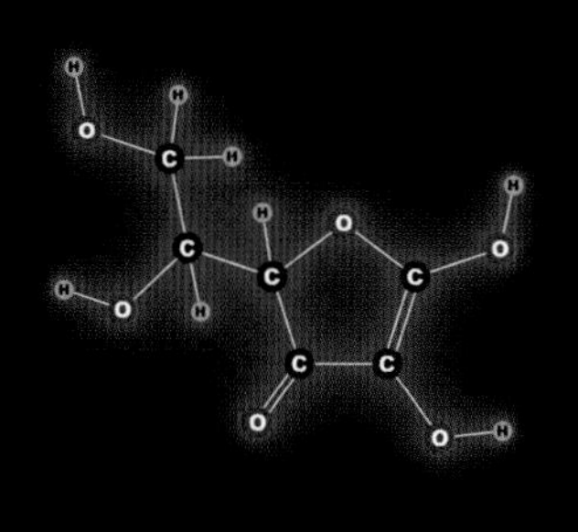

비타민 C(아스코르브산), 22일

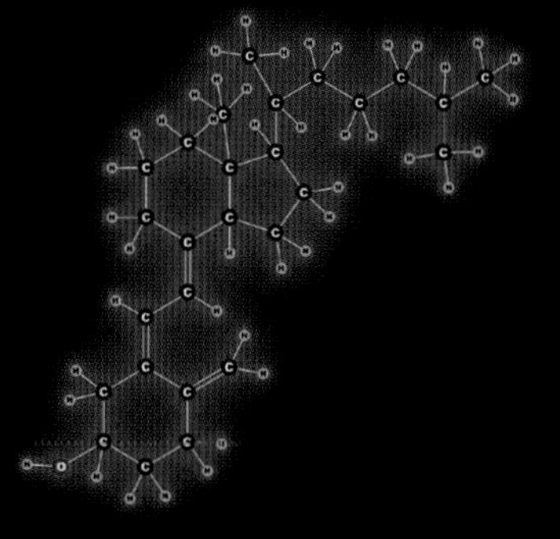

비타민 D3(콜레칼시페롤), 548년

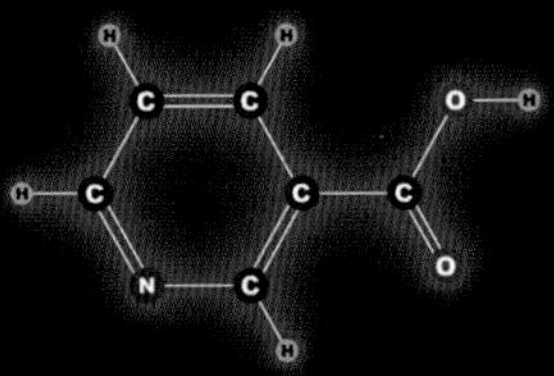

▲ 비타민 B3(나이아신), 4개월

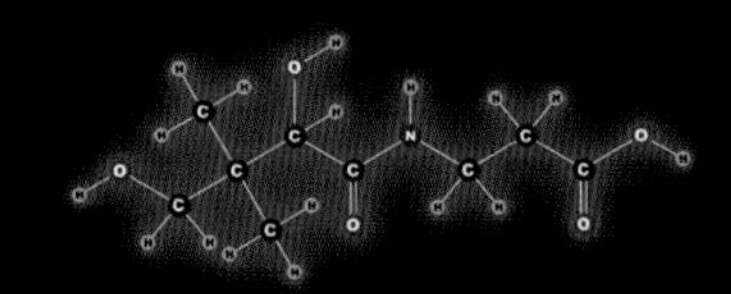

▲ 비타민 B5(판토텐산), 1년

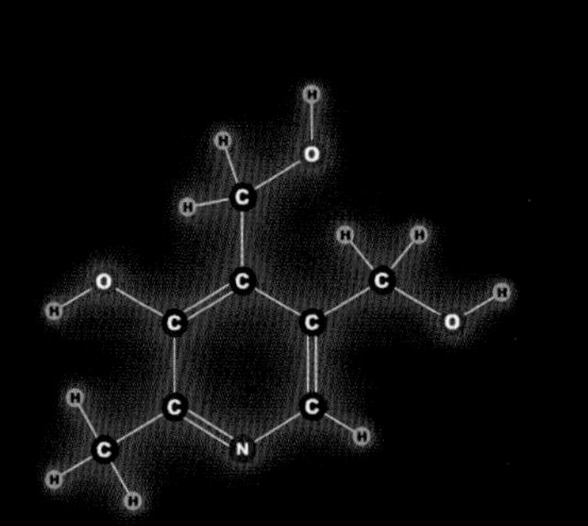

▲ 비타민 B6(피리독신), 3년

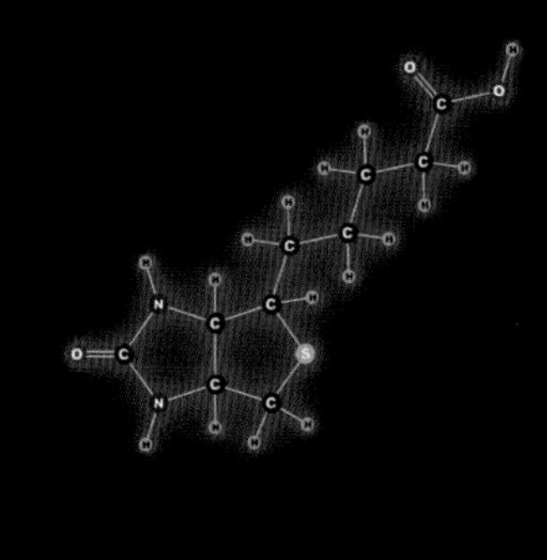

▲ 비타민 B7(비오틴), 183년

▲ 비타민 E(토코페롤), 4개월

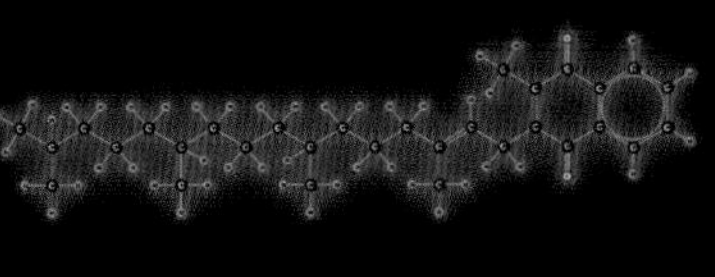

▲ 비타민 K(필로퀴논), 46년

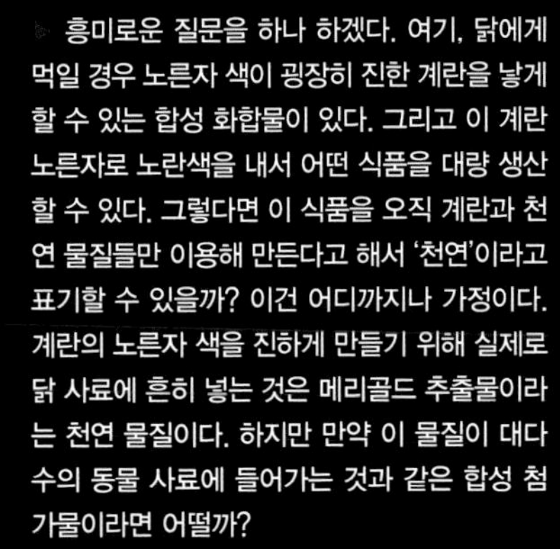

▶ 흥미로운 질문을 하나 하겠다. 여기, 닭에게 먹일 경우 노른자 색이 굉장히 진한 계란을 낳게 할 수 있는 합성 화합물이 있다. 그리고 이 계란 노른자로 노란색을 내서 어떤 식품을 대량 생산할 수 있다. 그렇다면 이 식품을 오직 계란과 천연 물질들만 이용해 만든다고 해서 '천연'이라고 표기할 수 있을까? 이건 어디까지나 가정이다. 계란의 노른자 색을 진하게 만들기 위해 실제로 닭 사료에 흔히 넣는 것은 메리골드 추출물이라는 천연 물질이다. 하지만 만약 이 물질이 대다수의 동물 사료에 들어가는 것과 같은 합성 첨가물이라면 어떨까?

▶ 메리골드 꽃에서 얻은 추출물은 계란 노른자뿐만 아니라, 열대 지방에서 사람들이 애완용 새를 노랗게 물들일 때(혹은 원래 노란색인 새를 더욱 노랗게 물들이거나)에도 쓴다. 물론 메리골드 추출물을 직접 새에 칠하는 게 아니라 먹이는 거다. 색소든 뭐든, 우리는 무얼 먹는가에 따라 달라진다.(음식이 우리를 결정한다.)

▶ 루테인은 메리골드 추출물에 들어 있는 주요 노란색 색소다.

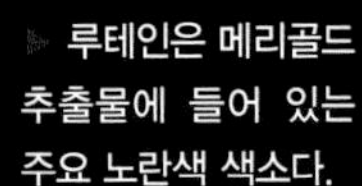

▼ 나의 딸은 닭을 기른다. 우리 집 닭이 메리골드 추출물을 먹는지 이 사진을 보고 알아맞힐 수 있나?

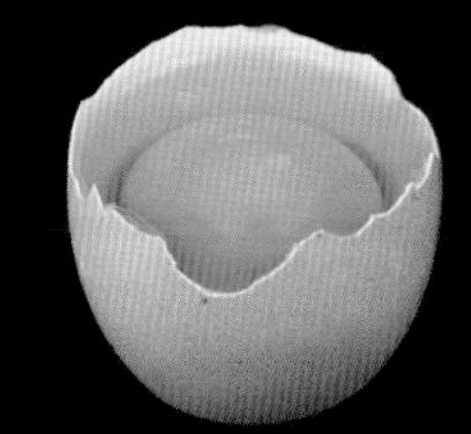

Chapter 11

장미와 스컹크

냄새 분자는 전달자의 역할을 한다. 들숨 때 콧속으로 들어가서 후각 수용기에 짧은 시간 동안 달라붙었다가 다음 날숨 때 방출된다. 별다른 이유 없이 떠도는 냄새도 있지만 대부분의 냄새는 특정 정보들을 전달하기 위해 존재한다.

냄새 분자에 대한 일반적인 사실이 하나 있다. 작고, 간단한 구조를 이룬다는 것이다. 냄새를 전달하려면 분자가 콧속으로 들어가야 하고, 콧속에 들어가려면 우선 증발해야 하기 때문이다. 냄새 분자는 클수록 끓는점이 높으며, 끓는점 아래에서 증발되는 경우는 거의 없다.

하지만 이러한 제약 속에서도 냄새 분자가 흥미롭다는 점은 여전하다.

◀ 멘톨은 코를 시원하게 뚫어준다. 휘발성 식물 추출물이지만 실온에서는 화려하고 큼직한 결정체로 존재한다.

▶ 화장품 산업은 수천 년 전에 시작되었다. 그 당시는 깨끗이 씻기 힘든 상황 탓에 향수가 지금보다 훨씬 유용했다. 와인과 향수 제조자들은 수많은 '과일 향'과 과일 비스름한 맛과 향을 묘사하려고 자기들끼리 특수 언어를 공유했다. 그러나 이 화려한 병들에 담긴 물질들은 다양한 휘발성 화합물로, 대부분 에스터다.

▲ 향수 제조자들은 냄새를 묘사할 때 '과일향' 같은 단어를 이용한다. 그런데 도대체 과일향이란 뭘까? 자, 여기 잘 익은 사과의 향이 있다.(이 향은 따로따로 분리되어 있지 않다. 사과가 익어가면서 단계적으로 화학적 전이가 서서히 진행됨에 따라, 이때 풍겨 나온 모든 사과 냄새가 특정한 비율로 합쳐진, 그런 향이다.) 과일향의 95%는 단순한 구조의 에스터와 몇몇 알코올로 이루어져 있다. 여기 보이는 분자 구조식은 향이 점점 복잡해지는 순서대로 나열한 것이다.(189쪽 오른쪽 끝에 있는 4개를 제외하고 모두 분자 구조식 중앙에 탄소 1개와 산소 2개가 모여 있는 것을 보라. 이 분자들은 43쪽에서 설명한 에스터 화합물이다. 오른쪽 끝에 있는 4개는 알코올기가 있는 것으로 보아 알코올이다.)

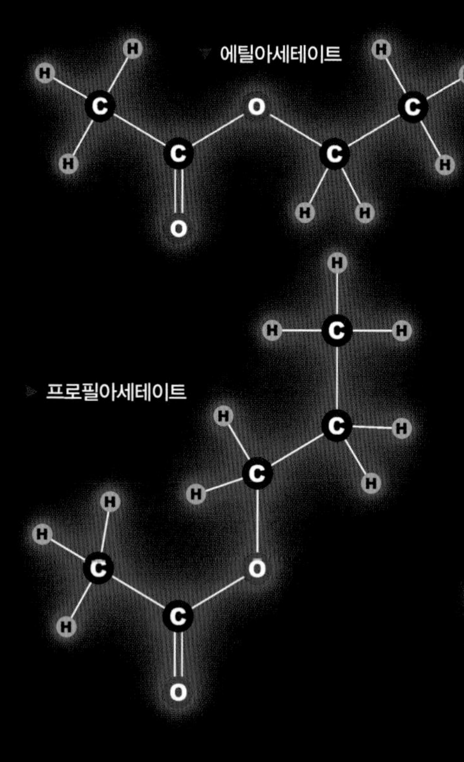

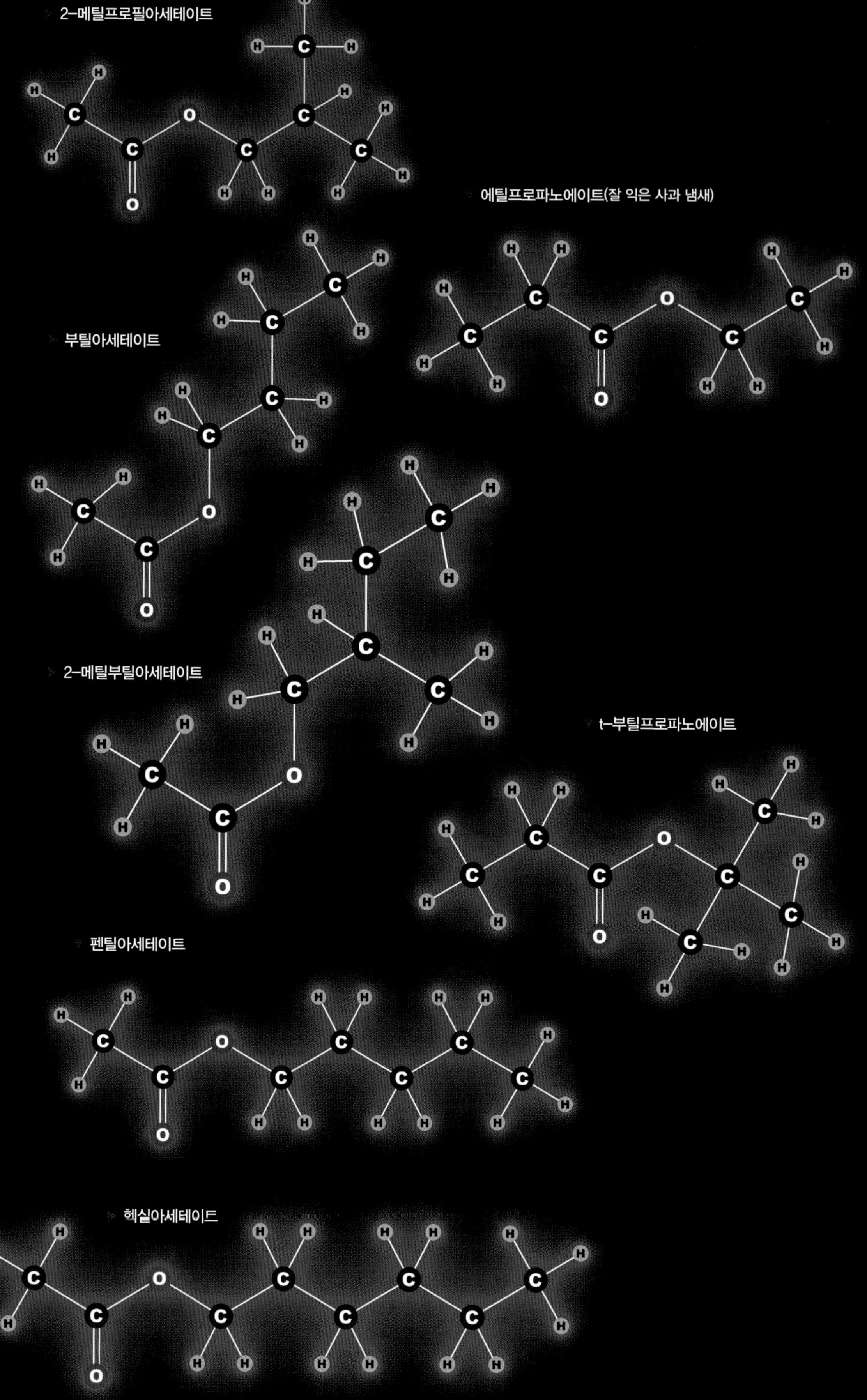

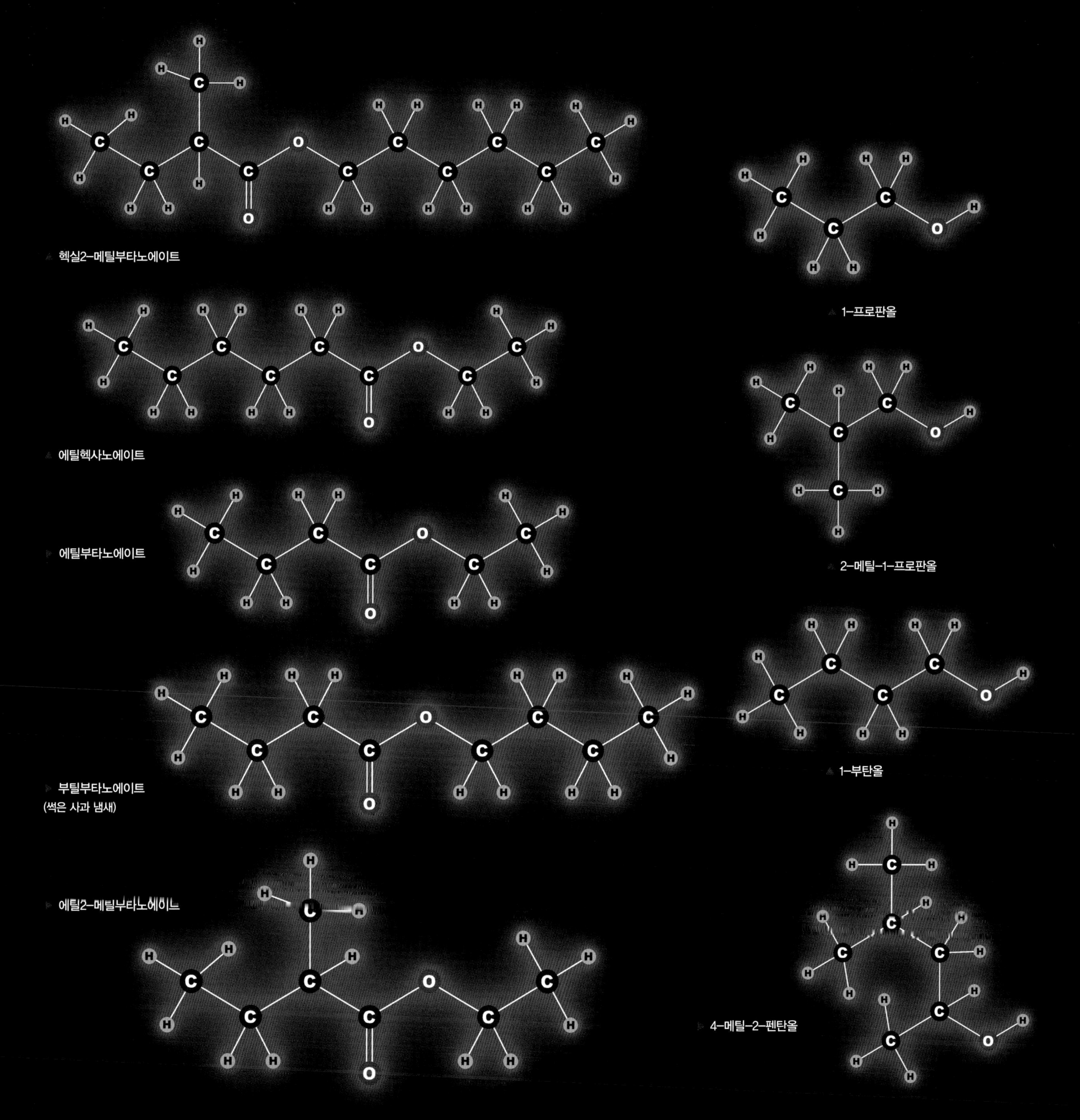

헥실2-메틸부타노에이트

1-프로판올

에틸헥사노에이트

2-메틸-1-프로판올

에틸부타노에이트

1-부탄올

부틸부타노에이트
(썩은 사과 냄새)

에틸2-메틸부타노에이트

4-메틸-2-펜탄올

솔직히 말해서, 90%가량의 향수는 성적 매력을 불러일으킨다. 향수 산업은 인간의 페로몬(이성을 유혹하는 체취)이 아무짝에도 쓸모없다는 인식을 심어주지만, 이는 너무 과장된 생각이다. 인간뿐만 아니라 동물, 심지어 식물까지도 모두 냄새 분자를 이용해 신호를 주고받는다. 어쩌면 당신은 무지막지하게 향수를 뿌린 사람에게 반응하는 건 바보 같은 일이라고 생각할지 모른다. 그러나 향수의 매력은 당신이 현명하든 아니든, 당신을 그저 바보로 만들 것이다.

페로몬 산업에 의문을 제기하는 이가 많다. 여기 이 제품에는 안드로스타디엔온(성페로몬의 일종)을 비롯해 사람에게 이끌림, 설렘 등을 느끼게 만드는 화합물이 다량 함유되어 있다.

안드로스타디엔온

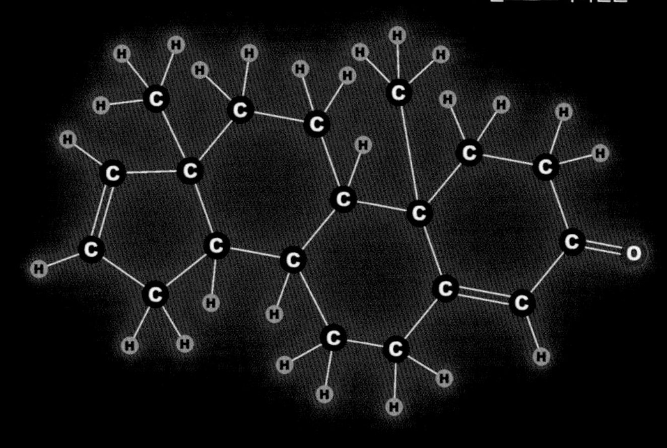

벌레의 경우, 화학적 페로몬이 그들의 삶을 조종한다는 데에 의심할 여지가 없다. 특히 누에나방이 배출하는 '봄비콜'이라는 강력한 페로몬은 기다란 탄화수소 사슬로 이루어진 알코올인데, 순식간에 증발해버릴 만큼 적은 양으로도 100m 밖에 있는 나방을 끌어들인다.(그런데 사실 봄비콜을 내뿜는 건 누에나방이 아니다. 자이언트 아틀라스 나방이다. 이름대로 엄청 크다. 191쪽 사진은 정확히 실제 크기다.)

봄비콜

인간은 가끔 이성의 매력적인 향에 이끌려 위험한 상황에 처할까 봐 두려워한다. 곤충은 인간보다 덜 똑똑해서 이러한 욕구에 저항할 힘이 없다. 그런 탓에 곤충의 페로몬은 함정을 만드는 데 쓰이기도 한다. 말하자면 먹이를 유인하는 미끼인 셈이다!

THE FEMALE GIANT ATLAS MOTH

▶ 개미는 탄소 23~31개로 이루어진 곧은 사슬 구조의 탄화수소를 냄새 표식으로 사용한다. 무리에서 나온 개미들은 특정한 양식의 분자들을 분비함으로써 먹잇감을 찾은 뒤에 개미집의 위치를 찾고 효율적으로 되돌아간다. 개미의 작은 뇌에는 어떤 것에 대한 그리움을 느낄 수 있을 만큼의 신경세포가 없다. 만약 개미가 그리움을 느낀다면 그건 여기 보이는 화합물들이 집의 편안함을 떠올리게 하기 때문일 것이다. 마치 가족의 품으로 돌아갔을 때 안락함과 안전함을 느끼게 만드는 복잡하고 다양한 분자들이 있는 것처럼 말이다. 개미에게는 집 냄새가 바로 이러한 분자들이다.

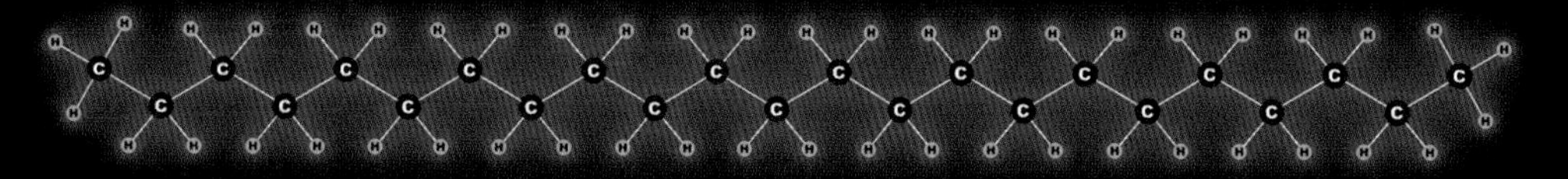

▲ 트라이코산

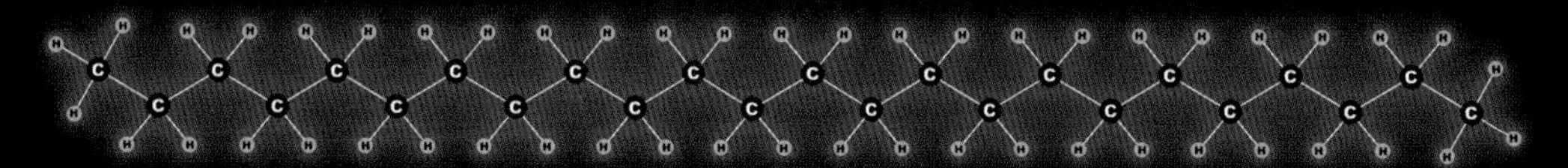

▲ 테트라코산

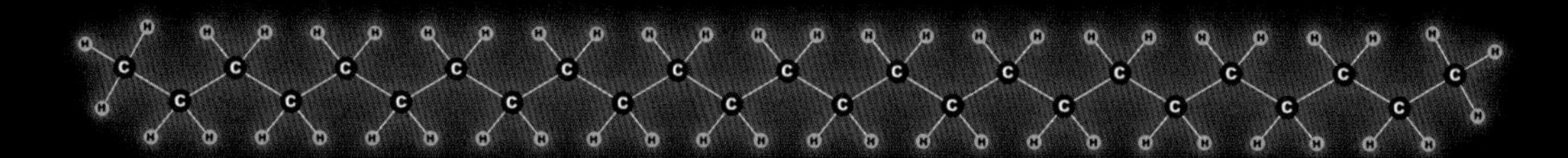

▲ 펜타코산

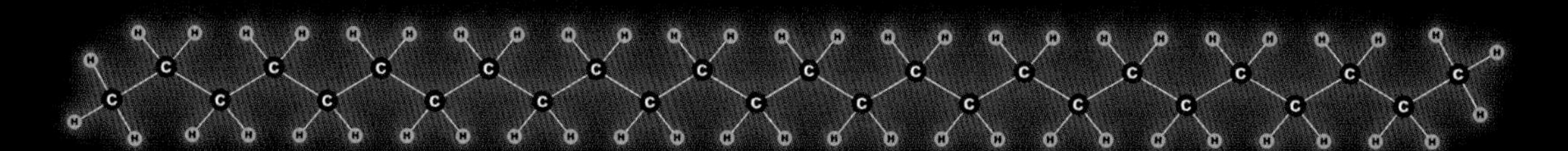

▲ 헥사코산

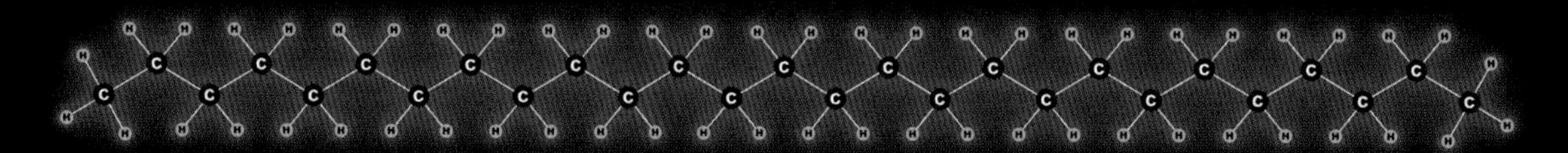

▲ 헵타코산

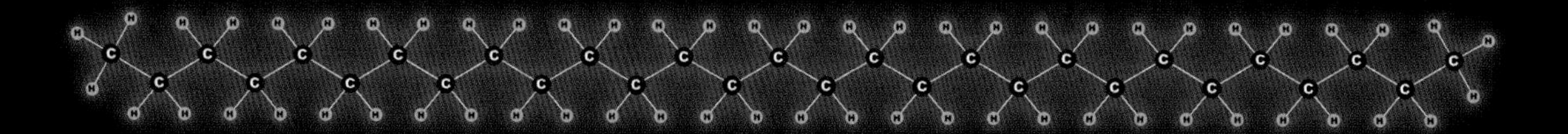

▲ 노나코산

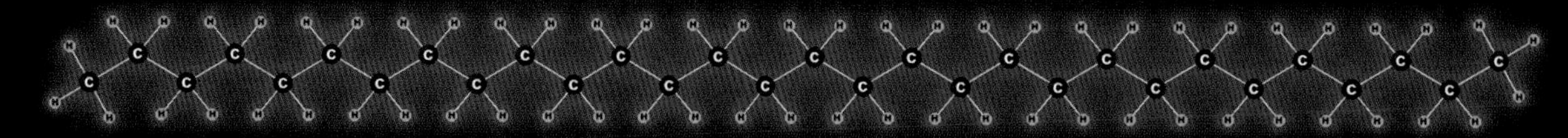

▲ 트리아콘탄

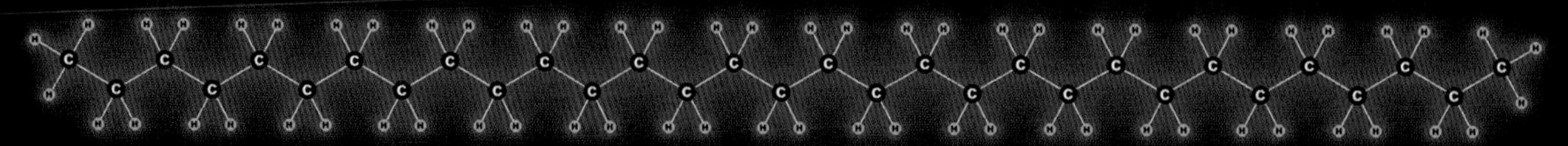

▲ 헨트리아콘탄

▼ 인간의 체내 세포는 곤충의 페로몬이나 냄새 표식과 같은 역할을 하는 수많은 화학적 신호를 이용해 서로 의사소통한다. 예를 들어 아래 그림은 '섬유아세포 성장 촉진인자'로, 주변의 세포들에게 성장과 축적을 지시한다.(이것은 상처 회복에 중요하다.) 태초에 생명이 출현할 때, 각각의 단세포 생명체들은 다세포 생명체의 몸에서 함께 사는 법을 배워야 했다. 과거에 화학적 신호는 각각의 개체들 사이를 오가는 냄새였다.
그러나 지금은 오래전에 독립된 생명체이기를 포기한 세포들을 오가는 체내 신호가 되었다. 사회성이 발달한 곤충은 이 같은 페로몬의 살아 있는 징표다.

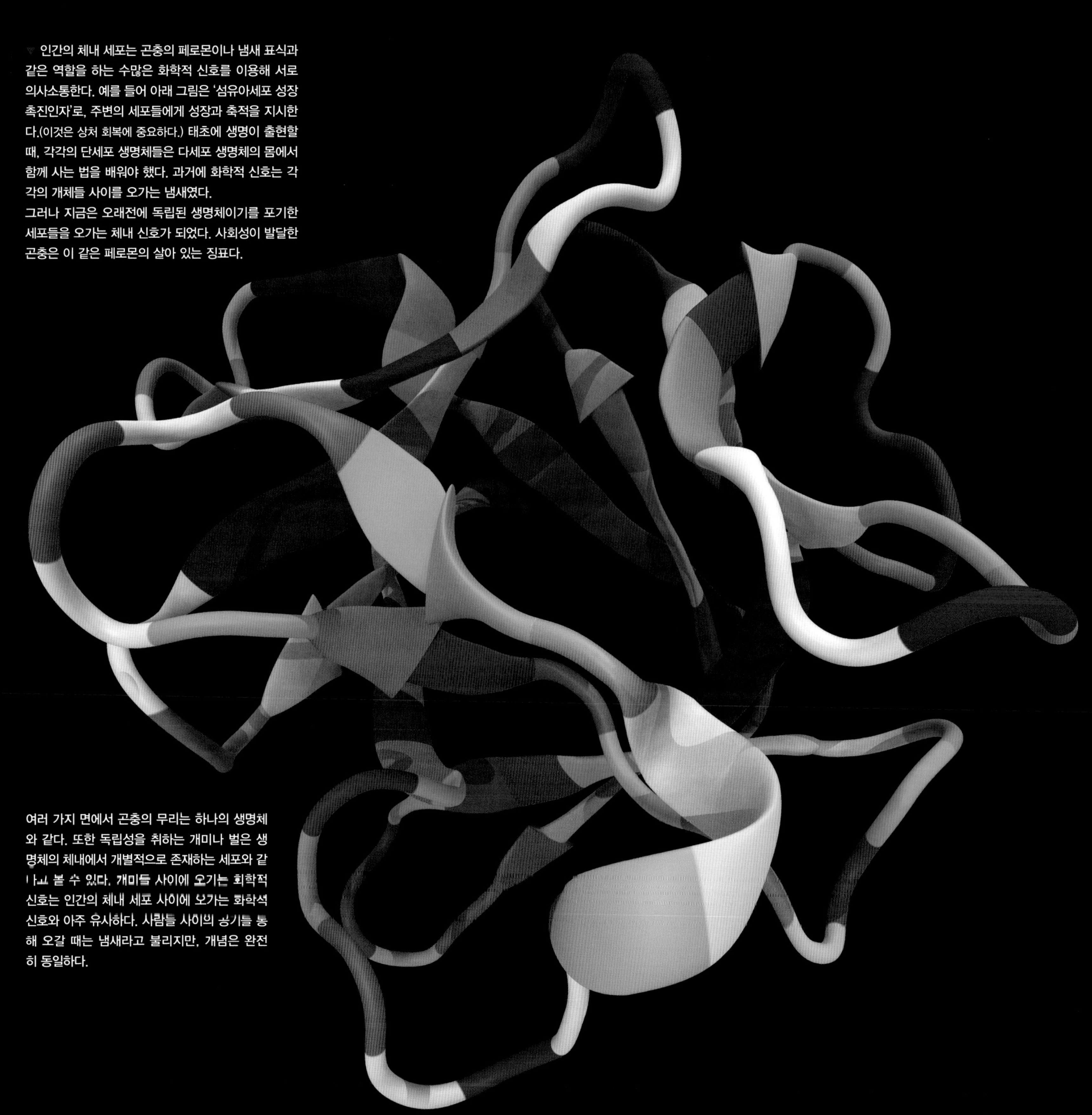

여러 가지 면에서 곤충의 무리는 하나의 생명체와 같다. 또한 독립성을 취하는 개미나 벌은 생명체의 체내에서 개별적으로 존재하는 세포와 같다고 볼 수 있다. 개미들 사이에 오가는 화학적 신호는 인간의 체내 세포 사이에 오가는 화학적 신호와 아주 유사하다. 사람들 사이의 공기를 통해 오갈 때는 냄새라고 불리지만, 개념은 완전히 동일하다.

향수, 향초, 향 등등 향기가 나는 것들의 냄새는 '방향유'(에센셜 오일)에서 얻는 것이다. 방향유는 불안정한 유기 화합물을 다양하게 함유하고 있는 꽃, 씨앗, 잎, 허브 등의 추출물로부터 얻을 수 있다.
예를 들어 비사볼렌은 베르가모트, 생강, 그리고 레몬오일 냄새의 일부이고, 유칼립톨은 라벤더, 페퍼민트, 그리고 유칼립투스 냄새의 일부다. 꽃과 같은 향기의 원료를 추출할 때는 녹기 쉬운 화합물들을 분리하기 위해서 일반적으로 알코올이 들어 있는 용액에 담근다. 그 후 용액을 증류하거나 증발시키면 필요한 분자들만 압축된다. 이렇게 만든 정유에서는 똑같은 화합물들이 조금씩 다른 비율로 끊임없이 나온다.

식물 추출물 증류는 아래와 같은 증류 기구를 이용해 취미로도 즐길 수 있는 정교한 기술이다. 증류란 각기 다른 끓는점을 이용해 혼합물을 증발, 응결시켜 분류하는 과정이다. 냄새 분자는 모두 휘발성이라서 증류를 통해 대부분 분리하고 추출할 수 있다.

'캠퍼'는 라벤더와 로즈마리 오일의 구성 성분이다.

'유칼립톨'은 캠퍼와 마찬가지로 이중 고리 화합물이다. 다만 작은 차이로 인해 유칼립톨은 캠퍼와 달리 실온에서 액체로 존재한다. 하지만 코를 뚫는 데는 캠퍼만큼 효과가 좋다.

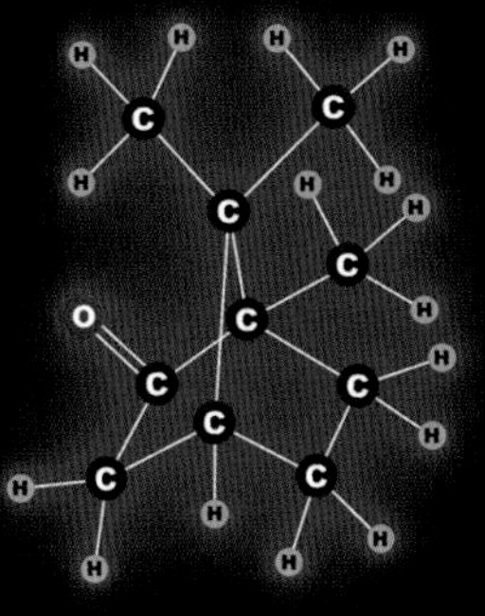

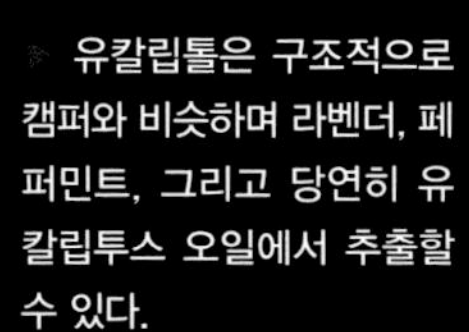

유칼립톨은 구조적으로 캠퍼와 비슷하며 라벤더, 페퍼민트, 그리고 당연히 유칼립투스 오일에서 추출할 수 있다.

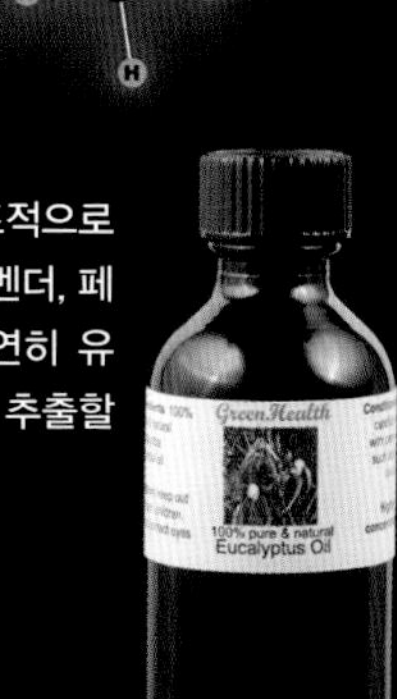

방향유는 일반적으로 유효 냄새 분자를 조금씩 포함한다. 나머지는 비휘발성이거나 난휘발성 오일이다. 하지만 주요 성분들은 순수한 형태로도 존재한다. 예를 들어 캠퍼는 향이 아주 강한 고체로 코를 시원하게 하는 데 최고다.(그래서 감기 치료에 쓴다.) 한두 달가량 지나면 이 네모난 고체인 캠퍼는 승화되어 없어지고 아무것도 남지 않게 된다.

'비사볼렌'은 베르가모트, 생강, 레몬 오일에서 추출하며, 이들에게서 향이 나는 원인이다. 이 특별한 방향유는 자연 상태에서 10여 개 이상의 화합물로 이루어져 있다. 일부는 단일 방향유로서의 특성을 드러내는 반면, 나머지는 혼합되어 추출된다.

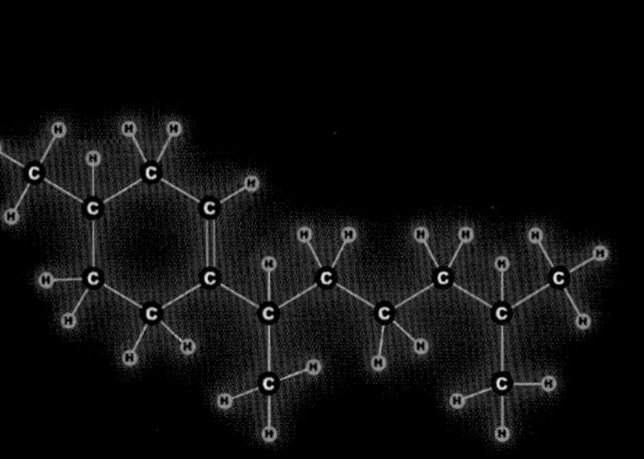

'멘톨'은 멘톨 담배는 물론 페퍼민트 오일, 스피어민트 오일의 구성 성분이다.

순수한 멘톨은 강렬한 멘톨향이 나는, 몇 센티 이상 되는 예쁜 결정 구조에서 찾을 수 있다. 이와 같은 결정은 흔치 않다. 크고 단일한 결정체는 보통 아무런 냄새가 나지 않기 때문이다.

'티몰'은 타임이라는 허브에서 독특한 향을 내는 성분이다.

이 조각들에서는 아주 강한 허브향이 난다. 타임의 진액을 추출하고 증류해서 결정화한 것으로, 바로 티몰이라고 한다.

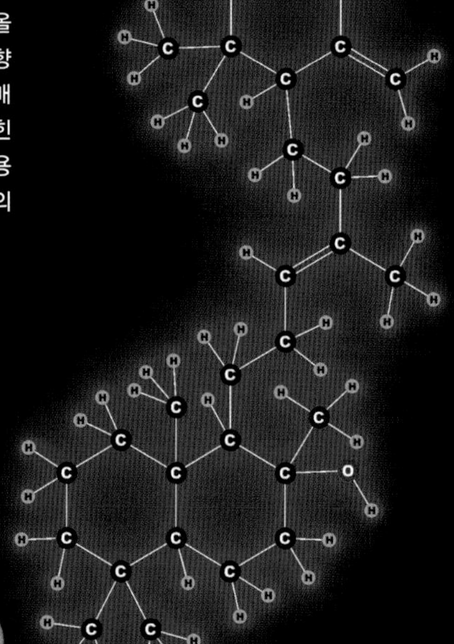

이 복잡한 알코올은 '앰브레인'으로, 향수 산업에서 가장 매력적인 향기로 꼽힌다. 귀하고 희귀한 용연향(향유고래 향유)의 주요 성분이다.

앰브레인은 향유고래의 토사물(용연향)에서 추출한다. 나에겐 시시하고 값비싼 향이지만, 다른 향수 재료들과 섞으면 환상적으로 향이 좋아진다. 유명한 최고급 향수에는 대부분 앰브레인이 들어간다.

용연향은 향유고래의 위장에서 생성되는 왁스 형태의 물질이다. 오징어 부리 같은 뾰족한 물체들로부터 몸을 보호하기 위해서 분비하는 것으로 보인다.(120쪽 참조) 최고로 품질이 좋은 용연향은 고래가 죽은 후 배출되어 수년 동안 바다 위를 떠다닌 것이다. 이것이 가끔 해변에 쓸려와 발견되며, 화장품 회사에 1g당 16만 원가량에 팔린다. 용연향은 만들 수 없다.

정의에 따르면 냄새 분자는 작아야 한다. 그래야 휘발해서 콧속으로 들어갈 수 있다. 아래 분자 구조식은 42개의 원자가 결합해 아주 거대한 고리 구조를 이룬, 특이하게 큰 냄새 분자의 예다.(유기 고리는 원자 6개를 가지고 있는 경우가 압도적이고, 5개나 7개를 가지고 있는 경우도 많으며, 그보다 적거나 많은 경우는 드물다. 아래의 분자는 원자 17개가 고리를 만들었다.) 나는 이 분자가 무슨 냄새인지 모르겠다. 전문가가 이 냄새의 특성을 다음과 같이 묘사했는데, 그래도 무슨 냄새인지 모르겠다. "아주 독특하고 가치 있게 향수의 특별한 품격을 높여주는 향이다."

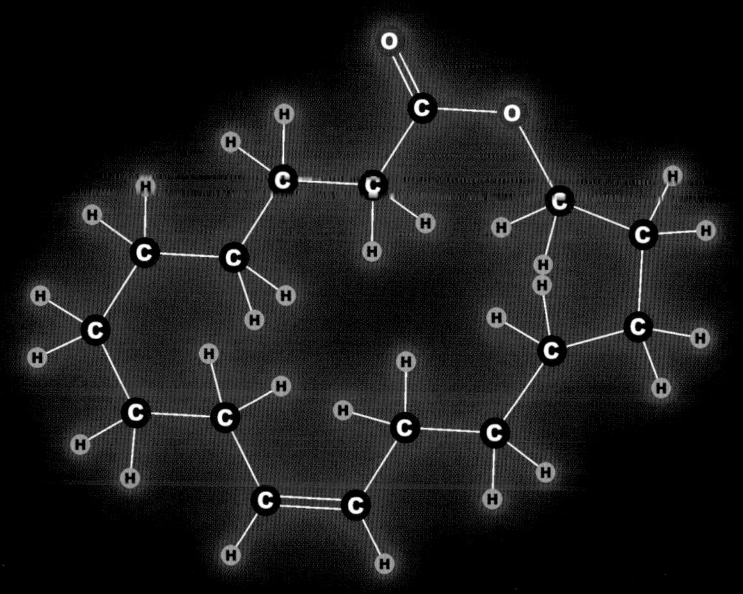

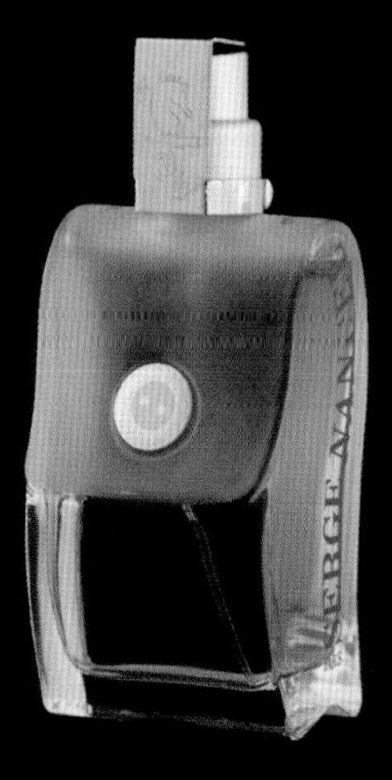

향수 산업에서 인기 있는 건 고래의 분비물만이 아니다. 비버의 엉덩이도 인기가 많다. 구체적으로 비버의 항문선에서 분비되는 카스토레움이다. 카스토레움은 동물들이 영역 표시를 할 때 분비한다.

수많은 동물이 자신의 오줌을 향수로 이용한다. 인간이 향수를 사용하듯 동물도 같은 목적(관심을 나타내거나 다른 동물의 행동에 영향을 준다.)으로 오줌을 이용한다는 이야기다. 동물 오줌은 병에 담아 팔기도 한다. 사람들은 동물의 행동에 영향을 끼치는 것에 흥미를 느끼기 때문이다. 나는 별로 추천하고 싶지 않다.(동물 오줌은 사냥꾼이 동물을 유인하거나, 정원에서 날짐승을 내쫓거나, 가축을 교배하는 데 이용된다. 예를 들어 사냥꾼은 수사슴을 잡으려고 발정 난 암사슴의 오줌을 뿌려 수사슴을 끌어들인다.)

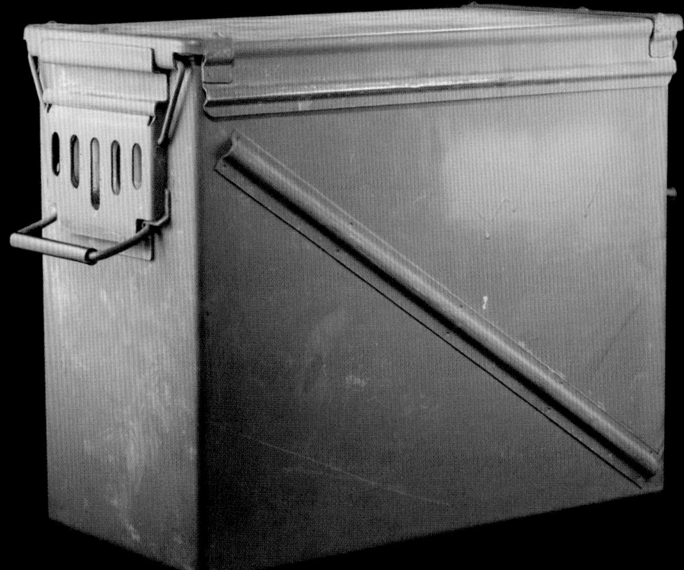

나는 동물 오줌 수집품을 보관하기 위해 고무마개로 봉인된 금속 탄약 상자를 불용 군수품 가게에서 샀다. 밀폐된 플라스틱 병에서도 지독한 냄새가 났다. 이 오줌을 병에 담는 작업을 하는 공장은 상상조차 하기 싫다.

황화수소(H_2S)는 황(S)을 포함하는 화합물들이 그러하듯 끔찍한 냄새를 풍긴다. 정확히 말하면 썩은 계란과 화산에서 나는 냄새다.

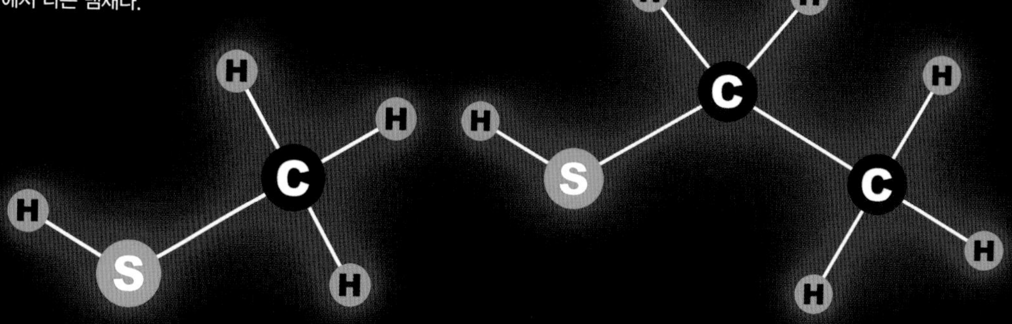

불쾌한 냄새는 때때로 중요한 역할을 수행한다. 메틸메르캅탄(CH_3SH)과 에틸메르캅탄(C_2H_5SH)은 이름과 달리 수은을 포함하지 않는다. 대신 유기 황 화합물로서 심한 악취가 나는 분자라는 악명을 떨치고 있다. 메틸메르캅탄은 기본적으로 방귀 냄새이기도 하다. 에틸메르캅탄은 5억 명 중의 1명 미만 꼴로 나는 냄새로, 본인들도 맡기 싫어하는 냄새다. 그래서 천연가스와 프로판 가스에 첨가한다. 그렇지 않으면 이들 가스에는 아무런 냄새가 나지 않는다. 가스 누출 신고는 바로 이 에틸메르캅탄 냄새 덕분에 가능한 일이다. 만약 냄새가 나지 않는다면 엄청난 폭발이 일어나고 난 후에야 가스 누출을 알게 될 것이다. 지금도 여전히 가스 폭발 사고가 빈번히 발생하지만 보통 집에 아무도 없을 때 일어난다. 사람들은 에틸메르캅탄의 독특한 냄새를 맡게 되면 이를 없애거나 도망치려 하기 때문이다.

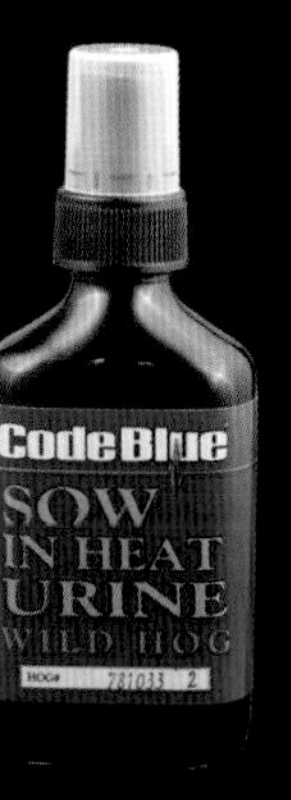

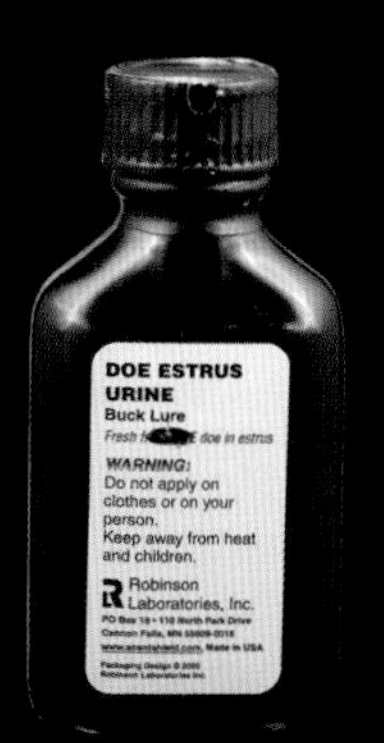

▲ 이것은 스컹크 악취 진액으로, 꽉 잠긴 유리병 안의 흡착력 있는 물질에 둘러싸인 채 작고 밀폐된 깡통 안에 들어 있다. 나는 바깥쪽 용기를 살짝 소리 내어 여는 것에 그쳤다. 이 불쾌한 제품은 사냥용 미끼로 팔린다. 이걸로 무엇을 유인할 수 있을지 모르겠다. 하물며 다른 스컹크들이 이 냄새를 좋아할 것 같지도 않다. 때로는 메틸메르캅탄, 에틸메르캅탄과 비슷하지만 황에 더 큰 분자가 붙어 있는 유기 황 화합물의 냄새가 나기도 한다.

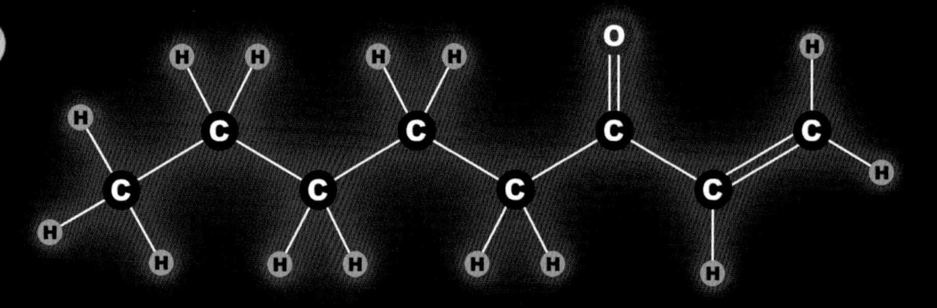

▲ 이 분자는 아밀비닐케톤인데, 돈 냄새가 난다. 돈에서 나는 냄새가 아니라 이걸 만진 피부에서 나는 냄새다.

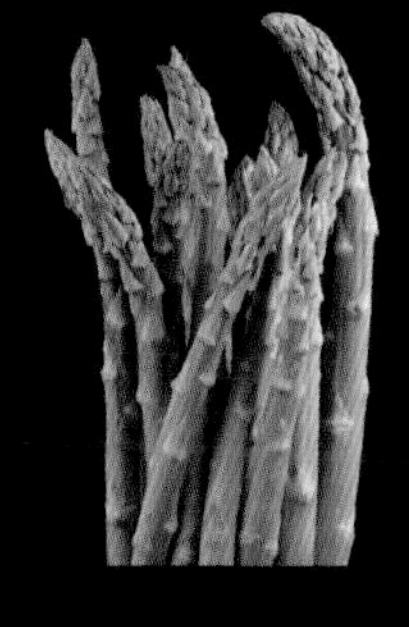

◀ 아스파라거스를 먹고 난 후의 오줌 냄새가 왜 괴상한지에 대해 몇 가지 논쟁이 있었다. 아스파라거스가 오줌 냄새를 이상하게 만드는 게 아니라면, 아스파라거스가 분해될 때 나는 냄새를 맡지 못하는 사람이 있다는 말이 된다. 이 사실을 확인하기 위해 328명을 대상으로 실험했다.

▲ '돈(정확히는 동전) 냄새'는 돈 스스로 낼 수 있는 게 아니다. 금속은 비휘발성이라서 콧속까지 냄새가 도달할 수 없다. 오랜 조사 끝에 동전의 특이한 냄새와 그 외 금속의 표면에서 나는 냄새가 피부에서 분비되는 극소량의 휘발성 화합물인 지방의 분해물 때문이라는 사실이 밝혀졌다. 동물에게 금속의 독특한 냄새를 구별하는 능력이 진화되었다는 점은 흥미롭다. 금속은 기본적으로 자연에서 자유롭게 존재하지 않기 때문이다. 이는 금속 냄새가 피의 철분 냄새와 아주 비슷하기 때문이라는 학설이 있는데, 이게 사실이라면 돈에 굶주렸다는 것은 피에 굶주렸다는 뜻이다.

Chapter 12

화학적인 색

어쩌면 당신은 이 책을 보면서 유독 하얀 가루가 계속 나온다고 느꼈는지도 모른다. 그래도 내 나름대로 하얀 가루를 적게 보여주려고 노력했다. 안타깝게도 순수한 유기 화합물은 대부분 하얀색이다. 어떤 물질에 색을 내기 위해서 무엇이 필요한지 생각해보면 이는 그다지 놀라운 일이 아니다.

백색광은 모든 색의 빛을 혼합한 것이다. 그리고 우리가 어떤 화합물이 색을 띤다고 할 때, 그건 화합물이 특정 색의 빛(특정 파장대의 빛의 입자, 즉 '광자'에 해당하는 색)을 다른 색의 빛들보다 강하게 흡수한다는 뜻이다.

예를 들어 노란 물체는 노란 빛만 반사하고 나머지 빛들은 흡수한다. 하지만 가시광선은 반사할 수 있는 전체 파장대에서 극히 일부에 속한다. 분자는 전파부터 강한 엑스선까지 모든 전자기파의 스펙트럼에 속하는 광자를 흡수할 수 있는데, 가시광선에 속하는 특정 빛을 다른 빛들보다 강하게 흡수하는 경우에만 색을 띤다.

분자가 색을 띠는 경우는 흔치 않은 것으로 밝혀졌다. 대부분의 분자는 가시광선 이상의 파장대에 속하는 자외선 영역의 빛들만을 흡수한다. 세상이 총천연색으로 보이는 것은 가지각색의 색을 가진 화합물들이 있어서가 아니라, 일부 물질들이 특정 색을 흡수하는 데 성공했기 때문이다. 색을 띤다는 건 아주 특별한 일이다.

색을 띠는 화합물 안에는 몇몇 특정 분자 구조가 공통적으로 나타나며, 당연히 인간의 눈은 자연 속에 있는 이러한 분자들의 색들을 볼 수 있도록 진화했다.

◀ 계관석은 황화비소(AgS)로, 대표적인 페인트 색소 중 하나며 약간 독성이 있다.

▼ 전자기파 스펙트럼은 범위가 매우 넓어 전파부터 고에너지 감마선까지 10의 15제곱이 넘는(진동수나 파장의 길이가 1,000조 이상) 영역을 가진다. 스펙트럼은 로그 단위로 그려야만 가시광선이 차지하는 부분을 확인할 수 있다. 인간은 스펙트럼 가운데 특정 부분에 초점을 두려고 하지만 분자는 그렇지 않다. 분자는 마이크로파(전자레인지가 작동하는 원리다.)부터 엑스선까지(의료용 엑스선의 원리다.) 더욱 다양한 파장대에 속하는 광자들을 흡수할 수 있다. 오직 원자핵만이 밀도가 높아 더욱 강력한 에너지 영역의 빛들을 흡수한다.

▶ 꽃은 자외선 아래에서 보면 종종 전혀 다른 색으로 보인다고 한다. 이는 벌이 자외선을 이용해 인간이 보지 못하는 것을 볼 수 있으며, 꽃의 색이나 무늬는 인간을 위한 것이 아닌, 벌을 위한 것이기 때문이다. 벌이 볼 수 있는 자외선 영역의 빛들을 흡수하는 유기 화합물이 상당히 많다고 한다. 그래서 인간에게는 대부분의 유기 화합물이 그저 하얗게만 보이는 데 비해, 벌에게는 그중 일부는 색을 띠는 것으로 보인다. 어떤 색으로 보일까? 인간에게는 이런 색들은 정의할 단어가 없다. 다만 벌이 본 꽃의 색이나 이동 경로를 표현할 때 쓰는 춤 언어를 통해서만 표현될 뿐이다.

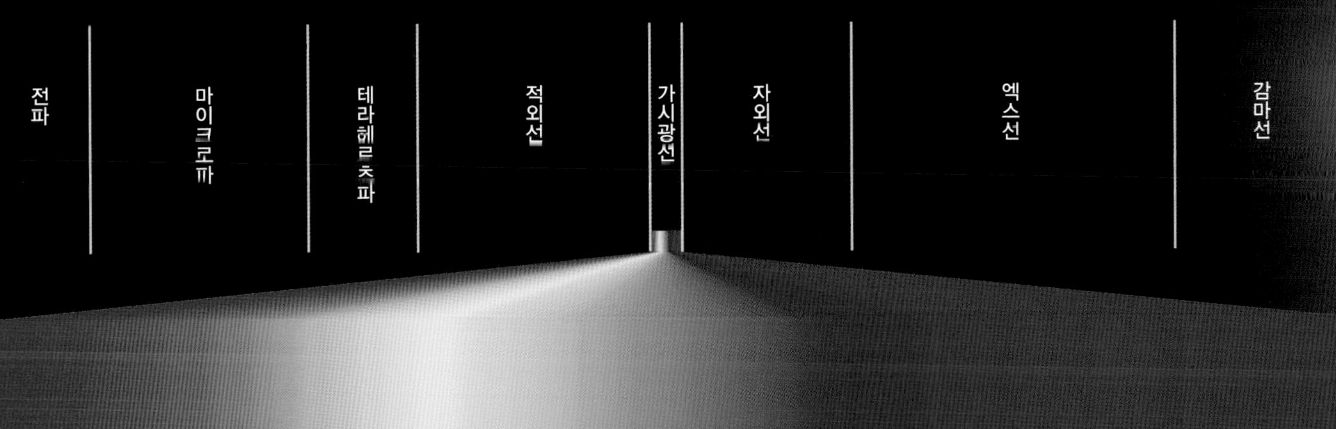

분자가 그리는 세상

가장 선명하고, 풍부하고, 다양한 색을 낼 수 있는 색소는 특별한 천연 화합물 혹은 합성 유기 화합물에서 추출한다. 수많은 유기 염료가 놀랄 만큼의 강렬한 효과를 발휘한다. 우리 집에는 약 1,600만ℓ의 물을 가둘 수 있는 작은 연못이 있는데, 그곳에 자라는 조류를 조절하기 위해 매년 특수한 청록색 염료를 2kg 정도 연못에 붓는다.(그러지 않으면 연못이 엉망이 된다.) 연못 전체에 아름다운 청록색 빛깔을 띠게 하는 데에는 약 150ppb의 농도면 충분하다.

유기 분자는 공유된 전자가 광자와 반응해 떨어져 나가면서 빛을 흡수한다. 이 과정에서 에너지가 발생하며, 광자의 에너지량은 빛의 색에 따라 결정되고, 색이 다른 빛에 의해 다른 에너지의 전자가 떨어져 나간다. 붉은빛의 파장을 가진 광자는 가장 낮은 에너지를 가지고 있으며 그 다음은 순서대로 노랑, 녹색, 파란색이고, 마지막인 보라색 광자는 가시광선 영역 중 가장 높은 에너지를 가지고 있다. 자외선은 이보다 더 높은 에너지를 가지고 있다. 엑스선은 광자의 에너지가 너무 높아 이상한 빛이라고 해서 이름에 'X'가 붙었다.

분자에 아주 강하게 붙어 있는 전자들을 떼어내려면 고에너지 자외선, 심지어는 엑스선이 필요하다. 화합물에 들어 있는 전자는 대개 단단히 붙어 있기 때문에 화합물들이 하얀색을 띤다. 하지만 우리는 어느 정도이건 간에 원하는 만큼의 결합력을 가질 수 있도록 분자 구조를 설계할 수 있다. 특정 색의 빛들만 흡수하도록 조정하는 것을 포함해서 말이다.

염료는 전자가 특정 세기로 결합한, 전형적인 구조를 띤 분자다. 활성 중심(촉매의 반응을 받은 곳) 주변에 놓인 원자들을 바꾸면 결합력이 달라지고 더불어 색(가시광선 영역)도 달라진다.

인디고는 전 세계에 걸쳐 전통 문화의 일부분이었으며, 수백 년 동안 국제 무역의 주요 물품이었다. 이 옷은 일본 전통 의 상인 기모노로, 인디고가 사용되었다.

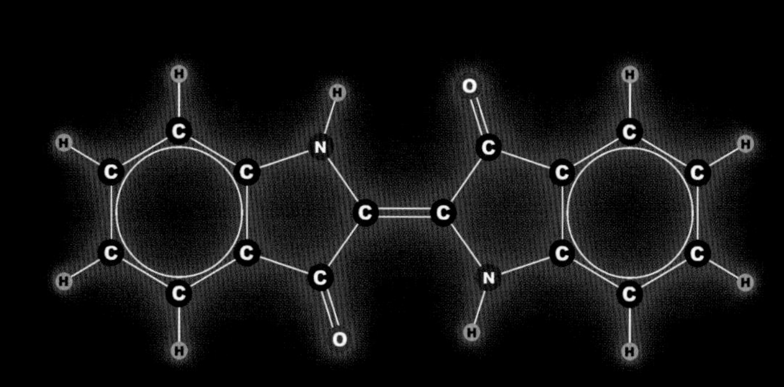

인디고는 대표적인 천연 염료다. 인디고의 색은 인디고 분자에서 아름다운 대칭 구조의 중심에 있는 이중 결합 3개에서 나타난다. 수소와 산소 원자는 반대 방향으로 위치하며 결합하지 않는다.(그래서 위 분자 구조식에서 이 둘은 선으로 이어지지 않는다.) 하지만 이들 사이에는 '수소 결합'이 형성되어 있다. 이 분자는 납작한 구조를 이루고 이중 결합 3개가 모두 동일한 평면 위에 있다. 이 분자는 파란색을 제외한 스펙트럼의 빛을 흡수해 파란색을 띤다.

인디고는 역사상 열대 지방에서 자라는 인디고페라 틴토리아라는 식물(그 외 관련 종)에서 추출되었다. 인디고는 특유의 깊은 푸른색으로 유럽인들을 열광시켜, 범선 시대의 무역을 이끄는 역할을 했다. 오늘날에도 자연 재배한 인디고페라 틴토리아 잎을 인도에서 직접 주문할 수 있다.(물론 돛을 단 쾌속 범선으로 운송하는 게 아니라, 온라인으로 주문받아 비행기를 통해 조달한다.) 가공하지 않은 인디고페라 틴토리아 잎 분말은 녹색이며, 인디고가 아니라 관련 물질인 인디칸 글리코사이드가 들어 있다. 이 분말을 물에 넣어 가열하면 인디칸 글리코사이드는 무색의 수용성 물질인 인독실로 변한다. 이 액체를 섬유에 묻히면 인독실이 섬유에 흡수되는데, 그 후 공기와 접촉하면 인독실이 산화하면서 물에 녹지 않는 인디고로 변환되어 섬유에 남는다.

오늘날 쓰이는 인디고는 사실상 모두 인공이다. 인디고 시장이 붕괴되기 전인 1897년에는 지금 제조되는 양만큼의 인디고를 식물에서 수확했다.(그때보다 현재 인구수가 훨씬 많기 때문에 생산량도 더 늘었을 거라 생각할 수 있다. 하지만 지금은 선택할 수 있는 염료 역시 많아졌다. 과거에는 푸른색으로 염색할 수 있는 염료가 인디고뿐이었다.) 인디고를 경제적으로 합성하는 방법과 새로운 합성 염료를 개발하려는 노력은 1800년대 후반의 유기 화학 산업을 발전시킨 주요 요인이었으며, 성과 또한 있었다. 1897년에 처음으로 상업화가 가능한 합성 염료가 개발되었고, 15년 후 식물성 염료는 경제성으로 인해 자취를 감추었다.

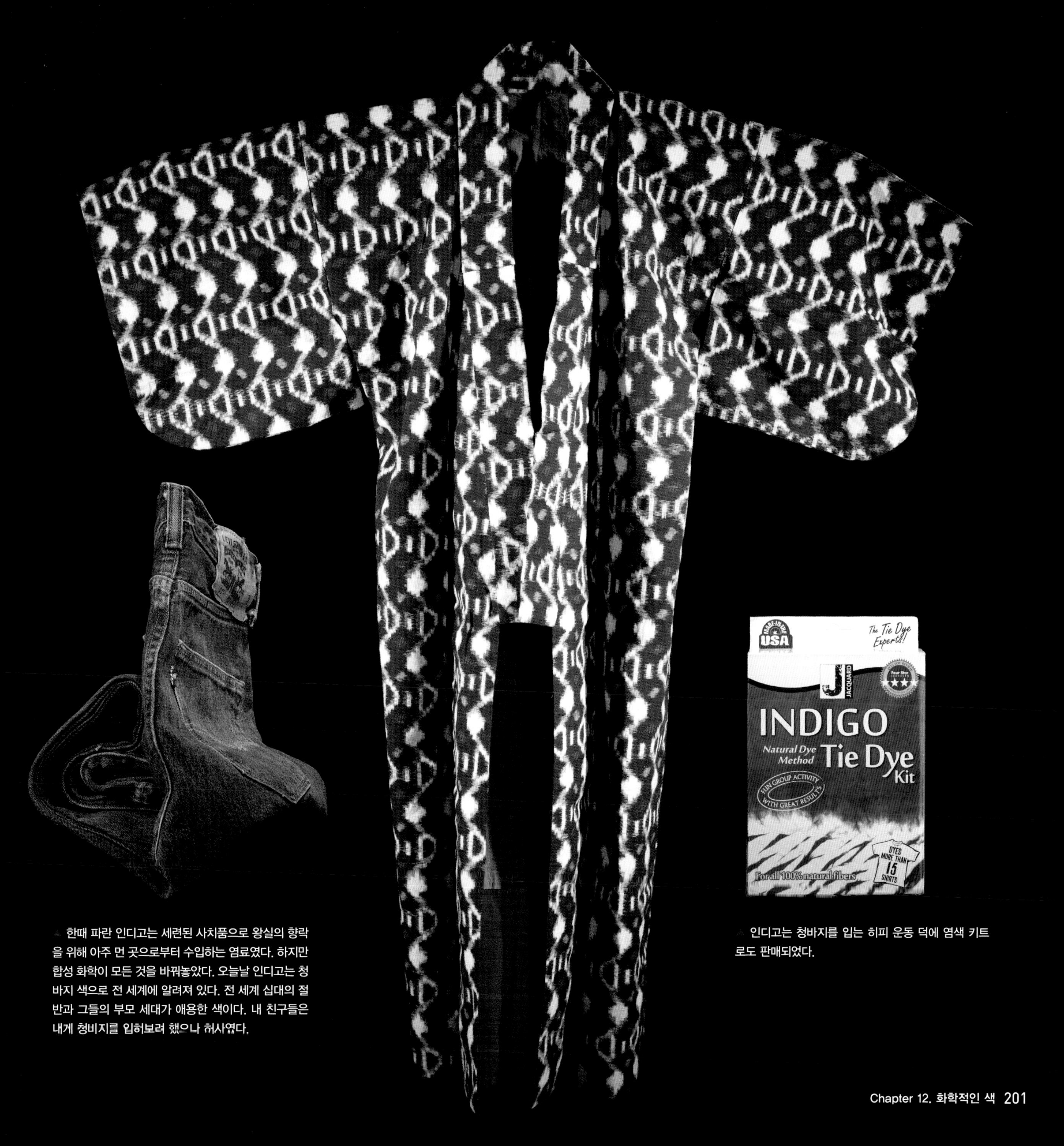

▲ 한때 파란 인디고는 세련된 사치품으로 왕실의 향락을 위해 아주 먼 곳으로부터 수입하는 염료였다. 하지만 합성 화학이 모든 것을 바꿔놓았다. 오늘날 인디고는 청바지 색으로 전 세계에 알려져 있다. 전 세계 십대의 절반과 그들의 부모 세대가 애용한 색이다. 내 친구들은 내게 청비지를 입히보려 했으나 허사였다.

▲ 인디고는 청바지를 입는 히피 운동 덕에 염색 키트로도 판매되었다.

분자가 그리는 세상

'모빈'(한 고리에 비슷한 고리 3개가 더해진 구조)은 최초의 합성 유기 염료로, 아닐린으로부터 합성했기 때문에 아닐린 염료라고도 부른다. 모빈은 1856년에 의도치 않게 발견되어 독일의 유기 화학을 과학적, 산업적 측면에서 크게 활성화했으며, 오늘날까지도 독일이 화학 산업의 중심에 설 수 있게 만들었다.

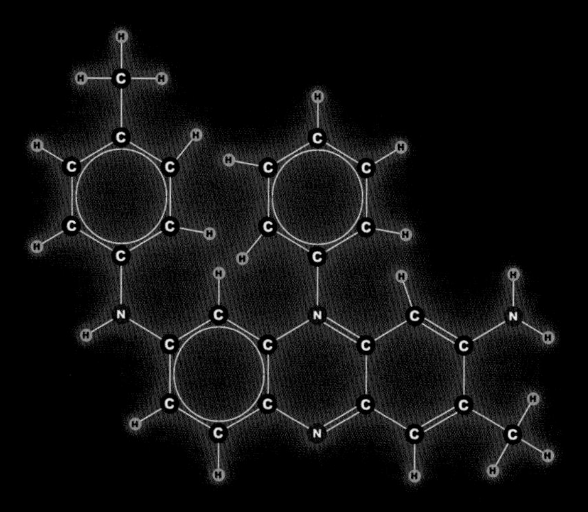

모빈은 영국 빅토리아 시대에 큰 반향을 일으켰다. 이 참신하고 세련된 색으로 염색한 옷을 입은 이가 다름 아닌, 시대에 이름을 부여한 빅토리아 여왕이었던 것이다.

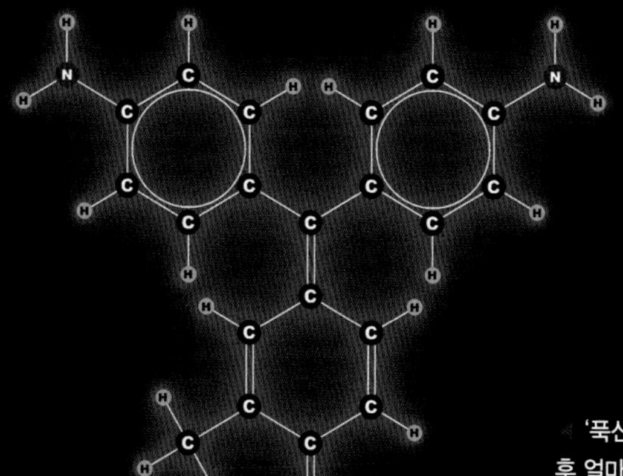

'푹신'은 모빈이 등장한 후 얼마 되지 않아 발견된, 또 다른 아닐린 염료다. 콜타르에서 아닐린을 쉽고 경제적으로 생산하게 된 덕분에 굉장히 다양한 화학 물질을 다양한 합성 경로로 저렴하게 공급할 수 있게 되었다.

푹신은 현재 세계에서 가장 큰 화학 회사인 BASF의 전신을 세운 프리드리히 엥겔 호른이 만든 최초의 합성 염료다. 1860년대 유기 화학 분야에서 독일은 오늘날 컴퓨터 업계에서의 실리콘밸리와 같은 곳이었다. 그는 부엌에서 푹신을 합성했다. 푹신은 다홍색 염료로 알려져 있지만 건조 상태일 때는 녹색 가루이며 물에 녹았을 때에만 붉은색으로 변한다.

푹신은 특히 비단을 염색할 때 유용해서 넥타이를 만들 때 매우 쓸모 있다. 하지만 넥타이는 그다지 쓸모 있는 물건이 아니다.

▶ '아닐린'은 그 자체로는 염료가 아니지만, 수많은 유기 염료를 만드는 데 유용한 원료다. 아닐린은 또한 BASF 회사 이름의 유래이기도 하다.(Badische Anilin-und Soda-Fabrik에서 Badische은 지역명이며, Anilin은 아닐린 분자의 이름이고, Soda는 중탄산 나트륨, Fabrik는 공장을 뜻한다.) BASF는 오늘날 다양한 물질을 만들어내지만 그중에서 150년 전 그들에게 가장 중요했던 물질이 무엇인지는 자명하다.

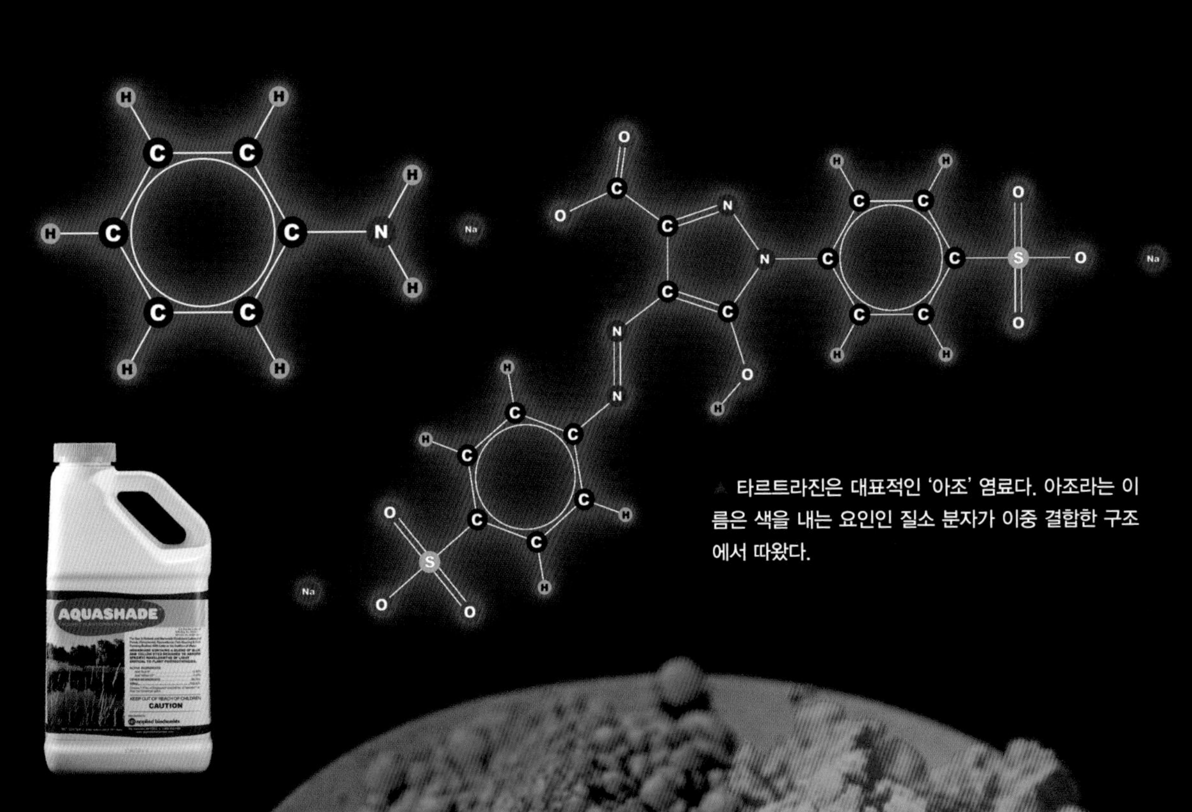

▶ 아쿠아셰이드라는 이 제품은 15만ℓ로 1,500만ℓ에 달하는 연못의 물을 청록색으로 바꿀 수 있으며, 제품에서 염료가 차지하는 비중은 전체 무게의 15%뿐이다. 이 제품에 혼합되어 있는 2가지 염료는 조류가 광합성을 하는 데 필요한 파장의 빛과 정확히 동일한 빛을 흡수한다. 그리하여 조류를 죽이는 대신 그늘이 질 때처럼 태양 에너지를 얻지 못하게 방해해서 조류의 성장을 억제한다.

▲ 타르트라진은 대표적인 '아조' 염료다. 아조라는 이름은 색을 내는 요인인 질소 분자가 이중 결합한 구조에서 따왔다.

▼ '에리오글로신'은 고리 구조가 연달아 달려 있는 분자로, 아이스크림을 비롯한 여러 가지 식품에 파란색을 내는 데 많이 쓰이는 식용 색소다. 나는 연못을 물들이는 데 쓴다.

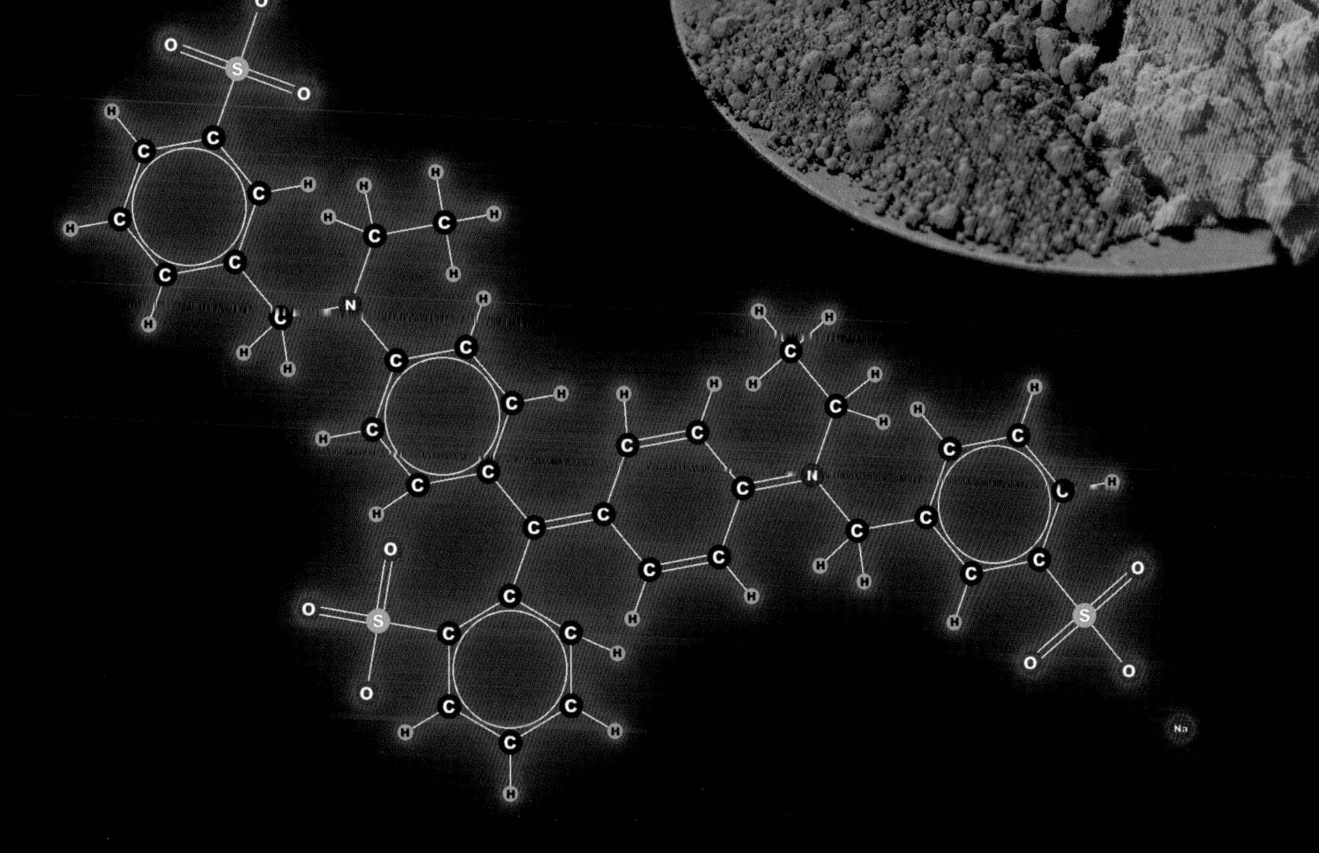

▲ 아쿠아셰이드의 주요 성분은 에리오글로신이다. 상품명은 FD&C 청색 1호이며 유럽에서는 E133으로 알려져 있고, 1ℓ당 에리오글로신 133g이 포함되어 있다. 덧붙이자면 아쿠아셰이드에는 1ℓ당 FD&C 황색 5호 또는 E102라 불리는 타르트라진 11g이 포함되어 있다.

분자가 그리는 세상

여기 물속에 퍼지고 있는 유기 염료들은 대부분 원래 농도보다 많이 희석한 것이다. 그렇지 않았다면 물이 더 빨리 검게 변했을 것이다.

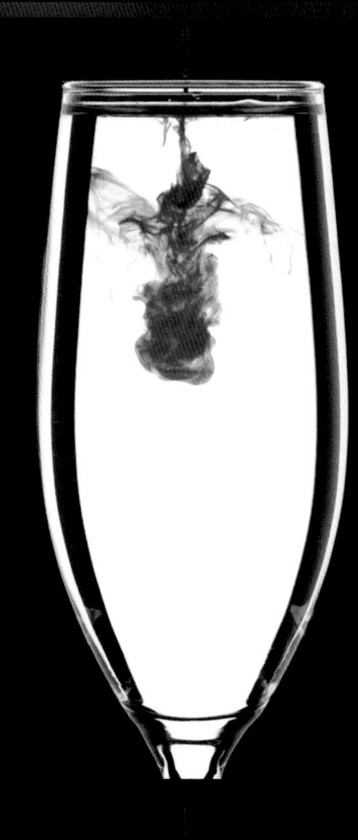

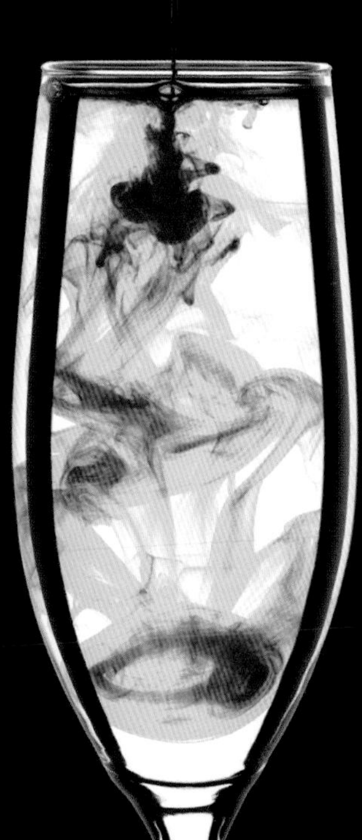

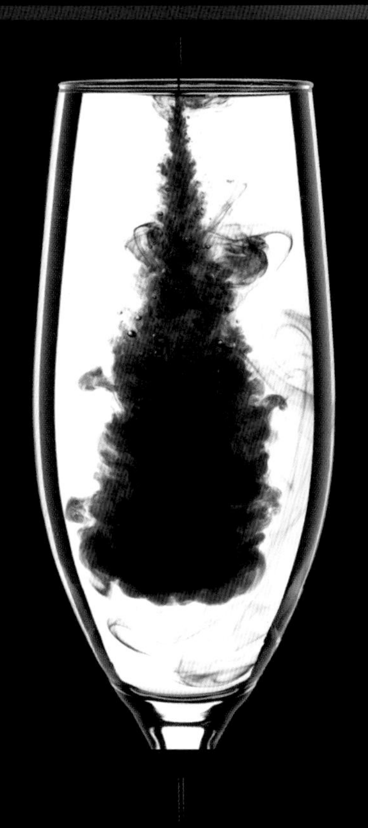

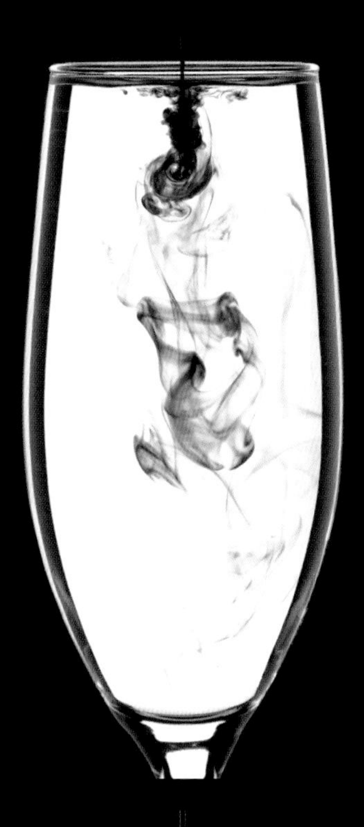

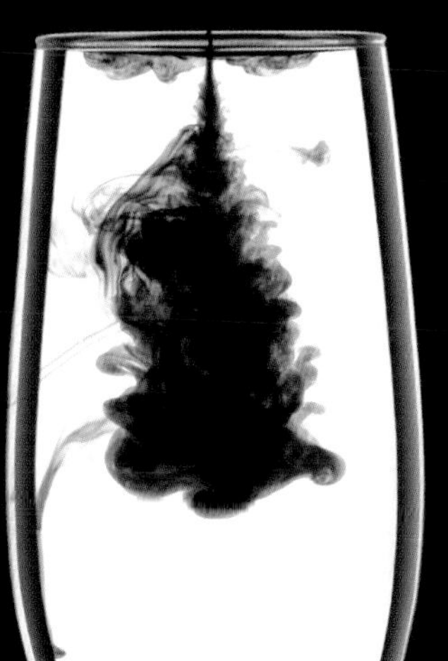

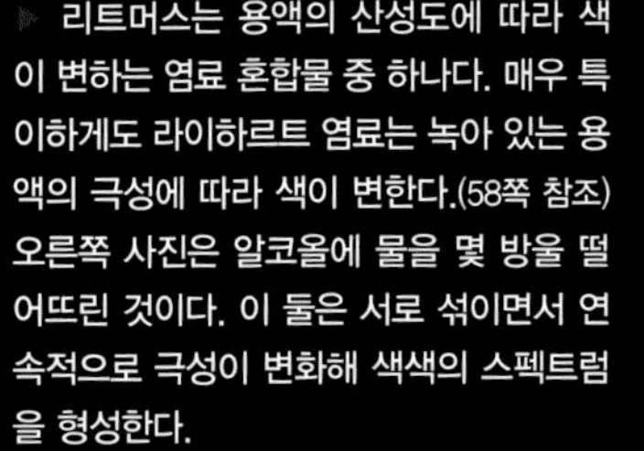

▶ 리트머스는 용액의 산성도에 따라 색이 변하는 염료 혼합물 중 하나다. 매우 특이하게도 라이하르트 염료는 녹아 있는 용액의 극성에 따라 색이 변한다.(58쪽 참조) 오른쪽 사진은 알코올에 물을 몇 방울 떨어뜨린 것이다. 이 둘은 서로 섞이면서 연속적으로 극성이 변화해 색색의 스펙트럼을 형성한다.

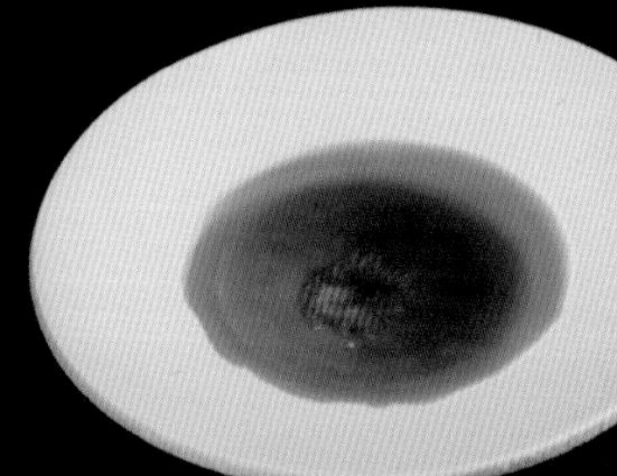

▼ 라이하르트 염료는 본디 약한 극성을 띤 분자이지만, 염료 분자가 빛의 광자를 흡수하면 전자가 분자 내 양극으로 옮겨가 분자 전체의 극성이 줄어든다. 이 과정에서 에너지가 흡수되고 주변 용매의 영향으로 구조가 달라지면서 색도 달라진다. 라이하르트 염료는 그림을 그릴 때도 사용할 수 있지만, 과학적으로 더욱 중요한 작업에 이용되기도 한다. 언뜻 보기에는 측정이 불가능할 것 같은, 살아 있는 세포 안의 어느 부분이 극성이 큰지 작은지 알아내는 일 따위 말이다. 라이하르트 염료는 세포 내 구성 분자 사이로 들어가 극성을 잰 다음, 그 결과를 색으로 알려주는 나노 탐험 로봇과 같다.

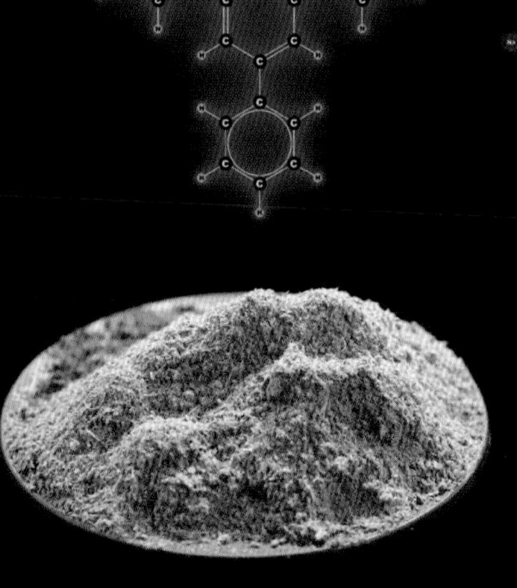

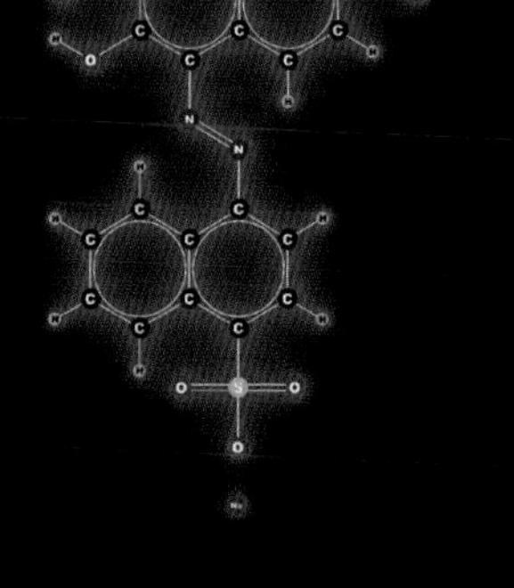

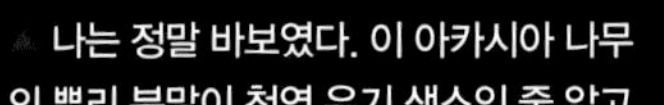

▲ 나는 정말 바보였다. 이 아카시아 나무

▲ 아마란스는 시적인 이름이지만('영

먹어도 되는 색소

식용 색소에 대한 인식은 좋지 않다. 쓸데없이 위험한 화합물을 음식에 넣는 것처럼 여기기 때문이다. 1976년 미국에서 적색 색소 2호를 금지한 사건은 사람들의 인식을 더욱 악화시켰다. 하지만 식용 색소는 문자 그대로 '식용'이다. 식용 색소의 색은 식품에서 온 것이므로, 이를 쓰는 것은 이 음식에서 저 음식으로 색을 옮겨놓는 일일 뿐이다. 물론 위험 요소가 있을 수도 있다. 하지만 그러한 위험은 가공되기 전에도 나타날 수 있으며, 사람들이 위험하지 않을 거라 생각하는, 색소를 추출한 자연 식품에서도 나타날 수 있다.

식용 색소 중에는 합성을 했거나 자연에서 광물로 존재하는 것도 있지만, 이 역시 크게 걱정하지 않아도 된다. 일반적으로 식용 색소는 음식의 맛에 영향을 주지 않아야 한다. 맛은 매우 민감한 감각이다. 따라서 색이 매우 농축된 화합물만 식품의 색을 내는 데 이용할 수 있다. 극소량으로 해가 되는 색소도 있지만 대개는 걱정할 필요가 없다. 식품에는 색소 외에도 다른 것이 많이 들어가며 색소보다 훨씬 비중이 크다. 합성이건, 천연이건 간에 인간에게 해로운 물질은 색소가 아닌 바로 이 다른 것들이다.

하지만 먹거나 피부에 바르는 물질들의 안정성을 더 철저히 검사하는 건 올바른 일이다.(다만 먹는 것이 바르는 것보다 안정성 기준이 조금 더 엄격해야 한다.)

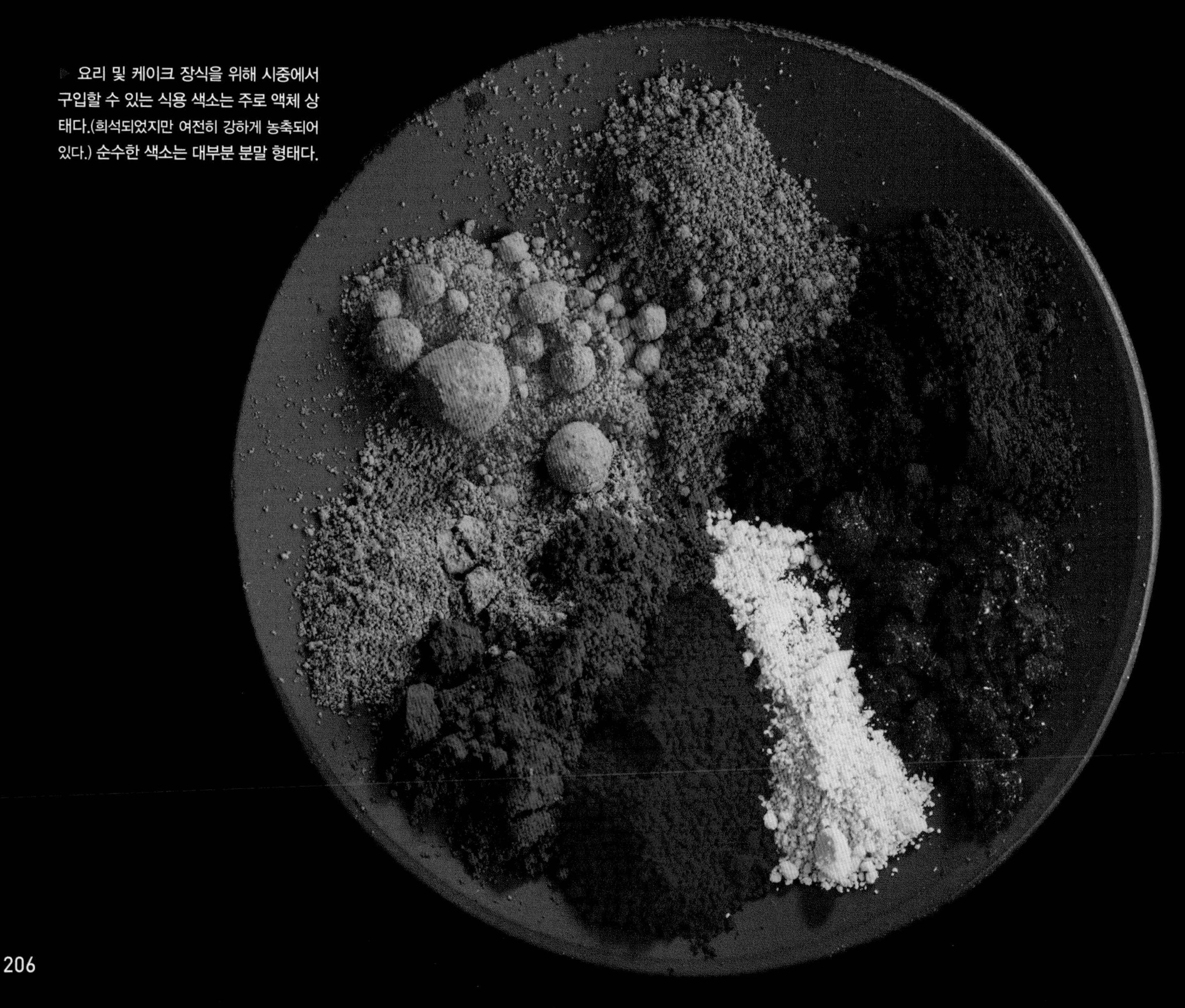

▷ 요리 및 케이크 장식을 위해 시중에서 구입할 수 있는 식용 색소는 주로 액체 상태다.(희석되었지만 여전히 강하게 농축되어 있다.) 순수한 색소는 대부분 분말 형태다.

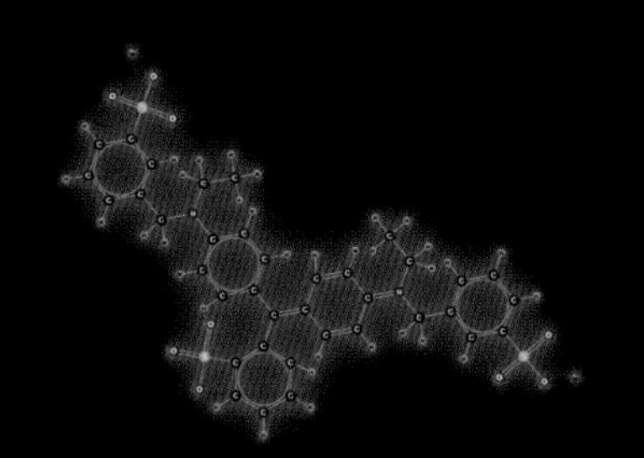

에리오글로신

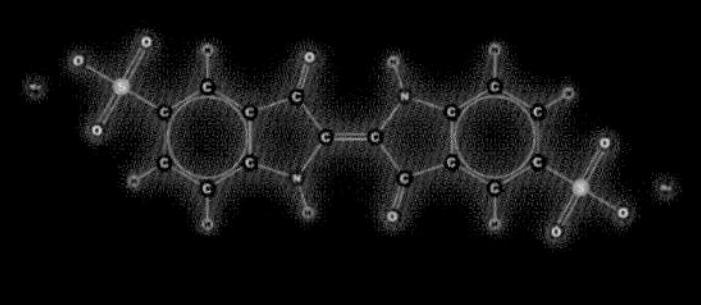

인디고카민

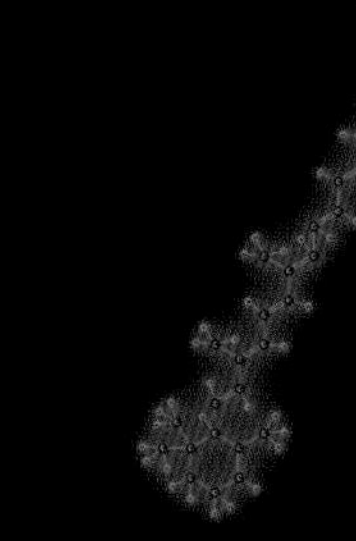

알파카로틴

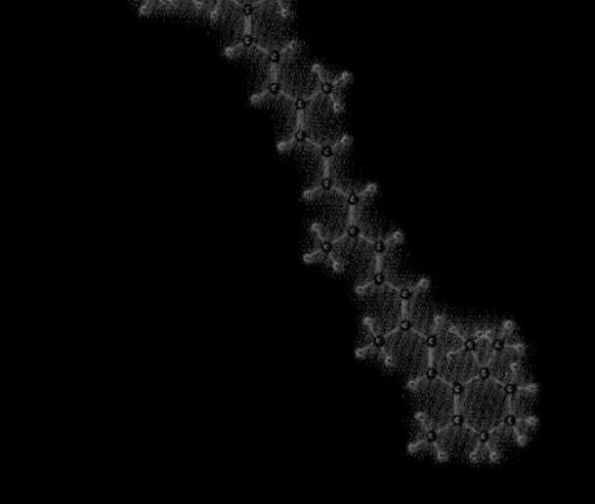

베타카로틴

이 염료 중 일부는 가공 식품에 들어가지만, 대개는 당근이나 비트에서 추출한 천연 물질이며 기본적으로 합성 색소와 같은 방식과 목적에 사용된다. 이산화티타늄은 특이한 경우인데, 무기 화합물이며 색을 내기 위해서가 아니라 색을 가리기 위해 쓴다. 어느 색이든 하얗게 덮어버리기 때문에 식품뿐만 아니라 페인트에도 널리 이용된다.

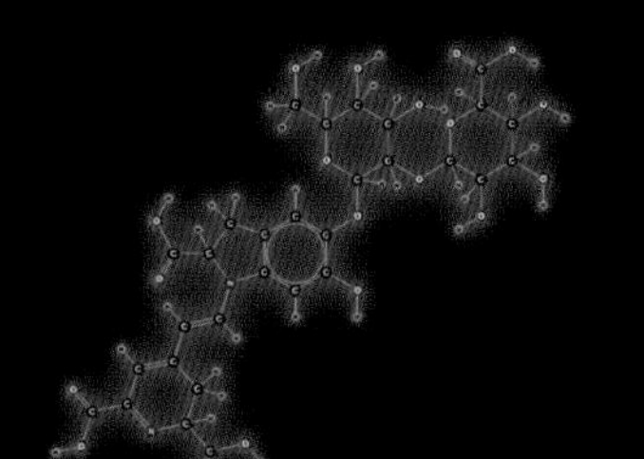

베타시아닌

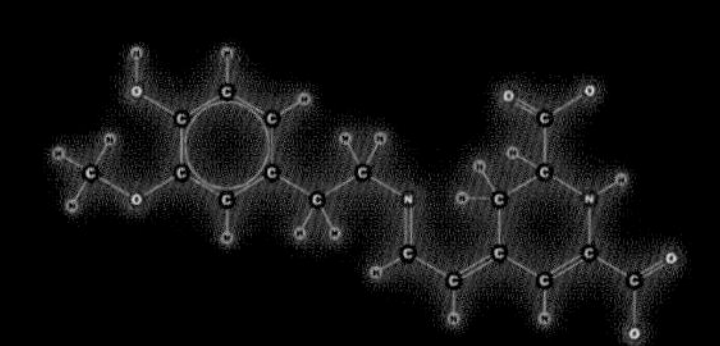

베타크산틴

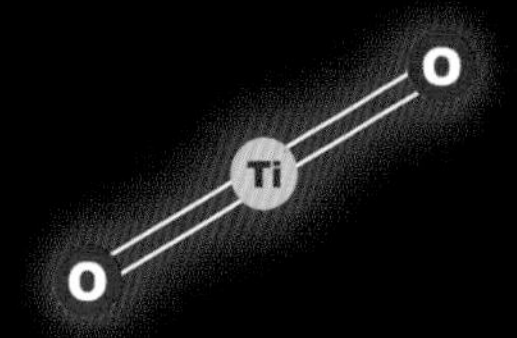

이산화티타늄

화장품에 사용되는 색소는 식품보다 허용 규제가 약간 느슨하지만, 독성이 몸에 흡수될 수 있기 때문에 인체에 무해하다는 진단을 받아야 한다.

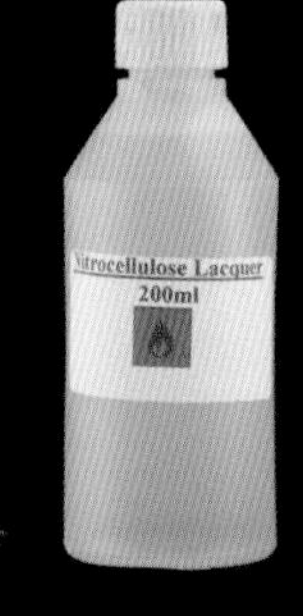

매니큐어의 기본 원료는 아세톤에 용해되어 있는 나이트로셀룰로스 광택제다.(그래서 매니큐어를 지울 때 아세톤을 쓸 수 있다. 아세톤이 나이트로셀룰로스를 녹이기 때문이다.) 재미있게도 나이트로셀룰로스의 또 다른 이름은 면화약이다. 순수한 나이트로셀룰로스는 화약만큼 폭발하기 쉽다. 더구나 아세톤은 용매 중에서도 가장 불이 잘 붙는 물질 중 하나다. 당신은 매니큐어를 바를 때 당신의 목숨을 손 안에 쥐고 있는 셈이다! 말 그대로 손 안에 말이다.

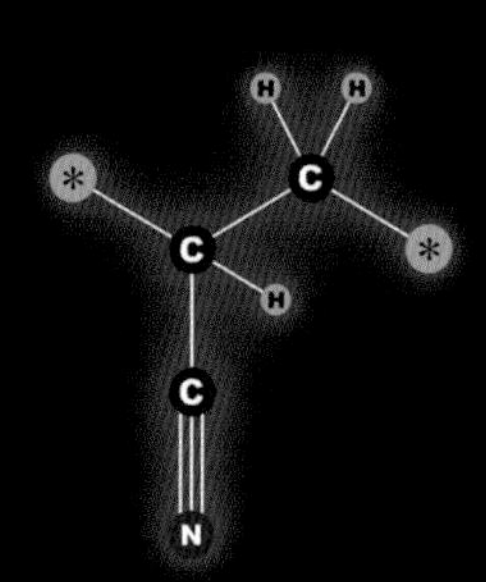

아크릴 단일체

아크릴 중합체는 광택제, 풀 그리고 젤 매니큐어에 널리 쓰인다.

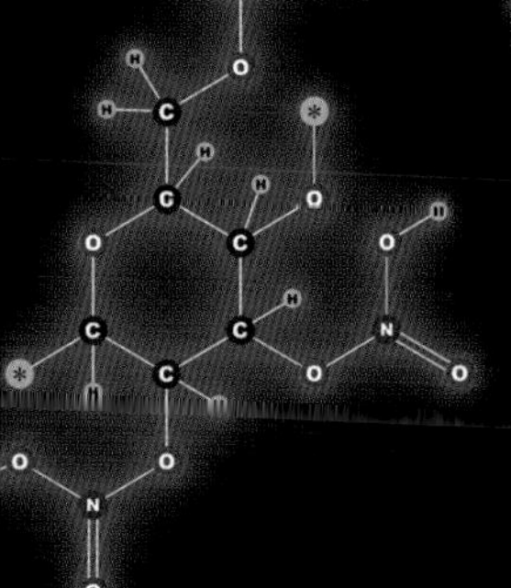

나이트로셀룰로스 단일체

나이트로셀룰로스 중합체

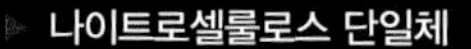

나이트로셀룰로스는 질산기가 붙어 있다는 점을 제외하면 셀룰로스(식물성 섬유를 구성하는 기본 중합체)와 비슷하다. 폭발성은 이 질산기로부터 나온다.

'젤' 형태의 매니큐어에는 메타크릴산염 광택제(아크릴의 종류)가 들어 있는데, 이는 자외선이나 가게의 강한 빛, 집에 있는 작은 LED 전등에서 나오는 청색광을 받으면 딱딱하게 굳는다. 이러한 사실은 유기 염료가 빛에 내구성을 갖기 어려운 이유를 아주 잘 설명해준다. 햇빛에는 다량의 자외선이 포함되어 있으며, 자외선 광자에는 수많은 유기 분자를 화학적으로 변화시킬 수 있는 에너지가 충분하다. 유기 분자들이 광자에 의해 연결되어 중합체가 되면 젤이 굳게 되는 것이다. 그러나 만일 광자가 염료를 공격하면 오히려 결합이 끊어지는 안타까운 결과가 나타난다.

먹어도 되는 색소

▲ 자연에는 수많은 식용 색소가 존재한다. 과일과 채소에는 스펙트럼에 존재하는 모든 선명한 색이 들어 있다. 엽록소의 밝은 녹색, 시아니딘의 강렬한 적색, 델피니딘과 펠라르고니딘 글루코사이드의 청색, 그리고 굉장히 많은 색이 그 사이를 메우고 있다. 과일에서 유일하게 나타나지 않는 색은 자주색을 띠지 않는 청색이다.(참고로 얼어 죽을 만큼 추운 미국 일리노이 중부에서도 이 모든 과일과 채소를 가까운 가게에서 합리적인 가격에 살 수 있다는 사실은, 현대 운송의 위력을 증명해준다.)

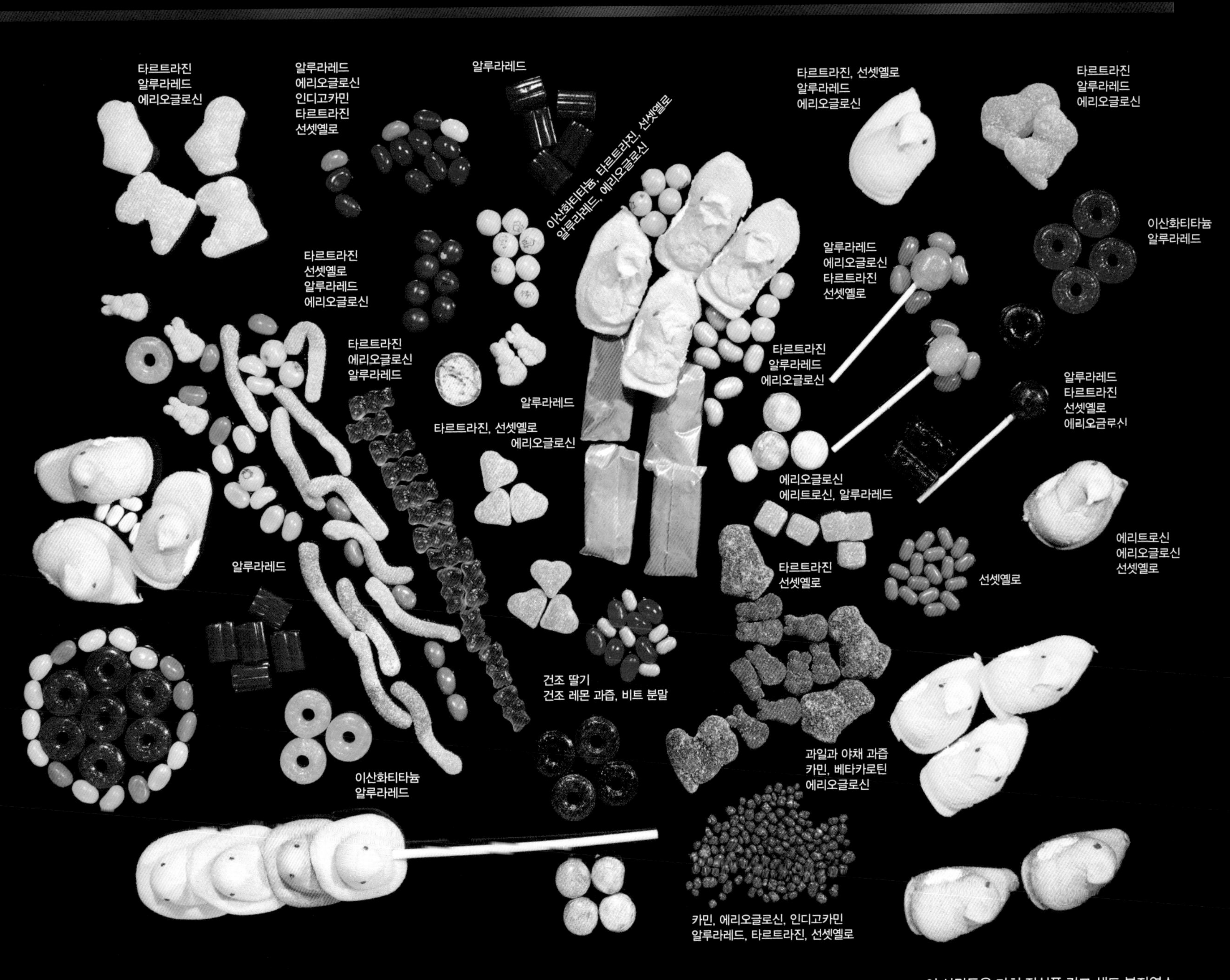

▲ 이 사탕들은 마치 장식품 같고 색도 부자연스러워 자연을 모독하는 것 같아 보이지만, 똑같은 선명한 색이 과일에도 자연적으로 존재한다. 과일이 표현할 수 있는 색채의 영역을 넘어선 것은 저기 살짝 보이는 보라색뿐이다.

먹어도 되는 색소

천연 식품에 들어 있는 색소는 대체로 합성 식품 색소보다 분자 크기가 크다. 어떤 색소들은 색을 내는 것 외에도 다른 중요한 역할을 한다.(예를 들어 엽록소는 특별히 빛으로 화학적 에너지를 생성한다.) 체내에서 비타민 A로 대사되는 베타카로틴을 포함한 몇몇 색소는 몸에 이롭기도 하다. 반면 베타닌(비트의 빨간색) 같은 경우는 많이 먹을 경우 독성을 띤다.

알파카로틴

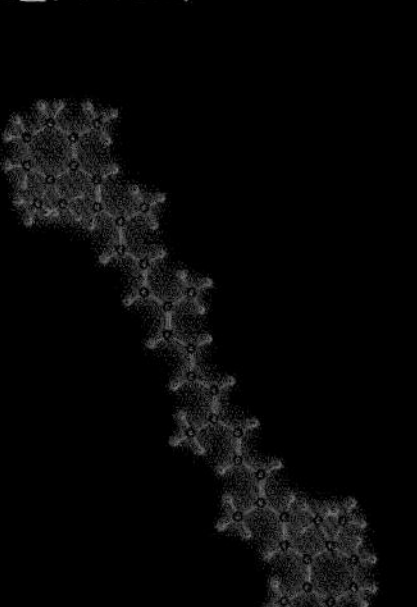

에리트로신(적색 3호)

베타카로틴

알루라레드(적색 40호)

타르트라진(황색 5호)

선셋옐로(황색 6호)

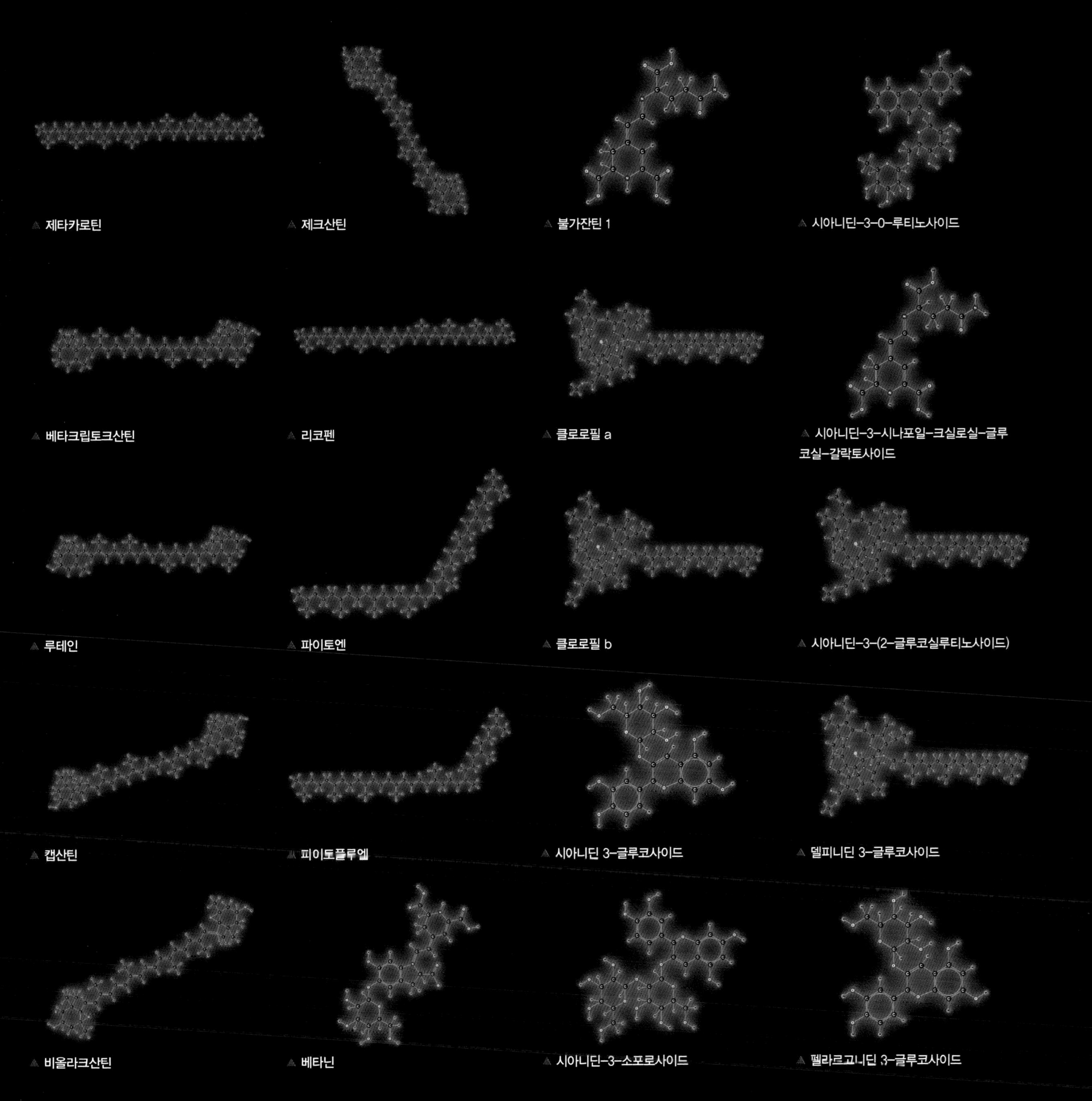

▲ 제타카로틴

▲ 제크산틴

▲ 불가잔틴 1

▲ 시아니딘-3-0-루티노사이드

▲ 베타크립토크산틴

▲ 리코펜

▲ 클로로필 a

▲ 시아니딘-3-시나포일-크실로실-글루코실-갈락토사이드

▲ 루테인

▲ 파이토엔

▲ 클로로필 b

▲ 시아니딘-3-(2-글루코실루티노사이드)

▲ 캡산틴

▲ 피이토플루엔

▲ 시아니딘 3-글루코사이드

▲ 델피니딘 3-글루코사이드

▲ 비올라크산틴

▲ 베타닌

▲ 시아니딘-3-소포로사이드

▲ 펠라르고니딘 3-글루코사이드

오래 남는 예술품

유기 염료의 고질적인 문제는 빛에 대한 저항성이 없다는 것이다. 유기 염료는 시간이 지나면서 색이 바래는데, 이는 염료가 가시광선의 에너지를 반사하거나 굴절시키거나 통과시키는 게 아니라 흡수하기 때문이다. 따라서 염료는 흡수한 빛에 의해 손상되기 쉽다. 염료의 색은 정교한 분자 구조에 따른 것으로, 만약 그 구조가 붕괴된다면 색은 사라진다.

하지만 색소가 특정한 빛만 흡수하게 만드는 방법은 있다. 무기 화합물의 결정 구조에 따른 에너지 수준을 이용하는 것이다. 무기 화합물은 오직 한 가지 결정 구조로만 이루어져 있어서 빛에 의한 손상에 내구성을 가지고 있다. 설령 빛이 원자를 제자리에서 벗어나게 만든다 해도 원자는 멀리 가지 못한다. 결정 구조의 특성상 떨어져 나간 원자는 원래 자리로 되돌아오게 된다.

예술가들이 유화나 벽화 등 오랫동안 보존해야 하는 예술 작품을 만드는 데 주로 쓰는 염료들은 단순한 무기 화합물인 경우가 많다. 이 염료들은 색이 변하지 않으며, 화합물의 원소 조성이 그대로 유지되는 한 색이 바래지도 않는다.

여기서 문제는 무기 화합물 염료가 낼 수 있는 색의 범위가 한정되어 있다는 것이다.(특히 밝고 강렬한 색의 경우는 더욱 그러하다.) 현존하는 무기 염료 중 밝고 강렬한 색을 내는 것들은 대개 밝은색을 띠는 돌을 갈아 만든다. 이 밝은색을 띠는 돌을 달리 말해 '보석' 혹은 '준보석'이라고 한다. 청금석을 비롯한 이러한 염료는 당연히 매우 비싸다. 그래서 형형색색의 합성 유기 염료가 개발되기 전까지 특정 색은 부유층의 전유물이었던 것이다.

▶ 인류의 역사가 시작될 무렵, 동굴 벽화에 쓰인 가장 오래된 염료는 산화철과 산화마그네슘이다. 이 염료들은 다양한 흑색 빛깔을 띤다. 여기 보이는 가루들은 대개 산화물이므로 녹이라 할 수 있다. 가장 밝은 색을 띠는 오커는 거의 대부분 산화철로 이루어져 있다. 그리고 시에나는 산화마그네슘을 5%, 엄버는 산화마그네슘을 20% 포함하고 있다. 시에나와 엄버는 모두 '번트' 상태로 바뀔 수 있는데, 말 그대로 열에 의해 산화철 일부가 더 어두운 색을 띠는 적철석으로 변환된 것이다.

일부 금속염과 금속 산화물은 무기 화합물 중에서도 특이하게 고급스럽고 밝은색을 낸다. 화가 반 고흐가 노란색 꽃을 유독 많이 그린 이유는 그가 노란색 꽃을 좋아했기 때문만이 아닐 것이다. 그가 구할 수 있었던 가장 밝은 염료가 노란색을 띤 카드뮴인 탓도 있었을 것이다. 카드뮴은 독성이 강하지만, 예술을 위해 뭐든 못하겠는가.

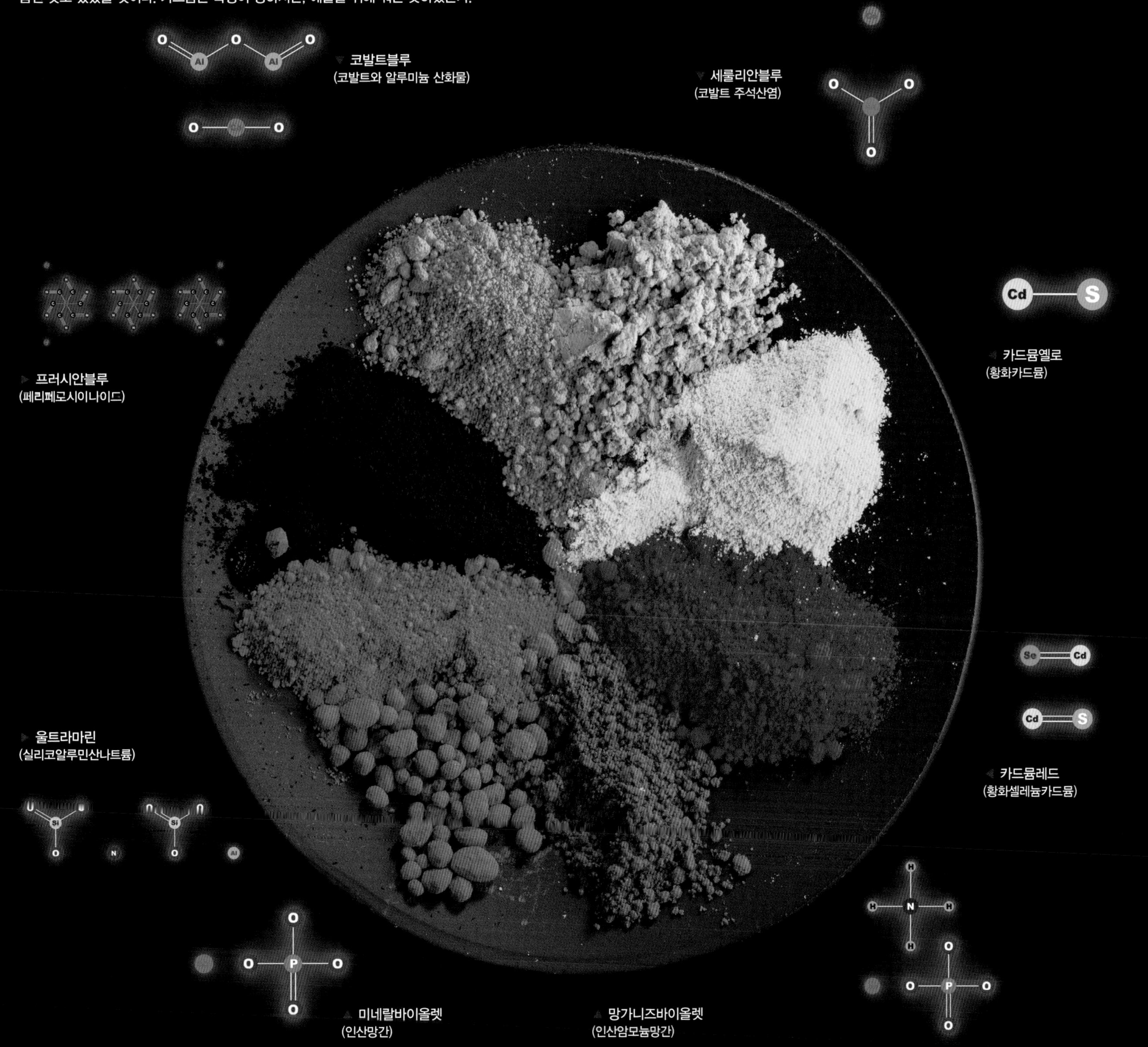

오래 남는 예술품

준보석들은 한때 밝은색을 내는 주요 염료였다. 청금석과 같은 몇몇 준보석은 매우 비싸서 그림에서 가장 중요한 인물을 칠하는 데에만 쓰였다. 방연석, 진사 그리고 계관석 같은 준보석들은 각각 납, 수은, 비소의 염을 포함하고 있어 그림에 다채로운 색뿐만 아니라 각종 독성도 띠게 했다.

공작석(수산화탄산구리)

터키석(알루미늄과 구리의 인산염)

S Pb

방연석(황화납)

S

계관석(황화비소)

남동석(구리의 탄산염)

S Hg

진사(황화수은), 색명은 주색

청금석(천람석을 비롯한 광물들의 혼합물), 색명은 울트라마린

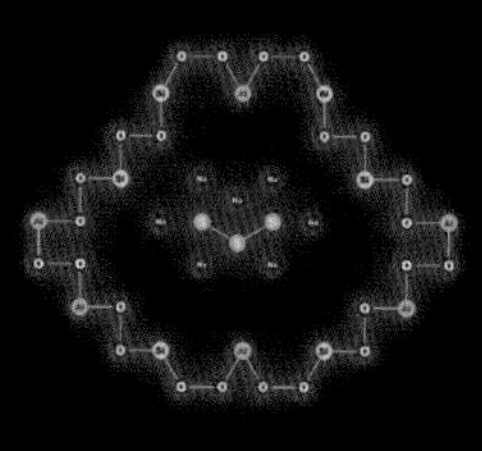

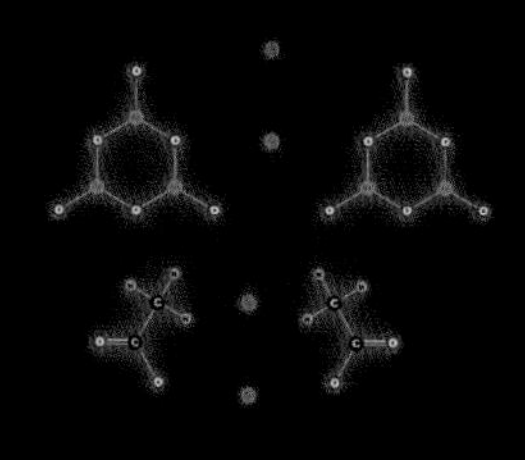

파리그린(Paris green)은 대표적인 독성 염료다. 셸레그린은 아세토아비산염 구리(II)로 이루어져 있으며, 독성이 너무 강해 예술계 외에서는 벌레와 설치류를 죽이는 데 주로 썼다.(사람의 경우 보통 2g이 치사량이다.) 빅토리아 시대에는 파리그린과 이와 유사한 셸레그린으로 벽지를 녹색으로 물들이는 게 유행이었다. 그런데 습한 기후 때문에 벽지가 부패하면서 독성 성분이 빠져나와 이로 인해 아프거나 죽는 사람이 많았다. 치료법이 무엇이냐고? 독으로 가득한 방에서 나와 건조한 곳으로 도망치는 것이다.

▶ 에보니(흑색)와 아이보리(상아색)는 피아노 건반에서는 반대되는 색이지만, 색소의 세계에서는 둘 다 검은색으로 쓴다. 아이보리블랙은 지금도 아주 드물게 진짜 상아를 이용해 만든다. 상아가 진하고 순수한 검은색이 될 때까지 열을 가해 까맣게 태우는 것이다. 오늘날 대부분의 아이보리블랙은 코끼리뼈를 비롯한 여러 가지 뼈를 탄화시켜 만든다. 순수한 탄소에 가까운 흑연이나 그을음으로도 이와 매우 유사한 색소를 만들 수 있다.(뼈와 아이보리블랙에도 인산염이 함유되어 있다.) 흰색을 내는 방법은 여러 가지인데, 가장 흔한 방법이 이산화티타늄을 쓰는 것이다. 이산화티타늄은 페인트에 굉장히 많이 이용되는데, 색이 하얘서가 아니라 페인트의 불투명도를 높이는 데 탁월하기 때문이다. 잘 발리는 페인트에는 어떤 색이든 간에 이산화티타늄이 포함되어 있다.

▼ 이산화티타늄

▼ 아이보리블랙/ 흑연

▲ 산화아연

▲ 탄산칼슘

▼ 중국의 전통 수채 물감은 천연 유기 색소와 무기 색소를 거칠거칠한 종이에 달라붙게 고정하는 결합제와 혼합해 만든다. 수채 물감을 이용한 미술 표현법이 2,000년 이상 전래되어온 것으로 미루어볼 때, 여기 있는 염료들은 고대로부터 온 게 분명하다. 이러한 사실은 형형색색의 팔레트를 더욱 인상 깊게 만든다.

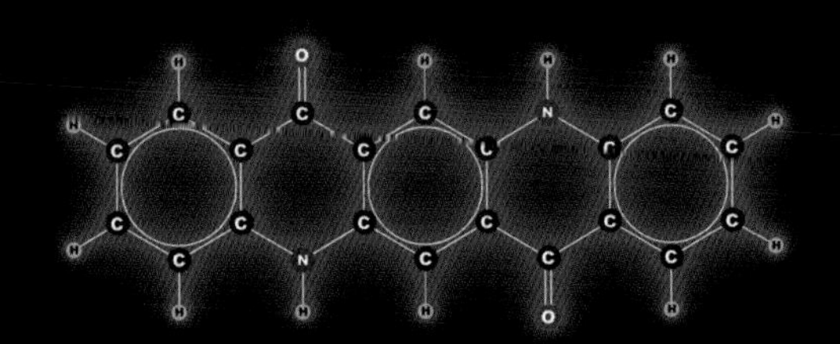

▲ 퀴나크리돈은 안정한 물질로 보이며, 실제로도 안정하다. 여기 보이는 고리 구조들은 분자를 견고하게 만드는 구성원들이다. 이들의 결합은 강력해서 그 어느 것과도 쉽게 반응하지 않는다. 빛, 심지어 자외선과도 반응하지 않는다. 그럼에도 이 퀴나크리돈 분자는 색소 역할을 해낸다.

▶ 기존의 유기 염료들은 내광성(빛에 견디는 성질)이 떨어진다는 단점이 있는데, 최신 유기 염료들 중에는 직사광선의 고출력 자외선에도 손상되지 않는 튼튼한 분자 구조를 이루고 있는 것들이 있다. 그 예로 퀴나크리돈레드는 고리 5개가 연결된 견고한 구조다. 이 염료는 염료가 색을 유지하기에 가장 가혹한 환경이라 할 수 있는 실외 표지판과 자동차 도색에 쓰인다. 퀴나크리돈 염료는 발색이 뛰어나고 안정적이지만 시에나 염료에 미치지는 못한다. 땅의 색을 표현해온 시에나는 인류가 사라질 때까지 이 땅에 남아 있을 것이다.

Chapter 13

미움받는 분자들

이 장에서는 사람들을 아주 화나게 만드는 화합물들에 대해 이야기하려 한다. 단순히 몸에 해롭기 때문에 사람들이 싫어하는 분자들을 말하는 게 아니다. 낙인이 찍힌 채 정치적 회오리바람에 말려든 화합물들, 고통과 부정행위를 부르는 탐욕과 어리석음 등 인간의 나쁜 본성을 드러내는 분자들을 말하는 것이다.

◀ 드라이아이스에서 뿜어져 나오는 이산화탄소는 지구 온난화에 대한 논란을 흐리게 만드는 전운과 같다.

21세기 초반, 몇몇 백신에서 살균제와 항진균제로 쓰이던 티메로살은 물질 남용의 상징으로 꼽혔다. 문제의 발단은 1998년에 아동용 백신과 자폐증 사이의 연관성을 찾았다고 주장한 연구가 발표된 것이었다. 이 연구는 처음부터 의심과 비판을 많이 받았고, 기관지는 뒤늦게 12년이 지나서야 연구 결과를 철회했다. 그러나 이미 아동 백신 접종 반대 운동이 시작된 뒤였다. 이 백신을 맞지 않아서 얼마나 많은 어린이가 죽었는지 정확히 알 수는 없지만, 아마도 수백 명, 어쩌면 천여 명이 넘었을지도 모른다. 반면 티메로살이 들어간 백신을 접종받고 자폐 증상을 일으킨 어린이의 수를 알아내기는 아주 쉽다. 정확히 0명이다.

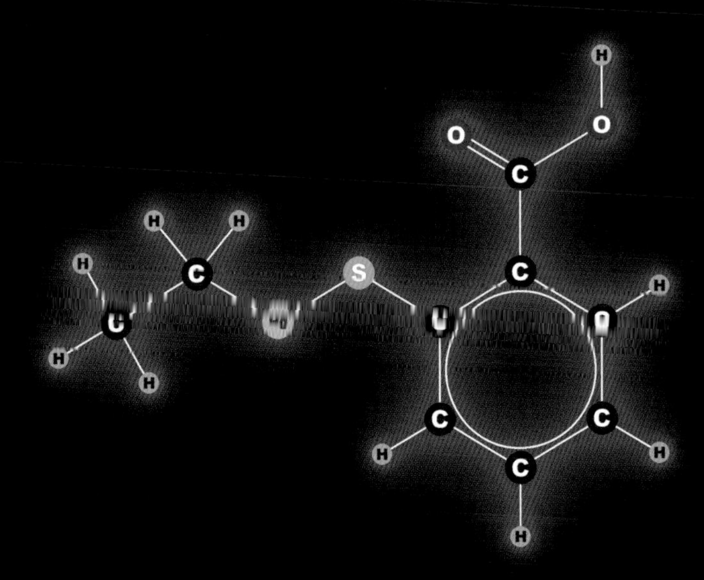

▶ 자폐 아동의 비율이 증가하는 이유를 찾다가 티메로살에 관심이 집중되면서 분자는 두려운 존재가 되었다. 오른쪽 구조식 가운데 수은(Hg) 원자가 보이는가? 이 수은은 안 좋게도 유기 원자단과 결합되어 있다. 수은 원자의 오른쪽은 티오살리실산으로, 황 원자에 아스피린이 결합한 것이라 볼 수 있다. 왼쪽은 에틸 원자단으로, 여기서 가장 무서운 부분이다. 만약 수은과 황의 결합을 풀어버린다면 에틸수은 이온이 남게 된다! 이 말을 듣고 조금이라도 공포심이 느껴지지 않는다면 아직 이 내용을 완전히 이해하지 못한 것이다.

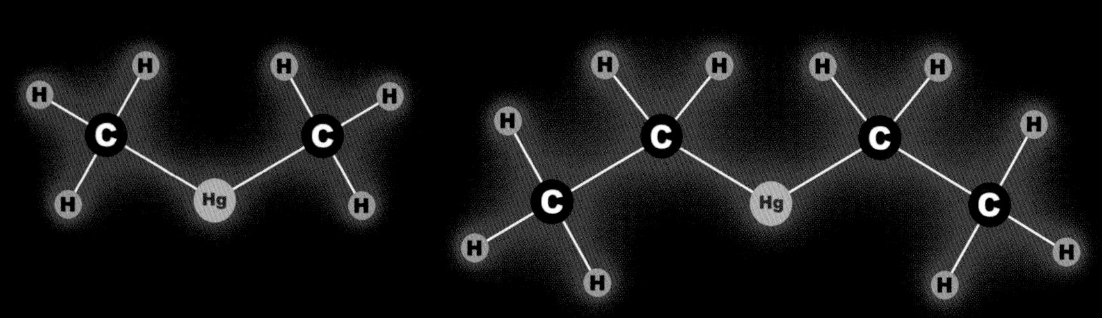

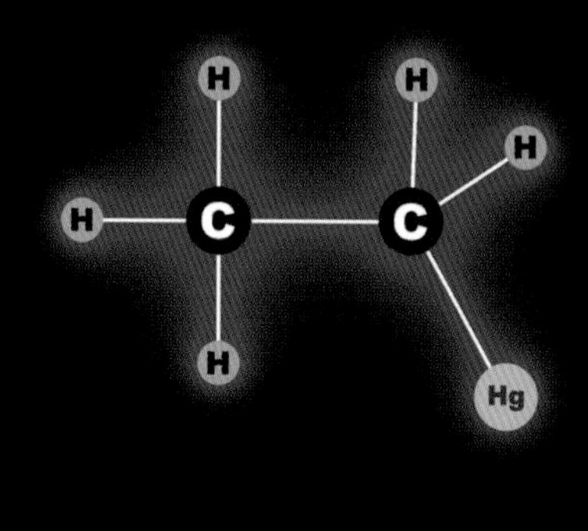

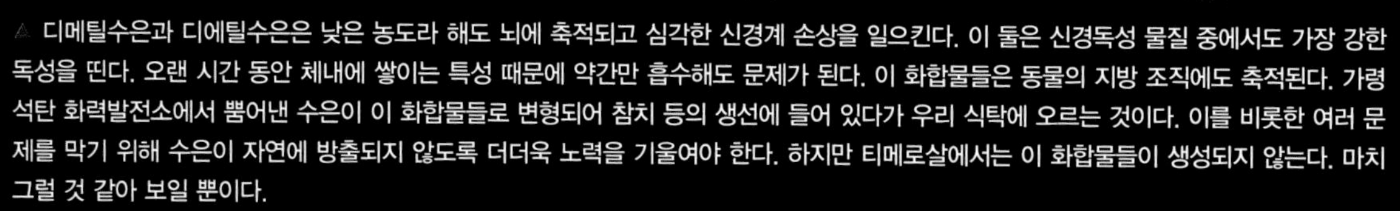

▵ 디메틸수은과 디에틸수은은 낮은 농도라 해도 뇌에 축적되고 심각한 신경계 손상을 일으킨다. 이 둘은 신경독성 물질 중에서도 가장 강한 독성을 띤다. 오랜 시간 동안 체내에 쌓이는 특성 때문에 약간만 흡수해도 문제가 된다. 이 화합물들은 동물의 지방 조직에도 축적된다. 가령 석탄 화력발전소에서 뿜어낸 수은이 이 화합물들로 변형되어 참치 등의 생선에 들어 있다가 우리 식탁에 오르는 것이다. 이를 비롯한 여러 문제를 막기 위해 수은이 자연에 방출되지 않도록 더더욱 노력을 기울여야 한다. 하지만 티메로살에서는 이 화합물들이 생성되지 않는다. 마치 그럴 것 같아 보일 뿐이다.

▵ 체내에서 티메로살이 분해될 때 생성되는 산물 중에는 에틸수은 이온도 있다. 무시무시한 일이다. 에틸수은 이온이 디에틸수은 혹은 그와 비슷한 유기 수은 화합물로 변형된다면 문제가 심각해진다. 하지만 그런 일은 일어나지 않는다고 한다. 이 점은 굉장히 자세히 연구되었고, 그를 통해 수은 이온이 몇 주 이내에 체내에서 사라진다는 사실이 밝혀졌다. 즉, 자연에서 몇 년간 수은이 방치되어 있을 때 일어나는 변형이 체내에서는 이루어질 시간이 없다. 에틸수은 이온을 오랫동안 많이 먹으면 대단히 치명적일 수 있다. 하지만 평생 동안 먹은 양이 콩알만큼이라면 괜찮다. 그 정도는 문제가 안 된다.

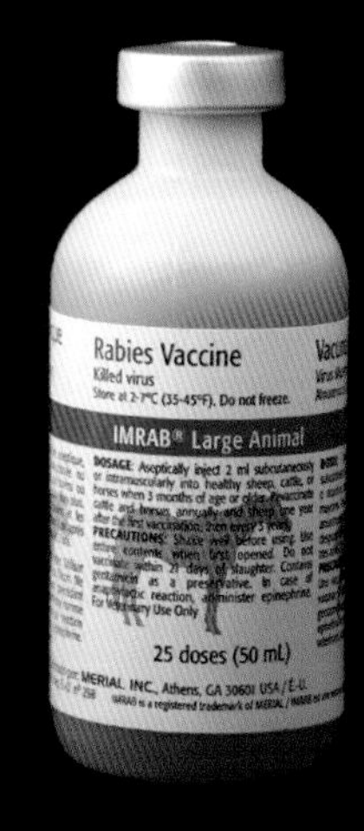

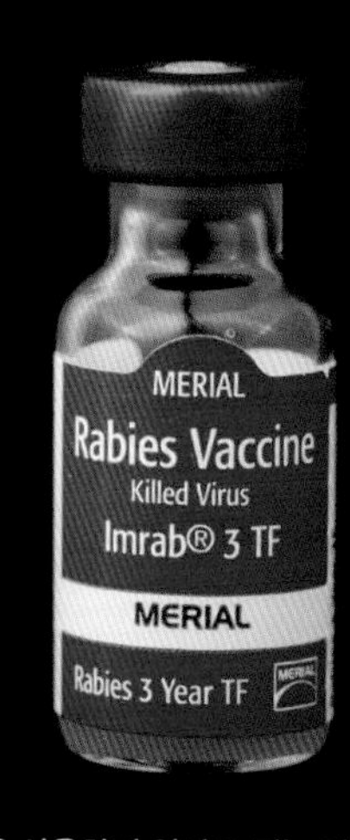

▵ 아무런 해가 없다 해도, 왜 백신에 티메로살을 넣었던 걸까? 그냥 백신에서 티메로살을 빼버려서 문제를 해결하면 안 될까? 1928년 티메로살을 뺀 디프테리아 백신을 접종받은 어린이 21명 중 12명이 세균 감염으로 사망했다. 이 일은 중대한 사건이었다. 티메로살은 과거나 지금이나 위험한 감염성 미세 오염물로부터 다회성 백신의 효능을 보호하는 유일한 물질이다. 효율적인 비용으로 전 세계에 대량의 백신을 공급할 수 있는 방법은 2가지다. 티메로살을 쓰거나, 쓰지 않거나. 만약 쓰지 않는다면 살릴 수도 있었던 수많은 아이들의 죽음을 보게 될 것이다. 백신을 반대하는 사람들은 무모하게도 모든 백신 접종을 중단하라고 요구한다. 하지만 백신은 이유 없이 개발된 게 아니다. 백신이 등장하기 전까지는 디프테리아 같은 예방 가능한 질병 때문에 사망하는 사람이 셀 수 없이 많았다. 백신이 없다면 지금도 사망자가 수억 명에 달할 것이다.

▵ 티메로살을 사용하지 않아도 되는 간단한 방법이 있다. 모든 백신을 일회성으로 제공해 오염 가능성을 원천적으로 제거하는 것이다. 아주 좋은 방법 같지 않은가? 그렇다. 하지만 돈이 많아야 가능하다. 백신 접종 반대 운동에 따른 불필요한 대응의 결과로, 일회용 약물을 운용할 수 있는 부유한 나라에서는 어린이 백신에 더 이상 티메로살을 쓰지 않는다. 하지만 어린이 수천 명이 해마다 예방 가능한 질병으로 죽어가는 가난한 나라에서는 티메로살을 포함한 다회성 백신을 쓰는 것만이 합리적인 선택이다.

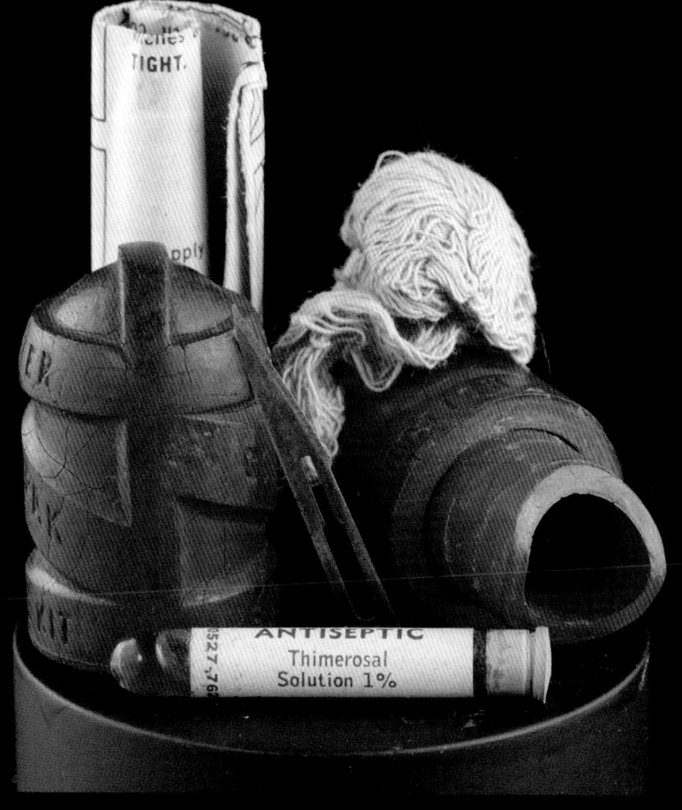

▹ 티메로살은 여전히 몇몇 백신을 비롯한 특별한 곳에 사용한다. 이 사진은 오래전 보이 스카우트에서 뱀에 물렸을 때 쓰라고 준 약으로, 티메로살 용액에 보존되고 있다.

무분별하게 파괴되는 대기

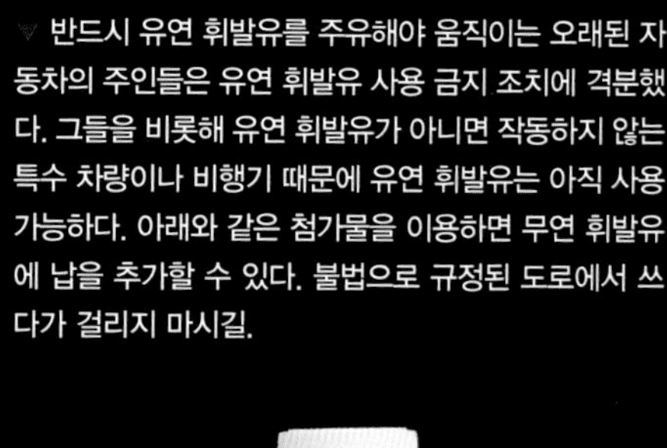

◀ 유연 휘발유를 불연 휘발유를 쓰도록 설계한 자동차에 주유하는 것은 사람들의 건강에 매우 해롭다. 촉매 변환 장치를 망가뜨려 납은 물론 다량의 오염 물질을 공기 중에 내뿜기 때문이다. 따라서 불연 휘발유 자동차의 가스탱크 주입구는 유연 휘발유를 주입하는 표준 노즐이 들어갈 수 없도록 좁게 만들어진다. 물론 불연 휘발유 노즐은 이보다 더 가늘기 때문에 들어갈 수 있다. 반면에 유연 휘발유를 쓰도록 설계한 엔진에 불연 휘발유를 사용하면 폭연 위험이나 엔진 손상, 환경 피해가 발생하지 않는다. 따라서 이 경우는 사회적으로 고려할 문제가 아니라 사적인 문제가 된다.

티메로살의 역사를 보면 화가 난다. 수많은 사람을 살렸는데 비난을 받아왔기 때문이다. 지금부터 살펴볼 화합물은 티메로살의 경우와 반대로 분노를 일으킨다. 이 물질은 많은 피해를 일으켰다. 그럼에도 사람들의 비호를 받거나 지원을 받았다. 사람들은 이 물질에 대해 더 잘 알았어야 했는데 그렇지 못했고, 알고 있었는데도 이를 못 본 척하거나 규칙을 위반했다.

퇴출 당한 납(Pb)

▼ 반드시 유연 휘발유를 주유해야 움직이는 오래된 자동차의 주인들은 유연 휘발유 사용 금지 조치에 격분했다. 그들을 비롯해 유연 휘발유가 아니면 작동하지 않는 특수 차량이나 비행기 때문에 유연 휘발유는 아직 사용 가능하다. 아래와 같은 첨가물을 이용하면 무연 휘발유에 납을 추가할 수 있다. 불법으로 규정된 도로에서 쓰다가 걸리지 마시길.

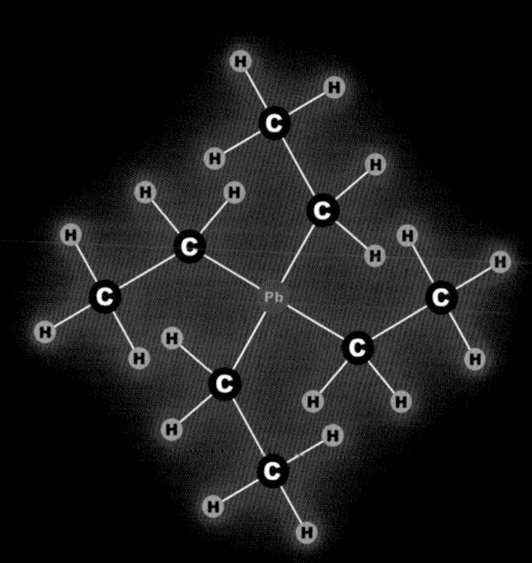

▲ 테트라에틸납은 수십 년 동안 자동차 휘발유에 첨가되었다. 엔진의 노킹 현상을 방지하여 출력을 향상시키는 화합물이기 때문이다.(74쪽 참조) 더구나 가격도 싸다. 그러나 이제 우리는 이 납 화합물을 전혀 쓰지 않는다. 모든 납 화합물은 천천히 우리를 죽이는 신경 독소다. 아주 적은 양도 뇌에 치명적이다. 납, 특히나 테트라에틸납은 휘발유에 사용되기 훨씬 이전부터 독성이 있다는 사실이 알려져 있었고, 납을 첨가한 휘발유를 쓰는 건 위험하다는 경고도 제기되어왔다. 또한 테트라에틸납을 생산하는 공장에서는 수많은 노동자가 죽었다. 피해가 심각하다는 반박할 수 없는 사실에도 불구하고 싸고 효율적이라는 이유로 화합물을 계속해서 만든 회사의 행동은 나쁘다고 할 수밖에 없다. 과거에는 오로지 생산 노동자들에게만 위험하다며 진실을 은폐할 수 있었지만, 1970년대에 이르러 차를 운전하는 일반 대중에게도 영향이 미친다는 것이 알려졌다. 이로써 현재는 전 세계 거의 모든 나라에서 납을 첨가한 휘발유를 사용할 수 없게 되었다.

▲ 최신 연료에는 옥탄값을 높이기 위해 에탄올이나 아이소옥탄 같은 첨가물을 넣는데, 위의 첨가물들을 이용하면 고압축, 고성능 경주용 자동차 엔진 등에 쓸 수 있도록 옥탄값을 더욱 크게 높일 수 있다. 이 점은 술폰산 나트륨, 노네인(탄소가 8개가 아니라 9개인 옥탄이라고 보면 된다.) 그리고 기타 탄화수소 혼합물도 마찬가지다.

오존층을 지켜라

▽ 염화불화탄소(프레온, CFCs)는 놀랍다! 이 기체는 불연성을 띠며, 완전히 무독성이고, 보통의 압력으로도 아주 쉽게 액화되며, 기화열이 높다.(그래서 냉매 가스로 쓴다.) 따라서 이 기체가 지구의 오존층을 파괴한다는 사실은 정말 애석하다. 이 기체를 대기의 순환에서 반드시 제거해야 한다는 사실이 분명하게 드러난 뒤에도, 세계의 정부들은 이를 쓰려는 기업의 로비에 수십 년 동안 꾸물거렸다. 전 산업계가 이 화합물이 기후 변화를 일으키지 않는다는 잘못된 주장을 퍼트리며 더 큰 전쟁에서 이기기 위한 전술을 가다듬고 있다. 이산화탄소를 둘러싼 전쟁 말이다.

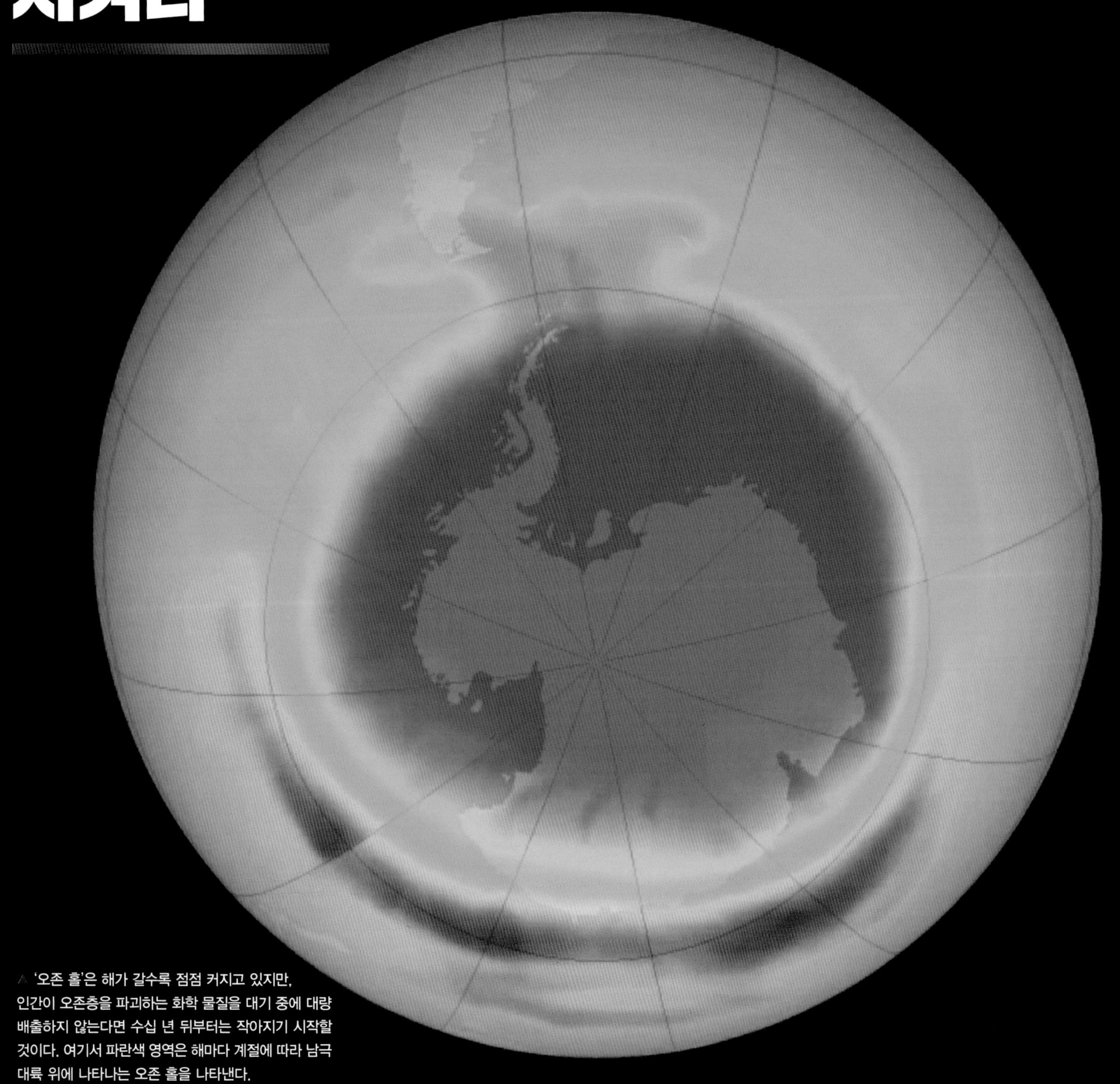

△ '오존 홀'은 해가 갈수록 점점 커지고 있지만, 인간이 오존층을 파괴하는 화학 물질을 대기 중에 대량 배출하지 않는다면 수십 년 뒤부터는 작아지기 시작할 것이다. 여기서 파란색 영역은 해마다 계절에 따라 남극 대륙 위에 나타나는 오존 홀을 나타낸다.

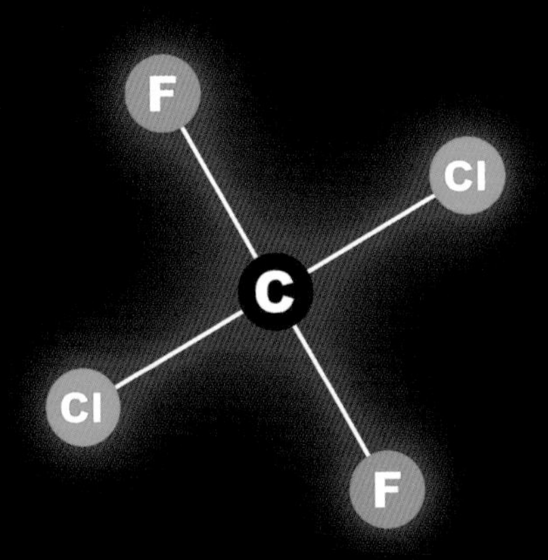

R-22a는 R-22의 대체물처럼 들린다. 그렇지 않은가? 하지만 이 물질이 무엇으로 이루어졌는지 나타내는 오른쪽의 분자 구조식을 보면 염소, 불소는 없고 오직 수소만 있다는 것을 알 수 있다. R-22a는 프로판이다. 고기를 구울 때 쓰는 바로 그 가스. 다시 말해 냉장고에 프로판을 냉매로 이용하는 건 미친 짓이다. 재앙이 일어날 것이다.

프레온은 전 세계적으로 스프레이 깡통에 쓰이던 압축 가스(내용물을 밖으로 분사하는 압축 가스)였다. 스프레이 깡통에 넣은 프레온의 유일한 능력은 대기 중에 분사되는 것뿐이다. 따라서 스프레이에 프레온을 넣지 못하게 한 것은 합리적인 일이었다.

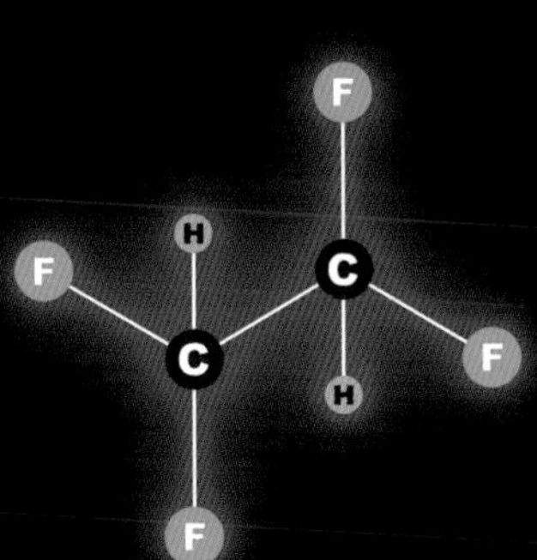

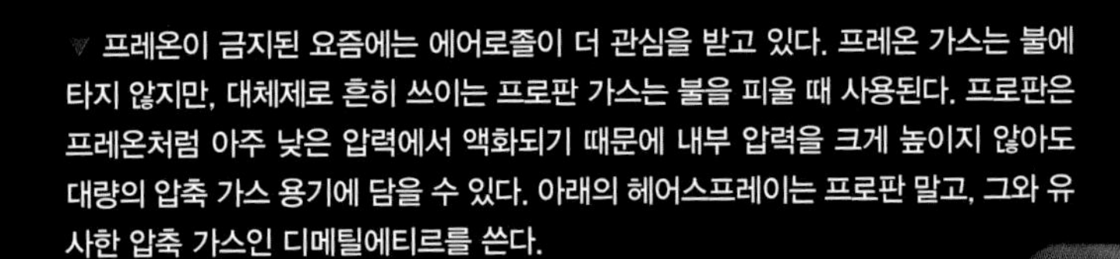

프레온이 금지된 요즘에는 에어로졸이 더 관심을 받고 있다. 프레온 가스는 불에 타지 않지만, 대체제로 흔히 쓰이는 프로판 가스는 불을 피울 때 사용된다. 프로판은 프레온처럼 아주 낮은 압력에서 액화되기 때문에 내부 압력을 크게 높이지 않아도 대량의 압축 가스 용기에 담을 수 있다. 아래의 헤어스프레이는 프로판 말고, 그와 유사한 압축 가스인 디메틸에테르를 쓴다.

프레온을 대부분의 에어컨과 냉장 장치에서 사용하지 못하게 되어 있다. 그 결과 회색 시장(희귀 상품을 고가에 파는 시장)에서 엄청나게 비싼 값에 거래된다. 위 사진을 보라. 최악의 오염 물질 중 하나인 R-22(클로로디플루오로메탄)가 든 이 4.5kg짜리 통을 구매하는 데 거의 22만 원이나 들었다. 아직도 어떤 사람들은 프레온 사용 금지 조치에 반발하며 프레온 가스로 인해 파괴된 오존층이 회복될 수 있으며 이 기체가 사실상 해롭지 않다고 주장하고 있다. 하지만 이 가스가 해롭다는 건 분명하다. 차량용 에어컨에 프레온을 계속 쓴다면 조만간 오존층은 완전히 없어질 것이다.

R134a는 염화불화탄소처럼 염소와 불소가 아닌, 불소 하나만이 수소를 대체하고 있는 불화탄소다. 이러한 구조의 물질은 덜 해롭다. 하지만 이 물질은 오직 특별 제작된 냉장 시스템에서만 쓰인다.

지구를 구하라

유연 휘발유와 프레온에 대한 논쟁은 대기 화학의 거대한 논쟁, 그 시작에 불과하다. 이산화탄소, 납, 프레온 등 이 모든 것은 어찌 보면 그와 연결된 일들의 곁가지에 지나지 않는다. 사실 옥탄값만 괜찮다면 아무도 휘발유에 어떤 첨가물이 사용되었는지 관심을 갖지 않는다. 근사한 토요일 밤을 보낼 수만 있다면 헤어스프레이에 어떤 압축 가스가 쓰이는지 알 필요가 없다. 하지만 이산화탄소는 다르다. 이산화탄소는 교통수단, 그리고 전기와 열을 만들기 위해 연소하는 연료 대부분에서 불가피하게 발생하는 주요 물질이며, 인간이 대기에 배출하는 화학 물질 중 가장 많은 것이다.(물을 제외하고.) 그리고 이 배출량을 줄이는 유일한 방법은 화석 연료를 다른 물질로 대체해 범지구적 규모의 에너지 경제를 완전히 재설계하는 것뿐이다. 이러한 변화 속에서 다수의 승자와 다수의 패자가 발생할 것이다. 패자가 될 사람들은 이미 이 사실을 잘 알고 있다.

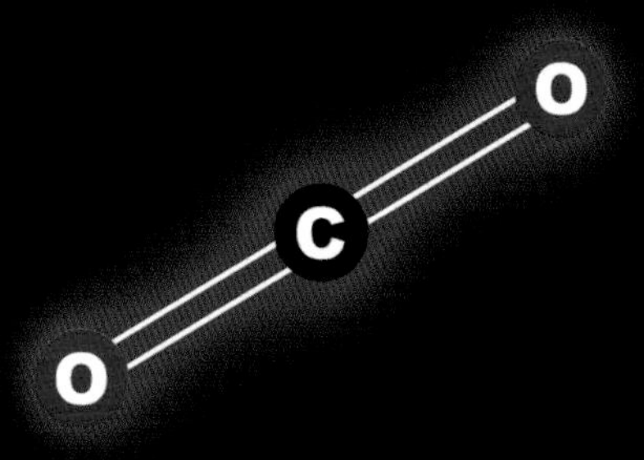

▶ 드라이아이스는 순수한 이산화탄소가 얼어 있는 형태다. 몇 세대 지나지 않아 이산화탄소를 많이 배출하면 위험하다는 사실을 모든 사람이 깨닫게 될 것이다. 우리의 후손들은 우리가 남겨놓은 이 거대한 문제를 해결하기 위해 고생하게 될 것이다. 그들은 또한 선조들이 이 문제를 제대로 알지 못했고, 잘못했다고 말할 것이다. 오늘날 일부 고액 연봉을 받는 사람들은 대중의 눈에 비친 사안에 혼란을 야기해 문제를 회피하고, 몇 년 더 특혜를 얻기 위해 자신의 고용주들을 매수하려 한다. 이제는 진실을 직시해야 한다. 이 문제는 더 이상 논쟁에서 이기느냐, 지느냐에 있지 않다. 현재의 유일한 문제는 역사의 어느 편에 서게 될 것인가뿐이다.

▶ 석탄을 태우면 2가지 반응을 통해 에너지를 얻을 수 있다. 탄소 원자가 이산화탄소로 바뀌는 반응과, 수소 원자가 물로 바뀌는 반응이다. 여기서 물은 괜찮다. 지구 전체에 엄청난 격변을 일으키는 것은 이산화탄소다. 석탄은 탄소 원자 1개에 수소 원자 2개가 붙어 있는 아주 기다란 탄화수소 사슬로 이루어져 있다. 여기서 수소 대 탄소 비율과 탄소 하나당 방출하는 에너지 비율을 봤을 때 석탄은 나쁜 연료다.

◀ 천연가스(메탄)는 석탄보다 수소가 2배 많은, 탄소 원자 1개에 수소 원자 4개가 결합한 형태다. 석탄과 대략적으로 비교하면, 천연가스는 이산화탄소 하나를 배출하며 내는 에너지가 석탄의 2배에 달한다. 따라서 천연가스는 비교적 좋은 연료인 셈이다. 하지만 천연가스가 대안은 아니다. 천연가스의 양이 부족할 뿐만 아니라 탄소 배출량이 절반이라 해도 여전히 많은 것이다.

빵도 만들고 고무신도 만드는 화학 물질

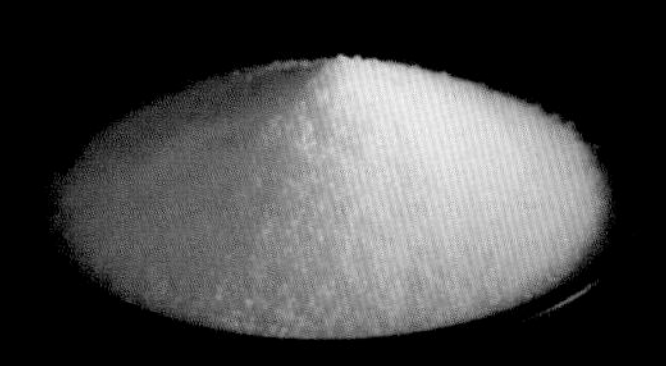

▲ 독하고 위험한 화학 물질 중 다수가 순수하고, 자연적이며, 건강한 상품을 만드는 데 쓰인다. 예를 들어 오랫동안 가성 소다 혹은 잿물이라고 알려진 수산화나트륨은 천연 유기농 비누, 소다를 넣은 빵, 프레첼, 옥수수 죽을 비롯한 순수하고 건강에 좋은 전통 음식을 만드는 데 썼다. 대부분의 소규모 비누 장인들은 대량 생산된 식품용 가성 소다를 이용한다.(가성 소다와 나뭇재를 씻어서 얻은 화합물만으로도 비누를 만들 수 있지만, 수제 비누 제조자들 중 그렇게 하는 이는 정말 드물다. 또한 나뭇재에는 화학적으로 동일한 수산화나트륨이 들어 있지만, 다른 물질들과 섞여 있다.)

특별히 좋지도, 나쁘지도 않지만 나를 분노하게 만드는 화합물을 하나 소개하겠다. 사실 난 이 물질이 해로운지 잘 알지 못한다. 하지만 사람들이 이것에 대해 이야기하는 것을 보면 그 무지에 깜짝 놀란다. 바로 아조다이카본아마이드다.

최근 어느 대형 레스토랑 체인점은 아조다이카본아마이드 사용 반대 운동이 일어나자 자사의 빵에 이 식품 첨가물을 넣지 않겠다고 발표했다. 반대 운동을 벌인 사람들은 이 화학 물질이 고무신과 요가 매트를 만드는 데도 쓰인다는 사실을 강조했다. 그리고 탄원서에 열거된 유해 효과 중에는 이 물질을 가득 실은 트럭이 전복될 경우 독성 화학 물질을 유출한다는 점도 포함되어 있었다. 이렇게 끔찍한 물질이 들어 있는 음식을 먹고 싶은 사람이 누가 있을까?

아조다이카본아마이드가 식품 성분인 경우에는 그런 의심을 할 수도 있다. 하지만 신발을 만든다는 이유로, 혹은 그 원료에 독성이 있다는 이유로 그럴 수는 없다! 이 점들은 이 물질과 관련된 다른 문제점들보다 덜 중요할 뿐 아니라, 논의할 필요조차 없다.

▶ 수산화나트륨은 부식성 화학 물질이다. 위험 물질로 분류되기 때문에 우편으로 배송할 수 없으며, 운송 회사에서 배송할 경우 특별히 승인된 용기에 담아 품목별로 제한된 용적에 한해 육상을 통해서만 전달할 수 있다. 만약 수산화나트륨을 가득 실은 대형 트럭이 어느 동네를 지나다가 수산화나트륨을 쏟는다면, 수많은 응급 센터에 구조 요청이 전해지는 동시에 신문 1면에 실릴 만한 뉴스가 될 것이다. 하지만 이게 없으면 프레첼도 제대로 만들 수 없다.

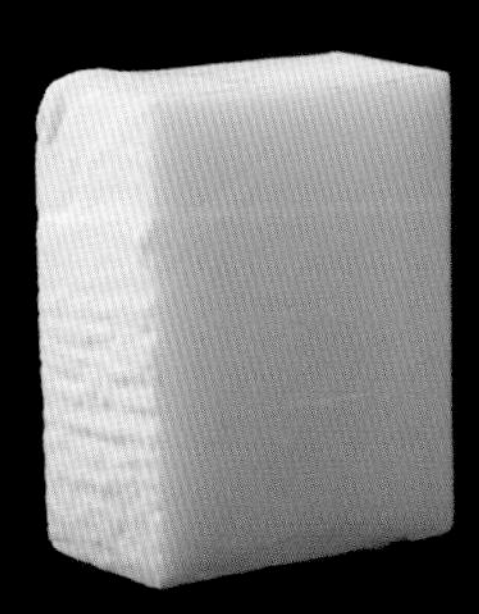

▶ 이것은 최초의 일반 비누다. 동물 혹은 식물의 지방과 가성 소다로 만들었다. 좋은 비누를 만드는 데 그 외의 다른 건 필요하지 않다. 독성이 있으며 부식을 일으키는 가성 소다로 비누를 만들 때 나트륨 이온은 지방산에 달라붙고, 수산화 이온은 산성인 수소에 붙어 물을 형성한다.(일부는 비누가 완성되기 전에 물이 되어 떨어져 나간다.) 가성 소다와 지방 사이에서 일어나는 반응은 225쪽에 보이는 가성 소다와 닭발의 지방, 피부, 근육 사이에서 일어나는 반응과 동일하다. 화학 물질이 과거 자기가 무엇이었는지 흔적을 전혀 남기지 않고 새로운 형태로 변형될 수 있다는 사실은 아주 중요하다. 만약 누군가가 어떤 물건의 생산 과정에 사용된 전구체 때문에 그 물건을 쓰지 말라고 한다면, 그에게 천연 비누와 인공 계면활성제 중 무엇이 더 좋은가 물어보라. 장담하건대, 분명 함정에 빠질 것이다.

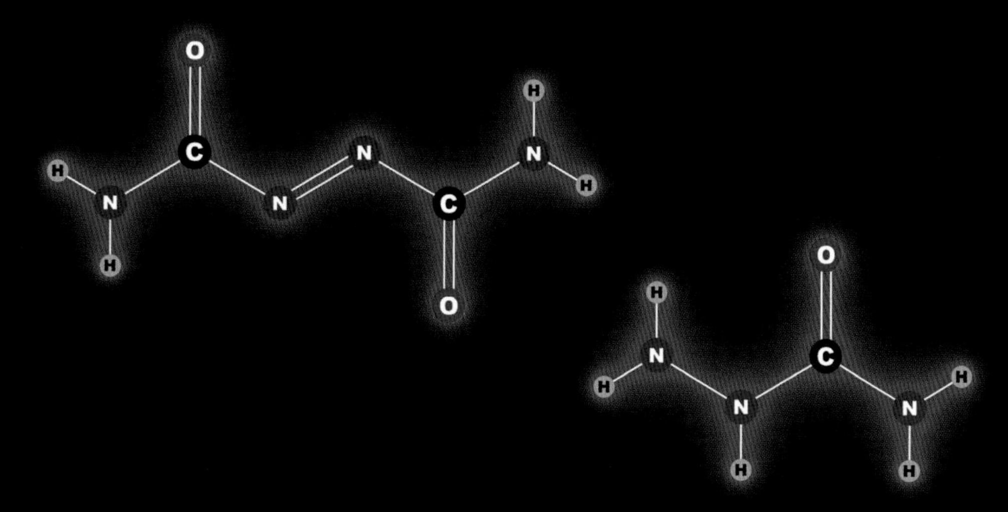

▲ 아조다이카본아마이드는 열을 받으면 부분적으로 분해되어 발암 가능성이 있는(동물이 다량 섭취했을 때) 세미카바자이드가 된다. 이 물질이 음식에 들어 있으면 해로울까? 아주 흥미롭고 중요한 질문이다. 하지만 이성적인 사람들은 다르게 생각한다. 이 문제는 주의 깊게 다루어야 한다. 그런데 아조다이카본아마이드가 고무신을 만드는 데 쓰이는 건 이 문제와 전혀 관련이 없는 다른 이유 때문이다. 따라서 이 물질을 반대하는 건, 마치 물이 화학 산업에서 산을 희석할 때 쓰이는 강력한 용제이므로 물을 마시면 안 된다고 하는 것과 같다.

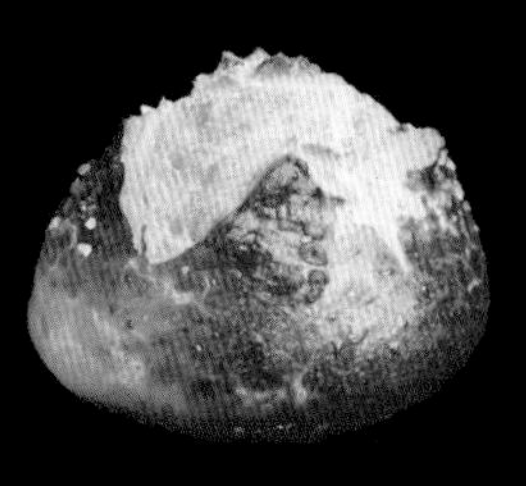

▶ 내가 가장 좋아하는 어린 시절의 기억 중에는 우리 동네 빵집에서 팔던, 소다를 넣어 만든 롤빵에 관한 것들이 있다. 그 거리의 아름다운 나무들이여. 아주 오래된 추억이다. 나는 가성 소다가 세상에서 가장 강한 부식성 화학 물질이라는 이유로 소다를 넣은 빵이 판매 금지된다면 정말, 진지하게 화가 날 것 같다.

가장 끔찍하고 정말 나쁜 무기 화합물

마지막으로 모든 사람이 나쁘다고 인정하며, 사회적으로도 이 점이 충분히 논의되었으며, 그 위험성이 오랫동안 익히 알려진 화합물을 볼 차례다. 이 물질 때문에 현재 어떤 일이 일어나고 있는지 알고 있는 사람들은 여전히 엄청난 분노를 느낀다. 이 물질은 바로 석면이다.

석면은 한때 전 세계적으로 꿈의 물질이라고 묘사되었다. 모두가 바라는 최고의 단열재로서 말이다. 석면은 안정적이고, 화학적 변화가 거의 없으며, 내열성이 강하고, 싸고, 유용하다. 하지만 요즘에 석면은 소송을 일으키는 주범일 뿐이다. 석면은 유용한 물질이지만 분명히 폐암을 일으킨다. 석면 공장에 일하던 노동자들은 석면 때문에 암에 걸려 사망했다. 일부 석면 회사들은 유죄를 강력하게 입증하는 증거들을 적극적으로 은폐하려고 했다. 다른 방법은 찾으려고 하지 않았다. 그들은 앞장서서 진실을 숨겼다.

산업 재해 변호사가 하는 일이 고결한 이유가 여기에 있다. 몇 년 동안 이 변호사들은 비열한 기업으로부터 상해를 입은 사람들이 보상을 받을 수 있도록 노력했다. 그러자 희생자가 더 이상 발생하지 않게 되었다. 기업들은 악습을 고쳤다. 석면은 전 세계적으로 일상생활에서 사라졌다. 석면에 노출되었던 사람들은 나이가 들고 죽었다. 하지만 소송은 여전히 진행 중이다.

변호사들은 악성 암으로 고통을 받는 사람들을 찾고 있으며, 그들에게 소비재로 가득한 방을 보여주며 이 중 어느 것이라도 사용했거나 본 적이 있는지 묻고 있다. 그래서 만약 그렇다고 대답을 하면, 지체 없이 그 상품을 생산한 회사를 상대로 소송을 진행한다. 그런데 변호사들은 종종 이 사안과 관련된 타당한 증거가 없는데도 소송을 진행한다. 또한 문제의 기업은 이전에 범법 행위로 의심받은 적이 단 한 번도 없는 경우가 많다. 물론 우리는 암으로 고통을 받으며 죽어간 사람들에게 애처로운 마음을 느끼며, 당연히 그들이 남은 생애 동안 잘 보살핌을 받고 약간이나마 위안이 될 수 있는 금전적 보상을 받길 바란다. 하지만 아무런 잘못이 없으며 누구에게도 해가 되지 않는 물건을 생산한 기업을 제2의 희생자로 만들면서까지 그러한 일을 하는 것은 정의롭지 않다. 오히려 그 반대다.

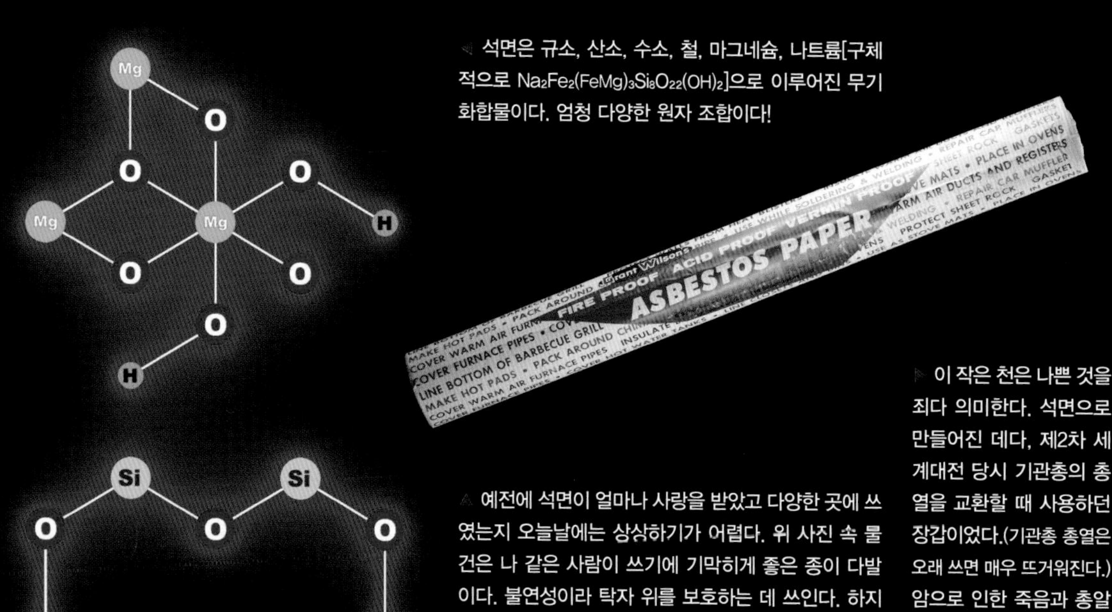

◀ 석면은 규소, 산소, 수소, 철, 마그네슘, 나트륨[구체적으로 $Na_2Fe_2(FeMg)_3Si_8O_{22}(OH)_2$]으로 이루어진 무기 화합물이다. 엄청 다양한 원자 조합이다!

▶ 석면 섬유는 미세하고 날카로워 세포를 뚫고 DNA까지 닿을 수 있다. 그 결과 암을 유발하는 돌연변이를 만든다. 또한 석면은 화학적으로 불활성이라 한번 폐에 들어가면 영원히 남아 있기 때문에, 위와 같은 나쁜 영향이 수십 년 넘게 지속된다.

▲ 예전에 석면이 얼마나 사랑을 받았고 다양한 곳에 쓰였는지 오늘날에는 상상하기가 어렵다. 위 사진 속 물건은 나 같은 사람이 쓰기에 기막히게 좋은 종이 다발이다. 불연성이라 탁자 위를 보호하는 데 쓰인다. 하지만 슬프게도 석면으로 만든 것이다. 그래서 사진을 찍을 때 포장을 끄를 생각은 하지도 못하고, 긴장이 되어서 플라스틱으로 꽁꽁 싸매 회전반 위에 아주 조심스럽게 올려놓았다.

▶ 이 작은 천은 나쁜 것을 죄다 의미한다. 석면으로 만들어진 데다, 제2차 세계대전 당시 기관총의 총열을 교환할 때 사용하던 장갑이었다.(기관총 총열은 오래 쓰면 매우 뜨거워진다.) 암으로 인한 죽음과 총알에 의한 죽음이 이 천 쪼가리 하나에 다 들어 있다! 오직 석면만이 이 모든 걸 가능케 한다.

	T	C	A	G	
T	TTT=페닐알라닌(F)	TCT=세린(S)	TAT=타이로신(Y)	TGT=시스테인(C)	T
	TTC=페닐알라닌(F)	TCC=세린(S)	TAC=타이로신(Y)	TGC=시스테인(C)	C
	TTA=루신(L)	TCA=세린(S)	TAA=종결 코돈	TGA=종결 코돈	A
	TTG=루신(L)	TCG=세린(S)	TAG=종결 코돈	TGG=트립토판(W)	G
C	CTT=루신(L)	CCT= 프롤린(P)	CAT=히스티딘(H)	CGT =아르기닌(R)	T
	CTC = 루신(L)	CCC=프롤린(P)	CAC=히스티딘(H)	CGC=아르기닌(R)	C
	CTA =루신(L)	CCA=프롤린(P)	CAA=글루타민(Q)	CGA=아르기닌(R)	A
	CTG=루신(L)	CCG=프롤린(P)	CAG=글루타민(Q)	CGG=아르기닌(R)	G
A	ATT=아이소루신(I)	ACT = 트레오닌(T)	AAT=아스파라긴(N)	AGT=세린(S)	T
	ATC=아이소루신(I)	ACC=트레오닌(T)	AAC=아스파라긴(N)	AGC=세린(S)	C
	ATA=아이소루신(I)	ACA=트레오닌(T)	AAA =라이신(K)	AGA=아르기닌(R)	A
	ATG=메티오닌(M)	ACG=트레오닌(T)	AAG=라이신(K)	AGG= 아르기닌(R)	G
G	GTT=발린(V)	GCT=알라닌(A)	GAT=아스파르트산(D)	GGT=글리신(G)	T
	GTC=발린(V)	GCC=알라닌(A)	GAC=아스파르트산(D)	GGC=글리신(G)	C
	GTA=발린(V)	GCA=알라닌(A)	GAA= 글루탐산(E)	GGA=글리신(G)	A
	GTG=발린(V)	GCG=알라닌(A)	GAG=글루탐산(E)	GGG= 글리신(G)	G

Chapter 14

생명의 기관

지금까지 내가 분자에 관한 매우 중요한 내용 하나를 별로 이야기하지 않았다는 것을 알고 있는가? 생명을 이루는 거대한 분자들 말이다. DNA, RNA, 단백질은 모두 분자가 맞지만 우리가 지금까지 다룬 분자들과 매우 다르다. 이들은 여타의 분자들보다 책과 로봇을 더 많이 닮았다.

DNA, RNA, 단백질은 기다란 사슬이 결집한 소수의 단순한 단위체들로 구성되어 있다. 이렇게 보면 이들은 103쪽에서 다룬 중합체와 비슷하다. 그러나 103쪽의 중합체에서는 똑같은 단위체가 동일한 모양 혹은 다소 무작위적인 모양으로 반복해서 나타난다. 그리고 중합체 내 단위체의 순서에 의미 있는 정보들이 담겨 있지도 않다. 반면 이번 장에서 다루는 분자들은 그렇지 않다.

모든 DNA는 정보와 관련되어 있다. DNA는 살아 있는 생물체의 성장, 기능 그리고 번식 등 거의 대부분의 정보가 특정 순서로 암호화된 뉴클레오티드(종류가 4개다.) 서열로 이루어져 있다. DNA는 정보를 복제하고 실행하는 것 외에는 아무런 기능이 없다. 그래서 '뉴클레오티드는 알파벳 글자 같고 DNA 분자는 이 글자들로 쓴 책과 같다.'는 비유가 자주 쓰인다.

이 표현은 단순히 유용한 비유, 그 이상이다. DNA를 가장 잘 정의한 표현이라고 하는 게 더 적절하다. G, A, T, C의 알파벳 글자로 표기된 단위체들은 각각 구아닌, 아데닌, 티민 그리고 시토신 분자를 나타낸다. DNA 사슬은 중합체를 이루는 분자 단위체에 따라 이와 같은 단위체들의 목록으로 설명할 수 있다. 이 중 어떤 DNA 사슬은 수천만 개의 글자로 써야 할 정도로 길다.

G, A, T, C 총 4개 글자들이 모여 단어가 되는데, 각각의 단어는 모두 세 글자다. 그리고 이 단어들이 모여 문장을 이루는데, 각각의 문장은 단백질 하나를 만드는 데 필요한 정보를 품고 있다. 이때 단어를 '코돈'(codon)이라 하며, 문장은 '유전자'라 한다. 하나의 유전자를 이루는 코돈은 그 수가 천여 개부터 수백만 개에 이른다.

인간 게놈(인간을 형성하고 움직이게 하는 데 필요한 DNA 집합체)은 책 22권(염색체 22개)으로 구성되어 있다. 이 책들의 글자 수는 총 30억 개다.(참고로 《해리포터》 시리즈의 1권부터 7권까지의 영어 글자 수는 약 500만 개다.)

단백질 역시 일정한 순서로 단순한 단위체가 기다란 사슬을 이루고 있다. 그러나 단백질은 복제를 하기 위한 정보를 암호화하고 있는 대신, 신체를 움직이는 기관이자 전달자 그리고 구조물의 역할을 한다. 단백질은 아미노산 21개가 특정한 서열을 이룬 것이다. 단백질 내 아미노산 서열은 단백질 형태와 그에 대한 기능까지 결정한다. DNA의 단어들이 의미하는 게 바로 이 아미노산 서열이다.

세포가 단백질을 만들 때 DNA는 RNA 사슬로 복제된다.(RNA는 DNA와 개념은 같으나 화학적 단위체가 조금 다르다. 여기서 복제는 단백질로 이루어진 RNA 중합 효소에 의해 진행된다.) 이후 RNA는 또 다른 기관인 리보솜(역시 단백질로 이루어져 있다.)으로 이동한다. 리보솜은 순서대로 단어를 읽고 그에 따라 단백질 서열을 만든다. DNA의 세 글자 단어들은 각각 단백질 내의 특정 아미노산과 대응된다.

◀ 이 표는 DNA의 영문 세 글자가 단백질의 어느 아미노산을 번역하는지 보여준다. 예를 들어 CAA와 CAG(각각 시토신-아데닌-아데닌 그리고 시토신-아데닌-구아닌 서열을 이루고 있다.)는 모두 글루타민 분자를 의미하며, 단백질 서열에서는 Q로 표시된다. 정말 컴퓨터 같다! 이 64개의 단어 중 3개를 종결 코돈(종결 암호)이라고 하는데, 단백질 합성을 멈추게 하고 이제까지 합성한 단백질을 배출시킨다.

분자가 아닙니다

이 장에서는 앞서 자주 사용한 분자 구조식을 의도적으로 넣지 않았다. DNA, RNA 단백질이 물론 원자들로 이루어진 분자가 맞긴 하지만, 분자라는 말만으로는 이들을 충분히 알 수 없다. 이들은 화학적 언어보다는 컴퓨터 과학의 언어로 생각해야 더 쉽게 이해할 수 있다. 그래서 이에 따라 생명 공학은 현재 가장 활성화된 분야 중 하나다. 컴퓨터 암호를 만드는 해커들은 게놈을 해킹하고, 컴퓨터 언어 대신 생명의 언어를 다루는 데 흥미를 가지기 시작했다.

아래의 표는 우리가 접할 수 있는 모든 것 중에서 가장 굉장하다. 이것은 암호(code)다. 이 표는 DNA의 세 글자로 구성된 단어들이 어느 단백질 아미노산을 의미하는지 알려준다. 이 암호를 통해 DNA를 마치 책처럼 읽을 수 있는데, 이는 살아 있는 세포 내에서 단백질이 합성되는 메커니즘과 정확히 일치한다. 그리고 암호를 가지고 책을 쓰는 것도 가능하다. 이를 유전 공학이라고 하는데, 유전 공학은 컴퓨터 공학이나 기계 공학 같은 여타의 공학 분야와 모든 부분이 비슷하다. 동일한 사고방식을 비롯해, 조정하고 수정하고 창조하는 데 필요한 직관이 모두 똑같이 적용된다. 이는 무섭고 흥분되는 일이며, 우리의 미래가 달린 일이다.

우리의 현재를 돌아보라. 오늘날은 생명의 근원을 손에 넣고, 그 근원을 이해하며, 그를 이용하거나 혹은 그로 인해 파멸할 수 있는 DNA의 시대다. 나는 무엇을 조작하고 설정하는 방법을 이해하겠다는 단순한 생각이 상상할 수 없는 힘을 가져다준다는 것을 컴퓨터를 통해 경험했다. 앞으로 새로운 세대는 어쩌면 이와 같은 양식을 일상생활로 여길지 모른다. 처음부터 천천히 새로운 생물체를 만들어내고, 기존에 존재하던 생물체를 재탄생시킬 것이다. 우리 인간을 포함해서.

생명을 재탄생시키는 과정 속에서 우리가 살아남을 수 있을지는 의문이다. 마치 핵무기가 발명되어도 우리가 이겨낼 수 있는가 하는 문제처럼 말이다. 지금까지 그래왔던 것처럼 우리의 직감이 맞을 거라고, 그리고 생명을 다루는 기술이 선(善)을 위해 더 많이 쓰일 거라고 믿자.(혹시 DNA를 다루는 직업을 갖고 싶다면 참고하라. 나는 내 머리숱이 좀 더 많아졌으면 좋겠다.)

ATG GCC CGT ACT AAG CAG ACT GCT CGC AAG
TCG ACC GGC GGC AAG GCC CCG AGG AAG CAG
CTG GCC ACC AAG GCG GCC CGC AAG AGC GCG
CCG GCC ACG GGC GGG GTG AAG AAG CCG CAC
CGC TAC CGG CCC GGC ACC GTA GCC CTG CGG
GAG ATC CGG CGC TAC CAG AAG TCC ACG GAG
CTG CTG ATC CGC AAG CTG CCC TTC CAG CGG
CTG GTA CGC GAG ATC GCG CAG GAC TTT AAG
ACG GAC CTG CGC TTC CAG AGC TCG GCC GTG
ATG GCG CTG CAG GAG GCC AGC GAG GCC TAC
CTG GTG GGG CTG TTC GAA GAC ACG AAC CTG
TGC GCC ATC CAC GCC AAG CGC GTG ACC ATT
ATG CCC AAG GAC ATC CAG CTG GCC CGC CGC
ATC CGT GGA GAG CGG GCT TAA

이것은 아주 작은 단백질인 히스톤 H3.2(인간의 단백질 변종)을 암호화하고 있는 DNA 염기 서열이다. 1억 4,982만 4,217개에서 1억 4,982만 4,627개에 이르는 글자 수가 들어 있는 1번 염색체의 '+' 가닥에 속한다. 우리는 이미 이 사실을 알고 있다! 이 수치는 내가 방금 지어낸 게 아니다. 이 수치는 수많은 염기 서열의 이름, 정확한 위치 그리고 기능을 정리한 인간 게놈 데이터베이스를 통해 산출된 것이다. 놀랍게도 인간 게놈은 처음부터 끝까지 모두 해독이 완료되었다.(비록 정확히 기능까지 아는 것은 일부에 불과하지만 말이다.) 지도는 이미 만들어졌다. 빈 영역이 다 채워지는 건 시간문제다.

MARTKQTARK
STGGKAPRKQ
LATKAARKSA
PATGGVKKPH
RYRPGTVALR
EIRRYQKSTE
LLIRKLPFQR
LVREIAQDFK
TDLRFQSSAV
MALQEASEAY
LVGLFEDTNL
CAIHAKRVTI
MPKDIQLARR
IRGERA

이 염기 서열은 왼쪽에 있는 것과 비슷해 보이지만 글자들이 다르고 더 짧다. 이것은 기다란 DNA에 암호화된 단백질 내 아미노산 서열이다. 아미노산은 DNA에 글자 3개로 암호화되기 때문에 아미노산 서열은 DNA 서열 글자 수의 정확히 3분의 1 길이다.(각 아미노산을 뜻하는 글자는 암호 표를 통해 알 수 있다. 예를 들어 루신은 L로 표기한다.)

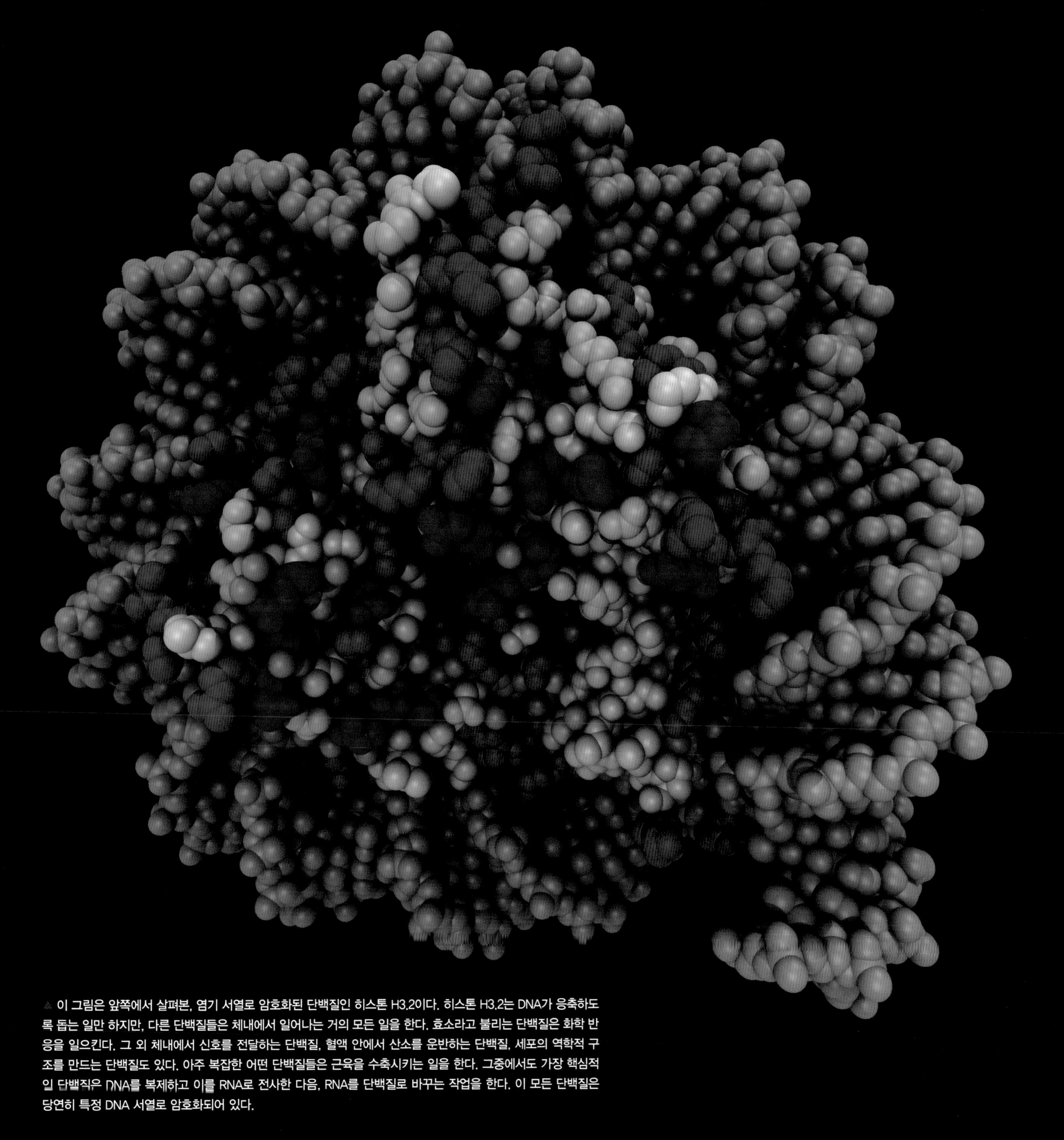

▲ 이 그림은 앞쪽에서 살펴본, 염기 서열로 암호화된 단백질인 히스톤 H3.2이다. 히스톤 H3.2는 DNA가 응축하도록 돕는 일만 하지만, 다른 단백질들은 체내에서 일어나는 거의 모든 일을 한다. 효소라고 불리는 단백질은 화학 반응을 일으킨다. 그 외 체내에서 신호를 전달하는 단백질, 혈액 안에서 산소를 운반하는 단백질, 세포의 역학적 구조를 만드는 단백질도 있다. 아주 복잡한 어떤 단백질들은 근육을 수축시키는 일을 한다. 그중에서도 가장 핵심적인 단백질은 DNA를 복제하고 이를 RNA로 전사한 다음, RNA를 단백질로 바꾸는 작업을 한다. 이 모든 단백질은 당연히 특정 DNA 서열로 암호화되어 있다.

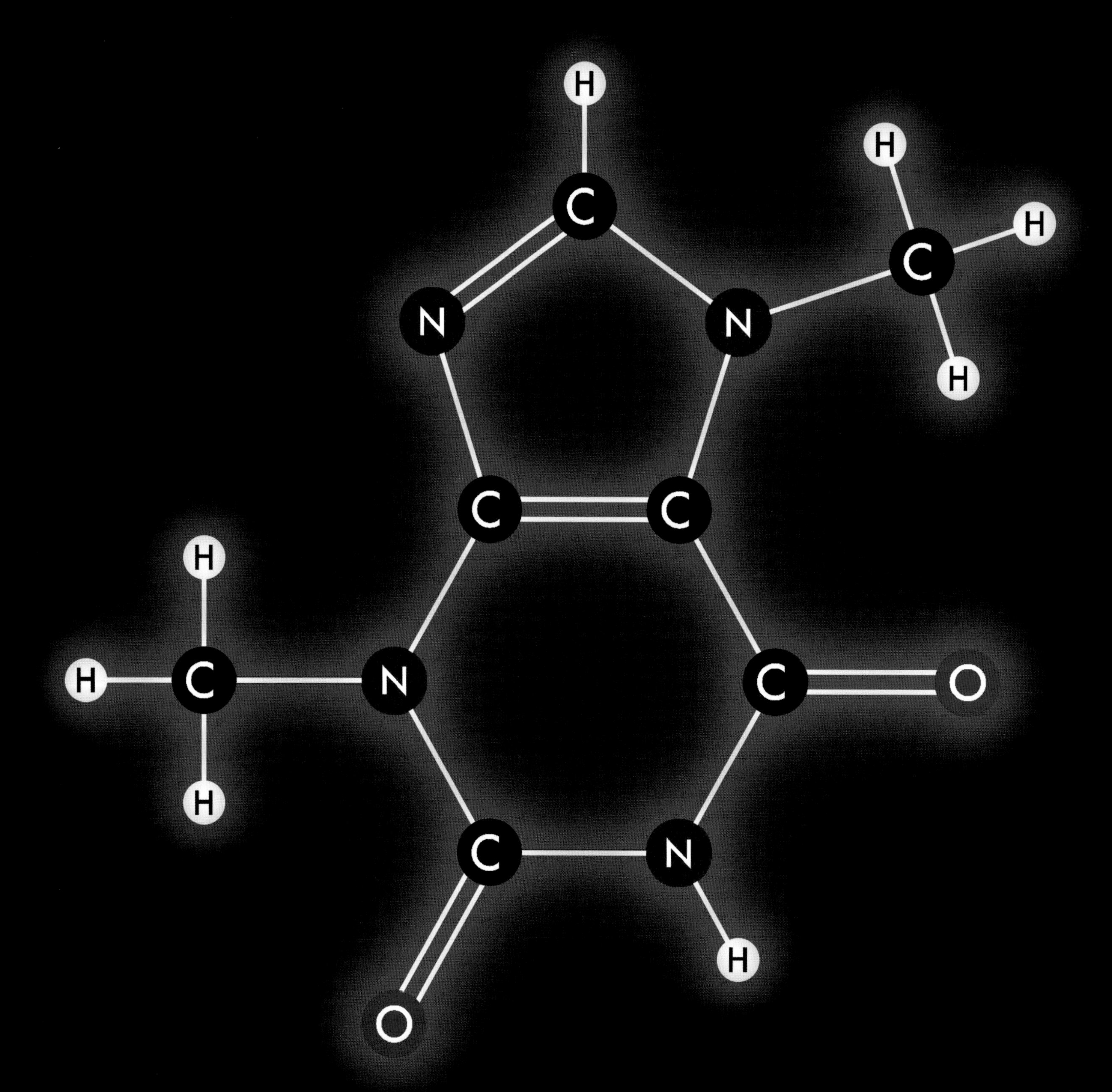
H
H
C
H
C
N
N
H
C
C
H
H
C
N
C
O
H
C
N
H
O

감수의 글

이 책은 화학책 같지 않은 화학책이다. 마치 해리포터가 다닌 마법 학교 같다. 이 책을 읽고 나면 화학이 재미있게 느껴질 것이고, 주위의 물건들을 화학적 시선으로 바라보게 될 것이다. 신기하고 귀한 물건들, 화학의 세계에서 이야기를 만들어내는 수많은 골동품을 어쩌면 이렇게 한데 모아 놓을 수 있는지. 이 책의 저자는 정말 놀라운 사람이다. 필자도 화학을 평생 해왔지만 이 책에서 처음 보는 물건이 많았고 읽는 내내 아주 흥미로웠다. 여러분도 이 책으로 화학의 세계를 탐험해보기 바란다.

화학은 비전공자들에게 너무 어렵고 지루한 학문이다. 필자도 대학에 다닐 때까지 화학이 가장 어려운 과목이었다. 하지만 석사 과정을 지나 박사 과정에 있으면서 처음으로 화학의 묘미를 느꼈고, 이후로는 화학의 유혹에 완전히 녹아버렸다. 화학은 정말 매력적인 학문이다. 다만 밖에서는 그 속을 볼 수가 없다. 화학처럼 비밀스러운 학문이 또 있을까? 화학이 마법이라는 이미지에 오랫동안 둘러싸여 있었던 것은 당연한 일이다. 그러나 화학을 조금만 알면 그 매력에 빠지게 된다. 옛날 서양에서는 화학 실험이 귀족 부호들의 취미였던 적도 있었으니까.

공부와 독서를 끔찍이 싫어하는 사람도 이 책을 재미있게 읽을 수 있을 것이다. 더구나 그 어려운 화학책인데도 말이다. 이 책은 글보다 사진이 더 많다. 그러나 전달하는 지식의 양은 절대로 적지 않다. 그림과 사진이 아주 잘 짜여 있어서 수십 줄의 글보다 훨씬 쉽고 명확하게 이해를 돕는다. 사진만 보는 것도 유익하고 그 자체로 가치가 있다. 물론 이 책은 화학의 모든 분야를 다루고 있지는 않다. 그래서 화학 교과서는 아니다. 그러나 이 책을 읽고 화학에 흥미를 갖는다면 시험 준비를 위해 수십 권의 화학책을 읽는 것보다 더 확실한 화학 공부를 한 셈이다. 모든 자연과학의 발견과 발명은 호기심과 흥미에서 시작되었다. 이 책을 읽은 후에는 지루하던 화학 교과서도 다르게 보일 것이다. 누가 알겠는가? 여러분 중에 훗날 노벨 화학상을 받을 사람이 있을지도!

_전창림(홍익대 바이오화학공학과 교수)

추가 사진 저작권

25쪽 〈연금술사(The Alchemist)〉, 1937, 뉴웰 컨버스 와이어스

35쪽 구리 지붕 ⓒ 2014 Shutterstock

38쪽 폭포 ⓒ 2014 Max Whitby

51쪽 시안산은 ⓒ 2014 Max Whitby

72쪽 에탄 풍선 폭발 ⓒ 2014 Max Whitby

91쪽 용광로 ⓒ 2012 Jamie Cabreza

91쪽 알루미늄 제련소 ⓒ 2014 Street Crane Co. Ltd.

143쪽 양귀비 ⓒ 2012 Pierre-Arnaud Chouvy

160쪽 사탕무 ⓒ 2012 Free photos and Art

185쪽 메리골드 추출물 ⓒ 2014 Max Whitby

199쪽 자외선으로 본 꽃 ⓒ 2011 Dr. Klaus Schmitt

220쪽 오존 홀 ⓒ 2012 NASA

선과 막대로 표현한 2차원적 분자 구조식은 저자가 볼프람 화학 데이터와 chemspider.com의 자료들을 참조해 만든 것이다. 분자 주변의 빛나는 보라색은 전자기장 모형을 이용해 수학적으로 계산했다.

일부 분자의 구조는 2014년 6.2.2 버전의 ChemAxon (http://www.chemaxon.com)을 이용했다.

또한 일부 분자의 구조는 너무 복잡해서 3차원 구조로 표현했다. 이 3차원 구조는 VMD 분자 시각화 소프트웨어로 만들었다.(ⓒ 2014 University of Illinois. Humphrey, W., Dalke, A. and Schulten, K., "VMD-Visual Molecular Dynamics," J. Molec. Graphics, 1996, vol. 14, pp. 33~38.)

찾아보기

A~Z

세상을 만드는 분자

초판 1쇄 발행 2015년 8월 15일
초판 2쇄 발행 2018년 4월 20일

지은이 시어도어 그레이
사진 닉 만
옮긴이 꿈꾸는 과학
감수 전창림

펴낸이 김한청
편집 원경은
마케팅 최원준, 최지애
디자인 한지아
본문조판 김성인

펴낸곳 도서출판 다른
출판등록 2004년 9월 2일 제2013-000194호
주소 서울시 마포구 동교로27길 3-12 N빌딩 2층
전화 02-3143-6478
팩스 02-3143-6479
블로그 blog.naver.com/darun_pub
페이스북 /darunpublishers
트위터 @darunpub
이메일 khc15968@hanmail.net
ISBN 979-11-5633-051-6 03430

• 잘못 만들어진 책은 구입하신 곳에서 바꾸어 드립니다.
• 값은 뒤표지에 있습니다.
• 이 도서의 국립중앙도서관 출판시도서목록(CIP)은 서지정보유통지원시스템 홈페이지(http://seoji.nl.go.kr)와 국가자료공동목록시스템(http://www.nl.go.kr/kolisnet)에서 이용하실 수 있습니다. (CIP제어번호: CIP2015020364)